総力戦研究所関係資料集　第5冊

粟屋憲太郎・中村　陵　編・解説

●十五年戦争極秘資料集　補巻47

不二出版

〈復刻にあたって〉

一、復刻にあたっては、国立国会図書館（原資料は米国国立公文書館）、東京大学社会科学研究所図書室の所蔵資料を使用しました。記して感謝申し上げます。

一、原資料を適宜拡大・縮小して収録しました。

一、原資料の状態不良により、文字が不鮮明で判読できない箇所や、文章が途切れている箇所があります。

一、資料の中には、人権の視点からみて不適切な語句・表現等がありますが、歴史的資料の復刻という性質上、そのまま収録しました。

不二出版

『総力戦研究所関係資料集』第五冊　目次

『総力戦研究所関係資料集』収録一覧

冊	資料名	作成・調製・提出年月日
第1冊	原種行編「昭和十七年度教務関係書類」〈秘〉	1942年2月10日～11月5日〔作成〕
	原種行編「昭和十七年七月教務日誌」〈秘〉	1942年7月15日～1943年3月8日〔作成〕
	原種行編「昭和十八年九月　教育制度改正関係書類」〈秘〉	1943年9月2日～9月14日〔作成〕
	昭和十六年度初頭ニ於ケル総力戦的内外情勢判断〈極秘〉	1941年〔作成〕
	皇国総力戦指導機構ニ関スル研究(概案)〈極秘〉	1941年2月3日調製
	昭和十六年度綜合研究実施要領綴〈極秘〉	1941年10月29日～1942年1月12日〔作成〕
第2冊	昭和十六年度綜合研究第四回研究課題答申　戦争ニ伴フ国力整備〈機密〉	1941年12月15日提出
	経済戦要則(概案)〈極秘〉	1941年12月19日調製
	亜細亜関係	1941年12月24日複製
第3冊	大東亜圏貿易統計〈機密〉	1942年1月10日調製
	東亜圏自給力関係統計表〈機密〉	1942年1月10日調製
	第九回及十回研究課題　大東亜共栄圏建設原案及東亜建設第一期総力戦方略ニ関スル予備研究答申〈極秘〉	1942年1月14日〔作成〕
	総力戦綱要第四編　総力戦ニ於ケル外交戦要則(未定稿)〈極秘〉	1942年1月24日調製
	大東亜共栄圏建設原案(草稿)〈機密〉	1942年1月27日調製
	東亜圏重要物資将来需要ノ推定〈機密〉	1942年2月1日調製
	東亜建設　第一期総力戦方略(案)ノ抜萃	1942年2月18日調製
	大東亜共栄圏ニ於ケル食糧資源等ニ関スル調査〈機密〉	1942年3月28日調製
	海運関係資料〈機密〉	1942年6月26日調製
第4冊	昭和十七年度基礎研究資料　第三回第一週及第二週作業(二冊分ノ一)〈一部軍資秘〉〈指定総動員機密〉	1942年8月8日～8月17日／1943年5月10日調製
	英米ノ経済的抗戦力ノ検討ヲ中心トシタル大東亜戦ノ判断並ニ之ニ対スル帝国ノ措置(昭和十七年五月十日外務省通商局第一課研究班作製)〈外機密〉〈軍極秘〉	1942年8月25日作製
	昭和十七年度綜合研究記事〈機密〉	1943年3月30日調製
第5冊	昭和十八年度基礎研究第二課題(其ノ一)作業　帝国(勢力圏ヲ含ム)ノ国力判断(二分冊ノ二)　三、経済〈軍極秘〉〈一部軍資秘〉〈指定総動員機密〉	1943年8月5日調製
	昭和十八年度綜合研究記事〈機密〉	1944年1月10日調製
第6冊	昭和十八年度綜合研究記事附録　修業論文集　総力戦ノ見地ヨリ我国ノ現状ヲ論ス〈機密〉	1944年1月10日調製
	昭和十九年二月以降ノ研究	1944年2月28日～9月14日〔作成〕
	昭和十九年三月末現在　帝国並ニ列国ノ国力ニ関スル総力戦的研究〈機密〉	1944年9月30日調製
第7冊	第一回総力戦机上演習関係書類　昭和十六年八月	1941年7月24日～8月28日提出
	机上演習統監部編　機密第一号　第一回総力戦机上演習第三期乃至第九期演習情況課題及演習処置　綴	1941年8月6日～8月15日〔作成〕
	総机演統監部編　第九期演習終末作業〈機密〉	〔1941年8月23日提出〕
	青国内閣編「第一回総力戦机上演習経過記録」〈機密〉	〔1941年8月23日以降作成〕
	第一回総力戦机上演習経過記録〈機密〉	〔1941年8月23日以降提出〕
	経済戦審判部編「第一回総力戦机上演習経過概要」〈機密〉	〔1941年8月23日以降作成〕
	研究項目所見〈機密〉	1941年8月27日提出
	昭和十六年度将来戦様相ノ変化ヲ示唆スル事項(答申)其ノ他〈機密〉	1941年8月、9月3・4日提出
第8冊	昭和十七年度机上演習関係書類　思想戦審判部主任用〈軍極秘〉	1942年9月1日～12月24日／1943年1月29日調製
	昭和十七年度総力戦机上演習研究会関係書類一括〈軍極秘〉	1943年1月29日調製
第9冊	昭和十八年度第二回総力戦机上演習関係書類	1943年8月30日～11月13日／1943年10月25日調製

〔　〕は編集部による

軍極秘

一部 軍資秘

昭和十八年度基礎研究
第二課題（其ノ二）作業

指定 總動員機密

帝國（勢力圏ヲ含ム）ノ國力判断（三分冊ノ二）

三、經濟

(一)物動　(二)生拡　(三)食糧　(四)勞務
(五)運輸　(六)電力　(七)財政　(八)科學技術

總力戰研究所調製

文書番號	總研甲第七號
一連番號	第 5 號
調製年月日	昭和十八年八月五日
調製部數	貳拾部
紙數	四八八枚
處理	所内ハ返所ノ際返却 所外ハ指定期間以内ニ返却

一部 軍資秘

機密

指定 總動員機密

一 物動

第一 最近ニ於ケル物動計畫ノ策定ト之ガ施行實績（金坂 岩田）

第二 大東亜戰爭ノ遂行ニ伴ヒ供給力ノ維持擴充ノ爲採ラレタル措置

一 昭和十七年度物動ノ特色ト之ガ施行ノ推移（日向）

二 輕金屬、鉄鋼、石炭ノ生産確保ノ爲ノ緊急對策（日向 三枝）

三 基礎資材（厚板、鋼管ヲ例トシテ採ル）ノC2、C5ニ對スル配当減ノ生擴ニ及ボス影響（村田）

第三 昭和十八年度物動ノ特色（村田）

第四 国民生活必需物資ノ現状（古宇田）

指定配付者	
處理	用済後直ニ返却

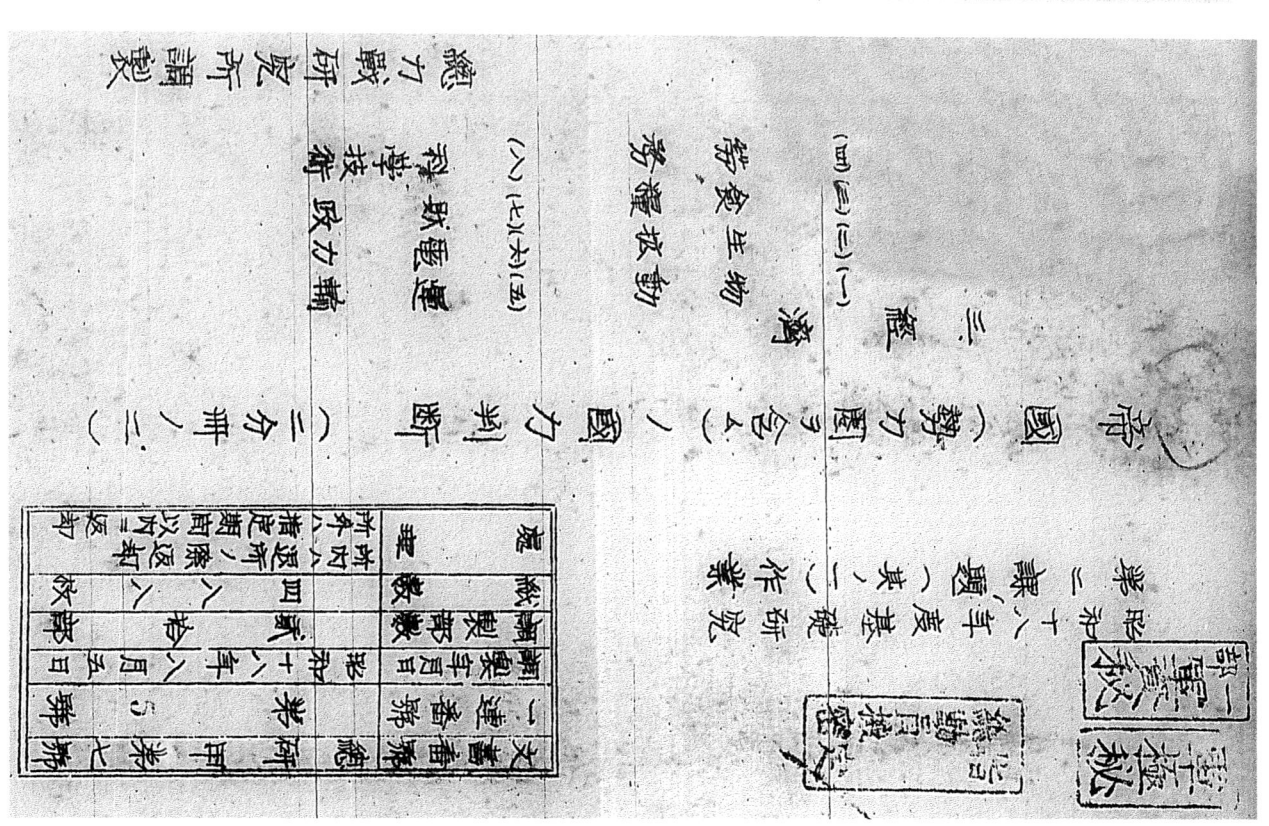

三A

第一 最近ニ於ケル重要物資ノ需給関係

一、供給力概観

(イ)供給関係

(1)鉄鋼、銅、鉛等ニ於テ企業整備ニヨル特別回収ト南方依存度ヲ著シク高メ

(2)支那事変以来ノ国際情勢悪化ニ対処シテ予メ準備シツヽアリタル在庫高ハ十七年度ニ到リテ殆ンド喰ヒ尽シテ十八年度ハ既ニ払底セリ。

(3)翻ッテ南方依存並ニ国内生産増強ニ傾注セザルヲ得ザル処南方依存ハ専ラ船腹関係ニ重大影響アリ。国内生産増強ノ要益々切ナルモノアルモ原料、資材、労務関係上又制約ヲ受ケ漸減ノ傾向ニアリ。

(4)全供給力ハアルミニユームヲ除キ何レモ逐年減少ノ一途ヲ辿リ居レリ。

(5)石油関係ハ南方現地調達ヲ主トシ内地生産内地ヘノ移入ハ極減シ従ッテ内地向供給ハ著減セリ。

二、物資別ニ検討スレバ次ノ如シ(別表一号参照)

(1)鉄鋼

十五年十月米国ノ屑鉄輸入杜絶スルヤ予メ準備セル鉄鋼自給態勢ヲ確立推進セシメ居ルモ船腹難ニ基ク原料不足ニヨリ国内生産ハ漸減ス。而シテ供給力ノ維持増強ノ為ニハ特別回収、円域並ニ南方ヨリノ供給ニ俟ツ事大ナリ

(2)電気銅

従来カナダ、チリー、比島ヨリ鉱石ヲ、製錬地金ハ米国ヨリ輸入シ居タルガ十五年十月先ヅカナダヨリノ硫石対日禁輸アリ相次イデ米国、チリー、比島モ夫々輸出許可制実施シ、国内生産ニ於テモ労務資材関係モアリ十六年度以降ハ供給激減セリ、十八年度ニ於テハ国内生産増加ヲ図ル以外ニ道ナキ為極力国内鉱山ノ増産、故銅ノ回収ニ全力ヲ傾注サル。茲ニ注意スベキハ痛切ナル需要ノ増嵩ニモ不拘、少シノ供給増ヲモ見込ミ得ズ、在庫高モ皆無ノ状態ナル事ナリ。

(3)鉛

従来殆ンド第三国ヨリノ輸入ニ依存シ居タルガ十六年三月米国ハ対日輸出ヲ禁止シ次デペルー、メキシコ、チリー等モ対日輸出禁止シ鉛ノ供給ハ極メテ困難ナル状態トナレリ、然乍ラ当時ハ斯ル国際状勢ノ悪化ヲ予期シ特別輸入措置ヲナシ置キタル為相当ノ在庫ヲ有シ需給調整ニ資シタルモ十七年度ニ於テ殆ンド在庫ハ払底シ斯クテ十八年度ハ国産、円ブロック並ニビルマニ期待シ且特別回収ニヨリ供給力捻出ニ努力スル所ナルモ全供給数量ニハ見込数量ニ於テ昨年度実績ヨリ更ニ著減ノ余儀ナキ次第ニアリ。

(4)アルミニユーム

重要軍需物資中唯一の増産顕著ノモノナルガ右ハ「コヒンタン」「ツヨホール」等ノボーキサイト並ニ日満支ノ礬土頁岩等ノ資源モ

4

他ノ重要物資ニ比シ比較的恵マレ居ル為ナリ。
然シ作ラ航空機材ノ需要ハ飛躍的ニシテアルミニューム供給ハ之ニ追付カズ亦夕副原料タル螢石、ピッチ、ピッチコークス、電氣等ノ供給意ノ如クナラザル為自ラ制限セラレ居ルモノノ如シ。

(5) 棉花

十三年七月原綿リンク制トナリ棉花ノ無制限輸入抑制セラレタルモ輸出好調ノ為尚棉花輸入ハ比較的順調ニ行ハレ来リタルガ十六年八月資金凍結実施セラレテ輸入ハ支那棉以外全ク杜絶セリ。而シテ南方諸地域ノ棉花増産対策ハ逐次進捗シツツアリト雖モ差当リ急速ナル増産望ミ難ク、船腹都合モアリ供給増加ハ望ミ難シ。

(6) 揮發油、重油、機械油

原油ノ輸入激減ニ伴フ國内生産著減ト

「第三國及南方ヨリノ原油輸入高、

		指數
昭和十四年度實績	二、六三一千竏	一〇〇
昭和十五年 〃	二、六一七 〃	九九
昭和十六年 〃	九三八 〃	三六
昭和十七年 〃	五四六 〃	二一

油槽船不足ニヨル製品輸入ノ不如意、並ニ軍」需ノ南方現地充足等ニヨリ國内供給高ハ著減セリ。然乍此供給減ハ國内軍需一般運輸、生産力増強上不勘ル支障アル所ナルガ船腹都合ニヨリ國内供給高ハ極メテ貧弱ニシテ又差当リ増加ヲ望ミ得ザルモノノ如シ
次別表一号

三

三A

5

別表一号

重要物資供給推移表（實績）

（十八年度ハ計画数量ナリ）

	年度（昭和）	國内生産	回収	在庫	円域	第三國及南方	計
普通鋼	15	4,555,150	—	不明	76,804	98,328	4,714,982
	16	4,303,316	—	38,000	71,525	—	4,417,841
	17	4,179,747	—	—	71,667	—	4,251,414
	18	4,201,000	320,000	233,930	98,000	284,000	5,116,930
電気銅	15	106,035	—	44,983	—	32,331	182,459
	16	86,197	—	47,566	—	661	134,424
	17	86,662	—	31,304	—	—	117,966
	18	104,082	11,600	—	—	—	115,682
鉛	15	32,207	1,600	28,404	—	47,072	109,282
	16	32,435	3,143	36,638	4,510	7,229	83,951
	17	27,047	1,104	45,100	2,526	—	75,772
	18	31,861	15,600	1,000	600	12,000	61,061
アルミニューム	15	38,145	—	1,657	1,125	211	41,138
	16	71,747	—	—	1,225	—	72,972
	17	102,836	—	—	4,490	—	107,326
	18	147,750	—	—	4,300	—	152,050
紡績棉花	15	233,000	51,413	1,054,475	442,265	6,271,667	8,052,820
	16	355,796	9,899	560,514	913,815	3,436,658	5,276,682
	17	232,395	63,414	991,577	2,175,909	53,108	3,515,383
	18	368,000	—	1,100,000	3,375,200	—	3,843,200

	年度（昭和）	國内生産	在庫	円域	第三國及南方	軍支援	計
航空揮発油	15	47,118	74,883	2,500	9,100	—	133,601
	16	85,313	13,448	—	46,500	—	124,261
	17	61,875	7,833	—	20,642	10,408	24,962
	18						
普通揮発油	15	662,684	—	—	268,910	—	931,594
	16	421,659	69,604	—	78,913	—	570,224
	17	98,494	40,334	—	87,206	15,848	241,882
	18						
重油	15	522,048	58,412	61,350	1,562,141	—	2,203,951
	16	502,258	347,230	23,000	492,350	—	1,364,838
	17	113,888	54,197	123,984	213,267	469,599	974,935
	18						
機械油	15	377,421	12,729	—	49,149	—	439,299
	16	370,816	94,092	—	29,963	—	494,871
	17	53,500	109,891	—	74,662	500	237,553
	18						
石炭	15	63,850,000			550,000		64,600,000
	16	70,130,000			650,000		76,850,000
	17	13,990,000			590,000		170,880,000
	18						

四

三A

配　分　関　係　　　三

A

一、配分関係概観

(1)本年度計画ノ傾向ニ付之ヲ十七年度計画ト対比シテ概説スレバ
別表(一二号表)ニ於テ見ラルヽガ如ク
(イ)移管船舶造修向ケ配分ガ著シク増加ヲ示シ
(ロ)CY関係ニ於テ新ニ可成リノ配分ヲ見
(ハ)之ニ反シテ民需ハ生産拡充部面ニ於テモ相当ノ圧縮ヲ余儀
ナクセラレ
(ニ)軍需ハ移管船舶造修ヲ除クサヘモガ前記(イ)(ロ)ノ必要ノ為ニ
ハ多少ノ減配ヲ忍ブニ到レル事ナリ
(2)軍需ハ移管船舶造修分ヲ除クモ向配分ノ地位
前述(1)ノ通リノ事情ナルモ軍需ハ兎ニ角配分ノ大宗ニシテ
全配分高ニ対スル地位ハ別表(三号表)ノ通リ重要物資ハ半数
乃至ソレ以上ヲ占メ居レリ
(3)陸海船舶及民需ノ配分計画並配分実績ハ別表四号及五号
表ノ示ス通リナリ。

次別表二号

五

6

別表二号

軍固有)需，船舶造修其他軍需物資配当関係表

（計　画）

	配当項目	17年度計畫 数量(瓲)	17年度計畫 対總量%	18年度計畫 数量	18年度計畫 対總量%	対前計比
普通鋼々材	(イ)軍固有及軍充足(A, B, C)	2,280,679	45	2,100,339	41	92
	(ロ)軍特管船舶(BX)	535,000	10.5	1,012,560	20	188
	(ハ)生拡 (C2)	1,150,818	23	997,647	20	87
	(ニ)主要民需(C3～C5)	493,206	10	423,013	8	85
	(ホ)其他民需(C3～C5)	514,497	10	320,730	6	62
	(ヘ)C2～C5緊急用	80,000	1.5	92,701	2	116
	(ト)其他	—		(CY)170,000	3	—
	計	5,054,200	100	5,116,930	100	101
普通鋼鍛鋼	(イ)軍固有及軍充足	141,525	54	100,360	50	71
	(ロ)軍特管船舶	42,481	16	53,500	27	126
	(ハ)生拡	54,340	21	29,687	15	55
	(ニ)主要民需(C3～C5)	15,340	6	9,400	5	59
	(ホ)其他民需(C3～C5)	8,717	3	5,010	2	57
	(ヘ)C2～C5緊急用	—		43	—	—
	(ト)其他	—		(CY) 2,000	1	—
	計	263,000	100	200,000	100	76
普通鋼鋳鋼	(イ)軍固有及軍充足	94,500	37	75,500	34	80
	(ロ)軍特管船舶	20,304	8	35,000	16	172
	(ハ)生拡	100,000	39	71,224	32	71
	(ニ)主要民需	20,593	8	15,480	7	75
	(ホ)其他民需	19,603	8	12,320	6	63
	(ヘ)其他	—		2,976 (CY) 7,500	1 4	—
	計	255,000	100	220,000	100	86

	配当項目	17年度計畫 数量	17年度計畫 %	18年度計畫 数量	18年度計畫 %	対前計比
特殊鋼	(イ)軍固有及軍充足	296,600	74	330,690	77	111
	(ロ)軍特管船舶	3,126	1	7,000	2	219
	(ハ)生拡	77,083	19	71,050	16.5	92
	(ニ)主要民需	13,019	3	9,392	2	72
	(ホ)其他民需	12,942	3	9,426	2	73
	(ヘ)其他	—		442 (CY) 2,000	0.5	—
	計	402,830	100	430,000	100	106
電気鋼	(イ)軍固有及軍充足	36,961	30	76,094	66	275
	(ロ)軍特管船舶	11,190	9	14,149	12	126.5
	(ハ)生拡	13,366	10	10,000	9	75
	(ニ)主要民需	6,866	6	9,127	8	133
	(ホ)其他民需	4,945	4	3,940	3	80
	(ヘ)其他	1,276	1	1,758 (CY) 650	1 —	138 —
	計	124,604	100	115,668	100	92

注
(1) 軍固有及軍充足ニハ特管航空ヲ含ム
(2) 特管船舶ニハ㊥ヲ含ム
(3) 其他ハ主トシテCY分ナリ
(4) 民需ハ物動ニ於ケル「C_5中ノ其他」数量ヲ本表其他民需トシ 右以外ノC_5及C_3～C_4ヲ主要民需トス

次別表三号

別表三号

軍需規模推移一覧

（配当計画数量）

品目	単位	16年計画	対總量%	17年計画	対總量%	18年計画	対總量%
普通鋼鋼材	瓲	2,400,630	42.0	2,280,679	45.0	2,109,339	41.0
[illegible]	〃	193,929	39.5	236,025	45.6	175,860	41.9
特殊鋼鋼材	〃	237,664	65.0	296,600	73.6	330,690	76.9
普通銑	〃	376,235	6.9	377,200	6.6	318,229	6.3
電気銅	〃	76,359	65.6	86,961	69.8	76,094	65.8
鉛	〃	36,762	49.5	47,300	57.0	40,611	61.5
亜鉛	〃	41,456	49.6	46,560	57.2	48,474	60.0
錫	〃	4,929	49.3	8,850	47.0	12,264	63.7
アルミニューム	〃	51,632	80.0	102,282	79.0	129,566	84.6
ニッケル	〃	2,161	95.0	2,915	95.0	400	15.4
クローム鉱	〃	51,215	44.5	54,240	70.0	—	—
タングステン鉱	〃	5,900	75.5	7,136	82.5	—	—
重油	竏	190,650	13.4	—	—	—	—
航空揮発油	〃	127,559	88.0	—	—	—	—
普通 〃	〃	179,306	29.8	—	—	—	—
生ゴム	瓩	17,026	33.0	35,631	29.0	37,028	35.8
牛皮	〃	22,535	71.2	34,464	75.8	27,050	85.4
紡績用棉花	担	1,169,090	22.4	1,491,800	35.5	1,730,200	45.0
製綿用 〃	〃	106,335	33.5	127,900	30.0	141,000	42.7
羊毛	俵	124,816	61.4	135,145	74.8	106,000	89.0
石炭	瓲	3,632,000	5.1	4,724,000	7.5		

註
1. 軍需トハ陸海軍需及充足軍需(C₁)及移管航空ヲ含ム
但移管船舶造修(Bx)ヲ不含
2. 本表ハ軍需中ノ主要ナル品種ノミ記載ス
3. 17年度、18年度ニ於ケル油類ノ物動不明

次 別表四号

七

三

A

重要物資配給数量(実績)推移表

別表四号

		15年度実績			16年度実績			17年度実績			18年度実績		
			指数			指数			指数			指数	
普通鋼々材(瓲)	A	706,358	15	100	966,083	21	137	869,339	28	123	1,020,000	20	144
	B	729,476	15	〃	1,055,036	22	145	1,088,021	27	146	1,080,000	21	148
	Bx	284,633	6	〃	318,029	7	112	535,265	13	188	1,010,000	20	355
	C	3,104,380	64	〃	2,337,397	50	75	1,544,373	38	50	2,006,930	39	65
	計	4,824,847	100	〃	4,676,545	100	97	4,016,998	100	83	5,116,930	100	106
電気銅(瓲)	A	41,682	23	〃	41,778	30	100	33,592	29	81	34,800	30	83
	B	47,312	26	〃	49,007	36	104	46,907	40	99	41,213	36	87
	Bx	6,390	3	〃	4,678	3	73	11,122	9	174	14,099	12	221
	C	87,568	48	〃	42,387	31	48	26,345	22	30	25,556	22	29
	計	182,952	100	〃	137,850	100	75	117,966	100	64	115,668	100	63
鉛(瓲)	A	14,271	15	〃	15,621	19	109	17,057	22	120	14,300	23	100
	B	18,271	20	〃	27,889	33	152	30,246	40	165	23,771	39	129
	Bx	2,333	3	〃	2,159	3	93	2,729	4	117	4,195	7	180
	C	57,333	62	〃	38,219	46	66	25,740	34	45	18,795	31	33
	計	92,208	100	〃	83,888	100	91	75,772	100	82	61,061	100	66
アルミニウム(瓲)	A	17,140	43	〃	28,549	43	167	45,133	41	263	64,673	43	377
	B	13,003	33	〃	24,337	36	187	41,946	39	323	63,280	42	487
	Bx	4	—	〃	24	—	600	379	—	9475	429	—	107[illegible]
	C	9,797	24	〃	13,712	21	140	21,932	20	224	23,668	15	242
	計	39,944	100	〃	66,622	100	167	109,390	100	274	152,050	100	381
紡績用棉花(擔)	A・B	1,022,198	13	〃	1,381,436	27	135	1,542,623	45	151	1,739,200	45	169
	C	7,072,808	87	〃	3,680,223	73	52	1,915,088	55	27	2,113,000	55	30
	計	8,095,006	100	100	5,061,659	100	63	3,457,711	100	43	3,843,200	100	47

		15年度実績			16年度実績			17年度実績			18年度実績		
			指数			指数			指数			指数	
航空用揮発油(竏)	A	79,949	61	100	65,491	55	82	6,896	35	9			
	B	33,344	25	〃	43,268	36	130	3,448	17	10			
	C	18,258	14	〃	10,649	9	58	9,511	48	52			
	計	131,551	100	〃	119,408	100	91	19,855	100	151			
普通揮発油(竏)	A	165,510	19	〃	164,913	33	100	5,105	2	3			
	B	4,362	1	〃	14,393	3	330	5,105	2	117			
	C	673,904	80	〃	324,814	64	48	189,549	96	28			
	計	843,776	100	〃	504,120	100	60	199,759	100	24			
重油(竏)	A	20,020	1	〃	47,850	4	239	3,514	—	18			
	B	253,339	14	〃	142,800	12	56	126,668	13	50			
	C	1,566,468	85	〃	1,043,800	84	67	842,065	87	54			
	計	1,839,827	100	〃	1,234,450	100	67	972,247	100	53			
機械油(竏)	A	29,244	[illegible]	〃	34,801	10	119	18,841	8	64			
	B	13,690	4	〃	35,744	10	261	12,580	5	92			
	C	354,724	89	〃	284,898	80	80	206,126	87	58			
	計	397,658	100	〃	355,443	100	89	237,547	100	60			

次 別表五号

八

三A

別表五号

重要物資配当計画推移表

		15年度計画	%	指数	16年度計画	%	指数	17年度計画	%	指数	18年度計画	%	指数
普通鋼々材(瓩)	A	740,452	13	100	981,191	20	133	1,039,000	20	139	1,029,000	20	138
	B	510,000	9	〃	1,069,980	22	210	1,250,000	25	245	1,080,000	21	212
	Bx	258,482	5	〃	331,720	7	128	533,460	11	206	1,010,000	20	391
	C	3,993,184	73	〃	2,422,759	51	61	2,240,740	44	56	2,006,930	39	50
	計	5,502,118	100	〃	4,805,650	100	87	5,064,200	100	92	5,116,930	100	93
電気銅(瓩)	A	44,570	21	〃	40,664	31	91	33,813	28	76	34,800	30	78
	B	39,250	18	〃	45,795	35	117	47,988	40	122	41,213	36	105
	Bx	6,390	3	〃	4,678	3	73	11,122	9	174	14,097	12	221
	C	125,877	58	〃	40,423	31	32	26,681	23	21	25,556	22	20
	計	216,087	100	〃	131,560	100	61	119,604	100	55	115,668	100	54
鉛(瓩)	A	16,092	15	〃	15,899	22	99	17,785	23	111	14,300	23	89
	B	15,510	15	〃	20,875	28	135	27,515	35	177	23,771	39	153
	Bx	2,333	2	〃	2,159	3	93	2,729	3	117	4,195	7	180
	C	72,676	68	〃	35,075	47	48	30,301	39	42	18,795	31	26
	計	106,611	100	〃	74,008	100	69	78,330	100	73	61,061	100	57
アルミニューム(瓩)	A	23,799	44	〃	26,473	40	111	52,404	41	220	64,673	43	272
	B	16,000	30	〃	22,567	35	141	49,883	39	312	63,280	42	396
	Bx	4	—	〃	24	—	600	379	—	9475	429	—	10725
	C	14,340	26	〃	16,440	25	115	26,444	20	184	23,668	15	165
	計	54,143	100	〃	65,504	100	121	129,110	100	238	152,050	100	281
紡績用棉花(担)	A・B	1,016,467	9	〃	1,179,386	22	116	1,492,160	36	147	1,730,200	45	170
	C	9,885,992	91	〃	4,051,689	78	41	2,706,897	64	27	2,113,000	55	21
	計	10,902,459	100	〃	5,230,075	100	48	4,199,057	100	39	3,843,200	100	35

		15年度計画	%	指数	16年度計画	%	指数	17年度計画	%	指数	12年度計画	%	指数
航空用揮発油(竏)	A	90,803	56	100	65,451	55	72	28,000	45	31			
	B	41,300	26	〃	43,268	36	105	19,200	31	46			
	C	29,624	18	〃	10,649	9	36	15,000	24	51			
	計	161,727	100	〃	119,408	100	74	62,200	100	38			
普通揮発油(竏)	A	165,761	17	〃	164,913	30	99	92,000	20	56			
	B	5,000	1	〃	14,393	2	288	21,000	4	420			
	C	801,246	82	〃	376,713	68	47	356,000	76	43			
	計	972,007	100	〃	556,019	100	57	469,000	100	48			
重油(竏)	A	—			42,850	4	—	176,000	10	—			
	B	380,000	17	〃	142,800	10	38	236,000	13	62			
	C	1,911,113	83	〃	1,167,293	86	61	1,399,600	77	73			
	計	2,291,113	100	〃	1,352,943	100	59	1,811,600	100	79			
機械油(竏)	A	27,902	6	〃	34,801	9	125	33,100	9	119			
	B	13,770	3	〃	35,744	10	260	19,000	5	138			
	C	404,497	91	〃	297,048	81	73	320,000	86	79			
	計	446,169	100	〃	367,593	100	82	372,100	100	83			

九

三A

12

第二、大東亜戦ノ遂行ニ伴ヒ、供給力、維持拡充ノタメニ採リタル措置

一、昭和十七年度物動計画ノ特色及之ガ施行ノ推移

(一) 十七年度物動ハ大東亜戦直後決定ヲミタル十六年度第四四半期物動計画ニ引続キ決戦体制下ノ物動ニシテ軍需充足ヲ主眼点トスルモノナリ。然シテ物動実施上ノ要点ハ輸送力ノ確保、増強、回収ノ強化、特別在庫ノ原則的全額使用ニシテ物動配当上ノ主目標ハ鉄鋼「アルミ」ノ増産ニ在リタリ。

(二) 十七年度物動ハ十七年度初頭ノ赫々タル戦果ヲ反映シ南方物資ノ期待量最大ナリシノミナラズ物動編成概ネ十六年度ヲ踏襲シ特ニ国内及満関支ノ生産増強ヲ期待セリ

(三) 然ルニ十七年度上半期ノ実績著シク計画ト齟齬ヲ生ゼリ。此ノ主原因ハ船腹ノ減少並ニ稼行率ノ低下ニ依ル原料供給量ノ圧縮ナリ特ニ北支炭北海道炭及鉄鉱石ノ供給不足ハ鉄生産ニ重大影響ヲ及ボシタルノミナラズ国内ノ生産増強一般ニ障害ヲ来セル点頗ル大ナリ

(四) 鉄、石炭「アルミニューム」等ノ重要産業ノ減産ハ重大ナル国内問題トナリ政府緊急対策ヲ以テ一路増産ニ邁進シ特別在庫ノ全面的使用ト相俟ッテ下半期ノ危機ヲ漸ク脱スルヲ得タリ

三A

二

物動配給計画對実績對比表

六号表

		15年度	16年度	17年度
普通鋼(瓲)	計画(配当)	5,502,118	4,805,650	5,054,200
	配当実績	4,824,847	4,676,545	4,016,998
	%	88	97	※79
電気銅(瓲)	計画(配当)	216,087	131,560	119,004
	配当実績	182,952	137,850	117,966
	%	85	105	99
鉛(瓲)	計画(配当)	106,611	74,008	78,330
	配当実績	92,208	83,888	75,772
	%	86	113	97
アルミニューム(瓲)	計画(配当)	54,143	15,504	127,110
	配当実績	39,944	16,122	109,390
	%	74	102	85
棉花 紡績(担)	計画(配当)	10,902,459	5,237,075	4,199,059
	配当実績	8,095,006	5,061,659	3,457,711
	%	74	97	82
揮発油 航空(竏)	計画(配当)	111,927	119,408	62,200
	配当実績	131,551	119,408	19,855
	%	81	100	32
揮発油 普通(竏)	計画(配当)	972,007	556,119	419,000
	配当実績	843,776	504,120	199,759
	%	87	91	43
重油(竏)	計画(配当)	2,291,113	1,357,943	1,811,600
	配当実績	1,839,827	1,234,450	992,247
	%	89	91	54
機械油(竏)	計画(配当)	446,169	367,593	372,100
	配当実績	397,158	355,443	237,553
	%	89	97	64
石炭(瓲)	計画(配当)	65,460,000	71,895,000	62,909,000
	配当実績	61,743,000	63,983,000	61,925,000
	%			

13

二、緊急対策

(一) 軽金属（アルミニューム）緊急対策（三枚）

昭和十七年度上期ニ於テハアルミニュームノ生産ハ礬石ノ供給不円滑、ボーキサイトノ品質ノ低下、生産設備ノ一部故障、労務者ノ不足等ノ諸原因ニ基キ計画ニ対シ一大分ノ減少ヲ見タリ。
従テ政府ハ左ノ通リ緊急対策ヲ講ジ之ガ生産ノ確保ヲ期セリ

(イ) ボーキサイト供給確保

上半期ニ於テハパラオ産ボーキサイトヲ多量ニ使用シ能率ヲ低下センメタルモ下半期ニ於テハ毎月左記ノ数量ヲ確保シ減産防止ニ努ムルコト

ビンタン産｝
ジョホール〃｝ 五一、〇〇〇瓲
パラオ産 一〇、〇〇〇〃
計 六一、五〇〇〃

(ロ) 礬石ノ供給確保

朝鮮、満洲及支那ヨリノ礬石ノ取得及輸送ニ努ムルコト

(ハ) 南方石油コークスノ供給確保

ビッテコークスノ供給ヲ確保スル為南方ニ於ケル石油コークスノ供給ヲ確保ニ努ムルコト

(ニ) 電力ノ供給確保

二A　一二

14

(ホ) 労務者ノ供給確保

(ヘ) 資材ノ供給確保

昭和十七年度ニ於ケルアルミニューム生産状況左ノ如シ

三A　三

期別	区分	アルミナ	アルミニューム
上半期	物動計画	一三五、四九六	五六、八四〇
	生産実績	一一一、五五一	四七、五九〇
	計画ニ対スル減産量	二三、九四五	九、二五〇
	生産率	八二%	八四%
下半期	物動計画	一三二、五六二	五九、〇九九
	生産実績	一二〇、〇七九	五四、八九四
	計画ニ対スル減産量	一二、四八三	四、二〇五
	生産率	九一%	九三%
合計	物動計画	二五八、〇五八	一一五、九三九
	生産実績	二二二、六三〇	一〇二、四八四
	計画ニ対スル減産量	三五、四二八	一三、四五五
	生産率	八六%	八八%

三A

(二) 鉄鋼緊急対策

昭和十七年度物動計画実施状況ハ既ニ二年度当初ヨリ著シキ減産ヲ示シ生産ニ対スル各般ノ條件ノ困難ヲ思ハシメタルガ結局減産ノ最大原因ハ配船ニアリタリ。之ガ鉄鋼石ニ付テ見ルニ第一四半期ニ於ケル入荷ハ計画二、六四千瓲ニ対シ二二四千瓲ノ減少ヲ来シ僅ニ八二%ニ過キスシテ之ニ対シテハ義務貯鉱ヲ以テ補填セラレタルモ其ノ結果鉱石ノ適性配合ハ極メテ困難トナリ炉況ノ不況ハ益ミ減産ノ因トナリ更ニ加之鉱石不足ハ満俺屑鉄等ノ諸原料ノ品質ノ低下、補修材料ノ逼迫労働ノ不足等ハ加重的ニ操業能率ノ低下、生産ノ減ケヲ惹起スルニ至レリ。

従テ斯ル基礎的諸條件ノ根本的解決ヲ見ルニ非ザレバ到底所要生産ノ確保ヲ期待シ得ベカラズ、第二四半期ニ於テモ実ニ惨憺タル減産ヲ見タリ。斯クテ政府ハ次ノ諸対策ヲ緊急ニ実施シ以テ物動生産量ノ確保ヲ期セリ

普通鋼材生産計画及生産実績比較表 (単位瓲)

	計画	実績	減ケ額	比率
第一四半期	一、一八六、三六〇	一、一六二、三二八	二四、〇三二	九八%
第二四半期	一、二三〇、九五〇	九〇九、八九九	三二一、〇五一	七五〃
上半期計	二、四一七、三一〇	二、〇七二、二一七	三四五、〇九三	八五〃
下半期	二、五六一、七九〇	二、一〇七、六三〇	四五四、一六〇	八一〃
十七年度合計	四、九七九、一〇〇	四、一七九、八四七	七九九、二五三	八三〃

三A

17

一、鉄鋼石ニ関シテハ其ノ所要量ノ供給ヲ確保シ優良鉱石ノ供給増加ヲ図ル為南方鉱石ヲ輸入シ之カ輸送ノ完璧ヲ期シ更ニ鉱石ノ価格ニ関シテハプール制ヲ実施スルコト　三A

二、満俺鉱石ノ所要量ノ供給ヲ確保シ南方鉱石ヲ輸入シ之カ輸送ヲ完遂シ其ノ供給ヲ確保スルコト

三、石炭ニ関シテハ所要量ノ供給確保ニ務ムルト共ニ高炉用ノ粘結炭ノ強弱配合ノ改善、支那産原料炭ノ価格プール制ヲ実施スルコト

四、屑鉄ニ関シテハ品質良好ナル南方屑ノ供給ヲ確保スルト共ニ内地屑鉄ト輸入屑鉄トノ価格プール制ヲ実施シ更ニ特別回収ニヨル屑鉄ノ供給ヲ図ルコト

五、平炉並ニ加熱炉ノ能率高上ニ資スル為重油ノ供給ヲ確保スルコト

六、補修用資材及重要工場ニ対スル電力所要量ノ確保ヲ期スルコト

七、労務対策トシテハ労務者ノ急速ナル充足ヲ計リ食糧其ノ他ノ生活必要品ノ供給ヲ確保シ賃金上ノ特別ノ措置ヲ講スルト共ニ企業主脳者ノ陣頭指揮ヲ徹底シ勤能率ノ向上ヲ期スルコト

八、輸送ニ関シテハ海陸共ニ鉄鋼石炭、満俺鉱、屑鉄、其ノ他ノ原料及製品ニ付キ所要ノ輸送ヲ確保スルト共ニ海上輸送ニ関シテハ船ノ不足数ヲ補充シ港湾輸送増強ニ資シ更ニ製鉄工場構内輸送ヲ円滑ナラシムル為トラツク」ノ不足ヲ補充スルコト

九、其ノ他限定品種ニ対スル価格対策、戦時規格ノ設定及寸法ノ単純化ノ実施等特急注文ニ対スル減産防止ヲ講スルコト

一六

18

十、右諸対策ノ実効ヲ期スル為下期中ニ於テ督励班ヲ派遣シ鉄鋼生産確保強調期間ヲ設置スルコト　三A

(三) 石炭緊急対策

十七年度上半期ニ於ケル石炭ノ著シキ減産ハ労力、資材及食糧ノ不足、船舶ノ逼迫等ノ外八月下旬ニ於ケル山口県及九州地方ノ颱風被害ニ起因ス

然シ減産原因ヲ除去シ更ニ一層ノ増産ヲ計ル為メ政府ハ左ノ如キ対策ヲ取リ官民一致ノ協力ニ依リ[illegible]ノ効果ヲ収メタリ

対策（閣議決定）

一、下期ニ於ケル輸送力等ヲ考慮シテ重点ヲ九州炭山口炭及常盤炭ノ増産ニ置キ北海道ニ付テハ原料炭、新発生炉用炭ノ増産ヲ計ルコト

二、企業最高幹部ノ陣頭指導ノ促進等ニ依リ炭鉱ノ士気ノ昂揚ニ努ムルコト

三、下期ニ於ケル生産目標ヲ確保スル為採炭能率ノ向上ヲ期セシムルト共ニ災害ノ防止及浪達ノ継続ヲ計ラシムルコト

四、労務者及資材ノ優先的確保ヲ図ルト共ニ企業内部ニ於ケル重点的配置、企業相互間ニ於ケル相互融通ヲ計ルコト

五、食糧及作業用必需品ノ増配ヲ行フト共ニ賃金及給与ヲシテ一般他ノ労務者ノ収入ニ比シ均衡ヲ失セザル様特別ノ措置ヲ講ズルコト

六、下期ノ送炭増加量ニ付特別奨励金ヲ交付スルコト

七、配船量ノ確保、機帆船ノ統制強化、輸送及荷役ノ能率向上、貨車輸送力ノ増強等輸送対策ニ万全ヲ期スルコト

一七

八、本対策ノ趣旨徹底ヲ図ル為十七年十月三日ヨリ十八年三月末日迄擧國石炭確保運動ヲ実施スルコト

上半期及下半期ニ於ケル出炭比較左ノ通リ

（物動計画六〇、〇〇〇、〇〇〇　実績五四、一七九）

	上半期	下半期
札幌	七、三七六（千瓲）	八、二七九
仙台	一、三九四	一、六一五
東京	三七三	四八五
山口九州	一五、七一一	一八、八五七
全國計	二四、八六九	二九、二七八

三A

三、普通鋼鋼材特ニ厚板、鋼管ノC_2、C_5ニ對スル配当減ノ生拡ニ及ボス影響（村田繁）

（一）昭和十六年及同十七年ニ於ケル厚板、鋼管ノ軍ト其ノ他トノ比率ヲ見ルニ左ノ如シ

鋼管

部門別 \ 年別	昭和十六年 数量	%	昭和十七年 数量	%
軍	77.492	26.8	180.321	59.5
造船	12.774	4.4	27.284	9.0
其他	199.191	68.8	95.505	31.5
計	289.457	100	302.110	100

厚板

部門別 \ 年別	昭和十六年 数量	%	昭和十七年 数量	%
軍	258.136	27.3	510.179	41.5
造船	180.611	19.1	534.228	27.2
其他	508.059	53.6	382.573	31.3
計	946.804	100	1,226.980	100

右ノ如ク昭和十七年度ノ物動ニ於テハ軍需最優先トナリ従テ民需ヲ

三A

（二）

生拡用需要ハ非常ナ圧迫ヲ受ケ、假令計画通リトスルモ既存ノ生産力拡充施設ノ維持、補修ハ既定計画中ニ漸次中止シ得ザルモノミノ需要ヲ認メ全ク新規ナル拡充施設ハ殆ド実施シ得ザル状況ト断レリ

然ルニ昭和十七年ニ於ケル物動ノ進行ニ伴ヒ、陸海軍殊ニ造船、厚板、鋼管ニ対スル需要著シク激増シ之ガ需要充足ノ為民需ハ極度ニ圧迫セラレ計画需要ニ対スル供給品種ノ割当実績ハ応急対策ヲ講ジタルニモ拘ラズ第三四半期ニ於テ当該四半期ニ於ケル需要数量ニ比シ四〇%乃至五〇%ヲ減ズルニ至レリ

右ノ計画需要ニ対スル厚板、鋼管ノ四半期ノ割当数量A一応急対策ニヨリ厚板、鋼管ヲ限定品種トシ割当ヲ為スノ当該四半期ニ於ケル需要数量B二対スル比率ナラ用途別ニ見レバ左表ノ如シ

種類別／用途別	厚板		鋼管	
	第二	第三	第二	第三
拡充用	58	34	42	26
生産用	71	48	68	43
補修用	59	51	49	40
計	63	45	50	56

三A

此ノ結果生産拡充計画ニ予定セラレタル拡充工事ノ大半ハ中止ノ止ムナキニ至リタルノミナラズ其ノ生産力ヲ維持スベキ最小限度ノ現有設備ノ運転並ニ補修用スラ確保シ得ザル状況ニ立到レリ

殊ニ鉄鋼ノ電力、石油ノ精製、硫安部門等重化学工業部門ニ於テハ高温高圧ノ装置ヲ保有シ又腐蝕性大ナル瓦斯液体等ヲ取扱フガ厚板、鋼管ノ消耗極メテ大ニシテ之ガ補修ハ既存生産力ノ確保上不可欠ナルニ不拘割当数量ノ減少ト現品ノ入手難ハ愈々逼迫ノ一途ヲ辿リ屢々運転休止セルモノ現出スル状態ナリ

尚主要計画産業別ニ割当ノ比率ヲ見レバ左ノ如シ

三A

第三　昭和十八年物動ノ特色

一　方針

本年度物動ノ策定ニ當リテハ、戦域ノ拡大ト、戦局ノ波乱重畳タル進展トニ伴ヒ計画ノ基底タル海上輸送力ニ逼迫ヲ見ルコトトナルヲ以テ左ノ諸点ニ留意セリ

(一) 海陸輸送力ノ綜合的新効率発揮ニヨル増産ニ付特ニ考慮シタルコト

(二) 輸送力ヲ最有効ニ活用スルタメ国産、回収、在庫利用、満支ヨリノ期待、南方甲乙地域ヨリノ取得、枢軸ヨリノ取得ニ付周到ナル考慮ヲナセルコト

(三) 配当ノ面ニ於ケル軍需、造船、防空、国民生活等ノ需要ヲ充足スル最重要根源タル鉄鋼、軽金属、造船、航空機ノ劃期的増産補強ニ計画上特段ノ配慮ヲナシタルコト

二　供給力

海上輸送力逼迫ノ状況ニ鑑ミ特ニ国内ノ増産、鉄、銅、鉄ノ回収強化、在庫ノ利用ヲ図リ加フルニ満支ヨリノ期待、南方ヨリノ取得枢軸ヨリノ輸入等有ル手段ヲ尽シ其ノ増強ニ努メ其ノ重要ナル五大基幹産業ニ置ケリ今重要物資ニ付其ノ供給力ノ状況及其ノ供給源ヲ概観スレバ左ノ如シ

昭和十七年第三四半期ニ於ケル産業別ノ需要調査

部門別	摘要	厚板	鋼板
鉄鋼	需要数量 A	9,033	3,308
	割当数量 B	2,043	615
	A－B	6,990	2,633
	$\frac{B}{A}$ %	22	18
電力	需要数量 A	4,168	1,146
	割当数量 B	1,039	410
	A－B	3,129	736
	$\frac{B}{A}$ %	25	35
石炭	需要数量 A	2,955	4,087
	割当数量 B	1,732	1,966
	A－B	1,223	2,121
	$\frac{B}{A}$ %	59	40
軽金属	需要数量 A	814	424
	割当数量 B	568	274
	A－B	246	150
	$\frac{B}{A}$ %	70	65
硫酸アンモニア	需要数量	1,731	488
	割当数量	346	273
	A－B	385	215
	$\frac{B}{A}$ %	20	56
自動車	需要数量 A	3,304	560
	割当数量 B	2,425	343
	A－B	879	217
	$\frac{B}{A}$ %	73	61
セメント	需要数量 A	1,315	597
	割当数量 B	42	7
	A－B	1,273	590
	$\frac{B}{A}$ %	3	1

昭和十七年第二四半期ニ於ケル産業別ノ需要調査

部門別	摘要	厚板	鋼板
鉄鋼	需要数量 A	1,799	596
	割当数量 B	385	259
	A－B	1,414	337
	$\frac{B}{A}$ %	21	43
電力	需要数量 A	3,000	597
	割当数量 B	1,493	276
	A－B	1,507	321
	$\frac{B}{A}$ %	50	46
石炭	需要数量 A	870	397
	割当数量 B	53	10
	A－B	817	387
	$\frac{B}{A}$ %	6	3
軽金属	需要数量 A	7,408	2,669
	割当数量 B	3,450	1,050
	A－B	3,948	1,619
	$\frac{B}{A}$ %	27	39
硫酸アンモニア	需要数量 A	4,272	1,374
	割当数量 B	3,692	1,326
	A－B	580	48
	$\frac{B}{A}$ %	87	97
自動車	需要数量 A	3,270	4,620
	割当数量 B	1,209	1,582
	A－B	2,061	3,038
	$\frac{B}{A}$ %	37	34
セメント	需要数量 A	811	266
	割当数量 B	811	266
	A－B	0	0
	$\frac{B}{A}$ %	100	100

(3) 鉄鋼特ニ普通鋼々材ニ付テハ供給力ノ増加ヲ企図シタルカ其ノ供給源ハ多岐ナリ

生産分
- 一般計画ニヨルモノ、 四一二、万トン
- 更ニ沈船引揚増産ヲ期シ之ヲ鉄鋼原料トスルモノ 八一、〃（見込高）

対満取得
- 現地取得 六、〃
- 民需入 一、八〃

物資名	供給力	対十七年度計画	供給源 国産	北支	在庫	円域	甲域	乙域	枢軸
普通鋼鋼材	約五二万トン	一〇一％	八八	六	五	一			
電気銅	約一二〃	九七％	八二	一〇			八		
鉛	六〃	七八％	四九	二五	二	四	一八		二
高級アルミニウム	一三、六〃	一三四％	九七			三			
普通アルミニウム	一、六〃	五九％	一〇〇						
紡績用棉花	約三〇四万擔	九二％	九		二九	六二			
石炭	約七、九二三万トン	九〇％	九一			九			

陸海軍特殊製鉄ニヨルモノ		二三、万トン
昭和十七年度下半期増産分		二〇、一〃
軍管理工場屑鉄供出ニヨルモノ		二六、四〃
非常貯蔵	素材転用スルモノ	二三、〃
	設備転用スルモノ	二四、〃
管理営団買上ゲノモノ		三、二〃
合計		五一一、六〃

(2) 軽金属特ニ高級アルミニウムニ付テハ原料輸送ニ最重点ヲ置キ甲、乙両地域南洋ヨリノ合計九四万三千トンノボーキサイトノ輸送ヲ図レリ
尚此ノ外満洲ヨリモ期待ス

(三) 石炭ニ付テハ本年度ハ之ヲ原料用、発生炉用、一般用及無煙炭ノ四区分トシ且ツ海陸輸送ノ計画上之等ヲ地域別ニ細分シ生産、輸送、配給上ニ一層ノ確実性ヲ以テ実施シ得ル如クセリ

三、配当

戦局要求ニ対スル既定方針ニ従ヒ甲造船ヲ最優先トシ軍需ヲ次トシ之等ノ増産充足ヲ期スルタメ絶対不可欠ナル民需ヲ除キテハ極力圧縮シタリ

重要物資ニ付軍需、甲造船、民需ニ付十七年度計画量ヲ各一〇〇トシタル場合ノ概要ヲ列挙スレバ左ノ如シ

27

物資名	甲造船%	軍需%	民需%
普通鋼鋼材	一八九	九九(補給用ヲ含ム)	八五
特殊鋼	三〇	一一五	九〇(補給用ヲ含ム)
電気銅	一三七	九三	九四
鉛	一五四	八四	六三
高級アルミニウム	一七〃	一四三	八九
普通アルミニウム	一八七	一四四	九二
紡績用棉花		一一六	七六

以上ノ内軍需産業ニ関聯シ造船ニ対スル普通鋼々材、軽金属、加ヘテ航空機ニ対スル高級アルミニウム本州四国ノ石炭ニ付テノ概要左ノ如シ

(1) 普通鋼々材

支那事変以降ノ軍需甲造船民需ニ対スル配当推移左ノ如シ(万トン)

	軍需(A B C1)	甲造船(B X)	民需(C2乃至C5)
十三年度	一一七		三五五
十四年度	一三六	三二	三八七
十五年度	一五六	二六	三〇七
十六年度	二〇五	三三	二三三
十七年度	二三八	五三	二三四
十八年度	二三五	一〇一	一八六

二六 三A

28

(2) 軍需ニ対スル高級アルミニウムニ付昭和十七年度ト対比スレバ左ノ如シ

十七年度 八三万トン

十八年度 一二万トン

(3) 本州、四国ノ石炭ハ年間総量ハ配当著減シ来レタル十七年度オ四四半期ノ四倍ト略同様ノ見込ナルヲ以テ重点的ニ規正配炭ニタルモノヲ施行ハルモノト見ルベキナリ

十七年度ニ於ケル実績ト対比スレバ左ノ如シ

製鉄鉄鋼用	六〇万トン	九五%
造船用	一五〃	一〇八〃
航空機用	二四〃	一二三〃
化学工業用	三九〃	一〇四〃
瓦斯コークス用	二八四〃	一〇〇〃
電力用	三二〇〃	九六〃
軍需用	三〇〇〃	一三五〃

四 昭和十八年度物動ノ改訂

(イ) 改訂ノ原因

陸海軍ノ船舶徴傭並ニ損失補償ニ基ク船舶輸送力ノ減少ハ二三〇万六千瓩ニ達ス

(ロ) 改訂ノ範囲

(1) 鉄鋼部門

二七 三A

29

三A

普通鋼々材　約二五万トン減産

右減産ニ伴ヒ

オ一、熔鉱炉　四基乃至五基ノ休止

オ二、限定品種ノ減産防止ノ見込。

オ三、銑鉄ノ減産ニ八千トン、之ニ依ルピッチノ減産ハ約七、三千トンニシテアルミニウム精錬用電極ノ減ナヲ招来スルコトトナル

(2) アルミニウム

約六千トンノ減産

減産ニ伴フピッチ不要量一万トンニシテ其ノ減産量ハ副原料タルピッチノ減産量ニ比シ稍々大ナルモ本年度アルミニウム生産計画ニ於テ既ニ電解用ピッチコークス相当不足シ居ルヲ以テ敢ヘテ過大ト謂フヲ得ズ

(3) 石炭

六、五万トンノ減産

右ハ特定重要産業用ヲ確保スルトセバ昭和十七年下半期ノ実績ニ対シ約一〇%程度ノ規正ニシテ北部機帆船ノ輸送力減ヲ考慮セバ三五%程度ノ規正トナル

(4) 其ノ他ノ物資ニ対スル影響

三五万トン以上トナルベシ

非鉄金属(硫化鉄鉱、螢石、石灰石、ドロマイト、クリンカー、粘土頁岩、粘度、苦灰石)、棉花、生ゴム

〔工業塩、飼料、砂糖、油料種実

第四、国民生活必需物資ノ現状（報告者、古宇田）

（一）昭和十七年ニ於ケル需給状況

三A

品目	生産数量	需要数量	摘要
電球	二八五、八九〇千個	三三六、八八〇千個	(イ)一般照明用、特殊大型、特殊中型、自動車、豆各電球ヲ含ム。(ロ)需要数量ハ一般照明用ハ取付燈灯数及断線率ニ依リ、特殊大型及中型ハ販売実績ニ依リ自動車用ニ付テハ一台一ヶ年二十五個トシテ、豆ニ付テハ自転車一台一ヶ年六個医師一人一ヶ年四個一〇世帯ニ付一個ノ手提燈ニ要スル電球二個トシテ算出ス。
塵紙	一六、二四二、一〇〇貫	一五、五七三、五九三貫	(イ)塵紙、浅草紙、チリメン紙、トイレットペーパーヲ含ム (ロ)需要数量ハ消費基準ヲ地域ニ依リ一日一人A五枚、B四枚、C三枚、D二枚E一枚ニ分チ算出ス
布靴	三、一九三、〇〇〇足	四七、七七七、三五一足	(イ)学童用、青訓用、婦人労務者用官庁用ヲ含ム (ロ)一年一人当需要数量ハ学童三、青訓、婦人労務者、男子中等学生各二、女子中等学生一トシテ算出ス
鍋	三、六一七千個	九、一七六千個	(イ)アルミ、琺瑯、鋳物各種ヲ含ム (ロ)需要数量ハ一世帯ニ保有スベキ数量ヲ鍋ニ五個釜一個湯沸二個トシ平均耐久年数ヲ考慮シテ算出ス
釜	一、三一四 〃	一、七三二 〃	
湯沸	九九一 〃	九、七九二 〃	
マッチ	三四七、五七九屯	約四〇〇、〇〇〇屯	需要数量ハ一日一人当六本トシテ計算ス

31

(二) 昭和十八年度ニ於ケル配当計画

品目	單位	A昭和十七年度実績	B昭和十八年度計画	B/A %
木炭	瓲	一、三九六、三八八	一、四三三、九三〇	一〇二、六
煉炭	〃	七四九、五六五	六八、六二〇	七七、八
豆炭	〃	一七六、六〇八	二〇〇、二一一	一一三、三
繊維製品	千封度	三七四、二四〇	二二三、九〇六	五九、六
地下足袋	千足	二七、二〇〇	二五、〇〇〇	九二、〇
ゴム靴	〃	四、二五三	五、一二三	一二〇、五
布靴	〃	二一、〇八六	一三、一九三	六二、五
石鹸	瓲	八一、三五〇	七四、六九一	九一、八
鍋	千個	三、六二七	二、八九三	七九、九
釜	〃	一、三一四	一、〇五一	七九、九
湯沸	〃	九九二	七九二	七九、八
マッチ	瓲	三四七、五七九	三二五、〇〇〇	九三、五

三A

（三）
1、政府ノ對策
イ、生産ニ關スル事項
イ、品種並ニ規格ノ徹底的簡素單純化
ロ、最低限度ノ原材料ノ確保ト代用品ノ活用
◎例
「マッチ」ノ膠代用トシテノ三硝酸澱粉、塩素酸加里ノ代用トシテノ
◎塩素酸「バリウム」軸木節約ノ爲ノ「ボス」型ノ製造
◎石鹸ニ添剤ヲ混入シテ数量ヲ増ス
◎陶磁器製造用石炭ノ代用トシテノ亜炭薪炭ノ利用
◎「アルミ」、琺瑯鉄器、鋳物製品ヨリ陶磁器製品ニ転換
◎電球口金ノ磨帯鋼ノ代用トシテノ陶磁器製口金ノ利用
ハ、綜合的計画生産ノ実施
供給ヲ確保スベキ物資ニ付之ガ生産計画ヲ用途別数量別ニ策定
シ又需物資相互間ノ融通性ヲ考慮シテ同一用途ニ充テラルルモ
ノニ付テハナルベク綜合的ナラシム
ニ、廃品ノ回收利用
例 ◎電球口金
◎屑紙

三八

三一

2、配給ニ關スル事項
イ、配給機構ノ整備
ロ、切符制ノ採用
履物類、鍋、釜、湯沸、食器類ノ如ク綜合切符制ヲ妥当トスルモノ
多シ
3、消費ノ合理化ニ關スル事項
イ、共同使用等ニ依リ需要数量ノ減少ヲ図ル
ロ、使用期間ノ引延シノ実際運動ヲ推進ス
4、價格ニ關スル事項
イ、大衆消費品ノ供給確保ノ爲ノ價格調整ハ高級品ノ利潤ヲ
大衆品ノソレヨリ大ナラシムルト共ニ消費者價格ニ付テハ一
般大衆品ヲ割安ナラシム
ロ、價格査定制度ノ完備
製品ノ品質低下ヲ防止スル爲權威アル査定制度ヲ確立スルト
共ニ自治的監視ノ強化ヲ図ル
ハ、運賃諸掛等ノ「プール」計算制度ノ実施
5、手持品ノ活用ニ關スル事項
イ、修理更生用資材ノ確保
ロ、修繕料等ノ適正化

三八

三二（続）

経済

(二) 生産力拡充

一、生産力拡充概況

二、重要物資生産概況

鉄鋼・アルミニューム・人造石油・非鉄金属・

石炭・石油・工作機械

三、南方資源

山本研究生
藤原研究生
入江研究生
吉武研究生
北沢研究生
森本研究生

指定配付者	用済後直ニ返却
要整理	

一、生産力拡充概況　日本

(一) 第一次生産力拡充計画

(イ) 決定　昭和十四年一月、閣議決定

(ロ) 目的　高度国防国家建設ノ為軍需生産力ノ拡充ヲ図ル

(ハ) 期間　自昭和十四年　至昭和十六年三月

(ニ) 種目　鉄、石炭、軽金属、非鉄金属、金、液体燃料、ソーダ、硫安、パルプ、工作機械、鉄道車輌、船舶、電力

(二) 第一次生産力拡充計画ノ特徴

(イ) 事変初期ニ樹立セラレタル為其後幾多ノ改変ヲ余儀ナキニ至レルコト即チ

(ロ) 計画途上ノ物資、資材入手難

(ハ) 直接軍需資材ト建設資材

(ニ) 海外物資ノ杜絶　(第一表、第二表)　(第三表)

(ホ) 労力不足

(ヘ) 海外技術ノ輸入杜絶

(ト) 重点物資ノ転移

第一表　軍需配当率表　$\frac{A+B}{総配当量}$　括弧内　$\frac{A+B+Bx}{総配当量}$

資材名	昭和 13	14	15	16	17	18
普通鋼々材	18	25 (30)	30 (36)	43 (50)	49 (62)	40 (60)
電気銅	40	51 (54)	49 (52)	66 (69)	68 (77)	66 (78)
鉛	19	46 (47)	35 (37)	52 (55)	63 (69)	62 (69)
アルミニューム	66	79 (79)	76 (76)	79 (79)	80 (80)	85 (85)
棉花	7	10 (10)	12 (12)	27 (27)	45 (45)	45 (45)

18年度ハ豫定

第二表　生産部門ニ対スル重要物資配当計畫（比率）

物資名 ＼ 年次	昭和14年度	〃15年度	〃16年度	〃17年度
普通鋼々材	100	88	76	94
普通銑	100	93	74	120
特殊鋼	100	74	78	90
電気銅	100	116	44	40
鉛	100	119	86	79
亜鉛	100	130	94	95
セメント	－	100	66	64
生ゴム	100	70	45	52

第三表　生産力拡充部門普通鋼々材配当計画量（瓲）

拡充品目	実数 昭和14	15	16	17	18	比率 14	15	16	17	18
鉄鋼	503,543	338,924	267,340	229,900	169,430	100	67	53	46	34
石炭	238,363	308,800	289,250	234,000	186,725	100	103	102	98	78
軽金属	123,642	80,000	56,420	45,270	80,000	100	65	45	37	65
非鉄金属	160,625	170,000	133,600	107,000	59,000	100	103	83	67	37
石油、燃料	180,273	232,700	175,920	121,750	83,900	100	128	97	67	47
ソーダ、塩	25,447	20,000	13,700	11,118	6,267	100	79	54	43	25
硫安	18,787	34,000	29,090	21,000	12,000	100	182	155	112	64
パルプ	23,362	14,000	9,070	8,500	－	100	60	39	36	0
工作機械	35,642	35,000	27,500	26,500	37,500	100	99	77	75	106
車輌	41,090	90,192	141,280	126,460	169,000	100	219	343	306	412
自動車	63,170	54,300	48,000	45,120	27,500	100	88	77	73	44
電力	245,025	240,500	140,980	158,400	124,975	100	99	58	65	51
セメント	－	－	5,246	5,000	4,500	－	－	－	－	－
重要機械	－	－	12,590	11,200	11,300	－	－	－	－	－
小計	1,657,978	1,619,216	1,349,986	1,150,318	972,597	100	97	81	96	58
船舶	322,172	260,000	336,640	534,000	1,512,500	100	81	104	166	469
合計	1,980,150	1,879,216	1,686,626	1,684,318	2,485,097	100	95	85	85	126

第四表　拡充用普通鋼々材配当計畫表（瓲）

拡充品目	実数 昭和16年度	〃17	〃18	比率 16	17	18
鉄鋼	112,907	78,025	55,788	100	69	49
石炭	－	－	20,350	－	－	－
電力	117,668	133,320	100,487	100	118	89
軽金属	51,617	37,270	63,622	100	72	122
非鉄金属	－	－	10,778	－	－	－
石油精製	13,000	10,270	25,310	100	78	195
人造石油	83,870	54,000	26,250	100	66	32
無水アルコール	－	－	－	－	－	－
硫安	18,090	10,500	3,650	100	58	21
工作機械	6,000	3,200	7,000	100	53	116
重要機械	6,740	6,000	7,100	100	89	105
自動車	1,085	－	370	100	0	34
車輌	4,405	2,200	4,300	100	50	98
セメント	846	571	440	100	68	52
ソーダ、塩	3,310	1,357	1,000	100	41	30
パルプ	612	－	－	100	0	0
船舶	11,300	31,504	不詳	100	279	

（三）成績

	（イ）鉄鋼	（ロ）石炭	（ハ）軽金属	（ニ）非鉄金属	（ホ）石油	（ヘ）人造石油	（ト）車輌・工作機械	（チ）ソーダ、硫安、カーバイド	（リ）電力
量的	不良	良	良	甲	不良	不良	良	甲	中（進度遅シ）
質的	良（鉱石、銑ハ良）	不良	良	甲	不良	不良	良	甲	

第五表　昭和15年主要物資期待先別比率（物動計画）

物資名	大東亜共栄圏内 日満支	其他	計	圏外	右ノ主ナル輸入先
鉄鉱石	57	43	100	0	
マンガン鉱石	40	25	65	35	米、印度
ニッケル	28	0	28	72	米
コバルト	0	0	0	100	米、仏、チリー
白金	1	0	1	99	米、コロンビア
電気銅	38	5	43	57	米、南米
鉛	25	3	28	72	米、濠、中南米
亜鉛	50	5	55	45	米、南米、濠
錫	15	85	100	0	ボリビヤ、トルコ
アンチモン	4	0	4	96	スペイン、メキシコ、米
水銀	14	0	14	86	米
アルミニューム	23	74	97	3	
ボーキサイト	8	92	100	0	加、モザンビック
高級石綿	23	0	23	77	印、加、仏、アルゼンチン
高級雲母	0	0	0	100	印、米、仏、エヂプト
棉花	7	0	7	93	濠、南阿、アルゼンチン
羊毛	11	0	11	89	
無煙炭	90	10	100	0	
原油	13	2	15	85	米、アラビヤ、イラン、ソ聯
航空揮発油	8	0	8	92	米
普通揮発油	20	2	22	58	米、蘭印
重油	11	20	31	69	米
工業塩	50	10	60	40	米、紅海地中海岸

大東亜共栄圏ニハ……ビルマヲ含ミ
印、濠ヲ含マズ

第六表　内外地生拡物資生産量及生産設備能力増加率

種目＼年次	生産量 13	生産量 14	生産量 15	生産量 16	生産量 17	設備能力 13	設備能力 14	設備能力 15	設備能力 16	設備能力 17
普通鋼々材	100	95	93	86	84	100	112	117	136	–
銑鉄	100	120	131	154	157	100	129	156	160	–
特殊鋼々材	100	151	130	142	171					
鉄鉱石	100	104	122	176	253					
マンガン鉱	100	107	134	150	228					
石炭	100	112	126	124	118					
アルミニューム	100	138	187	321	462	100	151	230	324	–
アルミナ	100	142	212	327	481	100	175	218	277	–
マグネシウム	100	144	229	200	208	100	119	144	143	
電気銅	100	104	106	97	73	100	173	332	206	
鉛	100	131	178	184	158	100	270	375	335	
亜鉛	100	108	116	125	114	100	180	223	237	
原油	100	98	89	84	71	–	–	–	–	
航空揮発油	100	117	129	113	79	100	149	167	174	
自動車揮発油	100	51	68	42	20	100	102	106	106	
重油	100	60	51	36	24					
人造軽油	100	114	234	323	476					
人造重油	100	130	164	237	266					
無水アルコール	100	180	261	197	243	100	191	189	221	
ソーダ灰	100	97	90	58	46	100	100	102	102	
苛性ソーダ	100	96	94	66	53	100	102	102	103	
硫安	100	96	102	111	99	100	96	84	84	
セメント	100	120	120	105	92					
人絹パルプ	100	140	197	236	193	100	114	177	149	
製紙パルプ	100	107	111	113	101	100	113	114	125	
工作機械	100	352	401	406	542	100	329	452	504	
蒸気機関車	100	119	117	101	70	100	110	117	117	
貨車	100	110	132	94	64	100	115	120	84	
鋼船	100	89	70	82	111	–		–	–	
自動車	100	168	97	213	179	100	133	133	133	–
電力（水力）	100	111	118	128	137	–	–	–	–	–
電力（火力）	100	103	112	113	115	–	–	–	–	–

小数点以下四捨五入

第七表　第一次生産力拡充成績一覧表

種目＼区別・年次	生産実績／生産目標 13	14	15	16	生産実績／設備能力 13	14	15	16	設備能力／設備計画 14	15	16	○印80%以上 △印80〜60 ×印60%以下
普通鋼々材	○	○	△	×	△	×	×	×	○	○	○	
銑鉄	○	○	△	△	△	△	△	△	○	○	○	
特殊鋼々材	○	△	×	×		×	×	×	○	○	○	
鉄鉱石	○	×	×	×	–	–	–	–	–	–	–	
石炭	○	○	○	○	–	–	–	–	–	–	–	
アルミニューム	○	○	○	○	△	△	×	△	△	△	○	
マグネシウム	○	△	×	×	×	×	△	×	×	×	○	
金	○	△	×	×	–	–	–	–	–	–	–	
ニッケル	×	×	×	×	×	×	×	△	×	○	○	
電気銅	○	○	△	×	○	△	×	×	○	○	○	
鉛	○	○	○	○	○	×	×	×	○	○	○	
亜鉛	○	○	△	△	○	△	△	△	○	○	○	
錫	○	△	△	○	○	△	×	×	○	○	○	
航空揮発油	○	○	×	×	○	△	△	△	○	○	△	
自動車揮発油	△	×	×	×		×	×	×	○	○	○	
重油	○	×	×	×		×	×	×		○	○	
人造軽油	×	×	×	×		×	×			×		
人造重油	△	×	×	×		×	×	×		×		
無水アルコール	○	△	×	×	×	×	×	×	△	○	○	
ソーダ灰	○	○	△	×	△	△	△	×	○	○	○	
苛性ソーダ	○	○	○	×	△	△	△	×	○	○	○	
工業塩	△	×	×	×		×	×	×	×	○	×	
硫安	○	○	△	○	△	○	△	○	△	○	○	
人絹パルプ	○	△	○	○	△	△	△	○	△	○	○	
製紙パルプ	○	○	○	○	○	○	○	○	○	○	○	
工作機械	○	○	○	○	○	○	△	△	○	○	○	
蒸気機関車	△	△	△	×	△	△	△	△	○	○	○	
客車	○	△	△	△	×	×	△	△	○	○	○	
貨車	○	○	○	△	×	△	△	△	○	○	△	
鋼船	○	△	×	×	×	×	×			○		
自動車	○	△	×	×	×	△	△	△				
電力（水力）	○	○	○	○	–	–	–	–	–	–	–	
電力（火力）	○	○	○	○	–	–	–	–	–	–	–	

生産力拡充計画及実績一覧表（内外地）

物資名	単位	年度	閣議決定目標	生産実績	設備能力計画	設備能力実績
普通鋼々材	瓩	一三	四、六一五、〇〇〇	四、八九〇、九二七	—	七、五二八、五〇〇
		一四	五、六三〇、〇〇〇	四、六五六、五四〇	八、四四九、五〇〇	八、七五三、八〇〇
		一五	六、二八〇、〇〇〇	四、五三九、六五〇	九、三三〇、八〇〇	八、八五三、八〇〇
		一六	七、二六〇、〇〇〇	四、三三三、三一六	八、八五三、八〇〇	一〇、三〇八、〇〇〇
		一七	四、九七九、〇〇〇	四、一四〇、八九六	一〇、三〇八、〇〇〇	—
		一八	四、一一三、〇〇〇	—	—	—
普通銑	瓩	一三	三、三〇〇、〇〇〇	三、九二〇、四七	—	四、〇一八、三〇〇
		一四	四、〇〇〇、〇〇〇	三、五二三、三六六	五、〇六八、八〇〇	五、一八九、五〇〇
		一五	五、二九三、〇〇〇	三、八四〇、七八	六、〇三一、〇〇〇	六、三六八、四〇〇
		一六	六、三六三、〇〇〇	四、四八六、〇八	六、二八八、四〇〇	六、三〇五、五一〇
		一七	五、〇〇〇、〇〇〇	四、五七三、三六七	六、六五五、三一〇	—
		一八	四、二三七、〇〇〇	—	—	—
普通鋼塊	瓩	一三	六、三一〇、〇〇〇	—	—	—
		一四	七、七五三、〇〇〇	五、九〇九、三二九	—	八、一九六、一〇〇
		一五	八、七九九、〇〇〇	五、九六五、〇〇〇	八、五四〇、四〇〇	七、九八一、〇〇〇
		一六	九、九五〇、〇〇〇	五、六四七、一〇	八、六八一、〇〇〇	八、七五九、〇〇〇
		一七	—	—	九、二五九、〇〇〇	—
		一八	—	—	—	—
特殊鋼材	瓩	一三	五二〇、〇〇〇	三九六、五三九	—	—
		一四	六七〇、〇〇〇	四四六、三四七	一、三六一、三六八	一、一四四、九六〇
		一五	八二〇、〇〇〇	三七九、九八〇	一、三三一、五一〇	一、七七〇、〇〇〇
		一六	一、〇〇〇、〇〇〇	四三六、〇六三	一、七七〇、〇〇〇	一、五三〇、〇〇〇
		一七	四三〇、〇〇〇	五〇一、八二七	—	—
		一八	四三〇、〇〇〇	—	—	—
鍛鋼	瓩	一三	—	三〇、一三二	—	—
		一四	—	六〇、三八八	—	三〇五、九〇〇
		一五	—	六九、〇六八	—	三〇〇、〇〇〇
		一六	—	八六、八五一	—	三〇〇、〇〇〇
		一七	三六〇、〇〇〇	三〇五、九五六	—	—
		一八	三〇〇、〇〇〇	—	—	—
鋳鋼	瓩	一三	—	三〇、六四九	—	—
		一四	—	三五、九〇一	—	八三〇、〇〇〇
		一五	—	四四、〇五九	—	三四〇、〇〇〇
		一六	—	三三、六三五	—	六二八、〇〇〇
		一七	三五一、〇〇〇	三一、八三〇	—	—
		一八	三三〇、〇〇〇	—	—	—
フェロアロイ	瓩	一三	—	一四、三四三	—	—
		一四	—	三八、三〇六	—	—
		一五	—	四五、五六一	—	一七三、五〇〇
		一六	—	五一、二〇六	—	三一五、〇〇〇
		一七	一四六、〇〇〇	一六七、五三三	—	—
		一八	一二一、八五〇	—	—	—

アルミナ	瓩	一八	三五三、九一九	―	―	―
		一七	三七〇、七八〇	二三六、二〇七	三三六、二〇〇	―
		一六	―	一五一、八三七	三一六、〇〇〇	一八六、九〇〇
		一五	―	九七、六三四	二七五、五〇〇	一四六、九〇〇
		一四	―	六五、三三四	一二一、五〇〇	一二八、四〇〇
		一三	―	四六、一五六	―	六七、五〇〇
石炭	瓩千	一八	六九、七〇〇	―	―	―
		一七	七三、三〇〇	六八、〇六一	―	―
		一六	七八、八二二	七一、六三〇	七五、〇〇〇	―
		一四	七一、七三五	六三、七五五	七四、五一五	―
		一五	六五、八〇二	六四、五二〇	六六、六四九	―
		一三	五八、五六五	五七、七三七	―	―
ニッケル鉱	瓩	一八	七三三、〇〇〇	―	―	―
		一七	八七三、〇〇〇	四一三、七九三	―	―
		一六	―	一八二、八九五	―	―
		一五	―	三五〇、三六二	―	―
		一四	―	一八六、四〇九	―	―
		一三	―	―	―	―
モリブデン鉱	瓩	一八	六七〇	―	―	―
		一七	五四〇	五三八	―	―
		一六	―	三六〇	―	―
		一五	―	二〇三	―	―
		一四	―	一八五	―	―
		一三	―	一三〇	―	―
タングステン鉱	瓩	一八	七、三〇〇	―	―	―
		一七	六、六〇〇	七、〇五八	―	―
		一六	―	五、六〇八	―	―
		一五	―	五、三〇〇	―	―
		一四	―	四、一八五	―	―
		一三	―	二、八〇四	―	―
クローム鉱	瓩	一八	八一、六〇〇	―	―	―
		一七	八〇、七〇〇	六〇、九八九	―	―
		一六	―	六四、三一二	―	―
		一五	―	五三、五五〇	―	―
		一四	―	四四、六三八	―	―
		一三	―	四九、〇〇一	―	―
マンガン鉱	瓩	一八	二八六、六〇〇	―	―	―
		一七	三七三、〇〇〇	三七六、七九五	―	―
		一六	―	一九九、三三四	―	―
		一五	―	一六三、二四七	―	―
		一四	―	一三〇、〇〇〇	―	―
		一三	―	一二一、六八一	―	―
鉄鉱石	瓩	一八	六、一四二、八〇〇	―	―	―
		一七	四、七〇〇、〇〇〇	四、三三五、九九五	―	―
		一六	五、七〇〇、〇〇〇	三、〇二七、〇二九	―	―
		一五	四、四〇〇、〇〇〇	二、〇八七、八九八	―	―
		一四	三、二〇〇、〇〇〇	一、七九三、二〇二	―	―
		一三	二、二五〇、〇〇〇	一、七五五、九五二	―	―

一二

アルミニウム	瓩	一三	一九、〇〇〇	二三、一一八	一	三二、〇〇〇
		一四	二九、二〇〇	三〇、八四〇	六一、〇〇〇	四八、六〇〇
		一五	三九、一〇〇	四一、八八九	一一八、〇〇〇	七三、六〇〇
		一六	一三六、四〇〇	七一、六四七	一二七、六〇〇	九八、八〇〇
		一七	一二四、一〇〇	一〇三、〇七五	一四四、八〇〇	一
		一八	一五六、八六九	一	一	一
マグネシウム	瓩	一三	一、一一三	一、三五五	一	三、九〇〇
		一四	三、七八〇	一、九三三	八、一八〇	四、六六〇
		一五	六、六五〇	三、〇八七	九、六六〇	四、四六〇
		一六	一一、〇〇〇	三、六八二	五、八六〇	五、五六〇
		一七	六、〇〇〇	三、七九三	八、一二〇	一
		一八	六、〇一三	一	一	一
金	瓩	一三	五一、六六九	五六、四三八	一	一
		一四	六六、〇二五	五六、八一八	八二、〇五六	一
		一五	九二、九〇九	五六、八九五	七〇、五一七	一
		一六	一〇六、五三四	四八、〇〇四	一	一
		一七	三八、七三五	五三、八六四	一	一
銅	瓩	一三	九七、四〇六	一〇一、三七五	一	八三、六九六
		一四	二八、一八三	一〇五、三八六	三三、四一	四三、三八五
		一五	一四九、四七七	一〇七、七〇八	一五八、三五	八三、九三〇
		一六	一七九、〇〇〇	九一、四四七	八六、八六	一七〇、三三〇
		一七	八四、一五〇	七四、三四〇	一七〇、三〇〇	一
		一八	九〇、〇〇〇	一	一	一
鉛	瓩	一三	八、七四四	一七、五二三	一	一六、五四八
		一四	二六、七八五	二三、八七九	三四、四〇〇	四四、七〇〇
		一五	三三、六二五	三三、〇七六	六〇、七〇〇	六二、七〇〇
		一六	三五、五五〇	三三、三二三	六一、七〇〇	五五、五〇〇
		一七	二七、九三五	三六、六六九	五五、五〇〇	一
		一八	二八、〇〇〇	一	一	一
亜鉛	瓩	一三	五五、八〇〇	五六、五八四	一	四七、五〇〇
		一四	七〇、一〇〇	六二、四八一	八九、〇〇〇	八五、〇〇〇
		一五	八八、〇〇〇	六五、五七四	一〇二、一八〇	一〇六、〇一三
		一六	九五、〇〇〇	七〇、六七〇	三七、五三二	一三、四〇〇
		一七	六五、一七〇	六四、八九二	一二、四〇〇	一
		一八	七五、五〇〇	一	一	一
錫	瓩	一三	一、八〇四	一、六六九	一	三、三〇〇
		一四	二、六五〇	一、八三五	三、四六〇	三、八〇〇
		一五	二、八五〇	二、〇八七	三、〇五〇	五、三三〇
		一六	三、五〇〇	四、四一六	六、一八〇	七、六八〇
		一七	六、二三〇	三、八五六	七、六八〇	一
		一八	一	一	一	一
ニッケル	瓩	一三	一五〇	七七	一	四五〇
		一四	二、一五〇	二五一	四、六六六	二、六五〇
		一五	三、九八〇	一、三四七	二、六五〇	三、九〇〇
		一六	五、〇〇〇	二、九四六	二、九〇〇	三、〇〇〇
		一七	三、〇〇〇	一、四六八	五、〇〇〇	一
		一八	一	一	一	一

一三

航空潤滑油	竏	一三	—	—	—	—
		一四	五、〇〇〇	五	一六、五〇〇	六、七〇〇
		一五	一〇、〇〇〇	—	一六、七〇〇	六、七〇〇
		一六	三〇、〇〇〇	—	—	九、五〇〇
		一七	—	八〇	—	—
		一八	—	—	—	—
人造重油	竏	一三	二八、〇〇〇	九、七三三	—	—
		一四	四八、〇〇〇	五五、六三〇	—	七八、五三〇
		一五	八三、〇〇〇	三三、三七四	一八四、〇三〇	八九、七〇〇
		一六	三四六、〇〇〇	四六、六九二	—	—
		一七	一三七、二九五	五二、五九四	—	—
		一八	七三、九〇〇	—	—	—
人造軽油	竏	一三	一〇、〇〇〇	三、三四九	—	—
		一四	二六、〇〇〇	三三、八一六	—	三五、四五〇
		一五	七六、〇〇〇	七、八三八	一三三、三五〇	四五、五〇〇
		一六	二九、〇〇〇	一〇、八三一	—	四三、三九五
		一七	三四、七〇五	一五、六六三	—	—
		一八	三四、三四〇	—	—	—
重油	竏	一三	六一〇、〇〇〇	六六〇、四九一	—	—
		一四	七五六、〇〇〇	三九六、七〇八	—	九三七、〇〇〇
		一五	八八六、〇〇〇	三三六、〇三九	九三七、〇〇〇	九八四、八〇〇
		一六	八五〇、〇〇〇	三三八、三四九	九八四、〇〇〇	九八四、八〇〇
		一七	—	一六、〇九一	九八四、八〇〇	—
		一八	—	—	—	—
自動車揮発油	竏	一三	九六五、〇〇〇	七四〇、二〇〇	—	一、三三〇、三三八
		一四	一、三三八、〇〇〇	六〇三、九三九	一、三六一、六三八	一、三五三、五三八
		一五	一、四一六、〇〇〇	九〇三、三六四	一、三五三、五三八	一、四〇五、〇〇〇
		一六	一、三五〇、〇〇〇	三二、八三二	一、四〇五、〇〇〇	一、四一五、〇〇〇
		一七	—	一四四、三六二	一、四一五、〇〇〇	—
		一八	—	—	—	—
航空揮発油	竏	一三	四五、〇〇〇	六六、四一七	—	六六、四〇〇
		一四	七四、〇〇〇	七七、九〇四	八四、四〇〇	九九、三〇〇
		一五	一四五、〇〇〇	八五、四一六	一〇七、三〇〇	一二〇、九〇〇
		一六	二四〇、〇〇〇	七五、三八七	一八〇、九〇〇	一一四、九〇〇
		一七	—	五六、三三八	一六四、九〇〇	—
		一八	—	—	—	—
原油	竏	一三	—	三八九、三〇〇	—	三八〇、三四九
		一四	—	三八三、八四四	四五五、六三九	三八三、八四四
		一五	—	三四六、九一六	四三三、五三七	三四六、九一六
		一六	—	三三六、八三一	—	三三六、八二一
		一七	二九〇、〇〇〇	三七六、七七四	—	—
		一八	二八〇、〇〇〇	—	—	—
水銀	瓩	一三	—	一三、六九〇	—	—
		一四	—	四六、八〇〇	—	—
		一五	—	一二七、〇七五	—	三五〇、一五〇
		一六	—	一四一、五八〇	四〇〇、一五〇	一八、〇〇〇
		一七	一八〇、〇〇〇	三〇三、〇七四	—	—
		一八	三〇〇、〇〇〇	—	—	—

製紙パルプ	噸	一三	八七五、〇〇〇	八五二、五五二	—	九〇八、五四〇
		一四	九〇一、〇〇〇	九〇八、五九二	一〇一五、一九五	一〇二八、六一一
		一五	九八九、〇〇〇	九四八、四九七	一〇五三、六一二	一〇三四、四八〇
		一六	一〇三七、〇〇〇	九五九、三七五	一〇三四、四八〇	一二一二、五〇〇
		一七	一〇〇三、五〇〇	八五七、八三二	一二一二、五〇〇	—
人絹用パルプ	噸	一三	九、五〇〇	一〇四、三一五	—	九三、一九〇
		一四	一九、四〇〇	一四六、二〇九	三三三、〇〇〇	三〇、〇〇〇
		一五	二五、三〇〇	三〇五、八六三	三三六、〇〇〇	三四、八〇〇
		一六	三〇、七〇〇	二四六、三七五	三四三、八〇〇	三五四、六〇〇
		一七	二二、五〇〇	一八〇、二四四	三五四、六〇〇	—
セメント	瓩	一三	—	六、三〇四、三八〇	—	—
		一四	—	七、五八八、三三〇	—	—
		一五	—	七、六九〇、三三九	—	八、七八六、四〇〇
		一六	—	六、六六五、九九五	八、八六一、四〇〇	八、八三三、四〇〇
		一七	七、三〇五、〇〇〇	五、八〇五、三一七	九、一五三、四〇〇	—
		一八	六、四六九、四〇〇	—	—	—
硫安	瓩	一三	一五一〇、〇〇〇	一五三三、二三六	—	—
		一四	一七六〇、〇〇〇	一四七四、六三七	二六九八、〇〇〇	[illegible]
		一五	一九五六、〇〇〇	一五六三、七〇〇	二〇二一、〇〇〇	一七七七、〇〇〇
		一六	二〇三九、〇〇〇	一六九八、四〇三	一九六七、〇〇〇	一九六七、〇〇〇
		一七	一八六八、三〇七	一五一四、五六八	二〇三七、〇〇〇	—
		一八	一五六八、〇〇〇	—	—	—
工業塩	瓩	一三	五〇、〇〇〇	—	—	一、〇〇〇
		一四	七一、〇〇〇	二、四三六	一三八、三〇〇	三〇、三八〇
		一五	一五七、〇〇〇	一九、三五七	一七六、五二一	三〇三、八〇〇
		一六	三三五、〇〇〇	八八、〇四八	四九六、五〇〇	三六三、八八〇
		一七	二二五、〇〇〇	一八三、四三九	三三五、八八〇	—
		一八	—	—	—	—
苛性ソーダ	瓩	一三	四〇八、〇〇〇	四六一、三八〇	—	五八三、六九〇
		一四	三九六、〇〇〇	四四〇、〇七二	五九二、六〇〇	五九三、三〇〇
		一五	四七一、〇〇〇	四三三、〇二三	五九二、三〇〇	五九三、七四〇
		一六	五七四、〇〇〇	三〇二、七四一	五九六、四六五	六〇三、五四〇
		一七	三三三、二〇〇	二四二、四〇一	六〇三、五三〇	—
		一八	二五六、八〇〇	—	—	—
ソーダ灰	瓩	一三	七三六、〇〇〇	六七二、六〇〇	—	八九七、四五〇
		一四	六六七、〇〇〇	六五二、九六八	九〇五、三七〇	八九七、三七〇
		一五	七五七、〇〇〇	六〇四、九六一	八九七、三七〇	九一三、五七〇
		一六	九〇八、〇〇〇	三九一、四五三	九一二、五七〇	九一二、五七〇
		一七	三九八、七〇〇	二〇八、三六八	九一二、五七〇	—
		一八	二八三、八〇〇	—	—	—
無水アルコール	竏	一三	二〇、〇〇〇	三二、四九六	—	七五、九八二
		一四	九〇、〇〇〇	五八、六〇七	一九三、二〇四	一四四、七〇〇
		一五	一七〇、〇〇〇	八四、八四七	一六五、〇〇〇	一四三、五三〇
		一六	二七〇、〇〇〇	六四、三五九	一八一、一八五	一六八、二三〇
		一七	一一〇、五〇〇	七八、八九五	一七五、三〇〇	—
		一八	七一、〇〇〇	—	—	—

	工作機械	蒸汽機関車	客車	貨車	船舶	自動車（軍ヲ除ク）	電力（水力）	電力（火力）
	円千	輌	輌	輌	噸	台	kW	kW
一三	一七六,〇〇〇	八〇七	一,一六一	一四,一二一	四〇三,〇〇〇	一五,七〇〇	五,〇一二,五〇〇	二,八三九,五〇〇
一四	一八五,〇〇〇	九八〇	一,六〇〇	二〇,〇〇〇	五五〇,〇〇〇	四五,〇〇〇	五,五四一,〇〇〇	三,〇八四,五〇〇
一五	一七三,五〇〇	一,〇五〇	二,〇〇〇	三一,〇〇〇	六〇〇,〇〇〇	六五,〇〇〇	六,二〇〇,〇〇〇	三,三二四,五〇〇
一六	二〇〇,〇〇〇	一,一〇〇	二,〇〇〇	二一,〇〇〇	六五〇,〇〇〇	八〇,〇〇〇	七,二九二,〇〇〇	三,五四四,五〇〇
一七	三五〇,〇〇〇	五九〇	六〇〇	一一,〇〇〇	五一八,六八六	三五,〇〇〇	六,九三一,九五五	三,三七八,〇六四
一八	六〇〇,〇〇〇	八〇〇	二〇〇	一九,八四〇	—	一五,〇〇〇	七,三五六,〇八五	三,三五四,七三八
一三	一七八,四四九	六一四	一,〇七四	一六,二四〇	三七五,七五一	一六,四八二	四,九七九,三三三	二,八三三,六四六
一四	二四四,五九七	七二一	一,二六二	二七,九六三	三五五,三七四	三六,九〇〇	五,三九三,六三三	二,九三九,九二九
一五	三一二,九七九	七八〇	一,五八五	三一,四七八	三六五,八八〇	三六,〇〇〇	五,九三八,〇六七	三,一三一,四四四
一六	三八,一六七	六三五	一,四八六	一五,三四〇	三〇七,八六一	三四,四六〇	六,三六五,五九五	三,一八八,三四四
一七	四〇七,六三三	四三三	四九〇	一〇,三九八	四一四,四九六	二九,三一〇	六,八三三,八五五	三,二六五,七三八
一八	—	—	—	—	—	—	—	—
一三	一四五,〇〇〇	九七五	二,〇九四	二七,四五二	六七二,〇〇〇	四〇,〇〇〇	五,四九〇,四六〇	三,一二九,四五三
一四	二六九,八七〇	一,〇三七	二,六九八	三一,一三七	九四九,〇〇〇	四〇,〇〇〇	五,九七〇,六八三	三,二〇九,一四三
一五	四七〇,六六〇	一,〇二一	二,二九二	三七,六五三	七六六,〇〇〇	四〇,〇〇〇	六,四〇〇,三六〇	三,二七〇,〇六四
一六	四八〇,〇〇〇	一,〇〇九	二,三〇六	二一,三五五	—	四〇,〇〇〇	六,九三二,一九五	三,二三〇,八四四
一七	—	—	—	—	—	—	—	三,三五四,七三八
一八	—	—	—	—	—	—	—	—
一三	九二,〇〇〇	八五八	一,九四七	二四,七七二	六六五,〇〇〇	三二,〇〇〇	四,九七六,二三二	二,八三五,五八四
一四	三〇二,〇五八	九四三	二,一六七	二八,四二〇	八八〇,〇〇〇	四〇,〇〇〇	五,四九〇,一四三	三,〇九三,六四四
一五	四一五,八六八	一,〇〇五	二,二一九	二九,七五〇	七三,〇〇〇	四〇,〇〇〇	五,八八五,三六八	三,一六九,四四四
一六	四六三,三八八	一,〇〇一	二,二七八	二一,五三五	—	四〇,〇〇〇	六,三六五,五九五	三,一九八,八三四
一七	—	—	—	—	—	—	六,八九五,〇八五	三,二四五,七三八
一八	—	—	—	—	—	—	—	—

(四)
(イ) 第二次生産力拡充計画ノ特徴
自主的生産力拡充
海外物資、技術輸入不能ナルヲ以テ全ク自力ヲ以テ之ヲ行フ必要アリ
(ロ) 年度計画トス
情勢ノ変化予測ス可カラサルヲ以テ各々ノ年度毎ニ計画ヲ樹立ス
(ハ) 輸送力ヲ基本トス
船舶建造、国内資源開発
(ニ) 超重点主義採用
船舶、鉄鋼、銅、アルミ、燃料、機械、電力

(五) 昭和十八年度生産力拡充計画ノ特徴
(イ) 五大重点産業
(ロ) 力点移行
設備拡張主義ヨリ技術向上、能率増進、既設設備利用主義ヘノ移行
(ハ) 品目変更
加入 乙造船、醗酵、有機合成品
削除 金、パルプ、工業塩

(六) 生産力増強ノ為ニ採ラレタル措置
(イ) 物資動員
1. 物資ノ生産、配給、輸出入統制
2. 物資ノ貯蔵、管理
3. 退蔵物資活用
4. 金属回収
5. 代用品使用奨励
(ロ) 設備動員
生産設備ノ高度利用転用
(ハ) 労務動員
(ニ) 交通動員
(ホ) 電力動員
(ヘ) 資金動員
(ト) 企業整備
(チ) 価格対策、補償金制度
(リ) 技術動員
(ヌ) 精神運動

(七) 将来ノ生産力拡充方針

(イ) 輸送力確保
現下ノ情勢並ニ我国内資源ノ貧困性ニ鑑ミ船腹増加ハ最大ノ鍵ナリ

(ロ) 国内資源開発
国防上及輸送力上国内資源開発ハ極力之ヲ強行スルヲ要ス

(ハ) 基礎資材ノ生産力拡充
原料輸入国内加工ノ障害ヲ一掃スルヲ要ス

(ニ) 物資ノ有機的関聯性把握
目前物資ノ背後ニ存スル物資ノ確保

(ホ) 生産諸要素ノ動員ト之ニ関スル行政機構ノ整備刷新、

(ヘ) 企業型式及価格(補助金)再検討

(ト) 精神動員及技術動員ノ徹底

三B イ

一九

(一) 第一次生産力拡充計画　満洲國

(イ) 目的　満洲ノ産業開発

(ロ) 期間　自昭和十二年度(康徳四年)　至昭和十六年度(康徳八年)

(ハ) 種目
重工業　鉄鋼
鉱業　石炭、鉄鉱、銅、鉛、亜鉛
化学工業　人造石油、塩、パルプ、硫安
食糧
電力

(ニ) 特徴

(イ) 重工業中心、生産量増加主義
従ッテ計画ハ稍粗ニシテ生産機械及軽工業品ハ海外依存(ドイツ及日本)多ク労力モ一部北支ニ期待セリ

(ロ) 最終工業重点主義
産業開発ノ意義ヨリ重点ガ稍最終工業ニ偏シ原料資源開発ハ第二次的トナレリ

(ハ) 一業一社乃至高度統制ノ企業形態採用

(ホ) 経過
概ネ良好ナル経過ヲ以テ其ノ目的ヲ達シタルモ左ノ如キ結果ヲ招来セリ

三B ロ

二〇

輕工業品ノ自給化

第8表　滿洲國主要物資生産量畢年比率

物資 ＼ 年度	昭和13年	14	15	16	17	18
普通鋼々材	100	104	114	119	116	
銑鉄	100	120	124	164	169	
鉄鉱石	100	101	104	134	111	
石炭	100	124	131	150	150	
アルミニユム	100	500	833	1333	1333	
銅（金属換算）	100	131	256	517	不詳	
亜鉛（〃）	100	105	223	177	〃	
鉛（〃）	100	111	342	391	〃	

第8表（續）

頁岩輕油	100	700	600	650	1,000	
頁岩重油	100	365	385	565	720	
ソーダ灰	100	129	165	133	不詳	
塩	100	235	243	236	不詳	
硫安	100	66	78	82	不詳	
人絹パルプ	100	129	134	52	不詳	
製紙パルプ	100	140	224	280	不詳	
電力	100	130	146	183	不詳	

a) 独ソ戰ノ為生産設備、機械ノ輸入杜絶ニ依リ
機械工業ノ発達ヲ必要トス、
b) 日支事変ノ為対日期待ノ軽工業品不足
ヲ来セリ
c) 原料自給率ノ低下
生産工業ノ拡充ニ比シ原料資源ノ開発
遅レ且原料品其物ノ対日供給ヲ要スル為
鉄鉱石、石炭等ハ北支、蒙疆ヘノ期待多ク
原料需給ノ均衡ヲ失ス
d) 品質低下
石炭ノ如キハ量ニ走リ粗質ノ低下ヲ来セリ
e) 労力不足
食糧ノ偏並ニ北支労力ノ利用困難ノ為
労力不足ヲ来セリ
f) 生産性低下
企業形式ノ補正ヲ要セリ

(ニ) 第二次生産力拡充計画
(イ) 特徴
年度計画トシ実行性ニ富ム
基礎産業拡充

第9表（其一）満洲国生産力拡充計画実績表

種目	單位	年度	生産目標	実施計画	生産実績	設備能力計画	設備能力実績
鋼材	千瓲	12	400	—	260	399	424
		13	335	—	385	424	424
		14	395	—	402	697	555
		15	557	481	441	1,127	595
		16	1,038	509	459	1,777	595
		17	—	517	448	—	—
		18	—	619	—	—	—
鋼塊	千瓲	12	580	—	516	580	580
		13	620	—	585	580	580
		14	655	—	521	705	580
		15	1,037	560	532	1,080	580
		16	2,027	560	561	3,390	1,080
		17	—	—	—	—	—
		18	—	—	—	—	—
鋼片	千瓲	12	500	—	455	500	500
		13	543	—	520	500	500
		14	570	—	458	500	500
		15	760	488	461	1,840	500
		16	1,810	477	480	3,014	500
		17	—	—	—	—	—
		18	—	—	—	—	—
銑鉄	千瓲	12	850	—	811	—	—
		13	910	—	854	—	—
		14	1,720	—	1,022	—	—
		15	2,265	—	1,061	—	—
		16	3,070	—	1,490	—	—
		17	—	1,440	1,447	—	—
		18	—	1,660	—	—	—
鉄鉱石	千瓲	12	2,273	—	2,648	—	—
		13	3,286	—	3,290	—	—
		14	5,315	—	3,315	—	—
		15	7,925	—	3,430	—	—
		16	11,200	—	4,343	—	—
		17	—	5,340	3,651	—	—
		18	—	4,196	—	—	—
石炭	千瓲	12	14,674	—	14,281	—	—
		13	17,465	—	15,988	—	—
		14	21,460	—	19,497	—	—
		15	26,410	—	21,132	—	—
		16	31,610	—	24,147	—	—
		17	—	26,940	24,149	—	—
		18	—	27,850	—	—	—

第9表（其二）

アルミニウム	千瓲	12	—	—	—	4	5
		13	2	—	9.6	5	5
		14	5	—	3	10	10
		15	9	7	5	30	10
		16	15	8	8	—	—
		17	—	10	8	—	—
		18	—	10	—	—	—
マグネシウム	瓲	12	—	—	—	—	—
		13	—	—	—	—	—
		14	10	—	—	30	21
		15	40	—	5	1,000	600
		16	1,000	470	27	3,000	900
		17	—	250	8	—	—
		18	—	300	—	—	—
銅（金属換算）	瓲	12	—	—	—		
		13	390	—	104		
		14	1,765	—	136		
		15	3,160	500	266		
		16	3,971	1,234	538		
		17	—	—	—		
		18	—	—	—		
亜鉛（金属換算）	瓲	12	1,900	—	1,643		
		13	2,575	—	2,150		
		14	14,319	—	2,261		
		15	31,850	8,200	4,815		
		16	50,825	5,985	3,800		
		17	—	—	—		
		18	—	—	—		
鉛（金属換算）	瓲	12	2,200	—	1,283		
		13	2,993	—	2,503		
		14	12,395	—	4,854		
		15	27,487	9,935	8,788		
		16	46,252	10,016	9,540		
		17	—	—	—		
		18	—	—	—		
頁岩軽油	千竏	12	18	—	15	140	140
		13	15	—	2	140	140
		14	15	—	14	300	300
		15	23	—	12	300	300
		16	23	—	13	500	300
		17	—	—	20	—	—
		18	—	8	—	—	—

第9表(其四)

電力	千KW	12	551	—	558		
		13	682	—	597		
		14	882	—	771		
		15	1,338	—	862		
		16	2,012	—	1,069		
		17	—	—	—		
		18	—	—	—		

第10表 日満支重要物資生産状況 (16年17年実績、18年目標)

物資名	単位	年次	日	満	支	計
普通鋼鋼材	瓲	16	4,303,316	393,099	4,267	4,700,682
		17	4,140,897	448,324	15,409	4,604,630
		18	4,112,000	618,810	24,000	4,764,810
普通鋼鍛鋼	瓲	16	186,851	21,592	—	208,443
		17	205,956	20,000	—	225,956
		18	200,000	20,000	—	220,000
普通鋼鋳鋼	瓲	16	236,638	10,698	—	274,336
		17	211,830	15,000	—	226,830
		18	220,000	17,000	—	237,000
銑鉄	瓲	16	4,488,608	1,220,000	61,386	5,769,994
		17	4,573,277	1,447,443	90,048	6,110,768
		18	4,237,000	1,660,000	207,500	6,104,500
特殊鋼鋼材	瓲	16	416,062	6,650	—	422,712
		17	501,827	8,441	—	510,268
		18	430,600	8,827	—	438,827
フェロアロイ	瓲	16	151,206	7,966	—	159,172
		17	164,533	10,828	—	175,361
		18	121,850	18,157	—	140,007
鉄鉱石	瓲	16	3,027,029	4,389,050	3,594,190	11,010,269
		17	4,335,995	3,651,000	4,886,000	12,872,995
		18	6,142,800	4,196,000	7,032,000	17,370,800
石炭	千瓲	16	71,630	24,184	24,863	120,677
		17	68,061	24,146	25,920	118,127
		18	69,700	27,850	30,090	127,640
アルミニウム	瓲	16	71,747	8,000	—	79,747
		17	103,075	7,457	—	110,532
		18	151,869	10,000	—	161,869
マンガン鉱	瓲	16	199,324	—	35,710	235,034
		17	276,795	10,000	30,000	316,795
		18	286,600	10,000	34,000	330,000
蛍石	瓲	16	37,061	—	—	37,061
		17	50,842	—	83,808	134,650
		18	53,000	—	168,000	221,000
石油	竏	16	57,567	144,218	—	201,785
		17	76,879	164,588	—	241,467
		18	160,200	71,300	—	231,500

第9表(其三)

頁岩重油	千竏	12	66	—	75	(軽油ヲ含ム)	
		13	75	—	20		
		14	75	—	73		
		15	170	—	79		
		16	170	—	113		
		17	—	—	144		
		18	—	144	—		
ソーダ灰	千瓲	12	12	—	11	36	36
		13	54	—	45	72	72
		14	72	—	58	72	72
		15	72	—	65	72	72
		16	72	—	60	72	72
		17	—	69	—	—	—
		18	—	65	—	—	—
塩	千瓲	12	335	—	335		
		13	395	—	226		
		14	509	—	531		
		15	679	549	550		
		16	910	608	536		
		17	—	1,334	—		
		18	—	1,518	—		
硫安	千瓲	12	158	—	181		
		13	271	—	233		
		14	308	—	153		
		15	382	228	182		
		16	404	249	190		
		17	—	203	—		
		18	—	127	—		
人絹パルプ	瓲	12	4,400	—	600		
		13	21,600	—	19,564		
		14	[illegible]	—	22,573		
		15	77,200	—	23,514		
		16	108,000	—	9,152		
		17	—	23,200	—		
		18	—	5,000	—		
製紙パルプ	瓲	12	6,600	—	10,000		
		13	32,400	—	24,825		
		14	39,000	—	34,782		
		15	115,800	—	50,714		
		16	162,000	—	69,487		
		17		90,800	—		
		18		58,100	—		

二、重要物資生産状況

鐵、鋼

(一) 過去

量的ニ鋼材ノ生産ハ不足ナルモ鉄鋼一貫作業略確立スルニ至レリ
(第一一表) 三B八

(二) 現在

昭和十八年度生産計画ノ特色

(イ) 船腹不足、之ニ加ヘ本年度本船輸送量（一三、六七六瓩）ニ情勢ニ依リ確
保ヲ難キ處アリ（一七年度計画対実績九二、四%）

(ロ) 対策

(1)(2) 國内鉄鉱石増産、鉱石品位向上

代用鉱石利用

原粉銅

鐵滓鑛

三八

(3)(4)(5) 海綿鐵

砂鉄体焼結鉱炉ノ北支移設、小型熔鉱炉使用（第一二表、第一三表） 三B八

屑鉄非常回収（第一四表、第一五表）

三九

第一一表　本邦銑鋼生産比率表

（銑／鋼）鋼ハ普通鋼材及ビ特殊鋼材並ビ鋳鋼

年	13	14	15	16	17
比	52	64	70	87	87

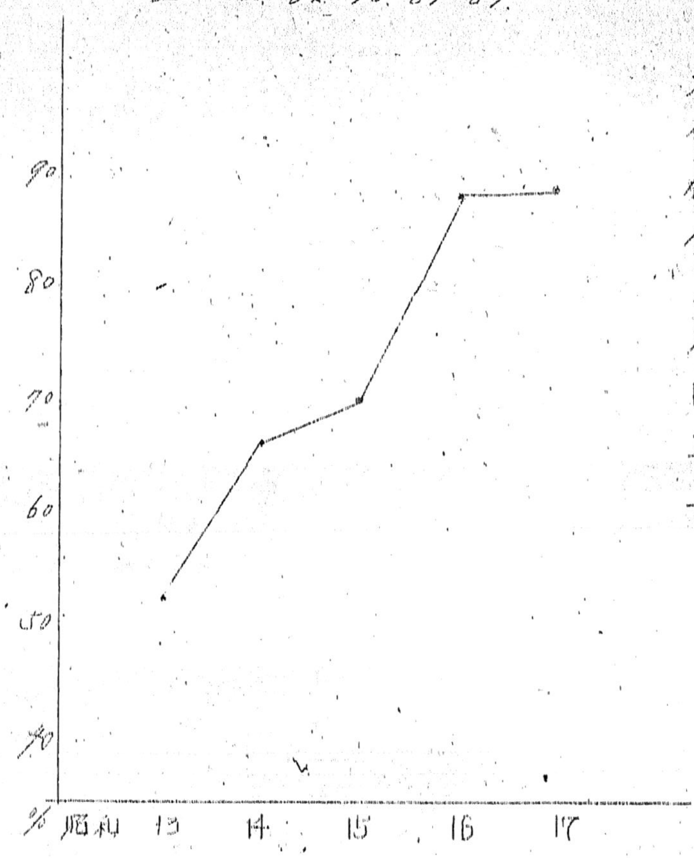

第一二表　製銑工場概況（一七年度末）

地域	事業者名	工場名	熔鉱炉能力数	全能力	18年生産[illegible]	稼働率%	備考
内地	日本製鉄	輪西	700×3 350×2 225×2	822,800	520,000	63	
		釜石	700×1 380×1 350×1	360,400	295,000	82	
		広畑	1,000×2	544,000	367,000	66	
		八幡	1,000×2 700×1 500×1 400×3 350×2 300×3	1,893,400	1,520,000	81	1,000瓲炉一基休止
	日本鋼管	扇町	600×2 400×1 350×1	596,700	410,000	69	170瓲炉休止
		鶴見	300×1 170×1	142,800	64,000	44	
	中山		500×2	218,400	125,000	57	
	小倉		350×2	190,400	155,000	81	一基未稼働
	尼鉄		350×1	95,200	60,000	63	
	寿重工	大津	70×1	30,600	18,000	59	

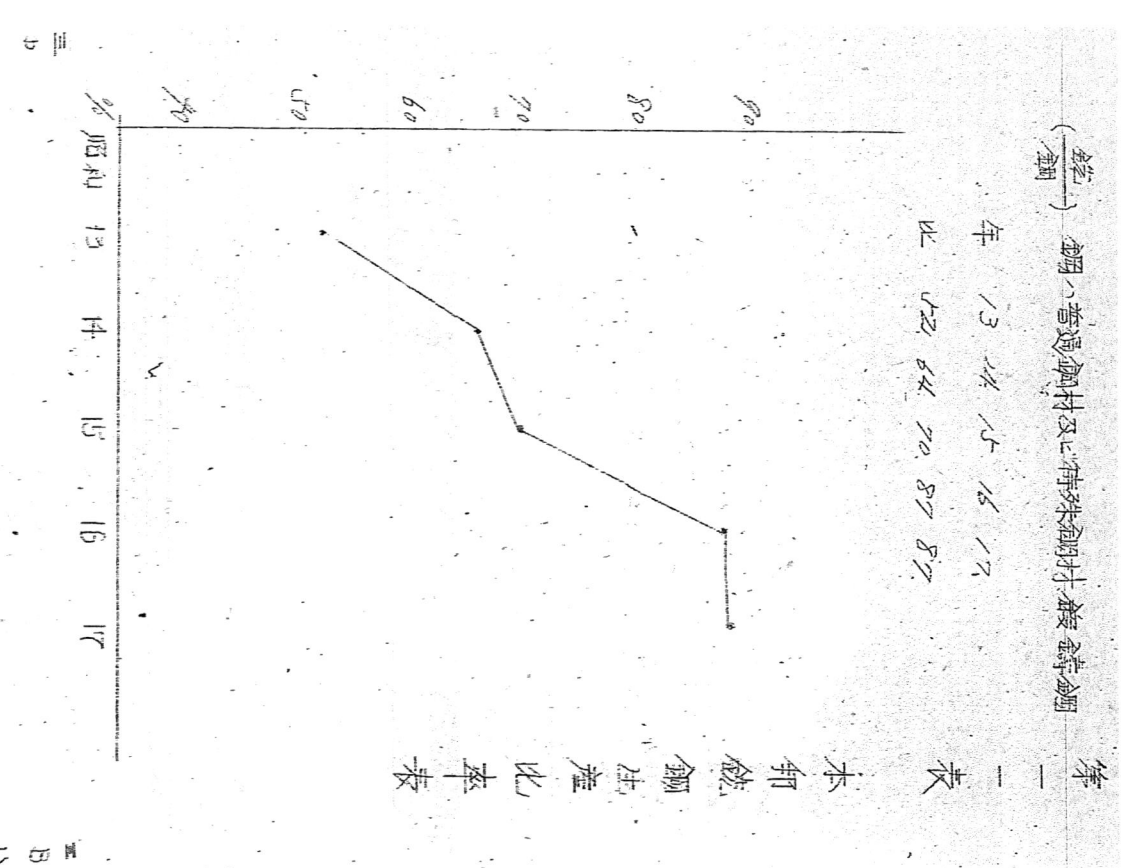

第一三表　小型熔鉱炉建設計画

事業者	場所	能力(屯)×基数	火入完了
日鉄	兼二浦	20×10	18.10
	清津	20×10	〃
	石景山	20×10	〃
	唐山	20×20	19.1
	馬鞍山	20×10	〃
満洲鋳工	鎮南浦	20×8	18.8
	海州	20×2	18.7
朝鮮製鉄	平南	20×10	18.11
三和鉄山	三和	20×10	18.12
利原鉄山	利原	20×5	18.10
日本鋼管	青島	250×3	18.8
	芝山	20×10	18.12
山西産業	太原	20×2	18.7
	陽泉	20×1	18.8
中山製鋼	天津	20×5	18.11
鐘実	平壌	20×10	18.10
蒙疆興業	宣化	20×5	18.8
高雄製鉄	高雄	20×5	18.8
台湾重工	汐止	35×1	18.10
竜烟鉄鋼	宣化	20×10	18.10
		50×4	19.1
計	能力 3,880屯	20×121	
		35×1	
		40×2	
		50×4	
		250×3	

内	日本鉄鋼	川口	40×1	9,000	7,000	78
	小計		−	4,923,900	3,462,000	70
地	小型炉計		−	−	75,000	−
	合計		−	−	3,537,000	−
朝	日鉄	兼二浦	350×2	278,800	312,000	113
		清津	500×2	306,000	263,000	81
	小計		−	584,800	575,000	98
鮮	小型炉計		−	−	104,000	−
	合計		−	−	639,000	−
台湾	小型炉計		−	−	21,000	−
全	大型炉計		−	−	4,037,000	73
	小型炉計		−	−	200,000	−
国	合計		−	−	4,237,000	−
満	昭和		−	−	1,390,000	−
	本渓湖		−	−	270,000	−
洲	合計		−	−	1,660,000	−
支	石景山他計		−	−	70,000	−
那	小型炉計		−	−	137,500	−
	大型炉計		−	−	5,767,000	−
計	小型炉計		−	−	337,500	−
	総計		−	−	6,104,500	−

(三) 将来
(a) 満洲鉄鉱石資源開発及満洲ニ於ケル大規模製鉄事業経営
(b) 支那製鉄事業振興
(c) 本邦砂鉄、大規模利用法研究
(d) 技術及設備ノ改善（焼結装置　酸素吹込法　転炉電気炉製鋼等）
(e) 価格対策

三B八

アルミニウム

(一) 過去
生産数量増加ニノミ目標ヲ置キタル為量的ニハ相当成功セルモ技術装置ハ海外依存ノ能率低シ

(二) 現在
昭和十八年度生産計画
(イ) 飛躍的増加ヲ図ル為技術大改善、能率増進ヲ図ル（非熔鉱法ノ

三六

第一四表　鉄特別回収実績（一七年度）　瓲

	実施目標	11月末迄成績	比率 %	備考
官庁公共団体	133.631	14.490	10.9	
指定施設	200.000	35.395	17.7	
家庭及非指定施設	70.000	88.788	127.0	
集団及厚生金庫	500.000	68.193	13.6	
小計	903.631	206.866		
一般回収	930.400	618.961	67.0	
循環屑	2.568.700	1.640.000	64.0	
合計	4.402.731	2.465.327		

三四
三B八

第十五表　鉄鋼部門特需品ニ依ル鋼材増産案（一年単位）（千瓲）

期日	第一年 一四半期	第一年 二四半期	第一年 三	第一年 四	第二年 一	第二年 二	第二年 三	第二年 四	算定基準
鋼材生産量	240				1.200				鋼材1瓲1瓲生産ニ要スル船腹 鉱石 2.3 石炭 1.15 其他 0.265 依テ 3.7瓲
								Ⅵ 320	即船腹1瓲1年ノ生産量3.2瓲
							Ⅴ 320		鋼材1瓲ヨリ船腹2瓲トス
						Ⅳ 320			依テ1期50ニテ80生産ス
					Ⅲ 320				
				Ⅱ号 240					
			Ⅰ号就役 160						
			80				Ⅰ号義務終了		
造船鋼材	50 Ⅰ号船	50 Ⅱ	50 Ⅲ	50 Ⅳ	Ⅴ	Ⅵ			

三B

採用等）（第一七表）

(ロ) ピッチコークス、氷晶石等附帯事業ノ強化躍進ヲ図ル、

(ハ) 能力増加ノ為極力遊休設備ノ利用ヲ行フ、

(a) 金山ノ設備転用

(b) グルタミン酸ソーダ製造設備転用、

(ニ) 代用鉱石利用（第一六表）

(a) 粗アルミナ製造

(b) 粘土、礬土頁岩ヨリ代用ボーキサイト製造

(ホ) 船腹優先確保（本船輸送）

(三) 将来

(イ) 技術確立

(ロ) ボーキサイト以外ノ鉱石利用

(ハ) 電力開発

、立地——朝鮮、満洲、南方

第一六表　各種アルミナ製造原料処理法

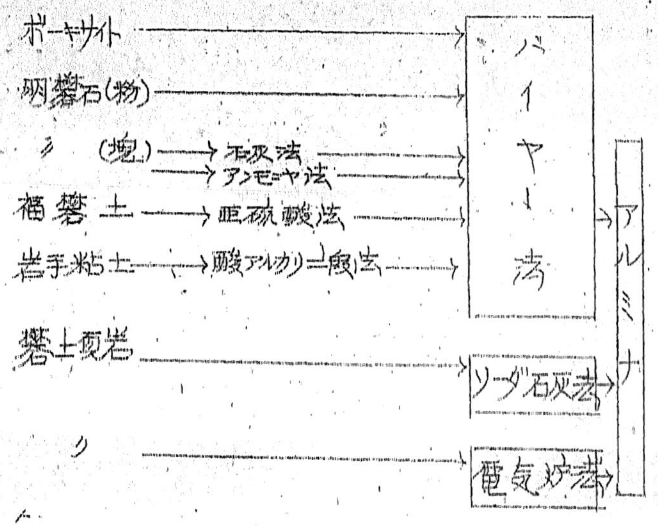

三B八

第一七表　各社品位別アルミニウム生産比率

社名	工場	四月 99.3%以上	四月 右以下	五月 99.3%以上	五月 右以下	備考(原料)
日本曹達	高岡	100	0	100	0	ボーキサイトバイヤー
日本軽金属	蒲原	100	0	100	0	ボーキサイトバイヤー
	新潟	100	0	100	0	
	平均	100	0	100	0	
日満アルミ	富山	94	6	96	4	一部礬土頁岩
東北振興	郡山	20	80	32	68	福礬土
昭和電工	大町	100	0	100	0	ボーキサイトバイヤー
住友アルミ	新居浜	83	17	93	7	
日本アルミ	高雄	100	0	100	0	ボーキサイトバイヤー
	花蓮港	100	0	100	0	
	平均	100	0	100	0	
日本窒素	興南	72	28	88	12	礬土頁岩
朝鮮理研	鎮南浦	17	83	43	57	礬土頁岩
	平均	92	8	96	4	

三B八

第一〇表　技術ノ改善交流ヲ要スベキ事項

	項目	研究完了者	説明
アルミナ	バイヤー法改善	ドイツ	補助剤(酸化剤)使用ナルヲ時間短縮
	代用鉱使用 石礬石 礬土頁岩 福礬土 燐酸礬土	浅田化学 日東化学 国産軽銀 日窒 日満アルミ	ボーキサイトノ補填策
	ボーキサイト非焙焼法	昭和電工	燃料節減(30%)回転炉不用
	オートクレーブ連続使用	全上	アルミナ分解濾過法ノ改良
	落出アルミナ連続析出	日曹 日本アルミ	能率10% 労力30%節減
	アルミン酸ソーダ冷却法	日曹	蒸発式冷却ニ改善
アルミニウム	電流効率		本邦ハドイツノ約80%
	電極	ドイツ特許使用	ゼーデルベルグ電極ニ相当スルモノ

日 二

三B八

第一七表　ボーキサイト焙焼法及非焙焼法原単位(瓲当り)

	ボーキサイト	苛性ソーダ	石炭	水	備
焙焼法	2.25(乾)	0.08	1.83	1.32	
非焙焼法	2.25(乾)	0.08	1.20	0.71	焙焼炉不用

三九

三B八

第一八表　各種アルミナ製造原単位

原料		日満アルミ 電炉法	朝鮮理研 電炉法	曹達石灰法	バイヤー法	バイヤー法
原鉱		礬 2.39 ボ 1.18	〃 2.0 〃 1.5	礬 3.40	明 5.2	ボ 2.30
薬品其ノ他	苛性ソーダ	−	−	0.6	1.2	0.12
	石灰石	−	−	2.5	−	−
	硫酸	−	0.1		−	−
	鉄	鉄屑 0.18	鉄石 0.8		−	−
	電極	0.58	0.5		−	−
電力 KWH		14,400	12,500	1,700	700	450
燃料	石炭	0.74	1.4	2.65	5.5	3.30
	重油	−	−	0.2	−	0.26
備考		礬ハ礬土頁岩 ボハボーキサイト	〃		明ハ明礬石	
工数(10時間)		23.5	29.0	30		10

日 〇

三B六

人造石油

(一) 過去

外國特許模倣ト技術提携

(二) 現在

昭和十八年度生産計画

(イ) 方針 B重油及航空潤滑油ヲ目的トシテ之ガ整備ニ行ヒ将来基礎ヲ確立ス

(ロ) 対策

(a) 目標ノ確定ヲ要ス

1. 高オクタン燃料トエンヂン

2. 人造石油トメタノール アルコール イソオクタン

(b) 製造型式ト触媒

コバルト ト 常圧合成

(三) 将来

人造石油ニ関シテハ平戦時需要転換ヲ円滑ナラシメ戦時莫大ナル要求ニ応ズルガ如ク設備能力ノ平時ニ於ケル経済的維持方法ヲ充分考慮スルヲ要ス

第三表　人造石油一覧（一八三末日）（其一）

地域	工場名	製品種類	17年末能力	設備型式	能力	完成期日	18年末能力
内地	北海道人造石油	航揮 普揮 重油 軽油 航潤 普潤	ナシ	合成 重合 潤滑	55.000 5.000 8.000	19/4 19/3 19/5	55.000 — —
	宇部油化工業	航揮 普〃 重油 軽〃 普潤	低乾 11.000	ルギ 水添 油滑	11.000 2.000 20.000 70.000 20.000	18/8	11.000 2.000 20.000 — —
	東邦化学工業	航揮 軽油 重〃	低乾 3.000 水添 15.000	低乾 水添	3.000 15.000	— —	3.000 15.000
	三井化学	航揮 普〃 軽油 航潤 普〃	合成 30.000	合成 重合 潤滑	30.000 2.400 5.600	— 18/3 18/12	30.000 2.400 5.600
	日鉄輪西	普揮 重油 軽〃	低乾 3.000	低乾	3.000	—	3.000
	日本油化	航揮 普〃 重油 軽〃	水添 6.000	低乾 水添	8.000 10.000	18/1 18/1	8.000 10.000
	尼崎人造石油	普揮 軽油		合成	30.000	18/7	30.000
	宇部興産	普揮 重油 軽〃	低乾 11.000	低乾	11.000	—	11.000
	日産液体燃料	普揮 重油 軽〃	低乾 11.000	ルギ	11.000	—	11.000
	東亜燃料	普潤		潤滑油	30.000	18/8	30.000
	昭和石油	普潤		潤滑油	10.000	18/6	10.000
	日本石油	普潤		潤滑油	16.000	18/12	16.000
朝鮮	朝鮮人造石油	普揮 重油 軽油	直接 25.000	直接水添	25.000	—	25.000
	日窒	普揮 重油 軽油	低乾 6.000	低乾	6.000	—	6.000
	朝鮮石油	普潤		潤滑油	10.000	18/10	10.000
樺太	樺太人造石油	普揮 重油 軽油		低乾			
	三菱石炭油化	普揮 重油 軽〃	低乾 15.000	低乾	15.000	—	15.000
満洲	撫順東製油	普揮 重油 軽〃		頁岩油	120.000	19/4	—
	撫順西製油	軽油 重〃	頁岩油 185.000	頁岩油	185.000	—	185.000
	撫順液化	航揮 普〃	直接 5.000	直接水添	5.000	—	5.000
	吉林人造石油	普揮 軽油 重油		低乾	10.000	19/10	—
	満洲合成燃料	普揮 軽油		合成	30.000	18/9	30.000
	満鉄	普潤		潤滑油	6.000	18/9	5.000
計	日本 満洲 合計		136.000 190.000 326.000				

註　普揮ハ普通揮発油、普潤ハ普通潤滑油

(一) 各年産額　非鉄金属　第一表　第二表、
銅
(イ) 国内鉱石製出銅量ハ十七年七五、六八七瓲ニシテ前年ニ比シ約五千瓲減少シ居レリ
過去ニ於ケル國内ノ最大産出量ハ一〇八、〇三八瓲（大正六年、價格瓲一〇五二円）大正五年以後ノ最少産出量ハ五四、一二六瓲（大正二年價格瓲六九〇円二〇銭）ナリ
(ロ) 外國鉱石製出銅量ハ昭和十七年四〇、五〇〇瓲ニシテ前年ヨリ約一万三千瓲減少セリ、外国鉱石輸入相手国ハカナダ、南米、比島等ニシテ十七年度輸入ハ比島ノミナリ
(ハ) 電氣銅輸入ハ十六年度四九、三六〇瓲ナリ
鉛
(イ) 国内鉱石製出鉛量ハ十七年度二四、一九八瓲ニシテ前年ヨリ一、八九七瓲増ナリ
(ロ) 外國鉱石製出鉛量ハ十七年三、二〇三瓲ニシテ前年ヨリ約七千瓲減ナリ
亜鉛
(イ) 国内鉱石製出量（亜鉛）ハ十七年度六五、四三八瓲ニシテ前年ヨリ約一万二千瓲増ナリ
(ロ) 外國鉱石製出亜鉛量ハ十七年度九六一瓲ニシテ前年ヨリ

四七

三四二

約一万六千瓲減ナリ
(二) 鉱山状況　第三、四、五表
(イ) 採掘粗鉱量ノ増大ニ比例シテ品位低下スル傾向アリ、其ノ理由ハ探鉱ノ遅延ニ因ルモノニシテ能力ヨリ以上ノ出鉱ヲナシ居ルヲ示スモノナリ
(ロ) 探鉱遅延ノ理由ハ労力資材ノ不足ニヨルモノナリ
(三) 労務　第六、七、八、九表
(イ) 十八年三月末労務者数一六六二三四名（金属鉱山全部）ニシテ前年同月ニ比シ約二千五百名ノ増加ナリ
(ロ) 右増加ハ朝鮮人及女子ノ増加ニヨルモノニシテ内地人男子ハ殆ド増加シ居ラズ
(ハ) 十八年度ニ於テ金鉱山整備ニヨリ約一万名（十八年五月末現在）ノ労務者ヲ重要鉱物ノ鉱山ニ移轉セシムル事ヲ得タリ、右ニヨリ労務不足ハ幾分緩和スル事ヲ得タルモ増産所要人員減耗移動数及ビ今後ノ探鉱ノ積極化ヲ考慮スル時ハ尚不足ナリ
(ニ) 能率ハ昭和十二年ニ比シ十六年度ニ於テ約一割乃至二割低下セリ、右原因ハ半島人並ニ未熟練者ノ増加及ビ資材ノ不足ノ為ナリ
(四) 資材
(イ) 金鉱山整備ニ依リ相當量ノ節約ヲナスヲ得タルモ莫大

三四三

ナル増加ヲナス関係上尚不足ニシテ資材ノ有效利用、代用品
ノ使用等が現在ノ緊急問題ナリ
(ロ) 不足資材ノ主タルモノハ鋼材(特ニパイプ中空鋼)爆薬、木材
選鉱油ナリ

三乃二

(五) 奨励金
(イ) 探鉱奨励金 第十一表
(ロ) 選鉱場設置奨励金 第十二表
(ハ) 機械化奨励金 第十三表
(ニ) 採鉱、製錬技能者養成補給金
(ホ) 鉱山科学生学資金補助(民間団体)
其ノ他満俺増産奨励金(十八年度予算二一〇千円)アリ

(六) 価格
第十四表
銅ニツイテハ十六年九月鉛、亜鉛ハ十七年四月国内産出分ニ対シ会社ヲ基準トセルプール制価格ヲ決定相当ノ買上価格ヲ為シタルモ其後更ニコスト増嵩ニ依リ本年四月銅ニツキ各鉱山基準ノプール制価格ヲ決定値上ヲナセリ、右ニ依リ銅価格問題ハ一応解決セル状況ナリ、尚市中販売価格ハ据置トナレリ。

(七) 十八年生産見込並ニ今後ノ方策
十八年生産目標ハ相当大巾ノ増産トナリ居ルモ資材労力ヲ充分確保シ得レバ目標達成可能ナリ

四九

増産ニ対スル方策
(イ) 採掘粗鉱量増大シ大体選鉱能力ノ限度ニ達シ之以上採掘量ヲ増大スルモ処理不能ナルヲ以テ本年度ハ品位優良ナル鉱脈ヲ採掘シ粗鉱品位ノ高上ヲ計ル事(第十五表)
(ロ) 選鉱場ノ能力拡張ヲ計ルト共ニ探鉱ニ努メ明年度以降ノ産額減少ノ防止ニ努メルコト
(ハ) 中小鉱山ノ蝟集セル地帯ニ中央選鉱場ヲ設置スルコト
(ニ) 中小鉱山ノ技術指導ヲナスコト
(ホ) 資材ノ消費率ヲ各鉱山ニ付キ非常ナル相違アルヲ以テ其ノ原因ヲ究明シ消費量減ナスル様指導ヲナスコト
銅鉱山二十四山ニ於ケル資材使用量
中空鋼使用量
採掘延当リ 最少 〇、〇〇四瓩
仝 最大 〇、一五六瓩
ライナー使用量
選鉱延当リ 最少 〇、〇一五瓩
仝 最大 一、一九七瓩
(ヘ) 労務ニ関シテハ労務管理ノ徹底強化ヲナスコト、特ニ従来ノ未熟練者及朝鮮人ノ教育指導ニ努メル事

三乃二

第一表 生産状況（單位＝瓲）

		13年	14年	15年	16年	17年	18年
電気銅	国内鉱石	77,764	79,812	76,642	80,693	75,787	計画99,475
	外国鉱石	22,573	25,148	30,224	17,453	4,050	8,330
	計	100,337	104,960	106,866	98,146	79,837	107,805
	故銅回收			(電銅輸入 129,553)	(電銅輸入 49,360)	13,584	10,000
	合計			(236,419)	(147,506)	93,421	117,805
鉛	内地鉱石			11,094	14,684	16,805	15,740
	朝鮮鉱石			7,337	7,617	7,393	16,740
	滿洲鉱石			17	7	}3,203	—
	輸入鉱石			9,067	10,409		敵 651
	計		18,834	27,515	32,717	27,401	32,512
	地金 滿洲						1,960
	地金 南方						11,000
	地金 特別回收						10,000
	合計						55,472
亜鉛	内地鉱石			43,409	47,854	58,884	61,850
	朝鮮鉱石			3,447	5,806	6,554	11,225
	滿洲鉱石			2,858	3,390	}961	—
	輸入鉱石			14,021	13,502		—
	計		61,418	63,745	70,552	66,399	73,075
	地金 佛印						2,400
	地金 滿洲						1,000
	地金 特別回收						2,000
	合計						78,475

第三表
平均粗鉱品位

	13年	14年	15年	16年	17年	18年
銅	1.31%	1.23%	1.11%	1.02%	1.00%	(推定) 0.95%
鉛	1.38	1.25	1.14	1.05	1.12	1.14
亜鉛	5.97	5.01	4.80	4.58	4.70	4.59
水銀	／	／	／	／	／	／

第二表 外国銅鉱石輸入量（含銅量）

	15年度 瓩	18年度 瓩
智利	9,947	11,352
ペルー	902	131
ボリビヤ	238	491
カナダ	13,742	
サイプラス	1,250	
比島	7,334	3,978
計	33,413	15,952

第四表
年度別鉱況変化図
（昭和12年基準）

(1)

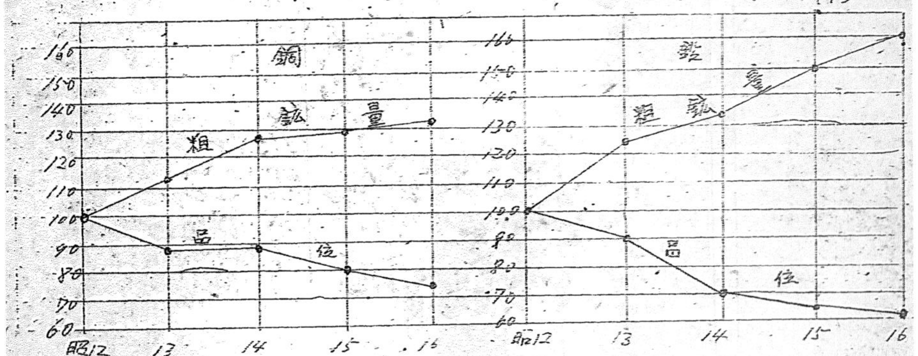

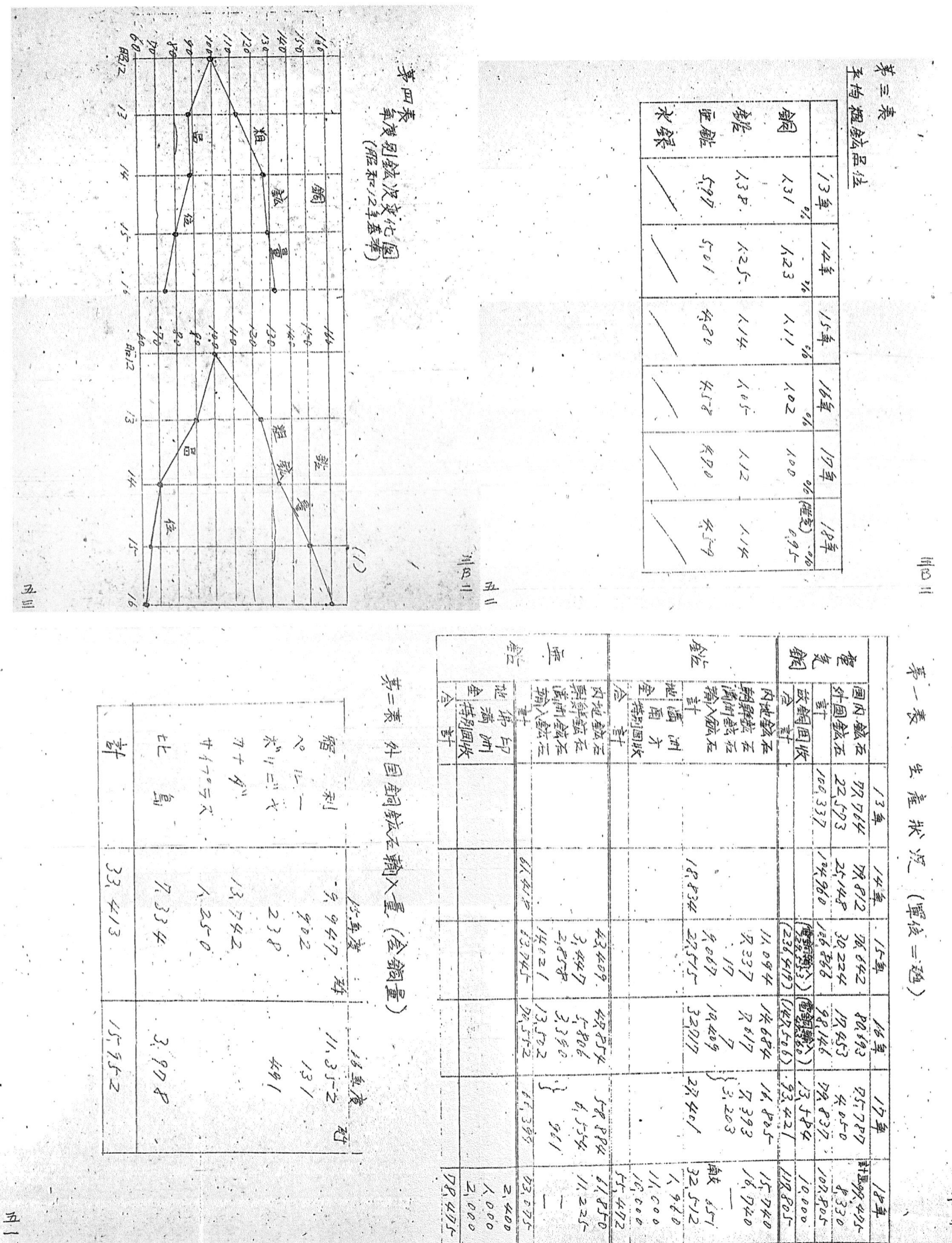

第四表

(2)

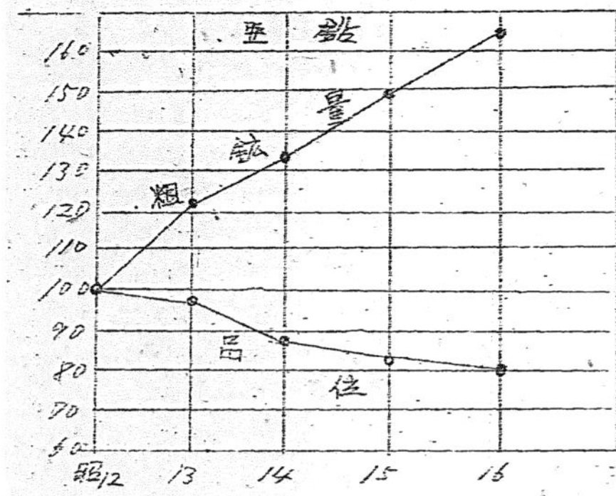

註、粗鉱量及品位ハ主要鉱山ノ粗鉱量並ニ品位ヲ各別ニ合計平均ナルモノナリ

第五表

探掘随営探鉱坑道延長率(昭和十二年基準)

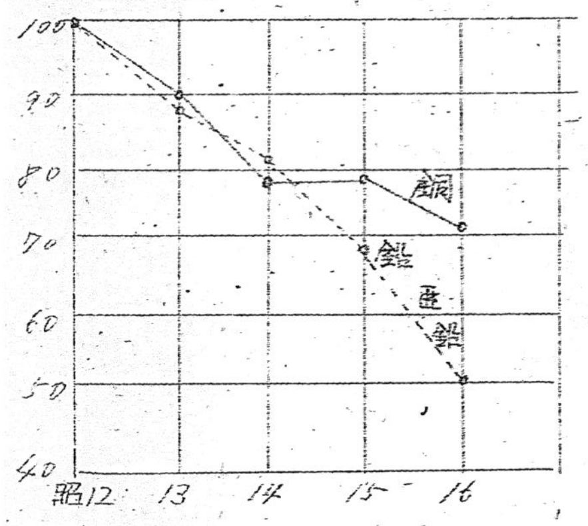

第六表

金属山労務者数

		16年3月	17年3月
男	内地人	142,045	142,763
	朝鮮人	16,114	18,953
女	内地人	21,734	23,361
	朝鮮人	468	373
合計	内地人	163,779	166,124
	朝鮮人	16,582	19,326

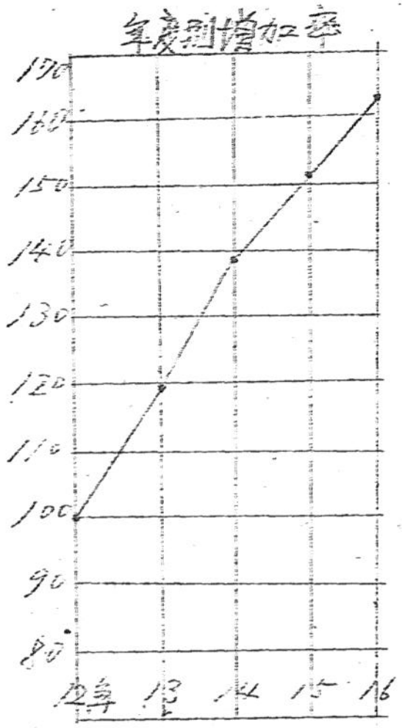

第七表

内地金鉱山労務者総数

内地人			半島人			計		
男	女	小計	男	女	小計	男	女	計
23,504	4,414	27,918	5,948	82	6,030	29,452	4,496	33,948

休廃止・縮少金山轉換可能労務者数

内地人	半島人	計
21,895	4,760	26,655

労務者移駐計画計上数

内地人	半島人	計
12,095	3,296	15,391

労務者移駐進涉状況(受入)

18年5月末現在

内地人	半島人	計
6,443	3,584	10,027

18～6～15

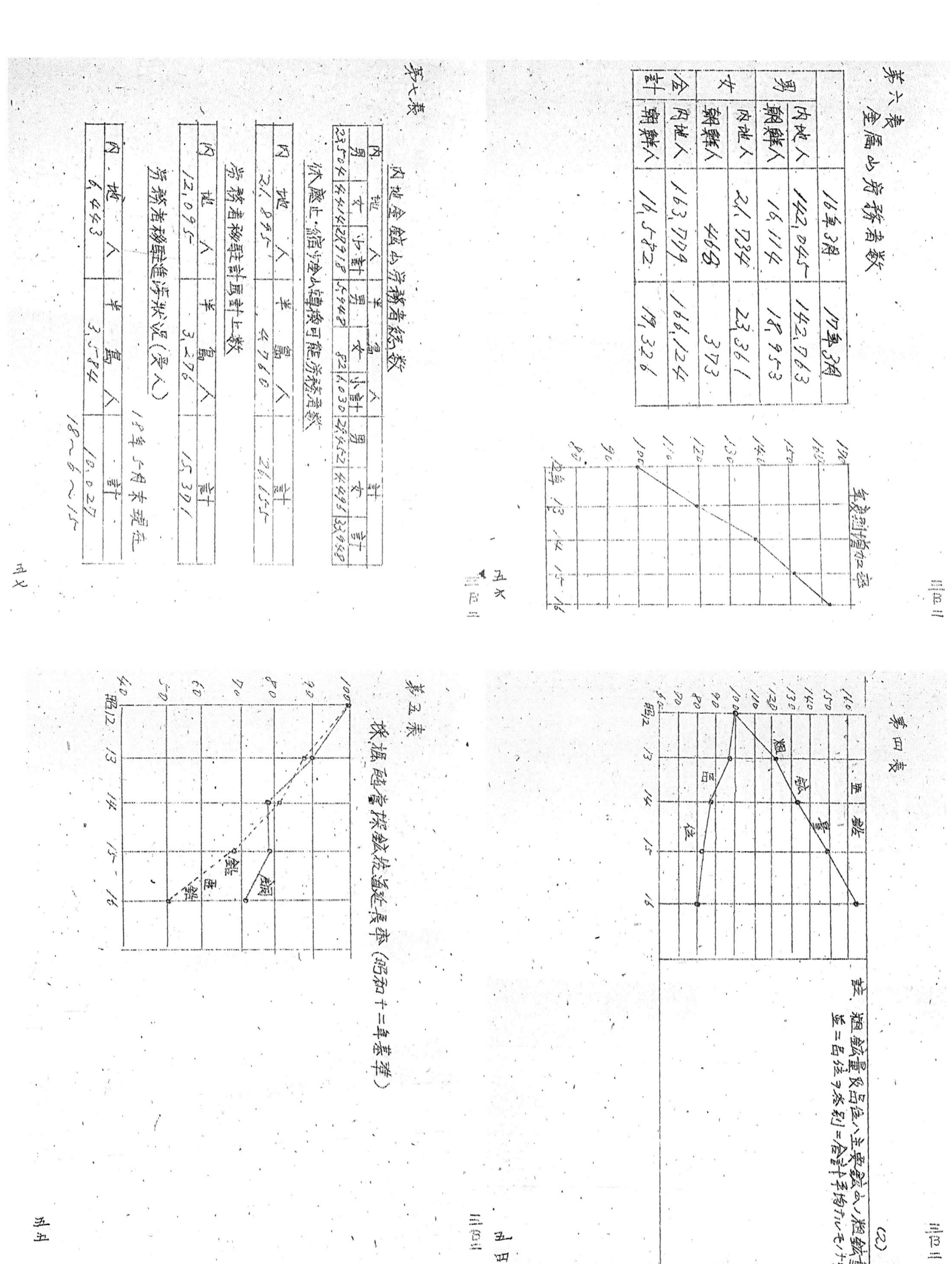

第八表
銅　主要鉱山一工當粗鉱量(瓲)並ニ能率指数(12年＝100)

	坑内夫一工當					全鉱夫一工當リ				
	12年	13年	14年	15年	16年	12年	13年	14年	15年	16年
日立	瓲 1.60 %	1.58	1.51	1.37	1.36	0.56	0.51	0.46	0.41	0.42
	100	98.8	94.4	85.6	85.0	100	97.1	82.1	73.2	75.0
別子	瓲 1.71 %	1.89	1.23	1.06	1.17	1.25	1.37	0.88	0.73	0.75
	100	109.9	71.9	62.0	68.4	100	108.5	102.8	105.6	114.1
足尾	瓲 1.67 %	1.87	1.77	1.96	2.25	0.71	0.77	0.73	0.75	0.81
	100	111.9	105.9	117.3	134.3	100	108.5	102.8	105.6	114.1

17年坑内夫1工当採掘粗鉱量　1.129瓲（主要銅鉱山平均）
〃　1.267瓲（主要鉛亜鉛鉱山平均）

第九表
坑内夫一工当産出銅量並ニ指数(12年＝100)

	12年	13年	14年	15年	16年
日立	瓩 18.9 %	18.5	18.0	17.8	16.5
	100	97.9	95.2	94.2	97.3
足尾	瓩 22.2 %	21.3	20.0	18.4	17.8
	100	95.9	90.1	82.9	80.2
別子	瓩 33.9 %	36.9	23.2	17.9	15.6
	100	108.3	68.4	52.8	46.0

第十表
鋼材割当量

	14年	15年	16年	17年	18年
数量	124,927瓲	141,432	123,432	107,000	118,294
比率	100	113	98	85	95

第十一表
採鉱奨励金交付状況

	昭和12年	13年	14年	15年	16年	17年	18年
産金	1,800	1,800	3,000	5,000	5,000	3,475	予算 1,665
重要鉱物	—	1,000	1,045	1,467	1,500	3,025	予算 4,835
合計	1,800	2,800	4,045	6,467	6,500	6,500	6,500

17年度採鉱坑道延長　　　1米当交附金
産金　水平 108,269 M.　　　¥ 26.99
　　　竪坑 3,390 M　　　¥ 61.40
　　　試錐 16,005 M　　　¥ 14.05
重鉱　水平 99,798 M　　　¥ 25.24
　　　竪坑 6,348 M　　　¥ 12.06
　　　試錐 8,916 M　　　¥ 12.59
合計　水平 208,067 M．竪坑 11,738 M．試錐 24921 M

第十二表
選鉱場設置奨励金交付状況（単位1,000円）

	昭和15	昭和16	昭和17	昭和18
重要鉱物	1,035	666	予算 7,000	予算 6,400
産金	4,060	6,583		
合計	5,095	7,249	7,000	6,400
拡張能力	3,029 瓲/日	2,730 瓲/日	2,450 瓲/日	

※ 産金選鉱場設置奨励金ハ重要鉱物ヲ併セ産スルモノハミヲ計上ス

第十三表

	昭和16年	昭和17年	昭和18年
交附金額	969,500	795,400	予算 1,440,000
鑿岩機	615台	239台	—
コンプレッサー	50 〃	33 〃	—
モーター	44 〃	31 〃	—
シャープナー	35 〃	10 〃	—
電気機関車	18 〃	3 〃	—
蓄電池機関車	54 〃	22 〃	—
積込機	11 〃	22 〃	—
索道		3.6 粁	—

石炭

(一) 生産額並ニ配給量 第一、二表

(イ) 國内生産額ハ漸減ノ傾向ニアリ

(ロ) 理由

イ、労務者ノ不足並ニ能率ノ低下

ロ、資材ノ不足

ハ、船舶輸送ノ逼迫ニ依ル貯炭増加

ニ、利潤ノ減少ニ依ル鉱山ノ整備ノ遅延

(ロ) 事變前ニ比シ炭質低下セリ

(二) 勞務 第三、四、五表

(イ) 十八年三月末勞務者數三十九万九千余ニシテ前年全期ヨリ約四万ノ増加ヲ見タルモ右ノ増加ハ朝鮮人約四万、女子一万名ノ増加ニ依ルモノニシテ内地人男子ハ約五〇〇〇名ノ減少ナリ

(ロ) 未熟練者及ビ半島人並ニ女子ノ増加ニ依リ能率ハ低下セリ

(三) 資材 第六表

(四) 十八年出炭見込並ニ今後ノ対策

北海道炭ノ増産ハ船舶ノ輸送逼迫ノ為貯炭増大シ生産減少ノ見込ナリ

北海道炭ノ輸送問題解決セバ目標達成可能ナリ

六四

第十四表　価格ノ変動表（100瓩当リ）

1、電気銅

	賣値	買値	
13年1月	110.00	110.00	水曜会建値
4〃	100.00	〃	銅統制組合建値
5〃	100.50	〃	〃
6〃	103.50	〃	〃
7〃	100.00	〃	〃
8〃	102.00	〃	〃
10〃	105.00	〃	〃
11〃	107.50	〃	〃
14年1〃	107.00	〃	〃
2〃	107.00	〃	9.18停止価格
12〃	135.00	140.00	(協)許可価格
16年9〃	180.00	プール平均194.00	(最低167.00円最高220.00)
18年4〃	180.00	〃 256.00	(〃 170.00 〃 370.00)

2、鉛

	賣値	買値	
13年9月	36.00円	47.00円	鉛亜鉛統制組合建値
14〃1〃			日本鉛亜鉛アンチモニー統制組合建値
12〃	48.00	〃	
17〃4〃	57.00	プール平均 64.00	許可価格 (最低57.00最高70.00)

3、亜鉛

		賣値	買値	
13年9月	電気	54.00	59.00	鉛亜鉛統制組合建値
	蒸気	47.00	49.00	14年1月日本鉛亜鉛アンチモニー統制組合建値
14年12月	電気	61.00	〃	許可価格
	蒸気	54.00	〃	
17年4月	電気	84.00	プール 77.00	電気 72.00 最高82.00
	蒸気	76.00		蒸気 64.00 〃 74.00

第十五表　重要選鉱場処理能力

鉱種	処理能力(瓲/日)
銅	七八八、二九四
鉛亜鉛	一五八、七五〇
水銀	一五、七〇〇
砂鉄	一六八、三〇〇
満俺	五、二〇〇

註　昭和十七年度事業計画提出鉱山分ニシテ処理能力(瓲/日)ヲ集計シタルモノナリ。

後ノ方策

(イ) 北海道炭ノ本州向使用輸送ヲ更ニ強化スル事

(ロ) 裏日本ノ荷役改善鉄道輸送ヲ増大スル事

(ハ) 労務者ノ賃銀及ビ生活物資配給ノ改善ヲナシ労務者ノ定着率ヲ高メ之ニ依テ熟練者ノ増大ヲ計ル事

(ニ) 機械化ヲ更ニ強化シ能率向上ヲ計ル事

第一表

十七年度生産計画対実績比較表

	内地	朝鮮	台湾	樺太	計	比率
計画	57,001	7,100	3,000	6,200	73,300	100%
実績	54,309	6,643	2,311	4,908	68,171	93%
差引不足	2,691	457	689	1,292	5,129	

第二表ノ一

出炭高概表（単位 千瓲）

	15年度	16年度	17年度	18年度
内地	57,309	55,602	54,309	55,000
樺太	6,435	6,457	4,908	7,000
朝鮮	6,117	6,811	6,643	7,100
台湾	2,827	2,770	2,311	2,600
計	72,688	71,640	68,171	69,700
満洲	21,120	24,184	21,196	28,000
北支	16,357	21,460	21,849	30,450（北支・蒙疆・中支計）
蒙疆	1,609	2,508	2,724	
中支	469	795	932	
其他	※564	※366	※311	
合計	112,243	120,587	118,052	128,150

※備付炭ノ日満向ケ輸出量ナリ

六五

第二表ノ二

最近ノ日満支石炭生産配給概算表

（単位 千瓲）

区別	年度	出炭高	他圏向供出	自圏内配給 自産炭	自圏内配給 他圏炭流入	自圏内配給 合計	坑所港頭貯炭高 年度初	坑所港頭貯炭高 年度末
内地	15年度	57,309	1,491	56,431	10,123	66,554	1,443	1,762
	16 〃	55,602	1,519	53,244	9,807	63,051	1,762	3,326
	17 〃	54,309	1,044	54,752	8,847	63,599	3,326	2,626
樺太	15 〃	6,435	3,713	2,070		2,070	1,855	2,540
	16 〃	6,457	3,976	2,359		2,359	2,540	2,627
	17 〃	4,908	2,661	2,308		2,308	2,627	2,496
朝鮮	15 〃	6,117	1,563	4,211	2,129	6,340	1,371	1,718
	16 〃	6,811	1,374	4,675	2,450	7,126	1,718	2,458
	17 〃	6,643	1,215	5,482	2,930	8,412	2,458	2,406
台湾	15 〃	2,827	681	2,073	7	2,080	210	292
	16 〃	2,770	388	2,130	7	2,137	292	332
	17 〃	2,311	438	2,049	8	2,057	332	337
満洲	15 〃	21,120	1,081	20,333	597	20,929	1,269	995
	16 〃	24,184	1,042	22,106	2,704	24,809	995	2,031
	17 〃	21,196	1,598	22,931	2,802	25,733	2,031	1,678
北支	15 〃	16,357	6,451	11,314		11,314	1,174	1,094
	16 〃	21,460	8,355	13,794		13,794	1,094	2,263
	17 〃	21,849	9,176	14,315		14,315	2,263	3,110
蒙疆	15 〃	1,609	197				35	119
	16 〃	2,508	295				119	274
	17 〃	2,724	382				274	327
中支那	15 〃	469		525	2,613	3,138	87	31
	16 〃	795		771	2,191	2,962	31	55
	17 〃	932		956	1,969	2,925	55	31
其他	15 〃		564		253	253		
	16 〃		306		156	156		
	17 〃		311		269	269		
合計	15 〃	112,243	15,721	96,957	15,721	112,678	7,474	8,551
	16 〃	120,587	17,315	98,299	17,318	115,594	8,551	13,566
	17 〃	118,052	16,325	102,793	16,825	119,618	13,566	13,011

備考 其他欄ニ於ケル流入ハ南洋向内地炭供給及南方向台湾炭供出ハ他所炭ノ日満向ナリ

六六

(一) 石油

(イ) 生産状況　第一二表

我ガ日本ノ原油産額ハ逐年減少シツツアリ

理由、(イ) 新規油井ノ開鑿少キコト、

(ロ) 十七年産額ノ減少ハ技術者並ニ機械ガ南方ニ徙出セルニ依ル

(ロ) 昭和十一年ニ於ケル我ガ石油(製品輸入ヲ含ム)需要高ハ三百十三万竏ニ対シ共栄圏内生産額(一九四〇年)約一千万竏ニシテ現戦時下ニ不足ナル勿論平時ニ於テモ将来共栄圏ノ発展ヲ予想スル時ハ今後モ更ニ積極的増産ヲ必要トス。

(ハ) 国内製油設備能力ハ莫大ナル余力ヲ有ス

(二) 労務　第三表

十七年度労務者数四五三六名ニシテ前年ヨリ約一千二百名減少セリ右減少ハ主トシテ南方ヘノ派遣及ビ機材ノ供出ニヨル操業ノ縮小ニ依ル

(三) 資材　第四表

(四) 消費規正　第五表

(イ) 昭和十三年五月揮発油及ビ軽油ニ付キ購買券制度実施ス

(ロ) 昭和十六年九月更ニ燈油及ビ重油ニ付キ購買券制度実施スルト共ニ各種石油ニ付キ規正率ヲ強化ス

(ハ) 昭和十三年七月ヨリ自動車揮発油ニアルコールヲ混用ス(十八年度中ニ廃止ノ予定)

(五) 代用燃料使用奨励、第六、七表

(六) 増産奨励

(イ) 石油試掘助成金　第八表

六八

第三表ノ一

労務者数

	16年度	17年度
男	△58,445 317,124	△77,993 356,179
女	△1,588 41,955	△1,528 43,015
計	△60,031 359,079	△79,521 399,194
備考	△印ハ朝鮮人ノ人数ヲ示ス	

第三表ノ二

[illegible]勤続年数別労務者数

	1年未満	3年未満	3年以上	計
昭和12年	44.1%	23.0%	32.9%	100%
〃 13年	45.0〃	27.5〃	27.5〃	100〃
〃 14年	44.6〃	28.9〃	26.5〃	100〃
〃 15年	44.9〃	28.0〃	27.1〃	100〃
〃 16年	59.3〃	29.6〃	11.1〃	100〃

第四表

大炭礦ト小炭礦ニ於ケル一人当生産比率（％）

規模	在籍鉱夫一人一ヶ月当出炭高（瓲）	比率	[illegible]	比率	[illegible]
出炭30万瓲以上ノ炭礦	15.8	195	6,350	118	230
[illegible]ノ炭礦	13.2	163	6,100	113	184
[illegible]以上ノ炭礦	10.5	130	5,700	105	137
[illegible]以下ノ炭礦	8.1	100	5,400	100	100

第五表

各国炭礦夫一人一日当リ出炭量（単位＝瓲）

日本	米国	英国	独国	仏国
昭和10年 0.663	昭和元年 4.55	昭和元年 1.047	昭和3年 1.19	昭和元年 0.663

第六表ノ一

十六年度資材配給表

[illegible]	[illegible]	[illegible]	[illegible]	[illegible]	[illegible]	[illegible]
[illegible]	[illegible]	[illegible]	[illegible]	[illegible]	[illegible]	[illegible]

六九

(ロ)坑道掘採補基本建設費補助金　第九表
(ハ)中小鉱業石油増産奨励金　第十表
(ニ)北樺太石油試掘補助金　第十一・十二表

(七) 十八年度生産見込並ニ今後ノ方針

既存ノ油井ノ減産及ビ資材労力ノ不足ニ依リ十八年度計画達成ノタメニハ多大ナル努力ヲ要ス

今後ノ方針

(イ) 南方石油輸入ノ強化ヲ図ルト共ニ現在ノ船腹状況ヨリシテ今後モ積極的ニ内地ノ油田開発ニ努力スルコト
(ロ) 南方油田ノ開発ノ必要モアリ技術者並ニ労務員ノ養成ニ努力スルコト
(ハ) 石油精製技術ニ付キ一層ノ研究ヲナスコト
(ニ) 代用燃料使用ヲ更ニ奨励スルコト
(ホ) 北樺太油田開発ニ付キ一層ノ努力ヲナスコト

六九

[illegible]一表　石油生産額並ニ設備能力表

	年度	目標	生産実績	設備能力
原油計	13		380,349	
	14		382,844	455,629
	15		346,914	432,527
	16		326,811	
	17	290,000	276,778	
	18	280,000		
航空機揮発油計	13	45,000	66,417	—
	14	74,000	77,964	84,400
	15	145,000	85,416	107,300
	16	240,000	75,277	120,900
	17		41,365	
	18			
自動車揮発油計	13	165,000	750,141	1,361,628
	14	1,228,000	603,529	1,353,528
	15	1,417,000	502,364	1,405,000
	16	1,250,000	311,822	1,415,000
	17	—	176,186	
	18			
重油計	13	610,000	660,491	
	14	756,000	396,708	
	15	886,000	336,039	937,000
	16	850,000	238,249	984,000
	17		273,976	984,000
	18			

七〇

第二表　地方別原油産額　単位＝竏

	昭和13	14	15	16	17	18
内地		370.751	334.834	316658	269.358	273.000
台湾		12.093	12.061	10.200	7.420	7.000
計	384.549	382.844	346.895	326.811	276.778	280.000

第三表　石油砿山労務者数

	16年度	17年度
男	5.581	4.536
女	633	525
計	6214	5061

第四表　十八年度資材配給量　（単位＝瓲）

	普通鋼々材	鍛鋼	鋳鋼	銑鉄	特殊鋼	屑鉄	銅	鉛	亜鉛	錫
鉱山	8000	39	390	943	368	—	34	10	19	6
精製	74.500	372	1240	5250	1200	100	380	300	350	333

第五表　石油消費規正状況　（単位＝1.000竏）

	揮発油	燈油	軽油	機械油	重油
昭和12年	1.512	276	157	315	2469
18年	271	154	66	228	866
規正率	82%	44%	58%	38%	67%

18年度需要量ハ五月分需要量ニヨリ算定ス

第六表　石油代用燃料使用装置及普及施設補助交付状況

年度	予算額	奨励金交付台数	交付金額	普及施設費補助額
昭和九年度	九〇、〇〇〇円（三〇〇台）	一八〇台	四六、二〇〇円	—
十〃	九〇、〇〇〇（三〇〇）	三三〃	八、五三八	—
十一〃	二〇〇、〇〇〇（一〇〇）	一八〃	一、七一七	—
十二〃	二八〇、〇〇〇（九〇）	七三〃	二、一八七	一、五〇〇
十三〃	一、五六四、五〇〇（五、二〇〇）	三、〇七〇	九二〇、九五〇	四、五〇〇
十四〃	二、九九九、五〇〇（一〇、〇〇〇）	九、二〇三	二、七二八、二六五	四、五〇〇
十五〃	三、八三九、五〇〇（三、〇〇〇）	一三、八九三	三、八二三、一八五	四、五〇〇
十六〃	六、〇八四、五〇〇（五、四〇〇）	一三、九一二	四、一四六、〇〇〇	四、五〇〇
十七〃	六、四八〇、〇〇〇（三五、〇〇〇）	一三、五九八	三、四七〇、四〇〇	—
計	三一、〇六〇、〇〇〇（九七、九〇〇台）	五一、八一七	一五、一二四、八五二	一九、五〇〇

註　昭和十八年度ニ於ケル石油代用燃料使用装置設置補助額ハ金五、〇〇四、五〇〇円（三、〇〇〇台）（普及施設費補助四五〇〇円）ナリ

七三

第八表　石油試掘助成金交付額表

昭和14年度	5.959.000	103	1.185.553	105
15 〃	8.605.290	138	8.652.360	95
16 〃	15.785.271	220	8.76[illegible].375	128
17 〃	7.726.155	290	9.915	18
18 〃	341.446	—	—	—

16年度分交付額ノ激減セルハ17年3月　日石 日鉱 大日本 旭 ノ四社ノ石油部門ヲ帝国石油ニ合併セルニヨリ　上記四社ノ交付金ハ凡テ挙ゲテ帝石ノ欠損補填金トセル為ナリ。
17年度分モ同様理由ニヨリ予算計上アリタルモ指令中止セルニ依ル。

七七

第七表　昭和十八年度石油代用燃料使用装置設置計画表

車種別 ＼ 区分	自動車台数（一八、三月末）	代燃車台数（一八、三月末）	転換率 ％	昭和十八年度設置計画台数 計画台数	昭和十八年度末代燃車台数	転換率 ％
乗合	二二、六〇六	一八、五一二	八二	一、六〇六	二〇、一一八	八九
貨物	六五、六一五	三六、七七七	五六	一三、四九一	五〇、二六八	七七
乗用	三七、七七六	一七、〇六三	四五	八三九	一七、九〇三	四七
其ノ他	四、一七一	五九六	一四	七一	六六七	一六
小型	七七、三〇五	一九、九四一	二六	五、五〇〇	二五、四四一	三三
計 大	一三〇、一六八	七二、九四八	五六	一六、〇〇八	八八、九五六	六八
計 小	七七、三〇五	一九、九四一	二六	五、五〇〇	二五、四四一	三三

備考　昭和十八年度代燃装置設置計画ハ昭和十七年度在庫台数未完成製品ヲ完成製品ニ製造スル台数及昭和十八年度製造計画台数ヲ加ヘタルモノナリ。

第九表 坑道掘採補基本建設費補助金交付状況（但弥内ハ繰越額）

年度別	予算	交付	備考
昭和十五年度	一、一九二、三八〇、〇〇円	五九六、一四〇、〇〇円	繰越額 五九六、一四〇円
〃十六年度	五〇五、五〇〇、〇〇（五九六、一四〇、〇〇）	四八七、九八六、〇〇	不用額 一〇八、一五四〃 繰越額 五〇五、五〇〇〃
十七年度	二八〇、五三〇、〇〇（五〇五、五〇〇、〇〇）	二〇五、五〇〇、〇〇	繰越額 二八〇、五三〇〃
十八年度	二八〇、五三〇、〇〇	—	
計	一、九七八、三〇〇、〇〇	一、二八九、六二六、〇〇	

第十表 中小鉱業石油増産奨励金

十八年度予算 一〇二、三六〇円

七六

第十一表 北樺太石油資源開発助成金交付額

昭和二年度		七五、二二五圓
同七年度	地質調査助成金	一〇〇、〇〇〇
同八年度	試掘助成金	三八四、〇〇〇
同九年度	同	一、三一六、〇〇〇
同十年度	同	九〇〇、〇〇〇
同十一年度	同	一、二三〇、〇〇〇
同十二年度	同	二、三四五、〇〇〇
同十三年度	同	六七五、八九一

第十二表 北樺太石油利権確保補助金交付額

昭和十三年度	交付額	三、〇〇七、〇〇〇圓
同十四年度	同	四、九六六、〇〇〇
同十五年度	同	五、八九一、〇〇〇
同十六年度	同	六、四一〇、〇〇〇
同十七年度	同	六、七二三、〇〇〇
同十八年度	予算額	九、〇〇六、〇〇〇

七七

工作機械

(一) 各年産額　第一、二、三表

(イ) 工作機械工業ハ各種工業ノ基礎ヲナスニモ不拘、発達非常ニ遅レタルモ近時政府ノ積極的増産政策ニ依リ急速ナル発達ヲナシタリ

(ロ) 支那事変勃発ニヨル軍需工業ノ拡張及ビ之ニ次グ欧洲大戦大東亜戦争ノ勃発ニヨル輸入ノ途絶並ニ既設機械ノ消耗ヨリ国内工作機械増産ハ緊急問題トナレリ

(ハ) 十七年度ニ於テハ輸入工作機種ノ国産化ヲ目標トシ総動員指定機種ヲ一四〇種ヨリ二〇〇種ニ増加ス

(ニ) 右機種ハ二ケ年間ニ完成ノ目標ニヨリ設備拡張ヲナス
十七年製作新機種　四八種

(ホ) 増産ノ障害ハ労務及資材ノ不足ナリ

(二) 労務　第四表

(イ) 工作機械工場ハ大小無数ニアリ、且一ニ工場ニテ数種ノ工業ヲ営ム此ノアルヲ以テ労働者数ノ精確ナル算定ヲナスハ不能ナリ
十七年七、八、九ノ三ケ月労務緊急充足運動（募集豫定七、〇〇〇名）ヲ行ヒ約六〇%ノ成績ヲ挙ゲル事ヲ得、労務不足ハ緩和ヲナス事ヲ得タルノミナラズ一般工員ノ工作機械工業ノ重要性ノ認識ヲ深メ非常ニ好成績ヲ得タリ

(ロ) 主要工場ニ於ケル熟練工（全工員ヲ熟練、一般、養成工ノ三種ニ区別ス）ハ約二〇%ニ過ギズ熟練工養成ハ緊急問題ナリ

(ハ) 技術者、労務者ノ約三%ニシテ希望率一〇%ノ三分ノ一ニ過ギズ且修学年限短縮ニ依リ新卒業者ヲ採用後再教育ヲ要スル傾向ニアリ

(三) 資材、第五、六表

(イ) 生産量増大ニ比シ資材配給量増大セズ殊ニ銅ニツイテ等ノ如キハ却ッテ減少セル状況ニシテ資材不足ハ労務不足ト共ニ増産ノ大ナル障害ナリ

(ロ) 昨年十一月鉄鋼ノ需給計画化ニ基ク特別措置ニ依リ十六年度分未使用切符ヲ無効トセルコトニ依リ甚大ナル影響ヲ蒙リ、日立精機我孫子工場、斯ノプラント（十七年中完成豫定）ノ如キ未ダ完成セザル状況ナリ

(ハ) 資材ノ品質低下、代用品使用ニ依リ耐用年数減少ノ傾向アルハ憂慮スベキ問題ナリ

(二) 輸入高級部分品（ボールベアリング等）ノ入手不能ニ依リ製品ノ精度低下ノ傾向アリ国産品部分品ノ精度向上ハ緊急ノ問題ナリ

(四) 十八年度計画及ビ方策

十八年度計画ハ前年実績ノ約四割増ニシテ計画達成ニハ大ナル努力ヲ要ス

今後ノ方策

(イ) 各種機種ノ型式ノ整備統合ヲナスコト

(ロ) 大工場ヲシテ特殊機械ヲ製造セシムル事

(ハ) 工場ノ重点的製生産ヲナサシムル事

(ニ) 資材労務ノ重点的配給

（資材入手ヲ迅速確実ナラシムル為工作機械資材会社（仮称）ヲ設立スル事トシテ既ニ資金調整令上ノ許可ヲ得タリ）

(ホ) 現在主要工場ハ軍部ノ監督工場トナリ居ルモ之ヲ管理工場トナス事ニツキ考究中ナリ

第一表　製産台数

	16年	17年	18年
台数	約46,000台	34,768台	計画 57,671台
全額	317,013千円	426,000千円	600,000千円

昭和十七年　新規製作機種　48種

第二表　工作機械製造指数 自昭和元年 至〃11年（昭和6年＝100）

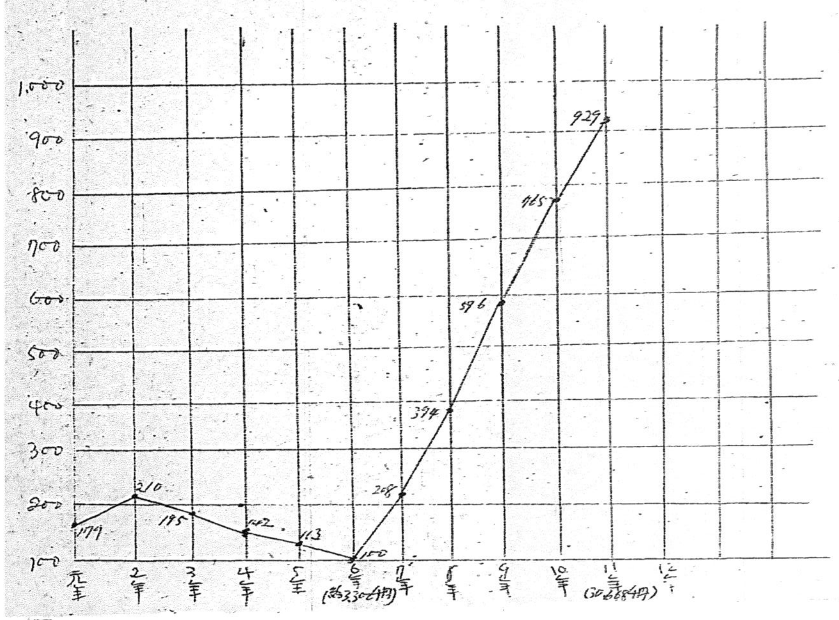

南方資源

(一)生産拡充ト南方資源

大東亜戦争ノ遂行上南方資源ニ期待スルモノハ石油ヲ始メトシテ随ル広範ナル領域ニ亘リ我ガ生産力拡充ニ寄与スル所大ナルハ言ヲ俟タズ即チ十八年度ニ於テ南方ヨリノ移入ヲ計画セラレオル重ナル物資ハ、日満支ニ於テ充足シ難キモノヲ主トシ主ナルモノハ石油ボーキサイト、銅、マンガン、クローム、タングステン、錫、水銀、アンチモン、キニーネ、生ゴム、コプラ等ナリ

而シテ之等主要物資ノ十八年度移入計画量ハ概ネ南方ニ於ケル生産可能量ノ三分ノ一ト概算セラル

(二)南方資源開発現況

(イ)地下資源(説明口述)

第一表ボーキサイト

第二表石油

第三表銅

第四表鉄

第五表錫

第六表マンガン

第七表鉛亜鉛(ボードウィン鉱山)

第八表ニッケル、クローム、タングステン

第九表石炭

附図

八五

第三表 国内生産額並ニ輸入額

	13年	14年	15年	16年	17年	18年
国内生産	78,049	274,597	312,979	317,413	426,000	600,000
輸入	177,000	354,000	127,000	53,000	—	—
	255,049	628,597	439,979	370,413	426,000	600,000

第四表 労務者数

17年	18年
約80,000人	希望数 約100,000人

17年 主要工場68工場労務者数 46,000人 熟練工約20%
仝上 技術者数 労務者ノ約3%(希望10%)

資材配給量(単位=瓲)

	13年	14年	15年	16年	17年	18年計画
銑鉄	76,000	118,500	173,500	20,000	71,280	80,100
鋼材	35,920	57,880	70,950	56,000	41,300	32,500
銅	1,721	2,999	4,365	5,060	959	500

第六表 18年度配給資材

普通鋼材	普通鋳鋼	普通鍛鋼	普通銑	屑鋼	特殊鋼	ニッケル	銅	鉛	亜鉛	錫	石綿	牛皮	木材	生ゴム	カーバイト
32,500	1,088	1,200	80,100	17,410	8,500	4.7	800	211	570	890	36	392	石 120,000	15	160

セメント	工作機械
15,500	20,000

八四

第一表　ボーキサイト

鉱山名	所在地	企業担当者	鉱山能力	稼行状況
マラッカ	マライ マラッカ州東部	石原産業	推定鉱量 二一〇万屯 品位アルミナ 五三―五五%	十七年三月 開発着手
ジョホール南岸	マライ ジョホール州南部	右仝	推定鉱量 一五〇〇万屯 品位アルミナ 五八―六〇	十七年六月 開発着手
パコル	マライ バトパハ州附近	右仝	推定鉱量 三〇〇万屯 品位アルミナ 五八%	右仝
東山	マライ バトパハ州附近	右仝	推定鉱量 二五〇万屯 品位アルミナ 五五―五八	
ビンタン	ビンタン島	古河鉱業	推定鉱量 二、五〇〇万屯 品位アルミナ 五二%	十七年五月 開発着手
計			推定鉱量 四、四〇〇万屯	十八年度予定 九三万トン

第二表　石油

地区	主要油田	戦前能力	十八年度予定
南スマトラ	ジャンビー	月 四〇万竏	―
	パレンバン	年 四三〇万竏	四三〇万竏
北スマトラ	パンカランブランダン プルラク	月 八・五万竏 年 九二万竏	一二五万竏
ボルネオ	セリヤ ミリ タラカン サンガサンガ	月 六・三万竏 年 一〇〇万竏	一〇〇万竏
ジャワ	オノコロモ ケエアノ	月 七・八万竏 年 八四万竏	九五万竏
ビルマ	エナンジョン	月 一〇万竏 年 一二〇万竏	六〇万竏
計		月 七六万竏 年 一、二〇〇万竏（其他ヲ含ム）	六〇〇万竏（其他ヲ含ム）

第三表　銅鉱

鉱山名	所在地	企業担当者	鉱山能力	稼行状況
マンカヤン	比島 マウンテン州	三井鉱山	推定鉱量 二五〇万トン 品位 一・八六% 戦前年 一六・五万トン 出鉱	十七年十二月出鉱開始 十八年度予定 手選ニテ五%ノモノ 三六万屯 浮選ニテ八%ノモノ 四万屯
アンチケ	比島 パナイ島	石原	推定鉱量 三〇万トン 品位 四・五%	開発着手中（治安関係）
ビラネス	右同	石原	品位 五―七%	開発着手中（治安関係）
ボードウイン	ビルマ シャン州	軍	確定鉱量 三七六万屯 銅 〇・九四% 銅マット戦前年 六、三〇〇屯（四三%）	十八年二月一部操業開始 十八年六月ヨリ 月産 五〇〇屯予定
ソロ	ジャワ スラカルタ州	石原	推定鉱量 二%ノモノ 二五〇万屯 一%ノモノ 五〇〇万屯	十七年十月ヨリ 開発着手

第四表　鉄鉱

鉱山名	所在地	企業担当者	鉱山能力	稼行状況
ズングン	マライ トレンガヌ州	日本鉱業	推定鉱量 二、〇〇〇万トン 品位 六二% 戦前年 一〇〇万トン	十七年四月ヨリ出鉱
テマンガン	マライ ケランタン州	鋼管鉱業	推定鉱量 一、〇〇〇万トン 品位 五六% 戦前年 二〇万トン	十七年四月 復旧着手
ランカップ	マライ エンダウ州	飯塚鉄鉱	推定鉱量 一、〇〇〇万トン 品位 五三―五五% 戦前年 三〇万トン	十七年四月 復旧着手
カランバヤンガン	比島 カマルネスノルテ州	石原産業	戦前六〇万トン 出鉱	十七年十二月 入山
マリンドナ サマール	比島	太平洋鉱業（買鉱） 三井物産		
計				十八年度稼行能力 三三〇万トン

第五表 錫

鉱山名	マライ錫鉱区	ペナン製錬所	昭和製錬所	「バンカ」錫製錬所
所在地	北部ペライ 西イポー 東イポー ヤンバー 南ペラー パトカチャ			
企業担当者	南洋鉱山 順安砿舎 三井鉱山			
鉱山能力	品位 七二%			推定鉱量 四八六万屯 品位 七二%
稼行状況	月産 三、五〇〇屯 (七二%)	十七年五月～十月 一万屯製錬	十七年十二月以降 月二、〇〇〇屯	十七年から精錬 月一、〇〇〇屯 十八年度予定 一、六万屯

第六表 マンガン

鉱山名	アリン	カラスングル	ブスアンガ	シキホール	ボホール	パニ
所在地	マライ ケランタン州	ジャワ プリアンガン州	比島 ブスアンガ島	比島 ボホール島近	比島 ボホール島	比島 カマリネス州
企業担当者	鋼管鉱業	日本窒素	日本鉱業	日本鉱業	日本鉱業	太平洋貿易 (買鉱)
鉱山能力	推定鉱量 一〇〇万屯 品位 四〇～四八%	残鉱量 四三万屯 品位 四五%	戦前出鉱 月二、五〇〇屯 四〇年マンガン 一二九〇〇トン 品位四八～五〇%	四〇年 一八〇〇トン	四〇年 一六〇〇トン	
稼行状況		十七年五月 稼行開始	十七年七月 稼行開始 同年九月中止 目下再建中		十七年七月 稼行開始 十七年十月中止 目下再建中	

第七表 ボードウイン鉱山（ビルマシヤン州）（銅、鉛、亜鉛、銀、アンチモニー其他）（軍直営）

鉱種	銅 鉛 亜鉛 銀 アンチモニー ニッケルバイス
鉱山能力	確定埋蔵量 三七六万屯 品位 鉛 二三、一% 亜鉛 一四、〇 銅 〇、九四 銀 一三、七オンス 戦前年 鉱石年 四四万屯 精錬鉛 七、七万トン 亜鉛精鉱 六、六万屯 (五七%) 銅マット 六、三〇〇屯 (銅 四三% 鉛 二九) 銀 六、〇〇〇オンス ニッケルスバイス 三、三〇〇屯 アンチモニー 一、二〇〇屯
稼行状況	十八年二月 一部操業開始 十九年三月迄ノ予定 鉛精鉱（六四%）三、二万屯 鉛中鉱 (鉛 三七% 亜鉛 一八 銅 一) 〇、九万屯 含銅鉛精鉱 (鉛 三〇% 銅 一〇) 〇、三万屯 亜鉛精鉱（五七%） 一、八万屯

第八表 其他 ニッケル、クローム、タングステン、水銀、ダイヤモンド

鉱種	ニッケル鉱	クローム鉱	タングステン鉱（錫ヲ含ム）	タングステン鉱（錫ヲ含ム）	水銀	金剛石
鉱山名	ラロナ鉱床	サンバレス	タボイ	マウチ	テゴラカデン	チェンパカ ランダウ
所在地	セレベス	比島 サンバレス州	ビルマ テナセリウム州	ビルマ カレンニ州	北ボルネオ クチン附近	ボルネオ
企業担当者		古河鉱業	三菱鉱業	小林鉱業	日沙商会	
鉱山能力	鉱量 三七〇〇万屯 品位 四五～五〇 (三、三)	埋蔵量 一千万屯（余） 戦前出鉱 月一万屯			残有量 三万屯	
稼行状況	現在戦前同様	十七、三入山 同四月出鉱	十七、六 出鉱開始	十七年十二月 出鉱	十七年九月 出鉱	現在戦前ノ二倍以上

第九表　石炭

鉱山名	所在地	担任事業者	鉱山能力	稼行状況
バトアラン	マライ セランゴール州	三菱鉱業	推定鉱量 一億屯 品位六、〇〇〇カロリー 非粘結	十七、二稼行開始 十八年度 四五万屯予定
ブキトアサム	スマトラ パレンバン州	三井鉱山	推定鉱量 二億屯 品位六〜八、〇〇〇カロリー 非粘結	十七、五稼行開始 十八年度八〇万屯予定
オンビリン	スマトラ パダン地方	北海道炭礦	推定鉱量 二億屯 品位七、二〇〇カロリー 非粘結	十七、四稼行開始 十八年度 六〇万トン予定
スンデイブサール	西ボルネオ ブルネイ	日行商会	推定鉱量 六〇〇万屯 品位六、八〇〇カロリー 非粘結	十七、八稼行開始 十八年度 三万屯予定
バヤ	ジャワ バンタン州	軍	推定鉱量 五〇〇万屯 品位六、〇〇〇カロリー 非粘結	十七、八月入山 鉄道敷設準備中 生産計画見込ナシ
其他	南ボルネオ 弱粘結炭 セレベス 南部粘結炭 アリト報セラル			

附圖 三

南方地下資源開発一覧圖

○印準備着手又ハ稼行中又ハ買鉱

△未着手有力鉱区

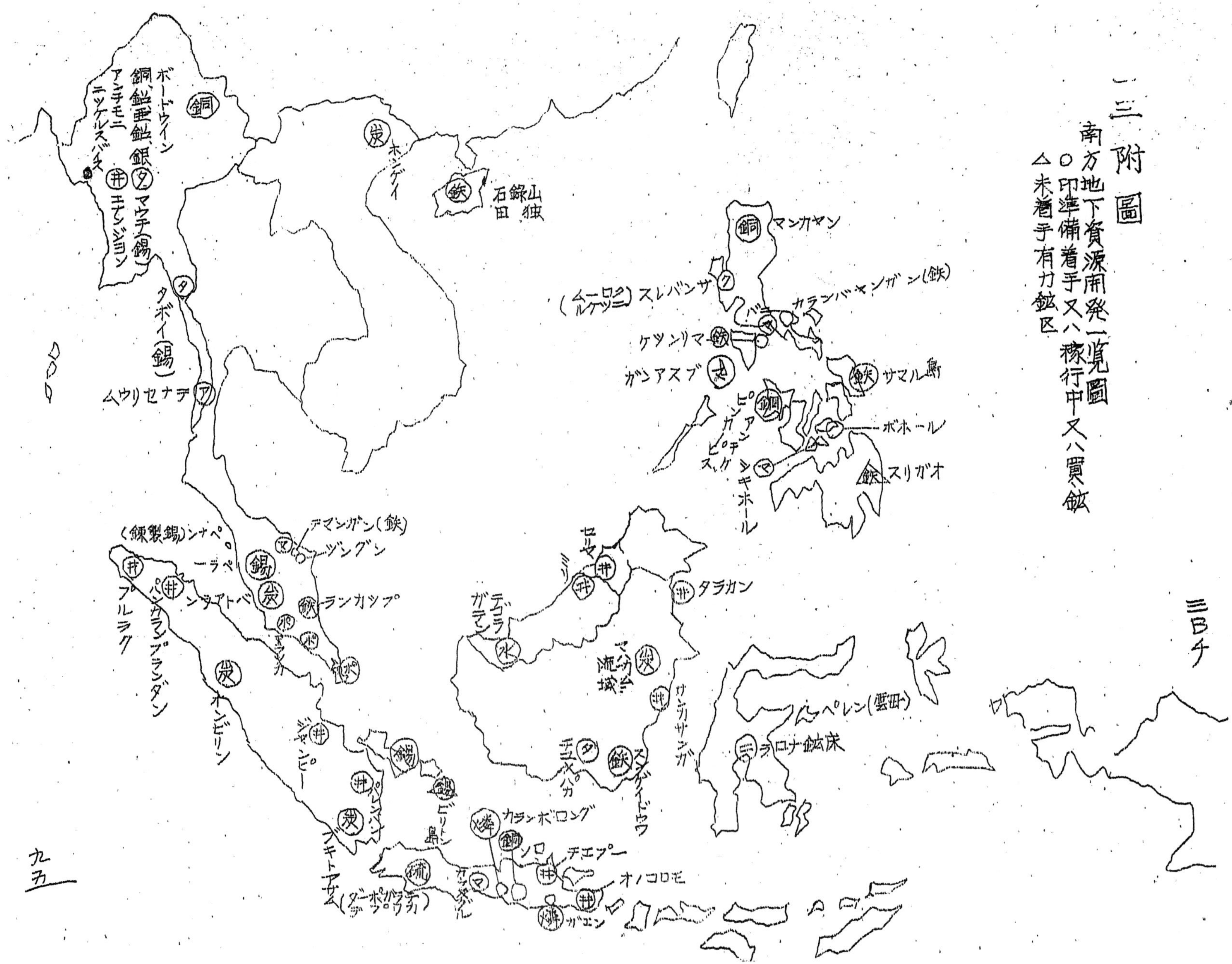

機密

一部 軍事秘

経済

(一) 生産力擴充

追補

(ハ) 農林資源(ゴム、砂糖、コプラ、キニーネ、マニ麻)
及ビ其ノ他(艦船修理、機帆船)(口述)

(三) 大東亜建設ノ構想ト其ノ経過(口述)

九六(経)

（三）食糧

第一　昭和十六年以後ニ於ケル需給ノ推移

第二　増産計画ノ検討

第三　南方支那方面ニ於ケル食糧問題ノ実相及其ノ対策ノ状況

第四　最近ノ食糧事情ト国民営養ノ動向

第五　各種食糧資源ノ研究

村田研究生
増田（豊）研究生
石井研究生
稲垣研究生
佐藤（朗）研究生

指定配付者	
處理	用済後直ニ返却

三〇

18年度物動供給力計画ニ見ル南方資源（主ナルモノ）

資源名	単位	甲地域	乙地域	甲乙ニ近キモノ	全供給量	%	備考
鉄鉱石	瓲	54,000		海南島 1,200,000	12,096,000	103	第二四半期以下各期 18,000
マンガン鉱	〃	82,900	6,000		433,500	205	（乙）佛印
クロム鉱	〃	（土）12,000			85,500	140	上（Cr_2O_3 40%以上
タングステン鉱	〃	3,740			8,460	442	
ニッケル鉱	〃	（鉱）87,284 （マット）4,875			190,900	457 25	マット20%全供給量 30%[illegible]
銅鉱	〃	94,000			1,790,500	52	
鉛	〃	11,000			59,061	185	
亜鉛	〃		2,400		80,875	29	乙佛印
錫	〃	18,000			19,240	935	
アンチモン鉱	〃	440	1,200		2,400	683	乙佛印
ボーキサイト	〃	786,000	30,000	南洋 120,000	936,000	1000	〃
ピッチコークス	〃	11,500			114,800	100	
マニラ麻	〃	7[illegible]00			73,500	100.0	
生ゴム	〃	70,330	33,000		103,330	1000	
燐鉱石及燐灰石	〃		101,500		601,500	168	乙佛印
キニーネ	〃	120,000			179,350	669	
米	千石		5,532		144,014	383	
玉蜀黍	千瓲		150		450	333	乙佛印
生漆	瓲		1,200		1,387	807	〃
植物油脂	瓲	108,000			252,843	427	

第一　昭和十六年以降ニ於ケル需給ノ推移

(1) 米ノ総供給量ノ減少ト消費規正ニ依リ一人当消費量昭和十三年ノ一・一二五石ニ比シ昭和十六年度ハ〇、九七四石昭和十七年度ハ〇、九二三石ナリ（第一表）

(2) 昭和十六年度以降外國米ノ輸入ハ一千万石乃至九百万石ノ多キニ増大シタルニ比シ外地米ノ移入ハ七百万石乃至五百万石ニ低下シ供給力ノ質ノ悪化ヲ来セリ（第一表、第二表）

(3) 麦類、甘藷、馬鈴薯等ノ綜合配給ニ依ツテ米ノ絶対的不足ヲ補填セントスル傾向顕著ニ現レ、昭和十七年度ニ於テ麦類ヲ以テ米ニ代替シタル数量ハ一二二万石ニ及ベリ（第三表）

(4) 昭和十八年度ニ於テハ船腹逓減ノ為外國米輸入量ヲ四一七万石ニ圧縮シ之ニ代ルニ麦類、甘藷、馬鈴薯、豆類等ヲ以テ五七〇万石ノ節米ヲ図ラントスル計画シツヽアルモ之ガ実現性困難ノ如シ（第三表、第四表）

仮ニ内外地ヲ通ジ平年作ヲ仮定シタル場合ニ於テモ米ノ絶対的不足ハ二百万石ニ達スル見込ナリ（第五表）

二

(5) 要スルニ主要食糧ノ供給ト消費規正ハ他ノ副食物ノ供給減少ト相俟ツテ國民営養ノ低下ヲ来シツヽアリ（別註第四参照）

三　C

三

第三表　外地米穀需給推移（単位千石）（農林省調査）

（一）朝鮮

年次	前年ヨリ持越	生産高	輸移入高	供給合計	輸移出高	翌年ヘ持越	消費高	一人当	人口
13	325	26,797	44	27,166	10,997	386	15,784	0.706石	22,355
14	386	24,139	308	24,833	6,894	292	17,646	0.784	22,634
15	292	14,356	372	15,021	402	437	13,982	0.613	22,800
16	437	21,527	239	22,204	4,259	407	17,540	0.760	23,709
17	405	24,886	69	25,360	5,725	277	19,308	0.781	24,704
平均	369	22,341	206	22,917	5,665	350	16,852		

（二）台湾

年次	前年ヨリ持越	生産高	輸移入高	供給合計	輸移出高	翌年ヘ持越	消費高	一人当	人口
13	599	9,707	15	10,321	4,878	610	4,833		
14	610	8,963	8	9,580	4,106	381	5,093	0.863石	5,896
15	381	9,344	89	9,814	2,957	663	6,194	1.019	6,077
16	663	7,861	93	8,619	1,993	737	5,889	0.946	6,229
17	737	8,048	24	8,809	1,928	529	6,352	0.962	6,500（推定）
平均	598	8,785	46	9,441	3,172	585	5,672		

三〇　五

第一表　内地米穀需給推移（単位千石）（農林省調査）

年次	供給高							輸移出高						翌年ヘノ繰越	消費高		人口
	前年度ヨリノ繰越	生産高（除喰込）	輸移入高				合計	輸出高	移出高				計		総数量	一人当	
			輸入高	移入 朝鮮	移入 台湾	計			朝鮮	台湾	樺太	南洋					
13	7,512石	66,320	151	10,149	4,970	15,271	89,103	70	21	9	406	80	587	8,493	80,022	1.115石	71,800千人
16	4,357	59,746	9,827	3,306	1,910	15,103	79,800	231	10	—	650	111	1,002	7,070	71,727	0.974	73,666
17	7,070	54,494	8,744	5,235	1,702	15,681	79,206	36	34	—	578	112	699	2,352	76,152	1.022	74,497
18	2,352	65,467															

三〇　四

第三表　主要食糧需給計画ト実績（単位千円）（農林省調査）

	昭和十七年度ノ需給推算	実績	昭和十八年度計画（極秘）
供給			
前年度ヨリノ持越	七、〇七〇	七、〇七〇	二、三五二
昭和十六年度産米	五四、三九三	五四、四九四	六六、〇五三（昭和十七年度米喰込ミ控除）
翌年産米喰込	一、〇〇〇	一、三〇八	一、五〇〇
移入　朝鮮	七、〇〇〇	五、二三五	—
移入　台湾	二、一五〇	一、七〇二	二、一〇〇
小計	九、一五〇	六、九三七	二、一〇〇
輸入	九、六四一	八、七四五	四、一七六
麦類	一、五七一	二、三二〇	五、〇五二（昭和十七年度（精麦六一三　小麦粉四三七）昭和十六年度（精麦二、六一六　小麦粉一、三八六））
甘藷、馬鈴薯、豆類等	—	—	六、一一六
合計	八二、八二五	八〇、八七四	八二、八四八
需要			
消費	七七、〇五六	七七、五〇九	七八、〇四八（農家消費節約一、〇〇〇　酒精留歩引上六〇〇　酒米節減三一〇　一、九一〇控除）
移出　樺太	五七〇		六〇〇
移出　南洋	一一五		一二〇
小計	六八五	九四九	七二〇
輸出　満支	二〇〇		四二
輸出　第三国	三六		三八
小計	二三六	六四	八〇
合計	七七、九七七	七八、五二二	七八、八四八
末年度ヘノ繰越	四、八四八	二、三五二	三、〇〇〇
総計	八二、八二五	八〇、八七四	八〇、八四八

六

三〇

第四表 (一) 主要食糧物動表（内地） 〔極密〕

品名		米	大麦	裸麦	小麦	小麦粉	甘藷	馬鈴薯	大豆
供給	持越	2.379千石	—	—	—	—	—	—	86.836瓲
	集荷	39.266	2.800	2.800	6.800	30.365千袋	572.847千貫	254.732千貫	35.000
	輸入	4.176	—	—	—	—	—	—	762.200
	移入	4.250 (台湾ヨリ)	—	—	—	—	—	—	—
	計	48.069	2.800	2.800	6.800	30.365	572.847	254.732	884.036
配当	A	1.280	236	295	—	2.760	1.998	6.974	—
	B	720	—	360	—	1.320	1.199	4.829	17.287
	満支	5	18	—	—	1.250	—	3.440	—
	南方	30	18	—	—	—	—	—	—
	移出	768 (含北樺太)	28	—	57	925	2.000	1.000	2.862
	C 5	43.266	2.505	2.145	6.743	24.110	567.650	238.489	749.030
	計	46.069	2.800	2.800	6.800	30.365	572.847	254.732	769.179
繰越		2.000	—	—	—	—	—	—	114.857

C5配当計画	米	大麦	裸麦	小麦	小麦粉	甘藷	馬鈴薯	大豆
	飯用 41.937	米代用 1.789	米代用 1.812	米代用 1.711	乾麺用 9.062	種子用 1.400	仝左 22.500	味噌用 209.142
	酒造用 493 (実約表告ニ依ル700ヲ除)	味噌醤油用 220	味噌醤油用 172	製粉用 4.038	生麺用 3.000	食用 164.293	仝左 129.500	醤油用 45.000
	味噌醤油用 550	飼料用 298	飼料用 89	醤油用 800	パン用 6.240	粉原料用 177.000	仝左 64.419	其他食品用 258.08[illegible]
	其他加工用 86	種子其他 198	種子其他 52	種子其他 194	菓子用 2.520	酒類原料用 65.500	—	製油用 298.080
					工業用糊用 240	アルコール及ブタノール原料用 155.000	仝左 20.070	其他用 91.197
					其他 3.048	其他原料用 4.457	仝左 2.500	
計	43.266	2.505	2.145	6.743	24.110	567.650	238.489	749.030

三C

第四表（二） 昭和十八年度生活物動民需配当比較表（機密）

	物資名	単位	昭和十七年度実績見込（A）	昭和十八年度計画（B）	B/A %	備考
食料品	米	千石	四八、二九三	四三、二六六	八九、六	内地全域 米穀年度
	大麦	〃	二、〇九四	二、五〇五	一一九、六	内地全域麦年度
	裸麦	〃	一、九二一	二、一四五	一一一、二	〃
	小麦	〃	五、一八五	六、七四二	一三〇、〇	〃
	小麦粉	千袋	二〇、六六一	二四、一一〇	一一六、七	〃
	甘藷	千貫	三三八、七四一	五六七、六五〇	一六八、〇	内地全域
	馬鈴薯	〃	一六六、四四九	二三八、四八九	一四三、〇	〃
	大豆	〃	六〇一、五二二	六五一、五五一	一〇八、三	〃 大豆年度
	食料油脂	〃	七七、三九〇	六五、一〇〇	八四、一	内地全域
	味噌	千貫	一〇九、八八四	一三三、四一三	一二〇、五	〃
	醤油	千石	四、〇四六	四、一〇六	一〇一、四	〃
	砂糖	千担	一一、五〇五	一〇、一一三	八八、一	〃
	食料塩	瓲	一、〇三〇、一一五	一、〇八三、七〇〇	一〇五、一	〃
	清酒合成酒	千石	二、五一五	二、二九六	九一、三	〃
	焼酎	〃	三七四	三三五	八九、六	〃
	牛豚肉	瓲	六四、〇七六	七三、三八三	一一三、九	〃
	鮮魚介	〃	三六七、二六八	三〇五、九九三	八三、三	指定四消費地区
	蔬菜	〃	一、三八九、九〇八	一、五〇四、八九四	一〇八、三	六大都市
	鶏卵	箱	二、三三三、四九一	一、三三三、五四〇	六〇、〇	指定三消費地区
	牛乳	石	三三六、九九五	三三六、一三〇	九九、七	六大都市
	練粉乳	函	一、〇〇七、四八九	一、〇〇八、〇〇〇	一〇〇、一	内地全域
家庭燃料	木炭	瓲	一、三九六、三八八	一、四三三、九三〇	一〇三、六	〃
	煉炭	〃	七九四、五六五	六一八、六二〇	七七、八	〃
	豆炭	〃	一七六、七〇八	二〇〇、二一一	一一三、三	〃

八

第五表　内外地平年作ヲ仮定シタル場合ノ内地食糧需給推計

内地生産	朝鮮ヨリノ期待	台湾ヨリノ期待	合計	内地推定人口	過去ニ於ケル一人当消費	所要量	不足
65,000千石	4,500	2,500	72,000	75,000千人	1石弱	75,000千石	3,000
内地ニ於テ六千五百万石ノ収穫ヲ得ルコトハ最近ニ於テハ困難視セラル（昭和十七年ノ如キ未曾有ノ好天候ノ下ニ於テスラ六六七七万石ナリ）	平年状態ニ在ル最近二ケ年ノ平均ヨリ観テ平年作二三〇〇万石・消費一八五〇万石ト仮定ス（第二表参照）	平年作ヲ八八〇万石ト仮定シ島内消費ヲ六三〇万石トス（第二表参照）			一人当消費量ガ一石以下トナリタルハ最近二十年間ヲ通ジ昭和十六年ノミナリ（第一表参照）		

三〇

九

三C

第二 増産計画ノ検討

(一) 條件

(1) 労働力ハ量質共ニ低下シツヽアリ。（第一表）

(2) 耕地拡張ハ潰廃面積ニ及バズ（第二表）

(3) 生産資材供給状態ハ著シク悪化セリ（第三表）

(二) 現状

(1) 主要食糧農産物ノ作付面積ハ米ニアリテハ大体旧態ヲ維持シ麦類、諸、薯類ハ漸増シツヽアリ。（第四表）

(2) 総収量ハ略々平年程度ヲ維持ス。（第四表）

(3) 反当収量ハ米ハ略々旧態ヲ維持シ麦類ハ漸減シツヽアリ（第四表）

一b

(三) 対策

二C

(1) 労働力ニ付テハ流出防止農村内労働力ノ動力発揮（共同作業、共同炊事及託児、移動労働班）、農村外労働力ノ動員等ノ措置ガ講ゼラレツヽアリ。（第五表）

(2) 耕地開発及改良ニ就テハ農地開発法ニ基キ計画実施セラレツヽアリ。尚、耕地ノ交換分合、小作地安定等ノ措置ヲ講ゼラレツヽアルモ効果詳ナラズ。

(3) 耕種技術改良指導ニ努メラレツヽアリ。

(四) 判決

耕地、生産資材、労働力ノ悪條件下ニ作付面積、総収量ヲ維持シツヽアルハ、主要食糧農産物ノ生産重点ノ指向（適格政策ヲ含ム）、労力調整ノ成功ニ帰スベキモノト思考セル。

尚、麦類ノ反当収量ガ漸減シ作付面積ノ増大ニヨリカヴアーセラレツヽアルハ注目スベキニシテ、生産資材就中肥料ノ供給減ヲ反映セルモノト思考セラル。

一一

第一表　農繁期ニ於ケル農業從事者總數

年度	性別	16－35才	36－60才	61才以上	計
昭和十三年	男	3.507.470人 (100)	3.677.140人 (100)	1.093.910人 (100)	8.278.520人 (100)
	女	3.463.480 (100)	3.652.630 (100)	997.220 (100)	8.113.330 (100)
	計	6.970.950 (100)	7.329.770 (100)	2.091.130 (100)	16.391.850 (100)
昭和十六年	男	2.677.806 (76)	3.198.769 (76)	1.070.268 (97)	6.946.843 (83)
	女	3.224.393 (93)	3.245.297 (88)	922.783 (94)	7.392.473 (78)
	計	5.902.199 (84)	6.444.067 (87)	1.993.051 (95)	14.339.316 (87)
昭和十七年	男	2.489.173 (70)	3.156.805 (85)	1.066.176 (97)	6.712.054 (81)
	女	3.125.610 (90)	3.235.405 (88)	920.750 (92)	7.281.765 (89)
	計	5.614.783 (80)	6.392.210 (87)	1.986.826 (94)	13.993.819 (85)

一三

第二表　耕地、擴張及潰廢（單位町）

(イ)

			昭和13年	〃14	〃15	〃16	〃17
田	擴張	復旧	2.140	4.543	3.368	1.684	6.750
		開墾	2.960	2.410	4.061	3.139	2.814
		干拓埋立	546	449	542	201	584
		計	5.646 (100)	7.402 (131)	7.971 (141)	4.024 (71)	10.148 (179)
	潰廢	荒廢	8.536	2.294	3.303	8.492	5.787
		人爲的	9.582 (100)	8.873 (92)	9.711 (101)	8.501 (89)	10.854 (113)
		計	18.118	11.167	13.014	16.993	16.641

(ロ)

			昭和13年	〃14	〃15	〃16	〃17
畑	擴張	復田	1.727	2.802	1.960	2.234	3.233
		開墾	22.694	19.340	18.304	19.461	18.592
		干拓埋立	108	66	184	19	93
		計	34.529 (100)	22.208 (64)	20.448	21.764 (63)	21.918 (63)
	潰廢	荒廢	5.581	2.552	4.208	4.690	3.537
		人爲的	13.275 (100)	17.230 (130)	17.242 (130)	28.947 (218)	41.165 (310)
		計	18.856	19.782	21.450	33.637	44.602

一四

第三表

(イ) 肥料割当數量（單位千瓩）

年度＼種類	硫安 a)	過燐酸石灰 a)	加里塩 a)	大豆油粕 b)	大豆油粕(硫安ヲ含メタ場合) b)
昭和13	1.363 (100)	1.300 (100)	154 (100)	1.948 (100)	1.948 (100)
〃 16	1.329 (97)	918 (71)	11 (7)	597 (31)	996 (51)
〃 17	1.247 (91)	873 (67)	0 (0)	483 (25)	939 (48)

備考
(1) 昭和13年度ハ消費数量
(2) 16、17年ハ肥料年度（前年8月ヨリ當年7月末日迄）
(3) a)ハ無機質全肥料ヲ上記三肥料ニ成分換算セルモノ
b)ハ有機質全肥料ヲ大豆粕ニ成分換算セルモノナリ

一五

三〇 一六

(ニ) 農機具用鋼及銑供給量（單位 瓲）

年度 \ 種類	普通鋼々材 a)	分野鍛冶用	普通銑 a)
平年需要	67,148 (100)	11,999 (100)	21,181 (100)
昭和16年	29,381 (43)	4,494 (37)	13,489 (63)
〃 17年	21,707 (32)	3,332 (27)	11,294 (53)
昭和18年物動決定	17,900 (26)	4,000 (34)	8,137 (38)

備考　a) 林業用機具ヲ含ム

三〇 一七

第四表

(イ) 主要食糧農産物作付面積（單位 町）

年度 \ 種類	米	小麦	大麦及裸麦	甘藷	馬鈴薯
昭和13年	3,220,729 (100)	725,101 (100)	772,421 (100)	281,832 (100)	161,558 (100)
〃 16	3,182,019 (98)	825,706 (113)	827,286 (107)	310,842 (110)	181,491 (112)
〃 17	3,180,363 (98)	863,109 (119)	904,399 (117)	360,500 (127)	193,500 (119)

(ロ) 全右実收量

年度 \ 種類	米	小麦	大麦及裸麦	甘藷	馬鈴薯
昭和13年	65,869千石 (100)	8,971千石 (100)	11,438千石 (100)	1,008,534千貫 (100)	492,817千貫 (100)
〃 16	55,087 (84)	10,665 (118)	13,252 (115)	1,071,269 (106)	524,337 (106)
〃 17	66,775 (101)	10,114 (112)	13,369 (116)	1,366,006 a) (135)	640,000 a) (130)

備考　a) ハ[illegible]数量

三〇 一八

(ハ) 全右反当收量

種類 \ 年度	昭13	〃14	〃15	〃16	〃17	〃18
米	2.045石 (100)	2.160石 (106)	1.915石 (94)	1.731石 (85)	2.100石 (103)	—
小麦	1.237 a) (100)	1.625 (131)	1.557 (126)	1.292 (105)	1.172 (95)	(予想) 0.941 (80)
大麦	1.769 a) (100)	2.149 (121)	2.207 (125)	1.817 (102)	1.705 (96)	(予想) 1.262 (72)
裸麦	1.233 a) (100)	1.643 (133)	1.547 (125)	1.438 (116)	1.302 (106)	(予想) 1.049 (85)
甘藷	358貫 (100)	336 (94)	342× (95)	345× (96)	(見込) 377× (105)	—
馬鈴薯	325× (100)	303 (83)	262× (81)	287× (88)	(見込) 330× (102)	—

備考　昭和13産麦ハ多雨ノ為メ減收セリ

三〇 一九

第五表

(イ) 離農統制（昭17）

離農申請	承認	拒否
108,028人	98,700人	9,328人

(ロ) 事変以来昭和十七年三月迄ノ労力ノ流出

性別	A経営主及ソノ世帯員（Bヲ除ク）	B国民学校修了者	合計	
男	1,615,570人	679,021人	2,294,591人	3,610,023人
女	828,611人	486,821人	1,315,432人	

(ハ) 移動労働班（昭十七）

班数	実人員	延人員
54,848班	380,246人	2,700,669人

(二) 農村外労働力ノ動員(単位千人)(昭和十七年)

	男子中等学生	女子中等学生	高専大学	計	都市人	合計
実人員	633	425	28	1.086	554	1.640
延人員	6.235	3.886	151	9.272	2.216	11.488

第三、満支両方ニ於ケル食糧問題ノ実相及其ノ対策状況

(A) 満洲食糧事情

一、概観

(一) 食糧需給趨勢

(イ) 生産ノ停滞及動揺―
近来作付面積ノ相当顕著ナル増加ニモ拘ハラズ総生産量ハ殆ンド増加ヲ見ズ単位面積当收量ハ逓減ノ傾向ニ在リ之ハ掠奪農法ニ基ク土地生産力ノ低下ニ基因ス(第一表及第二表参照)

(ロ) 人口ノ激増―
食糧ハ永ク輸出超過ヲ続ケ来レルガ近年ニ於ケル人口ノ激増(第三表参照)ハ生産ノ停滞ト相俟ツテ前途ニ楽観ヲ許サザル状況ヲ来セリ

(ハ) 生産力ハ低位ナリ(第四表参照)

(三) 東亜ノ食糧基地―

食糧基地トシテ特ニ日満支食糧交流上果シツヽアル役割左ノ如シ

(イ) 大豆―
生産量ハ世界最大ニシテ植物油脂及蛋白給源トシテ多量ヲ日本ニ、若干ヲ支那ニ輸出シアリ

(ロ) 雑穀及大豆粕―
内地ニ対シテハ飼料又ハ肥料、朝鮮及北支ニ対シテハ主要食糧トシテ相当量ノ供給ヲ為シアリ
（朝鮮米ノ内地向移出ニ間接的ニ寄与ス）

(ハ) 在満部隊ニ対シ其ノ食糧ノ大部ヲ供給シアリ

(ニ) 以上ニ反シ満洲ガ他域ヨリ輸入スル食糧ハ日本及中支ヨリ若干ノ小麦粉（従来外麦ニ依存）アルニ止マル（以上第五表参照）

二、食糧対策

(一) 基本方針

(イ) 産業建設第一次五ヶ年計画（昭和十二―昭和十六）

(ロ) 第二次五ヶ年計画（昭和十七―昭和二十一）―石炭増産及農業生産力ノ拡充ヲ二大重点トス

(ハ) 基本国策大綱（昭和十七年十二月）

(二) 増産対策

(イ) 増産計画（第六表参照）

(ロ)「戦時緊急農産物増産方策」

(1) 作付面積ノ増加―割当　特用作物ト調整
(2) 農地ノ改良造成
(3) 廃耕防止ノ為ノ措置―小作条件ノ改善、廃耕地ノ臨時管理
(4) 農村労力ノ需給調整ト農民ノ離村防止
(5) 農村ニ対スル生活必需物資ノ特配及生産者金融ノ適正化

(6) 化学肥料及農業薬剤ノ適期配給、使用法ノ徹底
(7) 早蒔、土糞倍加、完全除草等ノ徹底指導、

(二) 集荷対策 ― 収買率ノ向上

(イ) 農産公社ニ依ル一元的集荷配給
(ロ) 定銭制度ノ実施、
(ハ) 適正収買価格ノ設定
(ニ) 農耕貸款ノ限度拡大
(ホ) 出荷割当ノ徹底
(ヘ) 出荷者ニ対スル綿糸布豆油等ノ優先配給

本年ハ前年ニ於ケル収穫高ノ不良ニモ拘ハラズ収買ハ極メテ順調ニ行ハレタリ

(四) 消費規正 ―

物動計画ニ基ク消費ノ計画的規正
外食券制度ノ整備
混食率ノ増加

三、南拓民ノ食糧生産ニ於ケル地位

南拓民ノ入植ハ頗ル広範[illegible]未ダ安定セル経営[illegible]一般ニ食糧ノ自給ノ域ニ達セズ而シテ今後ノ生産発展ニ在リ

（入植実績ニ付テハ第七表、作付面積ニ付テハ第八表参照）

四 判断

(一) 日満支一体ノ原則ニ基キ対日及対支供給ノ確保ニ付テハ異常ナル努力ヲ為シアルモノト認ム。
(二) 増産対策ノ実効ニ付テハ大ナル期待ヲ懸クルコトヲ得ズ
(三) 収買率ハ異常ナル努力ニ依リ最大限度ニ達シアルモノト認ム
(四) 土地生産力ノ減滅防止ノ為何等見ルベキ対策ナシ
(五) 総ジテ対日、対支供給力ハ限度ニ達シツツアルモノト認ム、

了

第一表　普通作物ノ作付面積、生産量及ヒ陌当生産量

年度	作付面積（千陌）						生産量（千瓲）						陌当生産量（瓲）					
	普通作物	大豆	小麦	高粱	粟	玉蜀黍	普通作物総計	大豆	小麦	高粱	粟	玉蜀黍	普通作物	大豆	小麦	高粱	粟	玉蜀黍
昭和2	12,526	3,582	1,177	2,480	2,179	977	17,828	4,444	1,444	4,576	3,207	1,711	1.42	1.24	1.22	1.84	1.47	1.75
3	12,880	3,735	1,314	2,910	2,177	1,005	18,129	4,837	1,469	4,610	3,272	1,740	1.40	1.29	1.11	1.58	1.50	1.73
4	12,866	3,628	1,248	2,895	2,213	888	18,288	4,854	1,301	4,678	3,349	1,611	1.42	1.33	1.04	1.61	1.51	1.81
5	13,387	4,190	1,379	3,066	2,289	924	18,865	5,360	1,384	4,771	3,299	1,688	1.40	1.27	1.00	1.55	1.44	1.71
6	13,733	4,202	1,579	2,980	2,238	989	18,457	5,227	1,580	4,497	2,960	1,706	1.34	1.24	1.00	[illegible]	1.32	1.72
7	13,414	4,225	1,556	2,830	2,254	885	15,362	4,267	1,333	3,729	2,615	1,541	1.14	1.01	0.72	[illegible]	1.16	1.74
8	12,449	3,747	1,033	2,527	2,365	1,046	16,846	4,601	863	4,021	3,184	1,758	1.35	1.22	0.83	[illegible]	1.34	1.68
9	12,289	3,365	909	2,845	2,364	1,195	12,786	3,358	643	3,469	2,123	1,502	1.04	1.01	0.70	[illegible]	0.89	1.25
10	12,726	3,363	1,008	2,754	2,464	1,250	15,724	3,859	1,015	4,103	2,967	1,728	1.23	1.14	1.00	[illegible]	1.20	1.48
11	13,124	3,431	1,106	3,053	2,577	1,288	16,637	4,147	959	4,240	3,187	2,072	1.26	1.20	0.86	[illegible]	1.23	1.60
12	13,612	3,590	1,216	3,046	2,613	1,418	16,676	4,173	1,019	4,098	3,184	2,126	1.22	1.16	0.88	[illegible]	1.21	1.49
13	14,700	3,905	1,307	3,291	2,708	1,622	18,029	4,612	976	4,679	3,133	2,400	1.22	1.18	0.74	[illegible]	[illegible]	1.48
14	15,213	4,008	1,358	3,377	2,762	1,763	16,883	4,014	892	4,443	3,041	2,333	1.11	1.00	0.66	[illegible]	1.10	1.32
15	15,259	3,597	1,023	3,548	2,027	2,029	16,703	3,480	779	4,399	3,138	2,776	1.09	0.96	0.76	[illegible]	1.06	1.36

二六

三〇五

第二表　最近平均　量比較（単位千瓩）

	自大正十三年至昭和三年 平均	自康徳三年至康徳七年 平均	減収額	前者ヲ一〇〇トシタル指数
総[illegible]	一、五七五	一、一一四	四六一	七〇・七
[illegible]	一、四四四	一、〇八六	三五八	六五・二
[illegible]	一、二五七	八八七	三七〇	六八・〇
高粱	一、八一九	一、三五八	四六一	六九・二
粟	一、六三五	一、〇八四	五五一	六六・三
玉蜀黍	一、七五七	一、四一二	三四五	八〇・四
[illegible]	一、一二八	八〇五	三二三	七一・四
水稲	一、六九七	二、三〇四	六〇七	一三五・八
陸稲	一、三一七	一、二二五	九二	九三・〇
其他雑穀	一、三六三	八九一	三七一	七〇・六

観察

一、水稲ヲ除キ三割内外ノ減収ヲ示ス

二、満洲特産品ニテ地方維持ニ必要ナル大豆スラ三割五分ノ減収ヲ示ス

三、水稲ハ著増ス

第三表　人口増加表（単位千人）

年次	奉天省	吉林省	黒龍江省	計	増数
一九〇七年	一〇、六三七	四、四一六	一、七二五	一六、七七八	一〇〇
一九一二	一一、四五七	五、二四五	二、一七二	一八、七七四	一一二
一九一七	一二、三四一	五、九九三	二、七三三	二一、〇六九	一二六
一九二一	一三、〇九八	六、七七二	三、三八五	二三、一五六	一三八
一九二六	一四、二一一	六、八八九	四、一三三	二五、二三三	一五六
一九三〇	一四、九九八	九、〇七六	五、一三四	二九、一九八	一七四
一九三七					
一九三九					
一九四〇					

備考　毎年平均両万人ニ近イ増加ヲ示シヲリ、之ハ自然増加ノミニ依ルモノニ非ズ、移住者ニ依ルコト多シ（或推定ニ依レバ自然増加五八%移住増加四二%）

第四表

主要作物陌当収量各国比較（単位瓩）

	日本内地	朝鮮	満洲	華北	華中	華南	四川	北米合衆国	蒙疆
大豆（1932~6ヶ年 1933~7）	956	680	1.170	1.096	1.246	1213	1222	1628	—
高粱（〃）	—	864	1.266	1336	1445	815	1426	—	—
玉蜀黍（1933~7）	1.472	767	1.560	1309	1.720	1.115	1.560	1.342	(1931~5) 886
小麦（〃）	1.810	770	806	1.086	1.300	1.181	1397	834	718
米（〃）	3.678	2.236	2.032	1.940	3.094	2677	3.094	2.424	1.368

観察～ 北支（満洲農業ノ西部）及北米合衆国ニ匹敵ス

二九

三〇五

第五表

大豆、大豆粕及糧穀ノ輸出状況（単位千瓩）

		昭和十五年三月迄	昭和十六年三月迄	昭和十七年三月迄（計画）
大豆	日本	六二〇	六六〇	七五〇
	支那	一七	一	五〇
大豆粕	日本	五〇〇	五六〇	五五〇
	支那	四	二	五〇
三種品数	日本	三〇〇	二八〇	三二〇
	支那	一五四	一八六	五四
小計	日本	一、四二〇	一、五〇〇	一、六二〇
	支那	一七五	一八九	一五四
総計		一、五九五	一、六八九	一、七七四

観察～ 対日、支供給ハ漸増ノ傾向ニ在リ

三〇

三〇五

第六表

満洲國主要農産物増産計画対照表

（右 作付面積 左 生産量）

作物別		第一次計画 基準年度（康徳三年）実績	康徳八年度実績	康徳十三年度最終目標	康徳九年度実績	康徳十年本年度計画
水稲	千陌	一七四	三六〇	六五四	三二〇	三七七
	千瓲	三二九	七一四	一、七五六	五八〇	九〇六
陸稲	千陌	一一四	七七	九二	六一	五八
	千瓲	九六	八四	一〇七	五〇	六七
高粱	千陌	三、一二〇	四、一五〇	四、七四二	四、〇一〇	四、一四八
	千瓲	四、三三一	四、八九八	六、一〇九	四、六〇九	五、三五三
粟	千陌	二、八五八	三、八八八	四、三三五	三、六四八	三、八二一
	千瓲	三、一五七	三、六二〇	四、五九六	三、三八〇	三、九二四
玉蜀黍	千陌	一、二九〇	二、四三五	二、五三六	二、五一九	二、六〇三
	千瓲	二、一二〇	三、一三三	三、五三二	五、一四五	三、三八六
小麦	千陌	一、一〇一	一、〇三三	一、六五七	九六三	一、〇一二
	千瓲	八四八	八四五	一、四三〇	六九二	八三九
大麦	千陌	一三九	一二四	一五三	一四一	一五〇
	千瓲	一九二	一〇一	一五六	一〇九	一三三
燕麦	千陌	三五	一九〇	三一一	二二三	三四七
	千瓲	三五	一三四	三二五	一六〇	一七三
大豆	千陌	三、四八〇	三、四九五	四、一五九	三、四二九	三、六一九
	千瓲	四、一〇〇	三、三八一	四、六九〇	三、一五六	四、〇一〇

三一

第七表　開拓民入植現況　（一八、三月末日）

開拓團送出數	四五二	集団、集合、分散、其他ヲ含ム
開拓民送出戸數	四七、九九三	〃
開拓民送出人員	一一三、九三六人	一六、一二、末日現在
仝　戸數	三四、三五九	
青少年義勇軍	六八、三四二人	

昭和十八年度開拓民送出予定数調　（一八、六月末日）

開拓民送出戸數	一九、六八〇	集団、集合、分散、其他ヲ含ム
移行開拓団戸數	八、四六〇	
青少年義勇軍	一五、〇〇〇人	

三〇四　二二

第八表　集團開拓團入植年次別一戸當作付面積（單位陌）

年次	第一次（一團）	第二次（一團）	第三次（一團）	第四次（一團）	第五次（四團）	第六次（八團）	第七次（三團）	第八次（四〇團）	第九次（六三團）	第十次（三九團）
大同二年	一、一	―	―	―	―	―	―	―	―	―
康徳元年	〇、九	〇、四	―	―	―	―	―	―	―	―
〃二年	一、九	三、一	一、二	―	―	―	―	―	―	―
〃三年	三、一	三、三	三、一	一、〇	―	―	―	―	―	―
〃四年	四、二	五、二	四、九	三、五	一、四	―	―	―	―	―
〃五年	六、九	六、六	八、二	四、五	三、八	一、五	〇、八	―	―	―
〃六年	五、一	九、三	七、六	六、八	五、九	三、八	一、六	一、九	―	―
〃七年	一二、九	一三、四	九、〇	七、二	六、七	五、二	三、一	二、七	一、〇	―
〃八年	一〇、八	一〇、二	一六、八	七、六	六、二	四、七	三、九	三、七	二、九	一、三

備考　作物ノ種類別作付面積ノ百分率ハ大豆三三％、水稲一六％、玉蜀黍一〇％、小麦、燕麦、高粱各九％其他

三〇四　二三

一、概観 (13) 支那食糧事情

(一)外国依存性――平時ヨリ強度ノ外国依存ニ依リ軽ウジテ需給ノ均衡ヲ図リ戦前ノ食糧輸入高ハ支那全域ニ於テ概ネ一、五〇〇万瓩ナリ（第一表参照）

(二)各地域ノ特殊性――北支ハ小麦中、南支ハ米穀ヲ主食トシ又北支ハ中支ノ小麦ニ依存シ中、南支ハ外来米ニ依存スル関係ニ在リ、一方大都市ハ尨大ナル人口ヲ擁シテ食糧需給ニ対シ一大圧迫ヲ加ヘツヽアリ斯ノ如キ関係ハ大東亜戦開始以来特ニ顕著ナリ

(三)農村封鎖主義――封建的、植民地的性質ニ加ヘテ戦争下ニ於ケル経済異変ハ農村ニ於ケル食糧封鎖主義ノ傾向ヲ大ニ助長セリ

(四)需給ノ逼迫――大東亜戦勃発当時ハ各域共相当ノ統制在庫品ヲ有シタルモ左記ノ原因ニ依リ支那全域ニ亘ッテ需給関係ハ著シク逼迫セリ

(イ)敵性国家ヨリノ輸入杜絶

(ロ)昨年度夏期北支ニ於ケル旱害ニ依ル小麦、雑穀ノ不作

(ハ)南支ニ於ケル大水害ニ依ル米穀不作

(ニ)支那向外米輸送船ノ配船不円滑

(ホ)下半期以後泰、仏ノ洪水ニ依ル集荷ノ不良

(五)最近ノ状況

(イ)北支――昨年十二月以降通貨不安モ加ハリ一般市場ニ於ケル

三〇

食糧価格ハ飛躍的暴騰ヲ加ヘ雑穀一瓩ニ付四、〇〇〇円ヲ上廻ルコトニナリ（第二表参照）又天津ヲ中心トシ各都市ニ於テハ食糧暴動頻発シアリ

(ロ)中支――軍収買及主要食糧ノ移動制限ノ関係上自場米ノ上海移出ハ意ノ如クナラザルニ反シ上海ヘノ密移動ハ慢性化シ軍収買亦不良ノ傾向ヲ辿リ都市ノ食糧飢饉甚シク特ニ上海ノ状況ハ極度ニ悪化シ米価一市石（＝日本析五斗五升）一六三〇〇元ニ暴騰シ市民配給量ハ一月一人僅ニ三、六瓩（第三表参照）ヲ維持スル状況ヲ続ケ、餓莩路ニ横ハルノ惨状ヲ呈シアリ

(ハ)南支――広東ヲ中心ニ米穀不足ニ基ク惨禍ハ饑死及犯罪ヲ累加セリ

三〇

二、昭和十八年度需給推定

特定地区以外ノ地域及重要産業労務者以外ノ者ノ食糧ハ各地方ノ自給ニ委ス

「南支ノ如ク日、満ノ供給ヲ含ミ不足額ハ五八八千瓩ニシテ之ハ外来米ヲ以テ補塡スルノ要アリ」

(一)北支――需要一〇〇万瓩ニ対シ日本、中支、及満洲ヨリノ供給ハ八七万瓩ノ見込ニシテ不足一三万瓩ナリ

(二)中支――需要三二九、〇〇〇瓩ニ対シ地場供給量ハ約一五万瓩ノ見込ニシテ不足一八万瓩ナリ

(三) 南支
(イ) 厦門 ― 需要二五、〇〇〇瓲ニ対シ地場供給二、〇〇〇瓲ニシテ不足
二三、〇〇〇瓲ナリ
(ロ) 廣東、汕頭 ― 需要一九六、〇〇〇瓲ニ対シ地場供給五六、〇〇〇瓲ニシテ
不足一四〇、〇〇〇瓲ナリ
(ハ) 海南島 ― 特殊事業ノ発達ニ依リ不足一五、〇〇〇瓲ナリ
(四) 香港 ― 需要一〇〇、〇〇〇瓲ニ対シ地場供給皆無ナリ
(五) 邦人ニ対シテハ別途供給ヲ構ズル要アリ

三、昭和十八年度食糧対策

(一) 輸入対策（第四表参照）
「支那各地域ニ対シテハ北支ニ最モ重点ヲ指向シ南支ハ強度ノ規
正ヲ行フコトトス」
(イ) 外米 ― 船舶ノ関係ニ依リ輸入量ヲ削減スルノ止ムヲ得ザル
状況ニ在リ（需要約六十万瓲ニ対シ計画量四二六千瓲）
現在支那沿岸航路ノ調整ヲ行ヒ極力船腹ノ増加ニ努メ香港及
上海ヲ中継トシテ合理的ナル輸送ヲ実施中ナルモ尚不足スル船腹
約二万瓲ハ中央配船ヲ俟タザルヲ得ザル状況ニ在リ
(ロ) 満洲雑穀 ― 北支ヘノ輸入計画量ハ三三千瓲ニシテ現在逐輸
入ハ順調ナリ

(二) 自給強化対策
(イ) 食糧作物ノ増産 ― 北支ハ小麦改良増産計画実施中

三六

(ニ) 特ニ棉花増産ト関係ニ注意ヲ要ス
(ロ) 収買量ノ増加 ― 収買機構整備強化ニ依ル各地域ノ食
糧対敵交易ノ打破
(ハ) 出荷者ニ対スル生産資材及生活必需物品ノ特配
(ニ) 收買價格 ― 生産者ノ退蔵及敵地区ヘノ流出ヲ防止シ
得ル如ク随時適切ナル措置ヲ講ズルコト

(三) 配給消費規正対策
(イ) 食糧配給機構ノ整備ニ依ル重要産業労務者ノ
確保及労賃昂騰防止
(ロ) 不生産人口ニ対スル極度ノ消費規正
(ハ) 製粉歩留ノ向上、代用粉ノ混入
(ニ) 上海、北京、天津等ニ於ケル不生産人口ノ疎散方策強化

(四) 邦人食糧対策
北支 ― 米穀 一六万石 朝鮮ヨリ供給
中支 ― 米穀 一〇万石 地場供給
南支 ― 米穀 三六、〇〇〇石 台湾ヨリ供給

四、判断
(一) 食糧不足ハ今後好転ノ見込ナク益々悪化スルノ傾向ニ在リ
(二) 増産対策ハ繊維的方策ヲ出デズ一般ニ実效ヲ期シ得ザルベク
收買対策ノ自ラ限度アリ

三七

(三) 大都市ノ食糧難解決ハ自然淘汰ニ依ル以外方法無ク、
(四) 食糧暴動ニハ注意ヲ要ス
食糧不足打開ノ鍵ハ一ニ懸リテ外米輸入即船舶ノ獲得ニ在リ而シテ之ハ益々困難ナル情勢ニ在リ

第一表 昭和十六年度支那食糧輸入高

(イ) 仕出地別米穀輸入高 (單位瓲)

ビルマ	314,972
佛印	333,590
泰	166,556
香港	1,728
日本内地	30,119
台湾	3,733
朝鮮	29,229
関東州	72
新嘉坡	287
其他	21,363
計	894,347

(ロ) 仕出地別小麦輸入高 (單位瓲)

濠州	76,850
加奈陀	37,148
米国	40,278
日本内地	5,899
関東州	—
其他	9
計	160,184

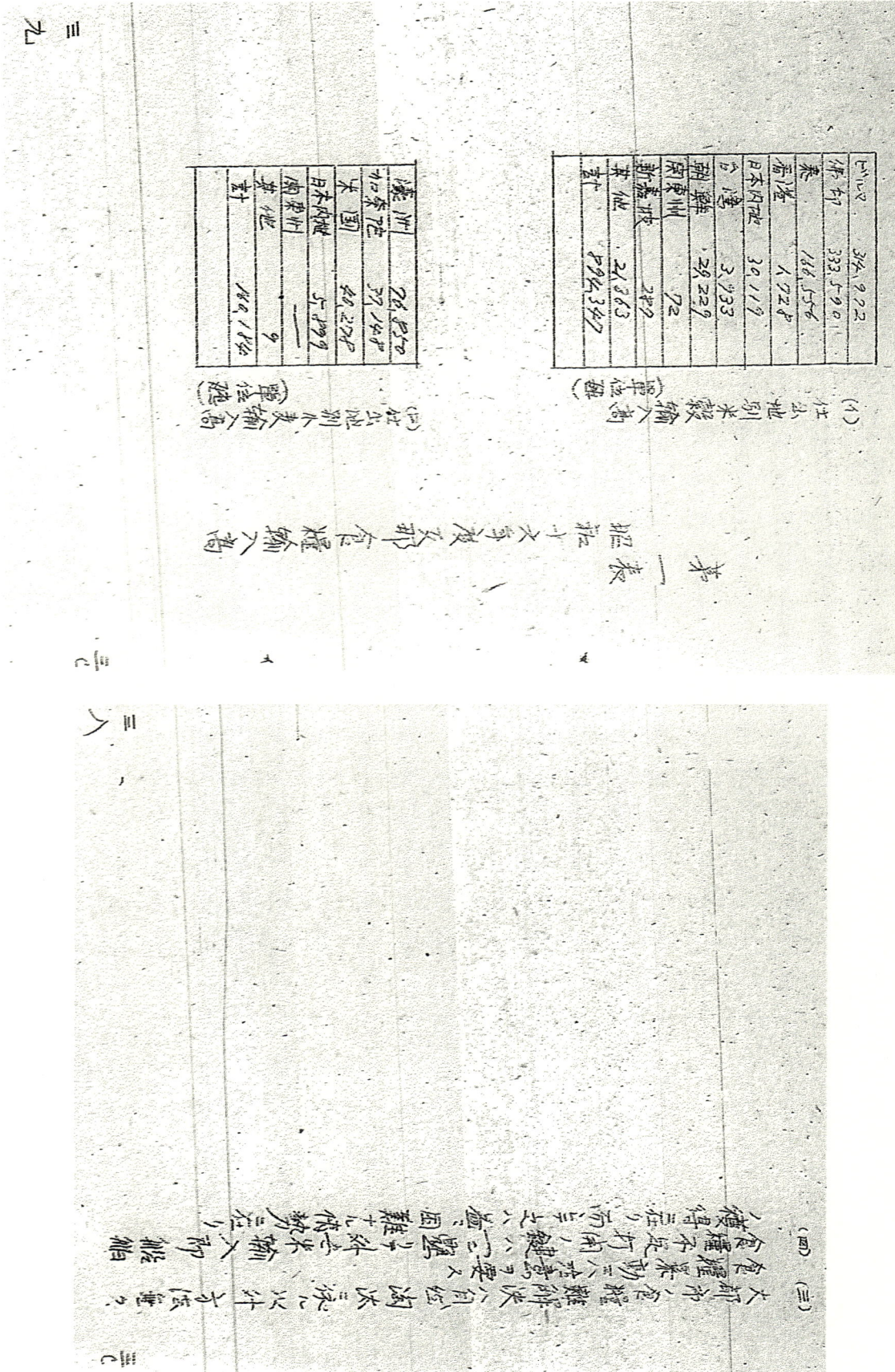

第二表

主要食糧品相場（一〇〇斤・單位円）

	小麦	包米	高粱	粟
昭和十七・一	七二	三九	三三	四七
二	七三	四〇	三五	四六
三	七二	四一	三七	五二
四	六九	四四	三九	五七
五	六五	四八	四二	五八
六	六四	五二	四九	六二
七	七四	六〇	六一	七二
八	八〇	六八	六三	八一
九	七九	七四	六七	八八
十	一〇一	九六	八〇	一一七
一一	一五九	一二七	一〇六	一五一
一二		一八二	一五二	二一三
十八・一	二三三	二三三	三〇〇	二七六
二	二四九	三三二	二八九	三三四
三	三二〇	三六五	三二五	三八一
四	三七七	三九〇	三四八	四一三

備考 [illegible]

三〇

（一）仕出地別小麦粉輸入高（單位屯）

満洲	129,066
加奈陀	38,044
米国	167,120
日本内地	99,322
朝鮮	718
台湾	—
関東州	—
香港	260
其他	145
計	432,033

（二）仕出地別雑穀輸入高（單位屯）

日本内地	353
朝鮮	—
関東州	5,337
米国	581
其他	99,163
計	105,381

第三表 華人上海食糧配給量経過（一ヶ月一人当）

日附	米	小麦粉（米代用粗悪）	小麦粉（食糧及菓子）	計
一六、八、一	四、八瓩	一、五〇（〇、〇〇）瓩	〇、九一瓩	七、二一（五、七一）瓩
〃 九、一	四、八	一、五〇（〇、〇〇）	〇、九一	七、二一（五、七一）
〃 一〇、一	三、六	二、二五（〇、七五）	〇、九一	六、七六（五、二六）
〃 一一、一	三、六	二、二五（〇、七五）	〇、九一	六、七六（五、二六）
〃 一二、一	三、六	二、二五（一、五〇）	〇、九一	六、七六（六、〇一）
一七、一、一〇	四、八〇	二、二五（一、五〇）	〇、九一	七、九六（七、二一）
〃 二、一	四、八〇	二、二五（一、五〇）	〇、九一	七、九六（七、二一）
〃 三、一	六、〇〇	二、二五（二、二五）	〇、九一	九、一六（九、一六）

（備考）租界内ハ市政府管内

四二

第四表 支那各地域食糧交流計画（昭和十八年度）

輸出／輸入	日本	満洲	蒙疆	北支	中支	南支
蒙疆	—	—	—	—	△三三〇	—
北支	△一、三四〇	三三三	四〇	—	△五七〇〇、〇〇	一二〇
中支	—	—	—	—		△一三〇
南支 廈門						一五
南支 汕頭						三六
南支 海南島						一五
南支 計					△四〇〇	六六
香港						一〇〇
合計	△一、三四〇	三三三	四〇	—	△六四三〇、〇〇	四三六

（備考）一、△印ハ小麦粉（単位千袋）他ハ米穀雑穀等（単位千瓩）

二、其後物動計画ノ決定ニ依リ変動ス

三、邦人用米ノ日本ヨリノ輸出ハ本表ヨリ除外セリ

（観察）一、外米ノ輸入数量ハ極大ナリ

二、日本ヨリ相当量ノ小麦ノ輸入ヲ期待ス

三、北支ニ対スル中支ヨリノ小麦移出（中支ノ外米依存ヲ助長セシム）

四、満蒙ヨリ北支ニ対スル雑穀ノ輸出

四三

一、概観(ㄷ) 南方食糧事情
(一)主食―住民ノ大部分ハ米及雑穀一部(欧米人、華僑又ハ上流生活者)ハ小麦ヲ使用ス
(二)生産ノ状況―米ノ単位面積当収量ハ日本ノ三割乃至四割ニ過ギズ
(三)ビルマ、泰、仏印ハ世界ニ於ケル米穀ノ三大輸出国ナリ
二、戦前ノ需給
(一)米穀輸出能力―年六〇〇万トン(泰、仏印、ビルマ)
(二)右ノ中ビルマヨリ印度及「セイロン」ニ対シ年一五〇乃至二〇〇万トンノ米穀ヲ輸出シアリタリ
三、現在ニ於ケル需給
(一)米穀輸出能力ノ低下―戦禍ニ依ル生産減及出廻減退ニ因リ一般ニ低下シアリ特ニ泰国ハ昨年度ノ大水害ニ因リ輸出能力ハ半ニ低下セリ
(二)食糧不足ノ地域ニ対シテハ三分ノ米穀ヲ以テ補塡スベク尚米穀ハ相当量ノ過剰ヲ見ルベキモ将来各地域ノ人口増加ヲ考フルトキ楽観ヲ許サザルモノアリ
(三)日支ニ対スル米穀ノ移大ナル供給ヲ現実ノモノタラシムルニハ一ニ懸リテ船舶ニ在リ

三〇

附表 南方食糧概況

	泰	仏印	ビルマ	比島	馬来	ボルネオ(英)	蘭印
主食	米	米	稷米	米	米 玉蜀黍 カッサバ	米 サゴ澱粉	米 玉蜀黍 カッサバ
重要食糧		玉蜀黍 カッサバ		小麦粉	小麦粉		大豆 小麦粉
一九三三年度 米輸出入額	一八六万トン	一四三万トン	三三〇万トン	(一)八万トン	(一)七〇万トン	(一)五万トン	(一)一五万トン
最近五年平均 米輸出量	一四一万トン	一三五万トン	三〇〇万トン				
仝上 一陌当生産量	籾一、五トン	〃一、三トン	〃一、五トン				
一九三九年度 小麦輸出入量(粉ヲ含ム)		(一)三万トン	(一)四万トン	(一)一三万トン	(一)一〇万トン		(一)一四万トン

三〇

第四 最近ノ食糧事情ト国民栄養ノ趨向　（稲垣研究生）

昭和十七年十一月厚生省研究所ノ発表ニヨレバ

(1) 学童ノ体重増加度低下
(2) 一般ノ体重減少
(3) 結核発病率漸増（都市給料生活者、管理工場工員調査）

等最近ノ我国民ハ食生活ニ於テ憂慮スベキ状態ニアルヲ示セリ

更ニ内地ニ於ケル食糧供給状態ヲ観ルニ第一、第二表ノ如ク総熱量ニ於テ漸減シ殊ニ蛋白質及脂肪ハ厚生省国民栄養部ノ所謂標準食所要量ヲ隔タルコト益々遠シ。

昭和十八年度物動計画ニ基ク供給食糧栄養量（別紙第　参照）ハ辛ジテ標準量ニ達セルモ実績ハ之ヨリ下廻ルモノト認メラル

三七

四六

第一表 最近ニ於ケル食糧供給力（一人一日当栄養量）

	糖質（瓦）	蛋白質（瓦）	脂肪（瓦）	熱量（カロリー）
昭六—一〇	四四六（一二一）	五八（八三）	一三（六五）	二一九二（一一〇）
一二—一四	四三一（一一六）	六一（八七）	一五（七五）	二一五六（一〇八）
一五—一六	四一九（一一三）	五八（八三）	一四（七〇）	二〇八八（一〇四）
一六（第四半期）	三八七（一〇五）	四九（七〇）	一〇（五〇）	一八七九（九四）
標準食	三七〇（一〇〇）	七〇（一〇〇）	二〇（一〇〇）	二〇〇〇（一〇〇）

摘要	
	1、厚生省国民栄養部調査ニヨル 2、括弧内ハ標準食糧ニ対スル比率 3、動物蛋白ハ総蛋白ノ約四％

三〇

四七

第三表　最近ニ於ケル米、大豆、魚介ノ供給数量比較

昭	米（千石）	大豆（千瓲）	魚介（千貫）
一四	七九、三四四（一〇〇）	一、一八七、四一五（一〇〇）	一、〇九〇、六六八（一〇〇）
一五	七八、八九〇（九九）	八八二、二一八（七四）	九八五、九三六（九七）
一六	七二、三一七（九一）	八七三、三九四（七三）	七一二、八四三（七〇）
一七			
一八（計画）			
摘要	括弧内ハ昭一四年ヲ一〇〇トセル比率		

三〇

別紙第

(イ)　昭一八年度供給計画食糧ノ栄養量　厚生省国民栄養部調査

(用)　対内地全域供給食糧（企画院資料ニ基キ算出）
国民平均一人一日当推定純摂取量（一般減耗控除、主ナル加工品ハ加工品トシテ算定）

	糖質（瓦）	蛋白質（瓦）	脂肪（瓦）	熱量（カロリー）
(イ)	三七八、一八	五三、五五	三一、七九	一八九三、一

（人口、年次　七五、三三七、〇〇〇人トス）

(ロ)　(イ)ヨリ軍需品ヲ控除セルモノ（企画院資料ニ基キ算出）

(ロ)	三八五、三五	五三、九七	一三、九三	一九三三、六

（人口、軍合　三、〇〇〇、〇〇〇ト見積リ民合　三、九六〇、〇〇〇ニ相当）

四八

(ハ)　即　七一、二七七、〇〇〇人トシテ計算）
(イ)(ロ)ニ包含サレザル食品（雑穀、豆類、人造バター、果物、雑肉、海藻）
ノ昭和一四年消費量ヲ基トシ本年度ノ純摂取量ヲ算出スレバ
（国民栄養部調査）

	糖質	蛋白質	脂肪	熱量	蛋熱／総熱（%）	動蛋／総蛋（%）
(ハ)	一八、七〇	四、八〇	一、四一	一〇九、七		
(イ)＋(ハ)	三九七、九	五八、四	一四、二	二〇〇三	一二、九	一四、一
(ロ)＋(ハ)	四〇四、一	五八、八	一四、三	二〇三三	一二、七	一三、七

（人口ハ(ハ)ニ同ジトス）

備考　米（七分搗↓五分搗）小麦（歩留リ八〇%↓八四%）魚介（可食部
吾↓五五%）等ノ可食部量ヲ増加シ又味噌等ノ品質低下ハ
養素計算ニ於テ看過セリ
(ロ)、軍人口ヲ一般民人口ニ直ス為ニ或ル換算率ヲ用フ
(ハ)、雑穀ハ燕麦、稗、粟、玉蜀黍、蕎麦等又雑肉ハ
牛豚以外ノ馬、兎、鳥肉等

三〇

四九

第五 各種食糧資源ノ研究 （稲垣研究生）

一、米供給量制限ト薯類ニヨル代替

(1) 玄米二合三勺ハ熱量一〇九〇カロリー 蛋白二三瓦 脂肪三五瓦ニ相当ス
従来日本食ニ於テハ主食副食ノ攝取カロリー比ハ主食三ニ対シ副食一ノ比ナリシモ 現況標準食所要熱量ヲ満スニハ攝取カロリー比一対一トナルベシ

(2) 兵食養価算定表ニヨレバ

	蛋白 %	脂肪 %	糖質 %	灰分 %	水分 %
玄米	八・四〇	二・四七	七一・六三	一・四八	一五・六六
七分搗米	六・五三	〇・九六	七九・四二	〇・三四	一二・六五
玄米飯	二・八三	〇・八三	二五・一六	〇・三九	七〇・七九
七分搗米飯	二・七三	〇・三七	三三・二七	〇・一五	六五・五八
甘藷	一・三五	〇・一九	六・七七	〇・九三	六八・七六
馬鈴薯	一・四九	〇・一〇	一九・一三	一・〇三	七八・一六

ニシテ甘藷馬鈴薯ヨリ米飯ト同一程度ノ糖質ヲ得ベシトスルモ蛋白質、脂肪ニ於テハ略ボ半セリ

二、食糧資源ノ開拓

(1) 方針
(イ) 可利用元素ノ循環ヲ顧慮シ人体新陳代謝ヲ其儘内ニ準ス
(ロ) 凡ユル養素、エネルギーヲ可及的食糧トシテ有効ニ利用ス

説明 自然界物質循環

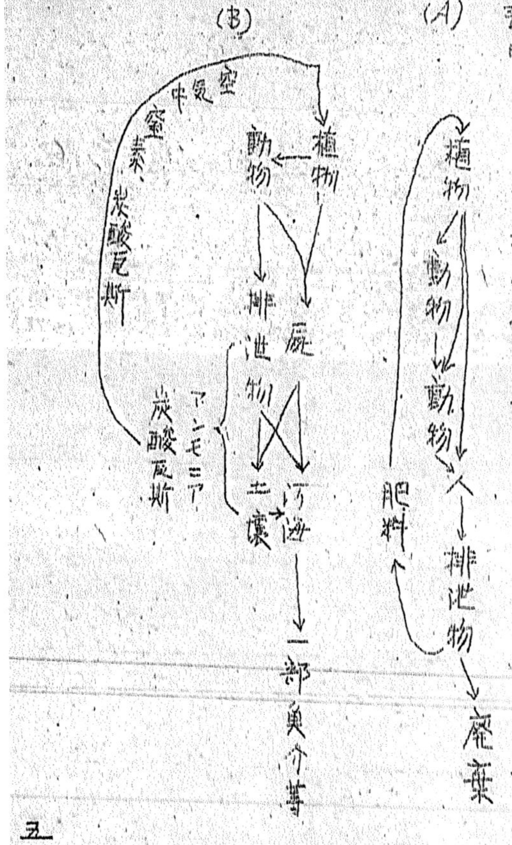

コノ物質循環作ハ類ノ利用（食糧生産）ヘル処(イ)甚ダ勘ク其ノ
大部ハ未利用(B)ノママ輪廻シツツアリ
特ニ本邦ニ於テハ従来食糧資源ニ恵マレタリシガ故ニ一般ニハ農業技術ハ今后進歩ノ余地甚ダ大ナリ　又研究ト技術ト企業ノ間ニ一貫性ナキモノ多キモ考慮ヲ要ス

(2) 水産業

本邦内水及浅海ニハ養素含量甚ダ大ニシテ之ガ原因ヲ求ムレバ

(イ) 人口稠密ナルコト
(ロ) 国土狭小ニシテ内水ハ灌漑ニ利用サル、時間短キコト
(ハ) 都市海岸ニ密集シ窒素燐多キ排水ハ直接海岸ニ流入スルコト
(ニ) 海岸線発達セルコト
(ホ) 水温プランクトンノ繁殖ニ適セルコト

斯クテ本邦全河川ノ一ヶ年間流下窒素量ハ二〇〇万屯ニ上リ毎年此ノ巨量ノ窒素ハ海底、浅海沿岸湖沼ニ沈澱蓄積又ハ浮游生物トナリ水産物ノ生産ニ貢献シツツアリ（三〇〇〇万屯ノ窒素ハ魚肉ニハ三〇億貫ノ生産能力アリ）

又内水ノ検査ニヨレバ独英米ノ内水一立中ニ含有スル平均窒素量ハ〇、〇二延ナルニ本邦内水一立中含有量ハ〇、二一〇、五延即チ一〇一二五倍ニ上ル内水面、沿岸ノ利用ハ即チ此ノ放流養素ヲ回収スルニ他ナラズ

今農林省水産局昭、一八年度ノ水産増産計画ニヨルニ十八年ニオケル計画数量ハ

	生産高（百万貫）	蛋白質（百万貫）	脂肪（百万貫）
サケマス	一九	三、三三	一、三三
コヒ	八〇	一五、一五	〇、六六
アサリ	三〇	二九、〇四	一、六九
海苔雑魚	一三	一、九五	〇、五二

一年一日一人当蛋白質七瓦　脂肪〇、六瓦
更ニ同局調査ニ基キ全国可利用内湾、内水面ニ養殖スルトセバ（一級水面三ニ対シ二級、三級水面ハ大々三、一ノ比率ニ収量アルモノト仮定ス）一人一日摂取量蛋白質一五瓦
脂肪一、三瓦ヲ供給シ得ベシ

(3) 昆虫利用

(イ) 昆虫ノ含有養素ハ左表ノ如シ有効ナル食糧源トナリ得ベシ

	蛋白質%	脂肪%	糖質%	灰分%
蠶蛹（乾）	五五、一九	二四、六〇	八、一〇	三、六七
蝗（乾）	三六、三五	五、〇五	?、	二、〇二

但シ蚕蛹以外ニアリテハ未ダ企業化ヲ計リシモノナシ

(ロ) 直接ノ食料トシテノ昆虫

蝗、蚕蛹

(ハ) 間接食料トシテノ昆虫

従来蚕蛹ヲ養魚飼料トシテ用ヒタルモ之ガ代替品トシテ各種昆虫ヲ利用ス

誘蛾燈

蝿其他ノ昆虫

三C

(4) 雑草利用

(イ) 雑草食

(ロ) 堆肥

(ハ) 窖 利用

(5) 畜産其他

(イ) 玄米食再検討ニヨル家畜飼料捻出

(ロ) 家禽増殖――アヒル

(6) 油脂資源

(イ) 木ノ実(榧ノ実脂肪五八・〇三%) 瓜子(脂肪二〇―三二%)利用

(ロ) 向日葵(脂肪三六・〇%) 胡麻(脂肪四三―五二%)栽培

(ハ) 山羊(乳)飼育

(ニ) 家鴨(卵)増殖

五四

三、新食糧資源開発ニ関スル着眼二三

(1) 国民学校ヲ食糧資源開発調査等ニ動員(全国統一的ニ)

(2) 隣組共同菜園等ノ設置、活用

(3) 水産研究機関ノ拡張(沿岸、内水面水産業ニ重点指向)

(4) 多獲魚類加工ノタメノ移動施設並勤労奉仕隊ノ活用

(5) 満洲淡水魚類ノ利用 加工法ノ研究

(6) 蚕蛹研究機関ニヨル昆虫食糧資源ノ研究

三C

五五

極秘

（四）労務

（イ）労務（技術）者ノ需給ノ推移
並ニ労務（技術）能率ノ傾向
（ロ）労務動員対策
（ハ）満洲及支那ニ於ケル労務状況

掛川研究生
公文研究生
練尾研究生
澤辺研究生
植田研究生

一、（イ）労務者ノ需給ノ推移並ニ労務能率ノ傾向

（1）労務者需給ノ推移

支那事変当初ヨリ最近ニ至ル工鉱業等労働者数ノ動キ

事変当初ヨリ最近ニ至ル工鉱業等労働者数ノ動キヲ見ルニ（第一表）工場労働者ハ著シイ増加ヲ示シ十二年六月ニハ三百二十五万七千人ヲ数ヘテ井タモノガ十七年六月ニハ五百三十八万三千人ヲ数ヘ六割五分ノ増加デアル此ノ増加ノ大部分ハ男子ノ増加ニヨルモノデ女子ガ此ノ間十九万人、一割五分ノ増加ニ止ツタニ対シ男子ハ百九十四万人九割九分ト云フ激増ヲ示シテ井ル

鉱山労働者ノ増加モ著シク十二年六月ニ三十三万八千人デアツタガ十七年六月ニハ五十八万五千人トナリ増加率ハ七割三分デアツテ増加率ハ工業労働者ヨリモ高クナツテ井ル性別ニ見ルト女子ノ増加率ノ方ガ高ク男子増加率ノ六割九分二十万六千人ノ増加ニ対シ十割七分四万人ノ増加トナツテ井ル工業労働者ノ男子ノ増加率ガ圧倒的ニ高イニ比シ奇異ニ感セラレルガ之ハ昭和九年ニ女子ノ坑内作業ガ禁止サレ著シク減サレタノガ十四年カラ労力不足ニヨリ之ガ解禁サレタ結果デアル

運輸交通労働者ハ僅カナガラ減サレテ井ル 減サノ最モ著シイノハ日傭労働者其他デアル 即チ十二年六月ニハ二百十数万ヲ数

(2)

ヘタモノガ十七年六月ニハ百五十六万ニ減サレ二割七分ノ減サトナツテヰル

斯クテ工鉱交通日傭等全労働者ノ数ハ十二年六月ノ六百三十一万人カラ十七年六月ニハ八百三万人ヲ数ヘ二割七分ノ増加ヲ記録シテヰル

需給状況

昭和十六年、十七年、十八年各年次ニ於ケル新規需要数及供給源別目標数ハ第三表ニ示ストコロデアル　十七年ト十八年ヲ比照スルニ新規需要総数ニ於テ十八年ハ十七年ヨリ約四十万ノ増加ニシテ増加部内ノ主ナルモノハ軍需産業約十万人生産拡充計画産業約十三万人ニシテ戦死補充要員ニ於ケル約十万人ノ増加モ目立ツテヰル

供給数ニ於テハ十八年ニ於テハ男子就業禁止制限ニヨル転換者十九万人新規中等学校ニツキ各種学校卒業者ヲモ含メ約十万人内地在住朝鮮人五万人ヲ新増加シタルコト女子ニ対スル強力積極的動員ヲ企図シ約二十万人ノ増加ヲ計画シタルコトガ目立ツテヰル

次ニ昭和十七年度国民動員計画ノ実績ニ付テ見ルニ詳細ハ第四表ニ示ス如クナルモ其ノ成績ハ全体ニ於テ約七割程度デアツテ軍需産業ニ於テハ約九割、生産拡充産業ニ於テハ約八割ノ成績デアル

三D工

一

「軍需産業労務充足率現況」

	閣議決定十八年三月迄充足目標	充足数	率
鉄鋼	二四、五〇〇	二、七一八	八八、〇六%
軽金属	五、八六八	五、一二八	八七、〇二%
石炭	一三〇、〇〇〇	一二五、〇〇〇	九五、四二%
造船	六六、二〇〇	五八、六六四	八八、〇六%

徴用人員現在数（十八年四月現在）

軍作業庁関係　六〇五、〇〇〇人（新規三六二、〇〇〇人　現員二四三、〇〇〇人）

民間管理工場　一、一〇〇、〇〇〇人（新規三六九、〇〇〇人　現員八三一、〇〇〇人）

（三八〇工場）

計　一、七〇五、〇〇〇人（新規七三一、〇〇〇人　現員一、〇七四、〇〇〇人）

二、技術者ノ需給状況

大学、専門実業学校卒業者需給実績

	昭和十六年第一次	十六年第二次	十七年
需要	三五、八七八	四三、八五五	六三、九三六
割当	一二、七三八	一八、二〇一	二七、五一七
率	三五、五%	四一、五%	四三、〇%

三D工

二

三中工

第八、九表ニ詳細ニ示ス如ク技術者ニ対スル需要数ハ年々著シク増加シツツアルモ供給数ハ著シク不足シテヰル但シ供給数モ漸次増加ヲ遂ゲテ居リ需給関係ハ逐次好転シツツアルハ第九表ニヨリ推知シ得ルトコロナリ

オ一表ノ１

(一) 年次別工場鑛山等労働者数調 (実数)

(厚生省)

昭和年月末別 / 産業別 男女別	工場労働者			鉱山労働者			運輸交通通信労働者			日傭労働者其ノ他			總計		
	男	女	計	男	女	計	男	女	計	男	女	計	男	女	計
十二年六月	1,960,186	1,297,093	3,257,279	300,558	37,693	338,251	494,436	76,238	570,674	1,673,428	468,906	2,142,334	4,428,608	1,879,930	6,308,538
十二年十二月	2,127,094	1,279,875	3,406,966	326,266	39,905	366,171	476,949	72,375	549,324	1,618,909	480,960	2,099,869	4,549,218	1,873,115	6,422,333
十三年六月	2,279,336	1,345,692	3,624,408	345,856	49,400	395,336	471,160	75,988	547,148	1,561,518	465,969	2,027,487	4,657,870	1,736,509	6,594,379
十三年十二月	2,487,296	1,367,888	3,855,184	389,365	46,445	435,810	470,601	74,557	545,158	1,483,380	445,867	1,929,247	4,830,642	1,934,757	6,765,399
十四年六月	2,886,067	1,332,131	4,218,198	423,187	51,137	474,324	452,913	59,507	512,420	1,277,752	333,518	1,611,270	5,039,919	1,776,293	6,816,212
十四年十二月	3,018,137	1,382,882	4,401,019	442,535	51,635	494,170	438,513	62,313	500,826	1,235,903	329,539	1,565,442	5,135,088	1,826,369	6,961,457
十五年六月	3,175,856	1,367,748	4,545,604	457,361	56,378	513,739	443,592	65,491	509,083	1,240,831	349,462	1,590,293	5,317,640	1,841,079	7,158,719
十五年十二月	3,282,171	1,403,995	4,686,166	483,836	61,497	545,333	443,787	73,020	516,807	1,249,664	319,122	1,568,786	5,459,458	1,857,634	7,317,092
十六年六月	3,433,367	1,486,013	4,919,380	504,189	65,291	569,480	459,634	66,929	526,563	1,283,293	324,930	1,608,223	5,680,483	1,943,163	7,623,646
十六年十二月	3,630,296	1,456,231	5,086,527	509,435	71,729	581,164	446,443	68,639	515,082	1,265,519	323,668	1,589,187	5,851,693	1,920,267	7,771,960
十七年六月	3,895,750	1,487,258	5,383,008	506,886	77,961	584,847	426,721	71,488	498,209	1,249,250	319,217	1,566,467	6,076,607	1,955,924	8,032,531

才一表の2

HAH

(二) 年次別工場鉱山等労働者調(指数) 昭和12年6月末現在数ヲ100トス

区分	工場労働者			鉱山労働者			運輸交通通信労働者			日傭労働者其ノ他			總計		
	男	女	計	男	女	計	男	女	計						
12年6月	100.0	100.0	100.0	100.0	100.0	100.0	100.0	100.0	100.0	100.0	100.0	100.0	100.0	100.0	100.0
12年12月	108.5	98.6	104.6	108.5	105.9	108.2	96.5	95.0	96.2	96.7	105.0	98.0	102.7	99.6	101.8
13年6月	110.3	103.6	111.3	115.1	131.3	114.9	95.3	100.0	95.9	93.3	99.4	94.6	105.2	103.0	104.5
13年12月	126.9	105.3	118.4	129.5	123.2	128.8	95.2	97.8	95.5	88.5	95.1	90.1	109.1	102.9	107.2
14年6月	147.2	162.5	129.5	140.8	135.7	140.2	91.1	78.1	89.8	76.4	71.1	75.1	113.8	94.5	108.0
14年12月	153.0	106.5	135.1	147.2	137.0	146.1	88.7	81.8	87.7	73.9	70.3	73.1	116.0	97.1	103.4
15年6月	102.0	105.5	137.6	152.2	149.6	151.9	89.7	85.9	89.2	74.2	74.5	74.2	120.1	97.9	113.5
15年12月	107.5	108.1	143.9	160.0	103.2	161.2	89.8	95.8	90.5	74.7	68.1	73.2	123.3	98.8	116.0
16年6月	175.2	114.4	151.0	167.7	173.2	168.3	93.0	87.8	92.3	76.7	69.3	75.1	128.3	103.4	120.8
16年6月	185.2	112.1	156.2	169.5	190.3	171.8	90.3	90.1	90.2	75.6	69.0	74.2	132.1	102.1	123.2
17年6月	198.8	114.5	105.3	168.6	206.8	172.9	86.3	93.8	87.3	74.5	68.1	73.1	137.2	104.0	127.3

木

第二表

年次別新規需要数（労務動員国民動員計画）

区分		年次別	昭和十六年度 男	昭和十六年度 女	昭和十六年度 計	昭和十七年度 男	昭和十七年度 女	昭和十七年度 計	昭和十八年度 男	昭和十八年度 女	昭和十八年度 計
内地ニ於ケル一般労務者	新規需要増加数	軍需産業	六八〇、〇〇〇	一七〇、〇〇〇	八五〇、〇〇〇	三九七、六〇〇	一〇一、一〇〇	四九八、七〇〇	四四七、四三二	一三四、六九一	五八二、一二三
		生産拡充計画産業	一三三、〇〇〇	一〇、〇〇〇	一四三、〇〇〇	一六四、三〇〇	一九、一〇〇	一八三、四〇〇	二六〇、五六五	五二、四三三	三一二、九九八
		前号附帯事業	一九、〇〇〇	三、〇〇〇	二二、〇〇〇	三五、三〇〇	二五、九〇〇	六一、二〇〇	二四、四二一	二一、六九八	四六、一一九
		生活必需品産業	一、〇〇〇	三、〇〇〇	四〇〇〇	八、三〇〇	八、四〇〇	一六、七〇〇	二、六七五	三、九二〇	六、五九五
		運輸通信業	九七、〇〇〇	一〇、〇〇〇	一〇七、〇〇〇	八〇、一〇〇	一三、九〇〇	九四、〇〇〇	九三、一四七	一三、二五四	一〇六、四〇一
		国防土木建築業	一五三、〇〇〇	四、〇〇〇	一五七、〇〇〇	三二、三〇〇	三、三〇〇	三五、六〇〇	三二、八九一	一、七〇七	三四、五九八
		農業其他				二二、一〇〇	四〇〇	二二、五〇〇	七、〇二二	六、九五五	一三、九七七
		小計	一、〇八三、〇〇〇	二〇〇〇〇〇	一、二八三、〇〇〇	七四〇、〇〇〇	一七二、一〇〇	九一二、一〇〇	八六八、一五三	二三四、六五八	一、一〇二、八一一
	減耗補充要員数		四二一、〇〇〇	四〇八、〇〇〇	八二九、〇〇〇	四〇〇、四〇〇	三八三、二〇〇	七八三、六〇〇	三五三、五二七	一八九、四六六	五四二、九九三
	計		一、五〇四、〇〇〇	六〇八、〇〇〇	二、一一二、〇〇〇	一、一四〇、四〇〇	五五五、三〇〇	一、六九五、七〇〇	一、二二一、六八〇	四二四、一二四	一、六四五、八〇四
外地	南支等ノ内地ニ対スル新規需要		八四、〇〇〇	一六、〇〇〇	一〇〇、〇〇〇	七六、三〇〇	二〇、〇〇〇	九六、三〇〇	一二六、五八五	一五、七二八	一四二、三一三
内地	下級事務職員新規需要					五四、〇〇〇	五五、〇〇〇	一〇九、〇〇〇	一二、五一一	五三、〇六三	六五、五七四
〃	公務要員新規需要					三六、六〇〇	三〇、二〇〇	六六、八〇〇	一五、七二四	七一、八八五	八七、六〇九
〃	男子就職制限ニヨル女子補充員									一三五、〇〇〇	一三五、〇〇〇
〃	農業減耗補充要員								一六〇、〇〇〇	一六〇、〇〇〇	三二〇、〇〇〇
合計			一、五八八、〇〇〇	六二四、〇〇〇	二、二一二、〇〇〇	一、三〇七、三〇〇	六六〇、五〇〇	一、九六七、八〇〇	一、五三六、五〇〇	八五九、八〇〇	二、三九六、三〇〇

三D工

七

第三表
年次別労務者供給源別目標数(内地)国民労務動員計画ニヨル

区分	単位千	新規国民学校修了	新規中等学校卒業及各種学校卒業	産業整備ニヨル轉出者	商業従事者	運輸通信従事者	公務自由業従事者	家事使用人其他有業者	無業者	瓦土木建築従事者	男子就業禁止制限ヨリ轉出者	農業従事者	移入朝鮮人労務者	内地在住朝鮮人労務者	計
昭和十六年	男	二五六	六八	二七五	五三七	五四	六七	八 六二	四五	一三五			八一		一、五八八
	女	一六七	二二	一七	九三	四	六	五九 七	一二四	二五					六二四
	計	四二三 (三二〇)	九〇	二九二	六三〇	五八	七三	六七 六九	一六九	一六〇			八一		二、二一二 (三二〇)
昭和十七年	男	四一七、八	五五七	一三四、三	三六六七			二 七八	二八、八	二〇		八四	一二〇		一、三〇七三
	女	三五二、九	三八、四	六〇、七	八六、三			二五 二一、六	六一、三			一四、三			六六〇、五
	計	七七〇、七	九四、一	一九五	四五三			二七 九九、六	九〇、一	二〇		九八、三	一二〇		一九六七、八
昭和十八年	男	四五九	七八 三五	四一八	鉱工業[illegible] 商業[illegible]			七一、五	五五		一九〇	六〇	一二〇	五〇	一、五三六五
	女	三一八	七一 一八	一七三、三	一三四 三九三			五六五	二〇〇			二三			八五九、八
	計	七七七	一四九 五三	五九一、三	一三四 三九七			一二八	二五五		一九〇	八三	二二〇	五〇	二、三九六、三

第四表　昭和十七年度国民動員実施計画実積

産業別＼区分	昭和十七年度計画数 新規増加	減耗補充	計	充足状況 應入	解雇	増減	減耗補充	増加十減耗	充足率		昭和十六年度実積 募集数	増減数	昭和十六年度現在数
総数	962,554	566,472	1,529,026	2,947,992	2,453,524	483,949	566,492	1,050,329	68.70		2,420,987	681,217	7,367,111
一般労務者総数	889,628	463,592	1,353,220	2,610,717	2,139,588	458,610	463,592	922,090	68.14		2,130,572	582,334	6,327,692
軍需産業	498,692	187,109	685,801	1,149,387	707,598	441,789	187,109	682,958	91.71		472,120	306,535	2,543,875
生産拡充	183,381	87,668	271,049	708,738	562,816	133,403	87,668	221,071	81.56		695,396	58,334	1,271,662
鉄鋼	37,802	11,563	49,365	52,675	23,851	28,824	11,563	40,387	81.81				
石炭	43,712	18,920	62,632	287,426	255,862	31,564	18,920	50,484	80.60				
軽金属	6,356	1,439	7,804	12,311	6,225	6,086	1,439	7,525	96.42				
船舶	6,631	8,996	15,627	8,378	5,523	2,855	8,996	11,851	75.84				
金属山	15,078	9,397	24,475	26,245	23,351	2,894	9,397	12,291	50.18				
工作機械	12,625	4,894	17,519	41,332	23,917	17,415	4,894	22,309	127.34				
電気機械	35,098	21,124	56,222	136,365	102,782	33,583	21,124	54,707	97.31				
自動車	500	1,604	2,104	14,776	14,647	129	1,604	1,733	82.37				
鉄道車輌	5,600	1,979	7,579	13,178	10,817	2,361	1,979	4,340	57.26				
石油	6,528	538	7,066	4,933	3,353	1,580	538	2,118	29.97				
人造石油	4,108	168	4,276	3,044	1,252	1,792	168	1,960	45.84				
無水アルコール	229	35	264	649	631	18	35	53	20.08				
工業塩	523	1,437	1,960	6,369	6,985	△616	1,437	821	41.89				
硫安	4,017	1,274	5,291	14,461	10,883	3,578	1,274	4,852	91.70				
パルプ		1,113	1,113	5,463	6,279	△816	1,113	297	26.68				
セメント		735	735	4,578	5,604	△1,026	735	△291	39.59				
電力	4,545	2,452	6,997	14,036	10,854	3,182	2,452	5,634	80.52				
生拡附帯	61,242	61,189	122,431	135,971	166,814	△30,843	61,189	30,346	24.79		282,333	△7,778	530,265
生活必需	16,675	67,796	84,471	138,666	229,254	△90,588	67,796	△22,792	△26.98		243,117	56,326	636,398
交通業	94,044	44,905	138,949	393,833	403,909	△10,076	44,905	34,829	25.07		326,937	123,893	1,146,787
関係土建	35,594	14,925	50,519	80,122	69,197	10,925	14,925	25,850	59.09		110,669	45,024	198,222
公務要員	21,317	45,500	66,817	142,408	144,773	△2,365	45,500	43,135	64.56		137,428	57,236	388,691
下級事務職員	51,609	57,400	109,009	196,867	169,163	27,704	57,400	85,104	78.07		152,987	41,647	650,728

第五表　労務者別充足状況（官業ヲ除ク）

労務者別　区分	昭和十七年十二月末現在数	自昭和十七年四月至昭和十八年三月 雇入	仝上中指導所取扱	解雇	差引増	昭和十八年三月末現在数
総数	一、九一八、三三一	九七〇、四〇〇	五五二、五八六	五三五、〇一六	四三五、三八四	二、三五三、七一五
職工	一、四五六、〇六七	六七〇、八五七	四一二、四九〇	三二七、一〇四	三四三、七五三	一、八〇〇、八二〇
鉱夫	三〇四、三四三	二一七、〇三四	一〇五、五五一	一三三、一九五	五四、八三九	三五九、一八二
其ノ他ノ労務者	一五六、九二一	七九、五〇九	三三、五四五	五二、七一七	二六、七九二	一八三、七一三

備考　雇入中指導所扱トハ国民職業指導所紹介ニ依ルモノナリ

第六表　計画産業別労務者充足状況（官業ヲ除ク）

計画産業別　区別	昭和十七年十二月末現在数	自昭和十七年四月至昭和十八年三月 労務動員状況 雇入	仝上中指導所取扱	解雇	差引増	昭和十八年三月末現在数
総数	一、九一八、三三一	九七〇、四〇〇	五五二、五八六	五三五、〇一六	四三五、三八四	二、三五三、七一五
軍需産業	一、一六九、五五七	五六一、八四一	[illegible]	二六三、七四三	二九八、〇九八	一、四六七、六五五
生産拡充計画産業	五三〇、五九一	二四二、五九八	[illegible]	一四二、九一八	九九、六八〇	六三〇、二七一
前号ノ附帯産業	二一、四八五	四九、九六三	二六、八九五	二七、〇五六	二二、九〇七	四四、三九二
交通業	六六、〇四五	二一、二六〇	[illegible]	一六、七四八	四、五一二	七〇、五五七
生活必需品産業	五一、一五三	一七、三三八	[illegible]	一五、一五一	二、一八七	五三、三四〇

三九三

第十表 一般職業紹介成績調

自昭和十一年
至昭和十七年

年別＼種別	求人數 男	求人數 女	求人數 計	求人數 昭和十一年ヲ一〇〇トシタル指數	求職者數 男	求職者數 女	求職者數 計	求職者數 昭和十一年ヲ一〇〇トシタル指數	就職者數 男	就職者數 女	就職者數 計	就職者數 昭和十一年ヲ一〇〇トシタル指數
昭和十一年	[illegible]	[illegible]	[illegible]	一〇〇	[illegible]	[illegible]	[illegible]	一〇〇	[illegible]	[illegible]	[illegible]	一〇〇
〃十二年	[illegible]	[illegible]	[illegible]	一一二	[illegible]	[illegible]	[illegible]	一二八	[illegible]	[illegible]	[illegible]	一一九
〃十三年	[illegible]	[illegible]	[illegible]	一二八	[illegible]	[illegible]	[illegible]	一二五	[illegible]	[illegible]	[illegible]	一一〇
〃十四年	[illegible]	[illegible]	[illegible]	一六一	[illegible]	[illegible]	[illegible]	一〇八	[illegible]	[illegible]	[illegible]	一三八
〃十五年	[illegible]	[illegible]	[illegible]	一六八	[illegible]	[illegible]	[illegible]	一二四	[illegible]	[illegible]	[illegible]	一八二
〃十六年	[illegible]	[illegible]	[illegible]	一四三	[illegible]	[illegible]	[illegible]	一三五	[illegible]	[illegible]	[illegible]	二一九
〃十七年	[illegible]	[illegible]	[illegible]	一二五	[illegible]	[illegible]	[illegible]	一〇八	[illegible]	[illegible]	[illegible]	一八一

二三

第八表　學校卒業技術者年次別需給調

（A　申請數　B　需要數　C　卒業者配當數）

學校別	年次別	機械	造兵・精密・應用物理	造船	航空	冶金	電氣	應用化學	色染	人造繊維	窯業	燃料	火藥	採鉱	土木	建築	計	註
		A B C A/C C/B對スル%	A B C A/C C/B對スル%	A B C A/C C/B對スル%	A B C A/C C/B對スル%	A B C A/C C/B對スル%	A B C A/C C/B對スル%	A B C A/C C/B對スル%	A B C A/C C/B對スル%	A B C A/C C/B對スル%	A B C A/C C/B對スル%	A B C A/C C/B對スル%	A B C A/C C/B對スル%	A B C A/C C/B對スル%	A B C A/C C/B對スル%	A B C A/C C/B對スル%	A B C A/C C/B對スル%	一、本表ハ外地、滿洲、支那ノ分ヲ含ム 二、需要數(B)ト申請數ヲ[illegible]昭和十五年度ハ[illegible]昭和十六年第二次ト十六年十二月ノ繰上卒業及十七年[illegible]卒業ノ分ヲ[illegible]昭和十七年ト八[illegible]
大學	昭和五年	四、〇五八 [illegible]	[illegible]	[illegible]	[illegible]	[illegible]	[illegible]	[illegible]	—	—	—	[illegible]	[illegible]	[illegible]	—	—	[illegible]	
大學	昭和十六年第一次	[illegible]	[illegible]	[illegible]	[illegible]	[illegible]	[illegible]	[illegible]	[illegible]	—	[illegible]	[illegible]	[illegible]	[illegible]	—	—	[illegible]	
大學	昭和十六年第二次	[illegible]	[illegible]	[illegible]	[illegible]	[illegible]	[illegible]	[illegible]	[illegible]	—	[illegible]	[illegible]	[illegible]	[illegible]	—	—	[illegible]	
大學	昭和十七年	[illegible]	[illegible]	[illegible]	[illegible]	[illegible]	[illegible]	[illegible]	[illegible]	[illegible]	[illegible]	[illegible]	[illegible]	[illegible]	[illegible]	[illegible]	[illegible]	
專門學校	昭和五年	[illegible]	[illegible]	[illegible]	[illegible]	[illegible]	[illegible]	[illegible]	[illegible]	—	—	[illegible]	—	[illegible]	—	—	[illegible]	
專門學校	昭和十六年第一次	[illegible]	[illegible]	[illegible]	[illegible]	[illegible]	[illegible]	[illegible]	[illegible]	—	[illegible]	[illegible]	[illegible]	[illegible]	—	—	[illegible]	
專門學校	昭和十六年第二次	[illegible]	[illegible]	[illegible]	[illegible]	[illegible]	[illegible]	[illegible]	[illegible]	[illegible]	[illegible]	[illegible]	[illegible]	[illegible]	—	—	[illegible]	
專門學校	昭和十七年	[illegible]	[illegible]	[illegible]	[illegible]	[illegible]	[illegible]	[illegible]	[illegible]	[illegible]	[illegible]	[illegible]	[illegible]	[illegible]	[illegible]	[illegible]	[illegible]	
實業學校	昭和十五年	[illegible]	[illegible]	[illegible]	[illegible]	[illegible]	[illegible]	[illegible]	—	—	—	—	[illegible]	[illegible]	—	—	[illegible]	
實業學校	昭和十六年第一次	[illegible]	[illegible]	[illegible]	[illegible]	[illegible]	[illegible]	[illegible]	[illegible]	—	[illegible]	[illegible]	[illegible]	[illegible]	—	—	[illegible]	
實業學校	昭和十六年第二次	[illegible]	[illegible]	[illegible]	[illegible]	[illegible]	[illegible]	[illegible]	[illegible]	—	[illegible]	[illegible]	[illegible]	[illegible]	—	—	[illegible]	
實業學校	昭和十七年	[illegible]	[illegible]	[illegible]	[illegible]	[illegible]	[illegible]	[illegible]	[illegible]	[illegible]	[illegible]	[illegible]	[illegible]	[illegible]	[illegible]	[illegible]	[illegible]	

三七五

三

第十九表

區分	昭和十六年第一次		昭和十六年第二次		昭和十七年	
	需要	割當	(供給)需要	割當	需要	割當
大學	三、六七五	一、三三三	四七七九	一七二一	六、六五八	二、四〇二
專門	九、八三五	三、四三三	一三、三五一	六、四〇七	一七、七五五	八、六四三
實業	二三、三六八	七、九七七	二五、八二五	一〇、三三三	三九、[illegible]	一六、四七二
計	三五、八七八	一二、七三八	四三、八五五	一八、二〇一	六三、九三六	二七、五一七
需給百分比	三五、五%				四三、〇%	

三、労務能率ノ傾向

一、労務者ノ移動及稼働率

イ、労務配置ニ付テハ重点配置ガ漸次強化セラレツツアリ所謂重点産業ヘノ集中化ハソノ保有労務者ノ絶対的、相対的増加傾向ヲ示シツツアリ、第一表第二表第三表

2、重点産業ニ於ケル移動率ハ低下傾向ヲ見ルモ尚ホ相当ノ高率ヲ有スルコトハ工場規律ノ確立ト生産能率確保上大ナル影響アルヲ以テ注目スベキデアル、第四表、第七表、第九表、第十五表、之ハ統制並ニ労務管理ノ漸次優秀強化ニモ拘ラズ実収賃金ノ差異(第十七表)厚生施設ノ優劣(第十八表)タトヘバ慰安施設、住宅施設(第二〇表)食糧(第十九)其他衣料用、或ハ生活必需物資入手ノ難易、通勤関係勤労精神等ノ諸條件ト勘案シテ検討スル必要性大ナルヲ思ハシム。

3、稼働率ハ漸次向上(欠勤率低下)シツツアルモ公傷病、私傷病ニヨル欠勤率ノ増加(第八表、第九表、第十表、第十五表)ハ労務給源ノ変化、補給源ノ質的低下等ト関聯シ厚生施設其他勤労管理ノ徹底強化ヲ要請スルモノデアリ。特ニ徴用工員ノ欠勤率ノ大ナルコト(第十表)ト、女子ノ事故欠勤ノ大ナル点ハ注目スベキデアル。

二、労務生産性ノ問題

イ、労務生産性ニ付テハ低下傾向ヲ察知ス

ロ、労務充足ノ不完全ト労務員ノ質的低下ハ労働強化ヲ必要トシ、疾病増

加傾向ヲ招来セルコトハ稼働率ニ影響スルハ勿論生産性ニ及ボス影響ハ大ナルコトヲ推知セシメル、第九表、第十表、第十五表

ロ、労務所要数ノ増大ト給源ノ逼迫ハ人的資質ノ低下ト年令構成ノ変化、経験年数ノ変化、性別分布状態ノ変化ヲ余儀ナクサレ、之ニ基因スル生産能率ノ低下ヲ招来シテイル、

a 性別分布ハ労務動員産業ニ於テハ男子ノ占ムル割合ハ非労務動員産業ニ於ケルヨリモ依然大デアリ、而モ女子労務員ハ従来ノ常識ヲ破リ二十才以上ノ者ガ非労務動員産業ニ大ナル割合ヲ占メルコトハ漸次二十才未満ノ女子ノ動員産業ヘノ移動傾向ヲ察知セシメル第十一表、第十二表

b 年令構成ニ付テハ労務動員産業ニ於イテ十九才未満ノ者ノ割合大ナルコト（第十二表ノ二）ヲ注目スベシ

c 経験年数其他質ノ低下ニ付テハ中堅内地人ノ減少ヲ半島人、短期ノ報国隊員ニヨル補充ニヨル炭砿労務ノ生産能率ノ推移ニヨリ察知シ得ベシ
第十三表第十四表第十六表

d 生活必需物資作業用物資ノ不足ノ及ボス影響 女子ノ事故欠勤率ノ増加（第九表）ハ生活物資調達ノ為メノ不就業相当アリト言ハレテイルノミナラズ一般的ニ労務者ノ食料不足、軍手、地下足袋、作業衣等ノ作業用必需物資ノ不足等獲ヒ難キ事実デアルト共ニ、住宅不足ニヨル通勤距離ノ延長共同寄宿施設ノ不完備、不衛生等ハ相俟ツテ作業能率ニ及ボス影響大ナリ。

ハ、勤労精神ノ問題

三七五　一六

第二十一表ノ示ス如ク争議件数ハ極度ニ低下シ勤労精神ノ向上ヲ窺ヒ知ルモ依然トシテ欠勤率ハ相当ノ高サヲ占メ又ハ高ク職場規律必ズシモ良カラヌ産業モアリ第十五表厚生的配慮ト併行シテ考フベキモノトノ示唆ヲ受ク。

2、生産性昂揚対策

生活ノ安定疾病防止作業用必需物資ノ円滑ナル配給勤労精神ノ昂揚職場規律ノ確立等尚ホ幾多ノ措置ヲ強化スベキモ労務動員対策ニ譲ル。

三七五　一七

第1表

産業別雇傭人員（厚生省労務動態調査）

	第一回 昭和14年12月			昭和15年9月			昭和16年9月		
	総数	男	女	総数	男	女	総数	男	女
総数	9,475,932	6,428,710	3,047,222	9,551,945	6,578,195	3,073,750	9,353,578	6,326,875	3,026,703
農業	235,256	166,712	79,544	229,577	150,323	79,254	144,857	124,864	69,993
水産業	71,400	84,235	7,165	93,900	86,058	7,850	30,965	24,623	6,342
鉱業	566,977	498,866	68,111	586,882	513,059	73,823	602,973	525,196	77,777
工業	5,249,677	3,637,658	1,612,019	5,899,022	3,782,737	1,611,205	5,460,282	3,854,742	1,605,540
商業	2,003,207	1,179,459	823,748	1,894,044	1,091,410	802,634	1,652,216	886,416	765,755
運輸通信業	438,789	391,606	47,183	472,425	417,553	54,872	472,970	416,259	56,711
公務自由業	607,546	399,531	208,015	595,222	372,671	222,551	633,173	392,963	240,210
家事	191,864	19,992	171,678	217,743	22,619	195,124	198,409	18,296	180,113
其他	20,122	14,989	5,133	17,639	13,526	4,113	13,257	9,791	3,466
労務供給業	61,044	36,612	24,432	45,483	28,239	17,244	44,476	23,680	20,996

一八

三十五

第2ノ2表 鉄鋼労務者増加状況

昭和十三年	一〇〇%
〃 十四年	一二六・三
〃 十五年	一六一・三
〃 十六年	一六三・八
〃 十七年	一八五・四

鉄鋼労務者充足状況

期別	割当数ニ対スル充足比率
昭和十七年度第一期	六七・%
〃 第二期	三九・二
〃 第三期	七三・三
〃 第四期	

(三月十日現在)

一、本州鉄鋼労務者充足率 九六・八%

内訳	
一般内地人	五三・四
報国隊	九三・八
徴用工	八六・八

第2.1表 産業別雇傭人員比率

	昭和14年12月			昭和15年9月			昭和16年9月		
	総数	男	女	総数	男	女	総数	男	女
総数	100%	100%	100%	100%	100%	100%	100%	100%	100%
農業	[illegible]	2.6	2.6	2.4	2.3	2.3	2.1	2.0	2.3
水産業	1.0	1.3	0.2	1.0	1.3	0.3	0.9	1.2	0.2
鉱業	6.0	2.8	2.2	6.1	7.9	2.4	6.4	8.3	2.6
工業	55.4	56.6	52.9	56.5	53.4	[illegible]	58.4	60.9	53.0
商業	21.1	18.3	29.0	19.0	16.9	[illegible]	17.9	14.0	25.3
運輸通信業	4.6	6.1	1.6	5.0	6.5	1.8	5.0	6.6	1.9
公務自由業	6.4	6.2	6.8	6.2	5.8	7.2	6.8	6.2	7.9
家事	2.0	0.3	5.7	2.3	0.3	6.3	2.1	0.3	6.0
其他	0.2	0.2	0.2	0.2	0.2	0.1	0.1	0.1	0.1
労務供給業	0.7	0.6	0.8	0.5	0.4	0.6	0.5	0.4	0.7

雇傭人員移動状況　第3表

	昭和15年3月ヨリ昭和15年9月マデ						昭和16年4月ヨリ昭和16年9月マデ					
	雇入		解雇		減耗		雇入		解雇		減耗	
	実数	率	実数	率	実数	率	実数	率	実数	率	実数	率
総数	2,993,049	33.5%	2,264,772	25.3%	115,394	1.3%	2,634,127	28.6%	2,121,839	22.6%	133,508	1.4%
農業	78,124	55.1	42,976	24.1	3,649	2.0	78,700	40.3	35,350	18.1	1,681	0.8
水産業	91,913	155.1	56,432	95.1	829	1.4	57,411	70.9	34,720	42.8	1,067	1.3
鉱業	247,724	44.3	213,137	38.2	6,379	1.1	246,550	40.8	236,687	39.2	6,344	1.0
工業	1,735,373	34.1	1,352,033	26.6	66,147	1.3	1,546,872	28.3	1,226,927	22.4	36,375	1.4
商業	448,390	24.4	369,020	20.1	22,759	1.2	401,712	24.3	349,168	21.1	28,374	1.7
運輸通信業	119,410	26.9	83,430	18.8	7,613	1.7	118,741	25.1	91,110	19.2	5,924	1.2
公務自由業	134,344	25.0	72,190	13.4	4,723	0.9	144,469	22.8	84,295	13.3	6,512	1.0
家事	71,010	37.4	41,415	21.8	1,923	1.0	63,967	32.2	44,700	22.5	2,514	1.2
其他	4,840	30.0	3,209	19.9	108	0.7	3,164	23.8	2,331	17.5	175	1.3
労務供給業	41,921	117.2	30,930	86.5	1,264	3.5	22,533	50.6	16,551	37.2	692	1.5

前職ヨリ観タル移動状況（昭和16年4月ヨリ昭和16年9月ノ間）労務動態調査（厚生省）

第4表

現在ノ所属職業 ＼ 前職	總数	事務従事者	技術職員	工業従事者	鉱業従事者	商業従事者	運輸通信従事者	家事使用人	農業従事者	水産業従事者	其ノ他ノ職業	無業及不明
總数	2,677,404 100.0%	167,271 100.0%	37,863 100.0%	705,292 100.0%	129,798 100.0%	300,069 100.0%	94,641 100.0%	138,062 100.0%	479,323 100.0%	80,230 100.0%	275,322 100.0%	267,533 100.0%
農業	78,648 2.9	544 0.3	571 1.4	1,576 0.2	276 0.2	940 0.3	562 0.5	6,804 4.9	46,005 9.5	1,391 1.7	15,459 5.6	4,520 1.6
水産業	57,204 2.1	300 0.1	216 0.5	230 0.0	31 0.0	145 0.0	296 0.3	782 0.5	4,601 0.9	44,084 54.9	5,125 1.8	1,394 0.5
鉱業	246,522 9.2	5,252 3.1	2,796 9.3	16,280 2.3	98,956 76.2	9,526 3.1	3,864 4.0	3,298 2.3	69,491 14.4	3,236 4.0	26,218 9.5	7,605 2.8
工業	1,543,345 57.6	65,809 39.3	23,672 59.3	656,148 93.0	27,579 21.2	99,160 33.0	21,963 23.2	40,044 29.0	273,258 57.0	24,239 30.2	141,589 51.4	169,844 63.4
商業	400,555 14.9	43,260 25.8	3,787 9.5	16,089 2.2	1,421 1.0	172,373 57.4	7,481 7.9	32,839 23.7	33,675 7.0	2,789 3.4	40,436 14.6	46,405 17.3
運輸通信業	118,139 4.4	8,909 5.3	1,265 3.1	5,142 0.7	663 0.5	5,800 1.9	54,242 57.3	2,171 1.57	17,524 3.6	2,118 2.6	11,392 4.1	8,913 3.3
公務自由業	143,447 5.3	41,945 25.0	7,264 18.2	5,694 0.8	591 0.4	9,753 3.2	3,061 3.2	10,636 7.3	20,082 4.1	1,427 1.7	26,029 9.4	16,965 6.3
家事	63,943 2.3	1,824 0.04	130 0.3	1,404 0.1	70 0.0	1,335 0.4	656 0.6	38,473 27.8	9,228 1.9	295 0.3	3,058 1.1	8,462 3.1
其地	3,144 0.1	286 0.1	51 0.1	349 0.0	41 0.0	325 0.1	144 0.1	220 0.1	496 0.1	4 0.0	906 0.3	422 0.1
労務供給業	22,457 0.8	242 0.1	111 0.2	2,380 0.3	162 0.1	712 0.0	2,372 2.5	2,755 1.9	4,663 1.0	687 0.8	5,110 1.8	3,003 1.1

第5表

昭和十八年四月ニ於ケル国民徴用ノ現状（厚生省勤労局調）

イ、軍作業庁関係 一、六〇五、〇〇〇人

内訳 新規徴用 三六三、〇〇〇人
現員徴用 一、二四二、〇〇〇人

ロ、軍管理工場関係
商工省管理工場〃
厚生省指定工場〃
三三八工場 一、二〇〇、〇〇〇人

内訳 新規徴用 三六九、〇〇〇人
現員徴用 八三一、〇〇〇人

二、八〇五、〇〇〇人
内訳 新規徴用 七三二、〇〇〇人
現員徴用 二、〇七三、〇〇〇人

ハ、一ヶ月最大五〇、〇〇〇人ニ達セリ

三七五

二三

昭和十七年工場労働者異動状況調　　　　第6表

厚生省勤労局

産業別＼種別	昭和十六年末現在数 男	女	計	雇入数 男	女	計	解雇数 男	女	計	昭和十七年末現在数 男	女	計	雇入率 男	女	計	解雇率 男	女	計
金属工業	371,953人	37,226人	409,179	110,777	24,285人	135,282人	65,748人	22,740人	88,488人	415,202人	40,771人	455,973人	29.8%	65.2%	33.1%	18.2%	55.7%	21.6%
機械器具工業	1,098,543	146,248	1,244,791	449,471	111,947	561,418	189,481	67,368	256,849	1,348,533	190,527	1,537,360	40.9	76.5	45.1	18.2	46.1	21.4
化学工業	216,846	100,632	317,478	69,367	54,264	123,631	64,612	59,074	123,686	221,601	95,822	317,423	32.0	53.9	38.9	29.8	58.7	39.0
瓦斯電気水道	8,948	348	9,296	1,448	314	1,762	1,254	114	1,368	9,142	548	9,690	16.2	90.2	18.9	14.0	32.8	14.7
窯業土石工業	51,892	16,739	68,631	12,069	8,403	20,472	14,454	7,873	22,327	49,504	17,269	66,776	23.3	50.2	29.8	27.9	47.0	32.5
紡織工業	100,349	476,855	577,204	29,559	169,624	199,183	41,519	223,380	264,907	88,389	423,091	511,480	29.5	35.6	34.5	24.2	42.7	58.9
製材及木製品工業	17,544	6,045	23,589	4,971	2,827	7,798	5,710	3,397	9,107	16,805	5,475	22,280	28.3	46.8	33.1	32.5	56.2	38.6
食料品工業	23,164	18,093	41,257	8,307	13,125	21,432	9,406	13,708	23,114	22,065	17,510	39,575	35.9	72.5	19.5	40.6	75.8	56.0
印刷及製本業	20,557	6,992	27,549	5,042	3,503	8,545	7,158	3,829	10,987	18,441	6,660	25,107	24.5	50.1	31.0	28.7	54.8	39.9
土木建築業	16,507	4,812	21,319	3,658	1,532	5,190	2,538	364	2,902	17,627	5,980	23,607	22.2	31.8	24.3	15.4	45.6	13.6
其ノ他	19,914	23,242	43,156	6,813	11,404	18,217	5,661	13,853	19,514	19,016	22,793	41,809	34.2	49.1	42.2	38.5	51.0	45.3
合計	1,946,217	837,232	2,783,449	701,902	401,225	1,102,920	421,541	411,708	833,249	2,221,378	826,752	3,053,130	26.1	47.9	39.6	21.7	49.2	29.9

備考　本統計ハ常時50人以上使用スル工場ニ付調査セルモノニシテ雇入率、解雇率ハ夫々前年末労務者現在数ニ対スルモノナリ

一 工場労務者 ヲクノン表 三十五

(一)工場労務者異動調年別表（自昭和元年（大正十五年）至昭和十六年）

年次＼区分	雇入	解雇	異動率 雇入	異動率 解雇	年末現在 工場数	年末現在 職工数
昭和十一年	八七六、五一〇	七五一、九六〇	五八、四	五一、一	六、六七二	一、六二七、五五四
十二年	一、一三九、五七〇	八八三、三五三	八一、〇	五四、二	七、七〇三	一、八五六、九九六
十三年	一、三九二、一四六	一、一一五、一〇四	七四、九	六一、〇	七、八四三	二、一五三、七一五
十四年	一、六六八、八〇四	一、三九七、五三四	八七、五	七四、九	八、五六三	二、四八〇、七九〇
十五年	一、四九七、七八二	一、四七四、六一〇	六一、三	五九、四	八、八四九	二、五二二、五〇六
十六年	一、三六六、六九六	一、二八八、〇四二	五四、二	五一、一	九、一五七	二、七一二、三八二
十七年	一、一〇三、九五七	八三三、二四九	四〇、七	三〇、七	九、一〇七	三、〇五三、一三〇

備考 本統計ハ常時五十人以上使用スル工場ニ付調査セルモノニシテ異動率ハ前年末労務者総数ニ対比セルモノナリ

二五

二 鉱山労務者 ヲクノ2表 三七四

(一)鉱山労務者異動調年別表（自昭和元年（大正十五年）至昭和十七年）

年別＼区分	雇入	解雇	異動率 雇入	異動率 解雇	年末現在 鉱山数	年末現在 鉱夫数
昭和十一年	二二一、四四六	一九四、五三五	八九、〇	七八、二	四九三	三八一、九六七
十二年	二七九、三三六	二三八、七九七	九九、一	八四、七	五五四	三三九、七〇五
十三年	三四八、三三〇	三〇五、二九〇	一〇五、六	九二、六	六二二	三八一、三八五
十四年	三八九、二九五	三四三、三九六	一〇二、一	九〇、〇	七五五	四二七、四〇五
十五年	四四三、五九四	四〇八、二三六	一〇一、四	九三、三	八六五	四七四、九〇六
十六年	四五一、六五六	四二八、七九二	九五、一	九〇、三	八八八	四九六、九八八
十七年	三七七、四一三	三六三、八八三	七五、七	七三、二	八九一	五一六、三四六

備考 本統計ハ常時五十人以上使用スル鉱山ニ付調査セルモノニシテ、異動率ハ前年末労務者総数ニ対比セルモノナリ

二六

第8表

◎ 昭和十六年九月末現在政府雇傭人員ノ内長期欠勤者人員（労務動態調査）

産業別＼性別	総数		男		女	
総数	792,031	100%	604,455	100%	187,576	100%
農業	22,344	2.8	13,473	2.2	8,871	4.7
水産業	10,926	1.4	8,190	1.4	2,736	1.5
鉱業	33,657	4.3	30,880	5.1	2,777	1.5
工業	485,964	61.4	377,182	62.4	108,782	58.0
商業	102,486	12.9	77,148	12.8	25,338	13.5
運輸通信業	86,837	11.0	61,802	10.2	25,035	13.3
公務自由業	33,177	4.2	25,360	4.2	7,815	4.2
家事業	8,290	1.0	3,810	0.5	5,480	2.9
其ノ他	784	0.1	648	0.1	135	0.1
労務供給業	7,548	0.9	6,941	1.1	607	0.3

本表ノ長期欠勤者トハ病気、大怪我、疾病旅行等ノ為メ三ケ月以上ニ亘リ当該就業場ニ於テ労務ニ従事セザル者ヲ云フ

第9表 ◎ 六大府県ニ於ケル工場労務者ノ欠勤率傭等調査表（厚生省勤労局）

調査方法 警視庁、神奈川県庁、愛知県、大阪府、兵庫県及福岡県管下ニ於ケル軍需品工場ヨリ下記工場数ヲ選定シ昭和12年6月、仝13年6月、仝14年6月仝15年6月、仝16年6月及仝17年6月各一ケ年間ノ数字ニヨリ計算セリ

大工場（勤労者 1000人以上） 40工場
中工場（〃 300人程度） 80 〃
小工場（〃 100人以下） 120 〃
計 240 〃

$$移動率 = \frac{退職者数＋採用者数}{職工数} \times 100$$

$$残業率 = \frac{稼働延工数－稼働延日数}{稼働延日数} \times 100$$

$$公傷病欠勤率 = \frac{公傷病延日数}{稼働延工数} \times 100$$

◎ 六大府県合計指数

種別＼年別			昭和12年	仝13年	仝14年	仝15年	仝16年	仝17年
移動率		男	100	175	170	130	145	74
		女	100	153	223	194	216	108
残業率		男	100	121	85	85	98	81
		女	100	89	48	72	86	74
欠勤率	公傷病	男	100	114	112	78	107	125
		女	100	129	261	132	228	458
	私傷病	男	100	112	116	128	134	231
		女	100	121	143	158	153	212
	其他事故	男	100	135	186	178	210	155
		女	100	139	185	265	430	460

三九五

第11.1表

昭和16年9月末現在在籍人員ノ各産業ニ於ケル年令別分布状況（厚生省労働局）

性別	年令＼産業別	総数	農業	水産業	鉱業	工業	商業	運輸通信業	公務自由業	家事	其ノ他	労務供給業
男	総数	100	100	100	100	100	100	100	100	100	100	100
	12―19	22.6	38.4	18.3	15.0	25.5	21.1	14.1	13.2	37.3	11.4	9.2
	20―29	32.6	28.7	27.8	32.0	34.2	32.6	20.6	24.3	24.4	22.7	27.5
	30―59	44.8	32.9	53.9	53.0	40.3	46.3	54.3	62.5	38.3	65.9	63.3
女	総数	100	100	100	100	100	100	100	100	100	100	100
	12―19	45.6	60.0	38.4	36.4	49.3	38.9	50.3	44.1	45.1	31.6	10.9
	20―59	54.4	40.0	61.6	63.6	50.7	61.1	49.7	55.9	54.9	68.4	89.1

第10表

◎ 重要事業場欠勤状況調（昭和十七年十月廿日現在厚生省勤労局）

原因其他	従業員総数			全職員			男子常用工員			女子常用工員			現員徴用			新規徴用		
	長期	短期	%	長期	短期	%	長期	短期	%	長期	短期	%	長期	短期	%	長期	短期	%
休業者総数 (A＋B)	103,671	33,566	一五、七九	6,379	7,771	一〇、〇二	23,821	14,575	一九、九〇	13,278	9,152	一七、八〇	47,421	36,904	一四、三八	12,792	14,744	二〇、〇六
公務休業者 (A)	7,502	8,335	一、三四	879	2,715	二、五五	5,208	809	三、一一	34	466	〇、三九	1,133	2,104	〇、三五	248	2,241	一、八二
欠勤者総数 C＋D＋E (B)	96,169	25,231	一四、四五	5,500	5,056	七、四八	18,613	13,766	一六、七八	13,244	8,686	一七、四一	46,288	34,800	〇、四一	315	508	〇、六〇
公傷欠勤者 (C)	1,734	2,265	〇、三四	30	23	〇、〇四	248	389	〇、三三	32	36	〇、〇五	1109	1369	〇、四一	315	508	〇、六〇
私傷病欠勤者 (D)	55,249	25,650	六、七八	4,865	2,672	五、四一	7,450	3,249	五、八七	4419	3665	五、五五	29,636	9,943	六、六五	5,679	6,051	一〇、六四
事故欠勤者 (E)	39,206	47,316	七、三四	505	2,361	二、〇三	10,915	9,518	一〇、五八	2693	6445	一一、八〇	15,543	33,548	六、六八	3,540	5,944	六、九二

第112表

昭和16年9月末現在 産業別雇傭人員職業別調 （厚生省労務状態調査）

種別 ＼ 性別年令別	總数		男 12才—19才		20—29		30—59		女 總数		12—19		20—59	
總数	9,353,578	100%	1,432,391	100%	2,061,637	100%	2,832,847	100%	3,026,703	100%	1,379,497	100%	1,647,206	100%
労務動員産業	4,080,737	43.6 (100)	736,594	51.4	1,043,466	49.4	1,249,539	44.1	1,031,138	34.7	568,794	41.3	481,344	29.2
非労務動員産業	5,272,841	56.4	695,797	(100) 48.6	1,018,171	(100) 50.6	1,583,308	(100) 55.9	1,995,565	(100) 65.3	809,703	(100) 58.7	1,165,862	(100) 70.8
労務動員産業 軍需	1,477,724	(36.2)	1,209,298	(41.4)	455,127	(43.6)	345,685	(30.1)	268,423	(25.5)	143,334	(25.2)	125,085	(26.0)
労務動員産業 生擴	798,063	(19.5)	218,743	(18.1)	249,635	(23.9)	335,455	(26.8)	79,320	(7.5)	34,138	(6.0)	45,182	(9.4)
労務動員産業 生拡附帯	493,493	(12.5)	407,810	(14.1)	133,210	(12.8)	167,425	(13.4)	85,643	(8.2)	37,135	(6.5)	48,509	(10.1)
労務動員産業 輸出	467,835	(11.5)	129,958	(4.0)	40,768	(3.9)	59,593	(4.8)	337,837	(32.1)	209,605	(36.7)	128,232	(26.6)
労務動員産業 運輸通信	315,168	(7.6)	269,871	(5.6)	76,184	(7.3)	152,372	(12.2)	60,297	(5.8)	21,809	(3.8)	18,488	(7.8)
労務動員産業 土木建築	105,235	(2.6)	86,802	(1.5)	33,699	(3.2)	52,522	(4.2)	8,253	(0.8)	2,491	(0.4)	5,762	(1.3)
労務動員産業 生活必需	428,232	(10.5)	186,867	(5.9)	58,834	(5.3)	106,184	(8.5)	231,365	(22.1)	121,282	(21.3)	110,083	(22.9)

第12表

◎工業労務者男女別構成比率ノ推移

年別＼性別	總数	男	女
昭和12年	100%	58.8%	41.2%
〃 13年	100%	62.1%	37.9%
〃 14年	100%	64.0%	36.0%
〃 15年	100%	66.2%	33.8%
〃 16年	100%	70.5%	29.5%

(註) 昭和15年迄ハ安中所員労務関係資料ニヨリ16年度ハ厚生省労務動態調査ヨリ算定計上セリ

第13表

昭和16年9月末現在産業雇傭人員職業種別調(厚生省労務動態調査ヨリ抜粋)

職種＼男女別		總数		男		女	
總数		9,353,578	100%	6,326,875	100%	3,026,703	100%
事務従事者		1,180,976	12.6	828,615	13.1	352,361	11.6
技術職員		302,205	3.2	284,319	4.5	17,886	0.6
一般労務者		7,870,397	(100) 84.2	5,213,941	(100 82.4	2,656,456	(100) 87.8
一般労務者	工業労務者	4,518,201	(57.4)	3,177,213	(60.9)	1,340,988	(50.5)
	鉱業〃	456,013	(5.8)	396,027	(7.6)	59,986	(2.3)
	商業〃	1,108,728	(14.1)	622,401	(11.9)	486,327	(18.3)
	運輸通信〃	441,940	(5.6)	394,729	(7.6)	47,211	(1.8)
	家事使用人	497,504	(6.3)	57,733	(1.1)	439,771	(16.6)
	其他労務者	848,011	(10.8)	566,788	(10.9)	282,223	(10.5)

第13表　　炭鉱労務者移動調（昭和十六年三月、十七年三月、十八年三年ノ増減比較）

石炭統制会労務部資料ニヨル

年月 ＼ 事項	雇入				解雇				月末 解雇			
	一般	報国隊	朝鮮	計	一般	報国隊	朝鮮	計	一般	報国隊	朝鮮	計
A 16年3月	25538	—	5016	30554	30739	—	3586	34325	309018	—	53463	362481
B 17年3月	15424	2426	6468	24318	20097	11923	4664	36684	289403	8508	60024	357935
AB 増減	-10114	＊+2426	+1453	-6235	-10642	+11923	+1078	+2359	-19615	+8508	+6461	-4646
C 18年3月	16021	5348	7270	28639	15639	18548	3007	37194	275887	13810	84832	374529
BC 増減	+597	+2922	+801	+4320	-4458	+6625	-1657	+510	-13516	5302	24808	[illegible]

註）1、本調査表ニ於ケル一般内地人及半島人ノ雇入解雇及月末在籍数ハ商工省ノ資料ニ依據セリ（亜炭石炭鉱業者ヲ含ム 但シ1,7ハ之ヲ含マズ）

2、勤労報国隊ノ雇入解雇及月末在籍者数ハ昭和十六年七月ヨリ入山セシモノヲ計上ス

3、昭和十八年四月　俘虜労務者　1233　入山セリ　其ノ数増加傾向アリ

4、一般内地人ハ毎月1000程度減ズル傾向ニアリ（18年ニ入リテ）

三十五

三

第14表 炭砿労務者ノ年令構成（石炭統制会）

事項 年次	青少年労務者 15才未満	青少年労務者 15才以上 20才未満	青少年労務者 20才以上 25才未満	青少年労務者 計	壮年労務者 25以上 30未満	壮年労務者 30〃 35〃	壮年労務者 計	中年及老年労務者 35〃 40〃	中年及老年労務者 40〃 45〃	中年及老年労務者 45〃 50〃	中年及老年労務者 50才以上	中年及老年労務者 計
	%	%	%	%	%	%	%	%	%	%	%	%
昭和9	0.6	15.5	21.0	38.1	20.1	17.6	37.7	12.4	7.5	3.5	0.8	24.2
10	1.2	17.2	21.9	40.3	20.1	17.2	37.3	11.1	7.2	3.2	0.9	22.4
11	1.6	18.1	22.4	42.1	20.3	16.2	36.5	10.5	6.6	3.2	1.1	21.4
12	1.8	20.0	23.0	44.8	20.4	15.7	36.1	9.5	5.7	2.8	1.1	19.1
13	1.9	18.8	21.9	42.6	21.0	15.9	36.9	10.7	5.6	2.9	1.3	20.5
14	3.3	21.9	17.7	44.9	19.0	14.8	33.8	10.5	6.3	3.1	1.4	21.3
15	2.6	22.3	19.2	44.1	18.3	15.4	33.7	10.8	6.6	3.2	1.6	22.2
16	2.4	21.0	19.4	42.8	20.0	15.5	35.5	9.3	6.9	3.5	2.0	21.7

三ヤ五

三四

第15表 炭砿労務者平均勤続年数、移動率、就業率、公傷調（石炭統制会）

事項 年次	移動率	就業率	公傷率
	%	%	%
昭和10	142.8	81.6	1.40
11	150.8	81.0	1.22
12	201.6	79.9	1.06
13	236.4	80.0	1.04
14	204.0	79.0	1.04
15	183.6	81.0	0.96
16	195.6	82.0	0.92
17	178.0	84.4	0.83

三ヤ五

三五

第16表 炭[illegible]

昭和年別	[illegible]数	[illegible]数	従業者数（[illegible]）
六年	一八一	七[illegible]	一五四〇〇〇
七年	二〇三	八[illegible]	一三八〇〇〇
八年	二一七	一〇〇	一四四〇〇〇
九年	二一四	九五	一六九〇〇〇
十年	二一五	九五	一七五〇〇〇
十一年	二一九	九七	一九八〇〇〇
十二年	二〇八	九二	二二三〇〇〇
十三年	一九三	八五	二六四〇〇〇
十四年	一七九	七九	二九二〇〇〇
十五年	一七三	七六	三二三〇〇〇
十六年	一六五	七三	三六〇一八七
十七年	一五二（推定）	六六	三六四九六八
十八年	一四四（〃）	六二	

三七五

三六

オ17表

重要産業ニ於ケル一日平均実收賃金

(S.18.5
商会政策時報—鉄鋼統制会労務部長)

年次＼事項	実数						指数					
	石炭鉱業	金属工業	機械器具工業	化学工業	陸仲仕	沖仲仕	石炭鉱業	金属工業	機械器具工業	化学工業	陸仲仕	沖仲仕
昭和10年	2.13	3.18	3.05	2.21	2.03	2.66	100	100	100	100	100	100
〃 11〃	2.32	3.69	3.03	2.51	2.08	2.57	109	116	99	113	100	97
〃 12〃	2.69	3.92	2.94	2.59	2.16	2.73	126	123	96	117	103	106
〃 13〃	3.26	4.09	2.92	2.81	2.44	3.20	153	129	96	127	117	120
〃 14〃	3.65	4.13	3.20	3.17	2.86	3.41	171	132	105	143	137	128
〃 15〃	3.88	4.47	3.51	3.64	3.34	3.89	182	140	115	165	160	146
〃 16〃	4.13	4.59	3.45	4.21	3.74	4.40	194	154	130	190	179	165
〃 17〃	4.45	5.12	5.24	5.53	3.77	4.84	209	162	172	250	190	182

註1 昭和16年迄ハ石炭鉱業ハ〔筑豊主要炭鉱現況調査表〕ニヨリ　其他ハ商工省〔物価及賃銀統計月報〕ニヨリテ算出　17年ハ適当ナル資料ナキヲ以テ統計局〔労働統計月報〕11月分ニヨリタリ

2 石炭鉱業以外ノ産業ニ於テハ平均賃金不明ナルタメ何レモ各産業ノ一日平均賃銀ノ最高ノモノヲトリタリ　即チ石炭鉱業ハ採炭夫　金属工業ハ平鍛工　機械器具工業ハ研磨工　化学工業ハ製薬工
参考ノタメ陸仲仕　沖仲仕ノ全国平均賃金ヲカカゲタリ

重要産業ニ於ケル一月平均実收賃金並ニ就業率　(全上)

年次＼事項	実数				指数			
	石炭鉱業	金属工業	機械器具工業	化学工業	石炭鉱業	金属工業	機械器具工業	化学工業
昭和10年	40.22	70.77	69.16	58.09	100	100	100	100
〃 11〃	43.79	81.53	71.04	61.72	109	115	103	106
〃 12〃	50.77	85.53	66.87	64.90	125	121	97	112
〃 13〃	61.57	87.12	65.38	66.25	153	123	95	114
〃 14〃	69.47	[illegible]	67.67	70.77	173	119	101	122
〃 15〃	76.13	[illegible]	77.[illegible]	80.74	189	134	115	139
〃 16〃	79.21	[illegible]	[illegible]	77.97	[illegible]	156	122	155
〃 17〃	75.91	12[illegible]%	35.57%	130.84%	214	173	135	225
就業率	73.20%	86.57	77.21	57.24				

註1. 一月平均実收賃金 ＝ 一日平均実收賃金 × 一月就業日数 × 就業率
2 就業率ハ厚生省調査「鉱山工場ニ於ケル賃金形態別休業率調」ニヨリ算出

三〇五

第18表

工場鉱山ニ於ケル厚生施設費支出状況（昭和十五年）鉄鋼統制会労務部長調

業種		1人当1ヶ年賃金総額	1人当1ヶ年厚生施設費	比率
工場ノ場合	金属工業	661円	48円	7.2%
	機械器具製造工業	601	35	5.7
	化学工業	540	44	8.1
	窯業及土石加工業	525	27	5.2
	紡績工業	458	58	12.8
	製材及木製品製造業	377	38	10.1
	食料品工業	421	36	8.7
	印刷製本業	523	28	5.3
	其他	443	35	7.7
	平均	506	39	7.9
鉱山ノ場合	金属山	538	34	6.3
	石炭山	953	65	6.8
	石油山	531	38	7.1
	其ノ他金属山	588	58	7.8
	平均	655	51	7.8
鉄鋼業		938	91	9.8

工場鉱山ニ於ケル厚生施設支出内容（仝上）

種別		教養施設	経済施設	保健施設	慰安娯楽施設	体育施設
工場	金属工業	7.27	63.28	27.16	14.40	0.85%
	機械器具製造工業	38.10	27.39	25.77	5.56	1.82
	化学工業	29.91	23.67	37.95	5.83	2.64
	窯業及土石加工業	9.57	37.29	37.35	14.17	1.70
	紡績工業	5.91	24.49	63.72	4.48	1.40
	食料品製造業	8.72	28.00	36.54	23.87	2.87
	其他	25.67	4.71	63.66	4.83	1.15
	平均	17.89	27.98	41.76	18.60	1.77
鉱山	金鉱山	12.65	44.12	33.76	7.22	2.15
	石炭山	5.00	45.85	46.10	2.34	0.68
	石油山	1.58	57.24	24.85	9.64	4.29
	其他ノ金属山	—	—	—	—	—
	平均	5.20	49.73	35.17	7.50	2.37
鉄鋼業		15.50	48.00	33.00	3.50	—

第10表　米特配ヲ受クル労務者其他調（18年度 農林省）

特配量	種別	人数	所要米石数
1合	造船労務者	160,747	687,237石
〃	鉄鋼業〃〃〃	283,525	
〃	金属山〃〃〃	182,314	
〃	石炭山〃〃〃	424,155	
〃	港湾荷役〃〃〃	75,124	
〃	木炭〃〃〃	339,318	
〃	開拓伐木夫〃	417,657	
5勺以内	青少年	13,978,382	3,622,676
〃	一般労務者	4,412,472	
〃	水産〃〃	625,482	
〃	妊婦	628,197	
〃	国鉄従業員一部	138,395	
〃	逓信現業員〃	67,459	

註）現行一般配給量
1—5才……0.84合
6—10才……1.40
11—60才
- 一般人 2.31合
- 普通労務者 男 2.73 / 女 2.45
- 重労務者 男 3.99 / 女 2.94

60才以上
- 一般人 2.10合
- 普通労務者 男 2.45合 / 女 2.25
- 重労務者 男 3.36 / 女 2.66

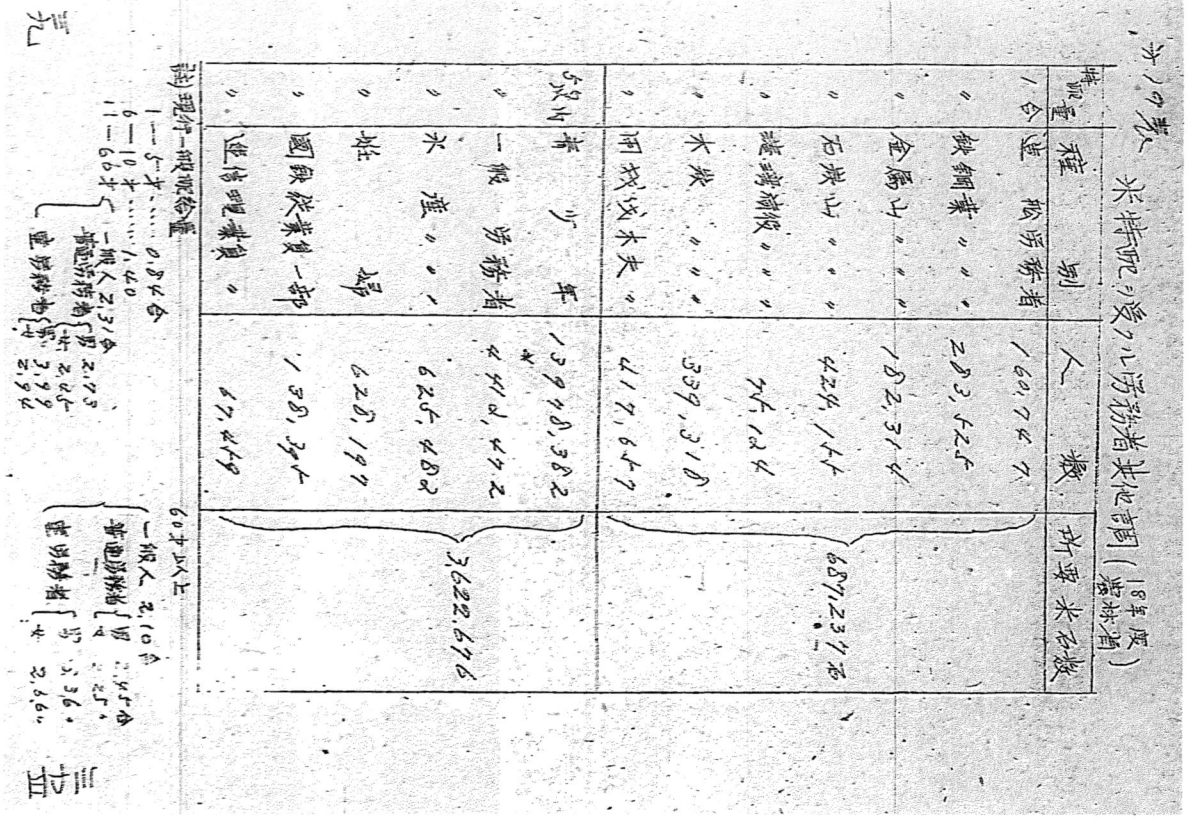

三九　三七五

第20表

昭和二十八年度ニ於ケル労務者住宅建設希望数並ニ割当数

（厚生省生活局）

（二八、六、二）

区分／庁府県	世帯向住宅 建設希望数 主体数	世帯向住宅 建設希望数 戸数	世帯向住宅 割当決定数 主体数	世帯向住宅 割当決定数 戸数	共同宿舎 建設希望数 主体数	共同宿舎 建設希望数 収容人員	共同宿舎 割当決定数 主体数	共同宿舎 割当決定数 収容人員	備考
北海道	七八	六、四三三戸	五	一、〇〇〇戸	三三	三、六七四人	五	一、二七〇人	
青森	九	三五七	—	—	五	九二	—	—	
岩手	九	八四〇	一	三〇〇	八	一、〇一〇	一	四〇〇	
宮城	五	六四五	—	—	四	八六〇	一	一〇〇	
秋田	五	三〇七	二	一〇〇	四	八三〇	二	七五〇	
山形	四	二六〇	二	一五〇	三	五〇〇	四	七八〇	
福島	一五	五四一	二	一三〇	五	八〇五	—	—	
茨城	七	四、二九四	四	一、六三〇	七	一、三八七	五	三八〇	
栃木	九	一、四六六	四	一、五〇〇	六	一、八〇八	三	九五〇	
群馬	二三	三、六二〇	九	一、三九〇	一一	六、〇〇〇	六	三七五〇	
埼玉	二二	二、三九八	九	七七〇	二五	六、一九〇	七	一八〇	
千葉	一六	五、〇六三	八	八〇〇	一五	一五、九八七	七	三四五〇	
東京	二七一	一八、九八七	二七	三、九七〇	三三八	九、三三七	四六	一、四三一〇	
神奈川	一二〇	一八、三一三	四五	三、七三〇	一〇五	三、五六二	六一	三、四五一〇	
新潟	四二	三、五六〇	五	三四〇	二一	三、六三八	四	七〇〇	
富山	二四	七、二五六	七	八七〇	二一	一、六九〇	九	四、五〇〇	
石川	一六	一、三七六	二	三四〇	一一	三、五〇四	一	一〇〇	
福井	四	九三	一	五〇	二	二五〇	—	—	
山梨	三	六二	一	五〇	三	一六〇	—	—	
長野	二〇	一、〇八六	七	三一五	二	二、四八三	三	一、六〇〇	
岐阜	五	七一八	二	六二〇	一一	三、一五八	四	一四五〇	
静岡	四〇	七、三三〇	三	[illegible]	[illegible]	[illegible]	[illegible]	九五〇	
愛知	四一	一二、四一一	一五	四五〇	五一	七二、一八三	三	一、六八〇	
三重	一四	六、三〇〇	三	三〇〇	一三	一四、〇三六	—	三〇〇	
滋賀	四	三、〇三四	一	三〇〇	四	二七〇	—	—	
京都	一四	七、四〇六	三三	一八〇	二四	七、二九九	六	四、四〇〇	
大阪	五四	一五、五八五	一三	一、八六〇	七六	二八、四一九	三	三、七〇〇	
兵庫	四八	一〇、四〇四	三七	三、四九〇	七二	八、〇七二一	六二	三九、三六〇	
奈良	二	四〇	—	—	二	一五〇	—	—	
和歌山	七	一、三三〇	二	五四〇	八	四、七一〇	四	三七五〇	
鳥取	四	二九〇	—	—	三	二五〇	—	—	
島根	五	四八四	二	三〇〇	三	一、二〇〇	—	六五〇	
岡山	二二	三、九三六	五	九四〇	一三	三五一〇	四	二〇〇	
広島	一四	二、三八四	七	三五〇	一五	三七〇	三	三八三〇	
山口	一九	二、九五三	一三	九一〇	一二	三九六〇	七	四〇五	
徳島	—	—	—	—	—	—	—	—	
香川	一一	一三三	—	—	九	[illegible]	—	—	
愛媛	七	一、三〇九	四	五〇〇	七	四〇三八	三	六〇〇	
高知	一〇	二一五	—	—	一	五〇	—	—	
福岡	六	六、八六四	一三	一、六一五	八	二、〇二三	二	四〇〇	
佐賀	一	二	一	四〇	—	—	—	—	
長崎	一二	一二七	二	四〇〇	一一	九七四	三	四八〇	
熊本	二	三二四	二	九九〇	一三	八七二	五	三七五〇	
大分	二	一、三三〇	一	三五〇	一	三〇〇	—	一〇〇〇	
宮崎	八	一、五三〇	二	一、六〇〇	五	三、四五〇	二	六六〇	
鹿児島	六	五〇七	一	一九〇	五	三、一六八	—	九〇〇	
沖縄									
計	[illegible]	[illegible]	三七八	三六、三四〇	九六三	三五、五五八	三五	三二、八二〇	

ヲ21表　労働争議件数調（内務省警保局）

年別	件数	争議種別		
		賃上要求	臨時者排斥	同盟罷業件数
昭和十一年	一九七五	五六一	四四	五四七
十二	二一二六	一〇〇一	五一	六四三
十三	一〇五〇	四四〇	二五	二六二
十四	一二一〇	五五九	五三	三五八
十六	三六五	一三五	四〇	一六一
十七	二九二	一一〇	三二	一七一

三七五

四

(12)

労務動員対策

生産力強化ハ戦争遂行ノ最大要件ニシテ之ガ完遂ハ生産諸要素中特ニ國民労務ノ最高度ノ活用、確保並ニ其ノ生産性ノ昂揚ニ俟ツ所至大ナルニ鑑ミ政府ハ曩ニ新体制確立要綱並ニ労務緊急対策要綱ヲ決定シ各般ノ施策ヲ講ジ来リシモ更ニ近クハ生産増強勤労緊急対策ヲ決定スルト共ニ物資動員計画其ノ他各種ノ総動員計画ニ照応シ國民動員実施計画ヲ策定シ之ガ対策並ニ計画設定ノ方針ニ基キ益々國民ノ勤労精神ノ発揮ヲ基調トシテ各般ノ法制的並ニ行為的措置ヲ講ジツヽアリ

一、國民動員計画

戦時増強ニ必要ナル要量ヲ充足スルト共ニ勤労総力ヲ最高度ニ発揮セシメル為、昭和十四年以来物資動員計画、資金動員計画等ト共ニ國家総動員計画ノ一トシテ労務動員計画ヲ設定シ来リタルモ昭和十七年度ヨリハ従来ノ労務動員計画ヲ國民動員計画ト改メ計画ノ対象タル業務及要員ノ範囲ヲ拡張スルト共ニ勤労能力ヲ有スル國民ノ全部ヲ計画ノ対象トシテ勤労ニ動員シ、且一層労務配置ノ重的ヲ徹底スルコト、為シタリ而シテ昭和十八年國民動員実施計画策定ニ関スル件ニ示ス如ク策定セラレタルモノナルモ左ノ方針ノ下ニ強力且徹底的ナル措置ヲ講ズルコト、為セリ

ハ、軍需ノ充足、五大重点物資其ノ他緊急物資ノ生産並ニ輸送ノ増

三六五

四二

殊ニ重点ヲ置キ之カ要員ノ確保ヲ図ルモノトス。
之ガ労務給源ノ拡充並ニ之ガ適時的確ナル配置ヲ期スル為、書記的
又ハ軽易ナル業務等女子ヲ以テ代替スルヲ適当トスルモノニ付男
子ノ就業ヲ禁止又ハ制限シ、不急ト認メラレル学校殊ニ所謂各種学
校等ヲ整理シ國民徴用実施ノ強化ヲ図リ、國民勤労報國隊ヲ整備拡
充スル等強力ナル動員ヲ行フモノトス
3、産業整備ハ國民動員上ノ必要ヲ考慮シ迅速且強力ニ遂行スルト
共ニ休廃止企業ノ従業者ニ付テハ其ノ生活保障、錬成等ニ特別ノ考慮
ヲ払ヒ、其ノ技術及経験ヲ活用シ得ル如ク國家ニ於テ計画的ニ重点
企業ヘノ轉換ヲ図ルモノトス
4、農業労務ニ付テハ戦時食糧生産ノ重要性ニ鑑ミ鉱工業労務トノ調整
ヲ考慮シ之カ確保ヲ図ルモノトス
5、事務職員及公務職員ハ極力之ガ需要ヲ抑制シ原則トシテ消耗補充ノ
限度ニ止メ概ネ女子ヲ以テ之ニ充ツルモノトス
6、女子ニ付テハ其ノ特性ト民族的強化ノ必要ヲ勘案シ強力且積極的
ナル動員ヲ行フコトトシ、高等女学校及ビ之ニ準ズル学校卒業者ニ付
テハ卒業後一定期内勧奨ニ依リ適当ナル職場ニ就業セシムル如ク指導
スルモノトス。
7、南方地域ニ於ケル要員ハ概ネ指導者及特殊技能者トシ其ノ必要ナル
限度ニ止ムルコトトシ外地満支ニ対シテハ其ノ必要ナル要員ノ供給ヲ図

三四三

8、[illegible]充足、[illegible]労力ノ[illegible]ノ阻害原因ヲ除キ[illegible]勤労者用物資
ヲ確保[illegible]、収容施設ノ整備及[illegible]輸送ノ確保ヲ図ルモノトス

二、國民徴用制度

國民徴用ヲ発動シタルハ昭和十四年七月國民徴用令ヲ制度シ直后満洲及
支那大陸方面ニ於ケル陸軍関係ノ建築技術者ヲ徴用シタルヲ以テ嚆矢ト
ナスモ、其後昭和十六年六月獨ソ戦ノ勃発、更ニ同年十二月ノ大東亜戦勃発
ニ至ル緊迫セル国際情勢ニ伴ヒ八月労務緊急対策要綱ヲ決定シ之ニ基
キ、軍作業庁並ニ民間ニ於ケル軍管理工場ニ対シ徴用ニ依ル労務ノ強
制配置ヲ実施シ、次イデ大東亜戦勃発スルヤ右ノ外ニ厚生大臣ノ指定工
場トシテ製鉄工場、商工省管理ノアルミニーム工場ニ対シ更ニ徴用ヲ実
施スルト共ニ國民労務手帳法ヲ制定シ、他面被徴用者ノ援護ニ付キ特別ナ
ル措置ヲ講ジ来リタル所ナルモ更ニ又徴用勤労ノ充実発揮ヲ期スル為本
年一月生産増強勤労緊急対策要綱ヲ決定右及昭和十八年度國民動員実施計
画策定方針ニ基キ國民徴用令ヲ改正シ國民徴用ノ國家性ノ明確化ヲ図
リ、更ニ徴用制度運営方策ヲ改善スルト共ニ徴用援護制度ノ拡充ニ関
スル措置ヲ講ジタリ。即

(1) 國民徴用ノ國家性明確化

工徴用ハ國家ノ要請ニ基キ帝國臣民ヲシテ緊要ナル總動員業
務ニ従事セシムル必要アル場合ニ行フモノトナスト共ニ被徴用者
ノ服務ニ関スル規定ヲ設ケ被徴用者ガ國家トノ間ニ特別ノ身分上
ノ関係ニ在ルコトヲ明確ニナス

II 被徴用者全員一体ノ態勢ヲ以テ生産増強ニ邁進シ得ル如ク社長ヲ徴用シ之ト共ニ被徴用者ガ従業ニ際シテハ社長ノ指揮ヲ受クベキコト、シテ社長ノ陣頭指揮ノ徹底ヲ図ルコト、ス

III 徴用者ハ豫メ合格者ヲ定メ可成國家施設ニ収容シ教養訓練ヲ施シタル上工場、事業場ニ配置スルコト、ナシ之ガ為一府県ニ一ツノ所定ノ勤労訓練所ヲ設置ス

IV 被徴用者ノ工場事業場ニ於テ支給ヲ受クル給與ガ当該被徴用者ノ前収ニ比シ著シク減少スル場合ニ於テハ之ヲ補給スルコト、シ徴用援護会ヲシテ之ガ実業ヲ実施セシム。

三〇四

(2) 國民徴用制度ノ改善

I 徴用期間ヲ延長シ必要アル場合ハ更ニ之ヲ更新シ得ルコト、ナスト共ニ徴用ヲ解除スル場合ヲ明確ニ規定ス。

II 徴用制度ヲ厳正且権威アラシムル為國民徴用官制度ヲ設クルト共ニ國民職業指導者ノ拡充強化ヲ図ルコト、ス

III 徴用給源ノ確保並ニ銓衡ノ厳選ヲ期スル為メ銓衡ニ当リテハ徴用除外ノ範囲ヲ縮少スルト共ニ適正ナル銓衡基準ヲ定ム

IV 國民登録ノ範囲ヲ更ニ拡張シ被徴者銓衡ニ便ナラシムル如ク之ガ整備ヲ図ルコト、ス

V 被徴用者ニシテ特ニ勤労状況良好ナラザル者ニ付テハ國家ノ特別錬成施設ニ於テ錬成ヲ実施シ其ノ教化善導ニ努ムルコト、ナス。

(3) 國民徴用援護制度ノ拡充

[illegible]後顧ノ憂ナカラシムル為

四五

徴用援護会ヲ設立シ其ノ遺家族ニ対スル援護事業ヲ拡充強化セシムルト共ニ被徴用者ノ志気ヲ昂揚スル為慰問激励ニ付活発ナル運動ヲ展開セシムルコト、ス

三〇五

三、労務ノ重点的配置

労務ノ重点的配置ニ付テハ政府ハ支那事変以来常ニ意ヲ注ギ職業照介法ノ改正、職業照介所ノ改組拡充ヲ図リ次イデ学校技能者養成令、工場事業場技能者養成令ヲ制定シ緊急部門ニ於ケル技能者乃至熟練工ノ確保ヲ図リ更ニ学校卒業者使用制限令、従業者雇入制限令ヲ制定シ一面ニ従業者移動防止令ニヨル青少年雇入ヲ制限シ一般労務者特ニ青少年及青壮年ヲ緊急部面ニ確保スルト共ニ其ノ移動防止ヲ図リ大東亜戦争勃発スルヤ直ニ昭和十六年八月決定ノ労務緊急対策要綱ニ基キ従前ノ従業者移動防止令ト青少年雇入制限令トヲ統合シ新ニ労務調整令ヲ制定シ重要事業場ニ於ケル従業者ノ雇入、解雇、退職並ニ國民学校修了者技術者及ビ一般青年ノ雇入、就職ヲ制限シ労務配置ノ調整ヲ図ルト共ニ企業整備ニ依ル職業転換ヲ促進シ其ノ指導ノ強化ヲ図リ他面國民勤労報國協力令ヲ制定シ國民勤労報國協力制度ヲ確立シ國民ノ其ノ本務ニ重大ナル支障ヲ生ゼシメザル限リ一ケ年ヲ通ジ三十日以内軍需品ノ生産、食糧ノ増産、國防土木事業等重要ナル方面ヘ臨時動員セシムルコトトシタルモ生産増強ノ緊要性ハ益々労務ノ重点的配置ノ強化徹底ヲ要請シタルヲ以テ

四六

政府ハ本年一月決定生産増強勤労緊急対策要綱、昭和十八年度國民労務動員実施計画策定方針竝本年六月決定企業整備措置要綱ニ基キ左ノ如キ措置ヲ講ジタリ

(1)産業及企業間ニ於ケル重点ノ物動ニ即応スル企業ノ整備ノ進捗ニ伴ヒ工場事業場間ニ於ケル配置転換ヲ集団的且計画的ニ容易且迅速ナラシムル為労務調整令ヲ改正シ同令中ニ企業整備ニ依リ職域転換ヲ要スルモノニ対シ配置転換ヲ命ジ得ル規定ヲ設ク

(2)企業整備ニ依リ既ニ転換シタル者ヲシテ特別ノ事情ニ依リ生活困難ナル者ニ対シテハ実情ニ応ジ生活援護ニ必要ナル援護トシテ一定期間ヲ限リ國家ニ於テ必要ナル補助ノ措置ヲ講ズ

(3)中小商工業者ノ戦時重要産業ヘノ轉換ヲ一層促進スル為國民訓練所ノ増設ヲ図ルト共ニ轉換者ガ就職ニ至ルマデノ援護資金ノ支給額ヲ行フ。

(4)國民勤労報國制度ノ刷新ヲ図リ各地域職域又ハ団体ニ於ケル報國隊ノ常時組織ヲ編制セシメ且國民勤労報國隊令ヲ改正シ協力期間三十日ヲ、六十日ニ延長スルト共ニ協力義務者ノ年齢ヲ五十才ニ引上グ

(5)不急ト認メラル、學校特ニ府県下ノ緊要ナラザル各種學校及之ニ類スル施設ノ閉鎖又ハ收容定員ノ減少ヲ行フト共ニ學生、生徒ノ勤労報國隊組織ニ付キ之ガ拡充強化ヲ図ルコト、ス

(6)女子ヲ以テ代替シ得ル業種及職種ニ付キ夫々女子使用ヲ確立シ以テ女子ノ[illegible]強化ヲ図リ之ニ伴ヒ労務調整令ヲ改正シ同令中ニ四

三七四

新ニ厚生大臣又ハ地方長官ノ指定スル業種又ハ職種ニハ男子従業者ノ雇入、使用、就職及従業ヲ制限又ハ禁止シ得ル規定ヲ設ク。

尚勤労能力ノ充実培養竝國民動員完遂ノ為ニ適正ナル労務配置ヲ目的トシ労務供給業者日傭労務者ヲ使用スル作業請負業者及日傭労務者ヲ以テ労務報國会ヲ組織セシメタリ

四、勤労管理

労務ノ量的不足ハ主トシテ労務ノ質的向上ニ依リ之ヲ要スルニハ論ヲ俟タザル所ニシテ政府ハ昭和十五年五月工業就業時間制限令ヲ制定次イデ同十五年勤労新体制要綱ヲ決定スルト共ニ十一月産業報國会ヲ設立シ勤労能率ノ昇揚ニ意ヲ用ヒ更ニ同年(十六)八月決定勤労緊急対策要綱ニ基キ勤労報國精神ノ昂揚労務管理ノ刷新ヲ図リ次イデ同年十二月重要事業場ニ於ケル勤労管理ヲ更ニ刷新強化シ其ノ勤労能率ヲ飛躍的ニ向上セシムル為重要事業場労務管理令ヲ制定シ之レト共ニ労務管理官、労務官制度ヲ設ケ勤労ノ國家性ニ立脚シテ勤労管理ノ積極的ナル監督指導ヲ為シツヽアリタルガ更ニ本年一月決定生産増強勤労対策要綱ニ基キ左ノ措置ヲ講ジタリ

(1)勤労管理行政ノ強化

工 皇國本来ノ勤労観ヲ確立シ且工場事業場ニ於ケル勤労管理機構及勤労管理ノ陣容ヲ整備セシムルト共ニ勤労能率不良ナル工場事業場ニ付キ勤労管理改善ノ為強力ナル指導ヲ行フ為勤労局ニ官民、専門家ヨリ成ル生産能率指導班ヲ設置ス

四八

三七五

Ⅱ管理官、労務官、工場官等一体ノ態勢ヲ整備シ重要事業場ノ生産能率ノ増強ニ付キ綜合的且強力ナル指導ヲ為スルコト

(2)勤労青少年ノ輔導錬成

勤労青少年ノ不良化ヲ未然ニ防止スルト共ニ健全ナル勤労青少年育成ノ為メ其ノ輔導錬成ノ徹底ヲ期スルコトトスル

(3)就業時間制度ノ刷新

就業時間ニ関スル決戦下ノ措置トシテ工場法中職工保護ニ関スル就業時間ニ関スル就業時間其ノ他ノ制限規定ノ適用ヲ重要産業部門ノ工場ニ付、解除スルト共ニ工業就業時間制限令ヲ廃止ス

尚勤労精神昂揚ヲ図リ勤労生産性ノ向上ヲ期スル為昭和十七年九月勤労顕功章令ヲ制限シ工場鉱山及之ニ関聯スル事業場ノ現場勤労者ノ栄誉ヲ顕彰スルコトトナシタルモ本年六月之ヲ改正シ其ノ適用範囲ヲ工業鉱業、農林、畜水産業及交通業、商業ニ従事スル全勤労者ニ拡大シ国民勤労ノ国家性ノ昂揚ヲ図リタリ。

五、賃金及給与統制

支那事変勃発ニ伴ヒ重工業方面ノ労務需要ノ激増ニ原因スル労務者争奪ノ為ノ賃金ノ不当ナル昂騰ヲ抑制シ低物価政策ヲ維持スルト共ニ労務者ノ生活安定ト労務需給ノ調整ヲ図リ勤労生産性ノ向上ヲ図ル為昭和十四年十月賃金臨時措置令ヲ次イデ十六年賃金統制令ヲ制定シ其ノ適用ヲ図リ来タルモ

更ニ生産能率ノ向上ヲ期スルト共ニ勤労者ノ生活ノ恒常性ヲ確保スル為戦時適正賃金給与制度ノ確保ヲ期シ左ノ如キ措置ヲ講ジタリ。

(1)物価指数ニ対応スベク賃金ノ外ニ家族手当ノ支給ヲ認メ生活安定ニ資ス。

(2)既経験者及技能ヲ有スル者ヲシテ能率ヲ発揮セシムル為、初給賃金ノ適用期間ヲ短縮スルト共ニ初給賃金適用期間中ノ労務者生活ノ確保ヲ図ル為初任手当ノ支給ヲ認ム

(3)本年一月閣議決定生産増強勤労緊急対策要綱ニ基キ賃金統制令ヲ改正シ特定ノ緊要産業ニ対シテハ賃金総額制限方式ニ代リ賃金規則及昇給内規ノ認可ニ依ル統制方式ヲ決定シ

(4)更ニ五大重点産業ノ緊急増産ヲ図ル為賃金制度ノ改善ヲ指導シ特殊作業手当、能率増進手当ノ支給ヲ認ムル等ノ特別措置ヲ講ズ

(5)荷役能力ノ増加ノ為公定賃金ノ外能率ニ応ズル賃金ヲ支給スルコトヲ得ル如ク請負単位ヲ決定セシメ荷役業部門ニ賃金ノ協定ヲ為サシム

(6)本年六月決定企業整備措置要綱ニ基キ企業整備ニ依リ配置転換シタル従業者ノ転換先ニ移ルマデノ期間ハ休業手当ヲ支給セシムルト共ニ転換先ニ於ケル給与及給与以外ノ処遇ハ原則トシテ従前ノ夫ニ比シ減少スルコトナキ様措置セシムルコト、シ尚配置転換ノ実施以前ニ於テ休業ヲ余儀ナクセラレタル従業者ニ対シテハ成ル可ク従前ノ給与ヲ支給セシメ少クトモ健康保険標準報酬日額以上ノ休業手当ヲ支給セシムルコト、ナス。

六、勤労者用物資、住宅等ニ関スル対策

勤労者ニ対スル食糧、酒類、作業用必需物資其ノ他勤労者用物資ノ獲保並ニ配給ニ付テハ積極的努力ヲ竭スルト共ニ勤労者用住宅ニ付テハ住宅営団ノ設立其ノ他昭和十六年八月決定労務緊急対策要綱ニ基キ各般ノ施策ヲ講ジ特別ノ考慮ヲ払ヒツツアル所ナルモ更ニ本年一月決定生産増強緊急対策要綱及今六月末ニ決定ノ企業整備措置要綱ニ基キ左ノ措置ヲ講ズ

1、勤労者用物資ノ割当並ニ配給ハ原則トシテ産業報國会ノ組織ヲ通ズルコト、シ其ノ一元化ヲ図ルコト、ス

2、工場鉱山事業場ニ於ケル等ノ配給上ノ地位ヲ認メ之ガ積極的活用ヲ図ルコト、ス

3、勤労者住宅、寄宿舎及厚生施設ハ國ニ於テ一定ノ規模ヲ定メ工場施設ト一体的計画セシムコト、シ其ノ建設、既存建物ノ有効利用ニ付積極的措置ヲ講ズルコト、ス

4、企業整備ニ依ル配置転換計画ニ基ヅク転換者ノ住宅ニ付テハ速ニ受入工場、事業場ニ於テ施設セシムルコト、シ之ガ既存建家ノ転活用、所要資材ノ配給等ニ付特ニ考慮スルコト、ス

七、産業報國会、商業報國会、労務報國会ノ活用ト統制会トノ職権委譲。

三七五

（八）満洲及支那ニ於ケル労務状況

（一）満洲國

大陸兵站基地トシテ親邦日本ニ協力スル満洲國ニ於テハ第一次産業五ケ年計画及北辺振興計画ヲ既ニ了ヘ、目下第二次産業五ケ年計画（辺境開発ヲ含ム）ノ達成ニ邁進シ労務ニ対スル需要ハ逐年著増シツツアリ（康徳七年ノ労務者数別表一参照）

満洲國ニ於テモ法令ヲ整備シ、労務ノ統制、計画配置ニ努メツツアルモ、明確ナル統計ノ不備ノ為メ「労務動員計画」ノ如キモノ、策定ヲ見ルコトナク、國内ニ於ケル労務給源ヲ開発スルト共ニ北支ヨリノ労務者移入ニ期待セリ

（1）國内労働力ノ創出

國内ニ於ケル労務者ノ募集ハ別表第二甲ノ如ク増加シツツアルモ、之ガ主要供給源タル南満農村ニ於ケル農業技術ノ未発達等ノ理由ニ依リ将来ニ多大ノ期待ヲナスヲ得ズ

政府ハ康徳八年九月決定セル労働新体制確立要綱ニ基キ本年一月ヨリ勤労奉公制度ヲ実施シ、兵役ノ義務ニ照応シテ二十一歳ヨリ二十三歳ニ至ル間ノ男子ヲシテ三年間ニ合計十二月ノ勤労ヲ以テ國防國家建設ノ諸事業ニ挺身セシムルコト、セリ（別表第二之参照）

（2）北支労働力ノ移入

満州國ニ於ケル労働力ハ北支ヨリノ出稼労働者ニ依存スルトコロ大

ナリ當テハ之ニ依リ需要ヲ賄ヒ得テ餘リアリ、建國当初ハ不逞分子潜入ヲ防止スル為或ル程度ノ規制スラナシタルモ、其ノ後需要ノ急増北支ニ於ケル諸建設ノ進展ニ伴ヒ移入意ノ如クナラザルモノアリ、次イデ最近年ニ於テハ北支ノ治安状況ヲ反映シ期待数以上ノ入國ヲ見ツヽアリ、定住意図ヲ有シ家族ヲ同伴(家族数ハ労務者数ノ約五割)セル者増加セルハ注目スベキ現象ナリ(別表第三参照)

第一表　満洲國労務者数(康徳七年推定)

鉱業労務者	約三〇万
日系工場ノ労務者	〃四〇万
満洲工場ノ労務者	〃一〇万
土木建築業労務者	〃三〇万
荷役労務者	〃一〇万
交通労務者	〃二〇万
計	一五〇万

外ニ林業労務者(約五万)自由労務者(約二〇万)荷馬車労務者(約五〇万)ヲ加ヘ総計　二〇〇万―二五〇万

備考

右ノ外農業労務者(三五〇万―三〇〇万)商業使用人、漁業労務者アリ。

第二表

甲　國内労務者募集実績

康徳六年(昭和十四年)	三三七、六五六
〃七〃(〃十五年)	三八七、九六六
〃八〃(〃十六年)(一月―六月)	二八九、六二五

乙　勤労奉公制度予定人員数

年次	当該年度人員	当該年度総動員数
康徳十年(昭和十八年)	十二万	
〃十一年(〃十九年)	十五〃	二十六、七万
〃十二年(〃二十年)	二十〃	四十五、六〃
〃十三年(〃二十一年)	二十〃	五十四、五〃
〃十四年(〃二十二年)	二十〃	六十〃

第三表　入満労務者累年比較

年次	入満	離満
康徳元年(昭和九年)	六二七、三三二	三九八、七五二
〃二年(〃十年)	五四四、五四〇	四二〇、三一四
〃三年(〃十一年)	三五八、一二二	三六六、七六一
〃四年(〃十二年)	三一九、二八六	二五九、〇九八
〃五年(〃十三年)	四九二、三七六	二五二、七九八
〃六年(〃十四年)	九八五、六六九	三九〇、九六七

年次	入満	離満
康徳七年（昭和十五年）	一、三一八、九〇七	八四六、五八一
〃八年（〃十六年）	九一八、三〇一	六八九、〇七〇
〃九年（〃十七年）	一〇六八、六三五 （期待数八五万）	
〃十年（〃十八年）	（期待数一二〇万）	

（二）支那

一、概説

中南支ニ就テハ信憑スベキ資料缺如並ニ労務問題ニ関シテハ特ニ重要性ナキヲ以テ主トシテ北支ニ於ケル労務状況ノ究明ニ努ム

二、労働人口

北支（全支）ニハ未ダニ完全ナル人口統計ナキ為正確ナル労働人口ノ把握ハ不可能ナルモ一応推定ニ依ル北支、蒙疆ニ於ケル産業別労働者左ノ如シ

北支、蒙疆労働者人口推計（単位万人）

産業別	北支 労働者人口	北支 %	蒙疆 労働者人口	蒙疆 %	合計 労働者人口	合計 %
農業	一、一八一	七四、七	六五	七七、三	一、二四六	七四、八
水産業	八	〇、四	―	―	八	〇、四
鉱業	二〇	一、三	二	二、四	二二	一、三
工業	一四一	八、九	六	七、一	一四七	八、八
商業	九二	五、八	五	六、〇	九七	五、八
交通業	二九、五	一、九	一、五	一、八	三一	一、九
公務自由業	三三、五	二、一	一、五	一、八	三四	二、一
其ノ他	七七	四、九	三	三、六	八〇	四、八
計	一、五八一	一〇〇	八四	一〇〇	一、六六五	一〇〇

三、労働力供出ニ関スル見透

在北京大使館事務所（興亜院華北連絡部）ノ推定ニ依レバ今後四ケ年間ニ於ケル北支労働力供出ノ見透シ次ノ如シ

北支労働力供出可能量及配分地　（単位万人）

	昭和十八年	昭和十九年	昭和二十年	昭和二十一年
供出可能基礎数	一六〇	一七〇	一七五	一八五
北支新規需要数	四五	五〇	五五	六五
差引対外供出可能数	一一五	一二〇	一二〇	一二〇
内訳　満洲	九五	九二	八五	七九
蒙疆	一五	二〇	二四	二七
中支	三	五	七	九
日本及朝鮮	二	三	四	五

備考

供出可能数算出ノ根拠ハ概ネ左ノ如シ

北支農村ノ餘剰労働量ハ略々六〇〇万人ト推定セラルルモ、内供出不可能数（農村ノ意志ナキモノ、労働不適者、敵方及支那側軍用使用者等）ヲ五〇％トスレバ三〇〇万人也、右三〇〇万人ノ

三〇六

ノ内治安関係ニ依リ我ガ地域内ニ供出不可能ノ者ヲ五〇％前後トスルレバ現在供出可能数ハ約一五〇－一六〇万人ト概算サル、

備考

右表ハ昭和十六年十月興亜院華北連絡部「北支産業開発五ケ年計画労務対策資料」ニ依ルモノナリ

最近特ニ本年ニ於ケル食糧難、負担過重ニ依ル多量家族同伴移動又ハ北支新規事業ニ依ル需要増大ハ明年以後果シテ該定数ノ供出カ可能ナリヤ否ヤハ大ニ疑問ノ余地生ズルニ至レリ

尚全資料ニ依リ今後五ケ年間ニ於ケル産業別労働力需要推定ヲ示セバ左ノ如シ

北支労働力需要推定表　（単位千人）

産業別	現在　昭和十六年	昭和十八年　新規需要	昭和十九年　〃	昭和二十年　〃	昭和二十一年　〃	昭和二二年　実数
石炭	二三〇	六〇	六〇	六〇	六〇	五二〇
鉄鉱	二	三	一	一	一	一〇
其他鉱業	八	四	三	三	三	二五
製鉱	二	三	三	一	三	一五
塩	一五	三	三	三	三	三〇
化学工業	五	二	二	一	一	一三
交通	八〇	二〇	二〇	二〇	三〇	一九〇

五八

三〇六

土木	二〇〇	一〇〇	一〇〇	五〇	五〇	六〇〇
一般工業	一、四〇〇	七〇〇	二〇〇	二五〇	三〇〇	三、七〇〇
海運水運	二〇〇	一〇〇	二〇	一〇	二〇	二、八〇〇
商業使用人	一、三〇〇	四〇〇	七〇	一〇〇	一五〇	一、七一〇
日傭其他一般労働	五〇〇	二〇〇	三〇	三〇	三〇	六三〇
計	三、九四二	三二四	五一二	五三九	六五一	六、三九二
概数	四〇〇〇	三五〇	五〇〇	五五〇	六五〇	六、五〇〇

四、産業別生産能率

(1) 炭砿労働者

炭砿労働者ノ能率ハ炭層ノ状態、機械化ノ程度、労働者待遇條件等ト重大ナル関聯ヲ有シ其ノ比較検討ハ極メテ困難ナルモ最近ノ主要炭砿能率次ノ如シ

炭砿名	一人一日当出炭量（瓲） 坑内夫	全工人	調査年月日
中興	〇、六七三		昭和十六年八月
華宝	〇、七〇四		〃 九月
柳泉	〇、六三二		〃 〃
井陘	〇、五九七	〇、三一三	昭和十六年九月
正豊	〇、七六三	〇、五一四	〃 〃
大河溝	〇、四七八	〇、二五七	〃 〃
磁縣	〇、四一三	〇、二三九	〃 〃
焦作	〇、八六二	〇、四五七	〃 〃
憑心	一、七四六	〇、六四六	〃 〃
陽泉	〇、六四一	〇、二六一	〃 〃
西山	〇、七五六	〇、五九六	〃 八月
寿陽	〇、六三三	〇、二六一	〃 〃
軒南鎮	一、二〇三	〇、七三三	〃 九月
富家灘	二、二六二	一、〇四〇	〃 〃
大同	六、〇九〇	〇、九四〇	昭和十七年三月
開灤		〇、五一二	昭和十五年六月

(2) 紡績労働者

紡績業ニ於ケル労働者個々ノ能率ハ機械ノ性能、種別、新旧別等ト重要ナル関聯ヲ持ツ為其ノ比較検討ハ極メテ困難ナルモ青島ニ於ケル日本系紡績会社、九社（内外、大康、豊田、国光、上海、富士、同興、日清、公大）ノ能率ヲ揚ケ其ノ概況ヲ左ニ示ス

(A) 紡績能率

番手別	精紡工受持錘数 最高	最低
一六番手	四二〇	三〇〇
二〇	六〇〇	四〇〇
二三	六三〇	四五〇
三二	六六〇	五〇〇
四二	七〇〇	六〇〇

備考　満鉄北支経済調査所「青島紡績労働調査」（昭和十五年一月）ニ依ル

（B）織布能率

織機一〇〇台当人員

自動織機　三〇人

普通織機　五〇人

五、産業別賃金

（ハ）炭砿労働者

北支ノ炭砿ハ労働組織トシテ把頭制ヲ採用シ居ル関係上個々ノ労働者ノ実員上ノ収入ハ正確ニ知リ得サルモ左ニ一応各炭砿ノ発表シ居ル賃銀表ヲ掲ケ其ノ概況ヲ示ス

平均賃銀比較表（昭和十六年九月）（単位元）

炭鉱名	直轄工 坑内夫	直轄工 坑外夫	請負工 坑内夫	請負工 坑外夫	臨時工 坑内夫	臨時工 坑外夫
中興	〇、八二四	〇、七三六	一、二二七	〇、八八三	〃	〇、五七六
華豊	一、二〇一	〇、九四八	一、五九二	―	―	〇、九六三
華宝	〇、九一四	〇、九六二	二、〇一一		一、四四三	―
悦泉	〇、七七一	〇、七二九	一、〇六一	一、〇六一		〇、八九四

井陘	正豊	六河溝	磁県	焦作	憑心	陽泉	壽陽	西山	新曲鎮	福家灘
〇、六六	〇、六二	〇、九五〇		一、二五二		〇、七二四	〇、五七二	一、二七九	一、一四八	〇、九六三
〇、五〇二	〇、五六三	〇、八三七	一、三三六	〇、九一九	〇、八四九	〇、七七二	〇、八一六	一、一七八	一、〇五七	〇、五一三
一、三三九	一、五四二	一、六五四	二、四一九	一、七八〇	一、二〇七	一、二八七	一、一四〇	一、七二	一、四八九	一、七八二
〇、七五九	〇、八三〇	一、〇九二	二、三六四	一、〇九六	一、一七七	〇、九四〇	—	一、一四六	一、二一〇	二、四七四
—	—	—	—	—	一、一九七	—	—	—	—	—
〇、三三三	〇、三四八	—	〇、九一七	—	一、三三三	〇、六九四	〇、七三五	一、〇五七	二、三七二	〇、八八

備考
(1) 直轄工ハ炭砿直接雇傭労働者、諸負工ハ把頭配下ノ労働者、臨時工ハ炭砿ノ必要ニ依リ臨時ニ雇傭スル労働者
(2) 上記ノ賃銀ハ現金給与ノミヲ示スモノニシテ現物給与ハ之ヲ含マズ

(2) 紡績労働者

會社名	紡績工(男) 最高	紡績工(男) 普通	紡績工(男) 最低	紡績工(女) 最高	紡績工(女) 普通	紡績工(女) 最低	織布工(男) 普通	織布工(女) 普通
大康	二、一〇	一、二五	〇、八五	一、五七	一、二八	〇、九〇	一、二八	一、二〇
内外	二、三四	一、三六	一、〇四	一、七三	一、二五	〇、九四	一、二四	一、一五
日清	一、九二	一、二八	〇、九八	一、八〇	一、二六	〇、八九	一、二三	一、二五
豊田	一、八六	一、二四	〇、七四	一、五三	一、二一	〇、六六	一、一七	一、〇八
上海	一、八五	一、二六	〇、七七	一、五二	一、二三	〇、七七	一、〇六	一、〇二
倉衆	二、〇五	一、二六	〇、六七	一、四四	一、〇三	〇、七六	一、二三	一、〇五
公大	一、九五	一、四八	〇、六九	一、五三	〇、九四	〇、六六	一、一七	〇、九一
富士	一、八五	一、〇九	〇、七二	一、四八	〇、九九	〇、六六	一、一三	〇、九一
同興	一、八七	一、〇五	〇、七四	一、六二	一、〇七	〇、七二	一、一七	一、〇三
平均	二、三四	一、二九	一、〇四	一、八〇	一、二〇	〇、九四	一、一九	一、〇六

備考 昭和十六年九月調査

(3) 土建労働者

(1) 天津地區ニ於ケル土建労働者ノ賃銀（單位圓）

	並人夫	土工	鳶職	石工	煉瓦工	大工	左官	指物	木挽	鍛冶工
昭和十六年八月	一、八〇	一、九〇	二、一〇	二、一〇	二、三〇	二、九〇	二、九〇	二、七〇	二、五〇	一、九〇
〃 九月	一、九〇	〃	二、二〇	二、三〇	二、五〇	〃	〃	〃	二、三〇	二、一〇
〃 十月	二、〇〇	二、〇〇	二、三〇	二、三〇	二、五〇	二、九五	三、〇五	〃	二、六五	〃

北京地区ニ於ケル土建労働者ノ賃銀（單位圓）

	土工	鳶職	石工	煉瓦工	大工	左官	塗工	鉄匙	鍛工	馬車
昭和十八年三月	三、七五	四、〇〇	五、〇〇	四、三三	四、三三	四、九八	五、〇〇	三、〇〇	五、〇〇	七、〇〇
〃 四月	三、六二	三、九五	五、〇〇	四、〇六	四、〇六	三、三七	五、〇〇	三、〇〇	五、〇〇	八、〇〇

備考 新民會北京市總会調

六、移動状況（炭礦労働者）

北支ノ多クノ炭礦ニ於テハ炭礦者ノ大部分ハ炭礦周辺ヨリ流出スル所謂半農半鑛労働者ナルヲ以テ炭鉱ヨリ炭鉱ヘト移動スルガ如キ例ハ極メテ少数ナルモ農繁期ニ於テハ稼働労働者数激減スルノミナラズ旧正（二月）ニ於テモ労働者ノ稼働状況ハ悪化シ一時採炭ヲ中止セザルヘカラザルニ至ルコトサヘ存ス

但蒙疆地方ノ諸炭砿特ニ大同炭砿ニ於テハ支那事変後急激ナル増産計畫ヲ遂行中ナルガ蒙疆地方ノミニテハ之ニ対応スル労働力ノ供出不可能ナルヲ以テ河北、山東方面ヨリ労働者ノ大量的募集ヲ行ヒツヽアルモ斯ル募集労働者ハ移動甚シク昭和十六年ニ於テ見ルモ左ノ如キ高率ノ移動率ヲ示シツヽアリ

雇傭労働者数　二八、七三九人
解雇労働者数　二八、四八九人
雇傭率　三三六%
解雇率　三三四%
移動率　三三五%

其ノ原因トシテハ

1. 作業箇所ノ不備
2. 宿舎及福利施設ノ不十分
3. 把頭其ノ他搾取（中間搾取）及不親切
4. 採炭作業ニ対スル未経験ニ依ル恐怖心

5. 農繁ニ依ル帰農者
6. 公私傷病者ニ対スル恐怖感
7. 水質不良風土病ノ流行
8. 他方面ニ於ケル労働需要ノ増加及賃銀高

等等ヲ挙ゲ得ルモ斯ノ如キ移動トキ労働者ノ移動ハ増産計画ノ遂行ニ一大障害ヲナスモノナルヲ以テ之ガ対策ノ樹立ハ焦眉ノ急ヲ要スルモノナリ

尚移動ノ甚シキハ北支苦力ノ特質ト云フベク之ガ現象ハ入満労工ニ付テモ同様ナレトモ最近北支ノ食糧難或ハ負担ノ過重等ヨリシテ家族随伴ノ入満蒙労工多ク寧ロ定着セントスルノ傾向ヲ現出シツヽアリ 昭和十八年一月以降五月末迄ニ於ケル入満蒙労工ト随伴家族トノ関係左ノ如シ

満洲	労工	六九二、二四七
	随伴家族	五七三、五七五
蒙疆	労工	三八、二二八
	随伴家族	四、七七二

七、北支労工ノ特質

(1) 移動力極メテ盛ナルコト
(2) 天災地変等ニ支配サルル労工供出数ハ毎年甚タシキ懸隔アルコト
(3) 食糧ガ人ニツクニ非スシテ人ガ食糧ニツクノ現象ヲ有スルコト
(4) 土建、炭砿労働ナルコト
(5) 従順素朴且比較的強靭ナルコト、特ニ南方苦力ニ比較シテ然リ

八、華北蒙疆労工協會ト労務統制

(甲) 華北労工協會

北支ハ傳統的ニ東亜ニ於ケル労働力ノ供給源泉地タルガ今次支那事変後東亜経済ノ飛躍的発展ニ伴ヒ北支、満蒙疆及南方（海南島）ヨリノ労力ノ需要ハ急激ニ増加シ而モ北支農村ヨリノ供給ハ治安其ノ他ノ関係ニ因ル障碍アリ茲ニ北支労働力ノ計画的配分調整ノ必要ナルヘカラサルニ至リ新民會、満洲労工協會其ノ他ノ在北支労働機関ヲ統合シ昭和十六年七月八日華北労工協會ヲ結成セリ

(1) 華北労工協会ノ使命

北支ニ於ケル労働統制ノ一元的実行機関トシテ左ノ如キ使命ヲ負フモノナリ

(一) 北支労工ノ福祉ヲ増大シ治安促進ニ資ス
(二) 北支、蒙満其ノ他ニ対スル配分調整ヲ図ル
(三) 労働力ノ保護涵養並労働素質ノ向上ヲ期シ—技術工ノ養成—ヲ図ル

(2) 華北労工協會ノ主ナル業務

(一) 労働力ノ配分調整ニ関スル業務
(二) 労働者ノ募集、供給、輸送ノ斡旋
(三) 労働登録（苦力頭及技術工）ノ実施

(四) 出境(国)労働者ノ保護
(五) 労務管理ノ指導統制
(六) 労働者職業団体ノ輔導

(3)

三) 組織及機構

組織　支那財団法人

基本金　四〇万元

出資　華北政務委員会　二〇万元

北支開発会社　二〇万元

(二) 事業資金　華北政務委員会ヨリ補助金　事業収入等ヲ以テ之ニ充ツ

(三) 機関　総務部
管理部
補導部

外ニ九弁処十五弁事分処及ニ分駐処ヲ存ス

(2) 蒙疆労工協会

蒙疆政府ハ昭和十四年七月蒙疆労働統制会ヲ設立シ民政部厚生科ニ於テ統轄及一般事務ヲ取扱ヒ居リシモ疆内産業開発三箇年計画ト併行シ地区内ノ労働力ノ強化及之カ定着ノ要ニ迫ラレ直接工人ヲ使役スル私業者側ヨリノ積極参加ニ依ル疆内労働力活発化ノ為メ昭和十五年四月蒙疆労工協会ヲ設立スルト共ニ新ニ労工協会法ヲ公布セリ

六九

三〇五

九、北支労工当面並将来ノ重要問題

(1) 重要国防資源地帯ニ於ケル労働力確保
(2) 物価高ニヨル低賃銀ノ維持
(3) 家族同伴移動ト土地荒廃
(4) 帰還労働者保護ノ問題
(5) 移動防止対策
(6) 対日供給
(7) 供給源確保対策

十、労働争議

1、北支

北支ニ於テハ昭和十三年三月ノ開灤炭鉱労働総罷工(当時英国)及昭和十四年六月天津電車公司(白国資本)労資紛争事件ヲ除キ最近ニ於テハ皆無ナリ

2、中支

上海ヲ中心トスル地帯ニ於テハ昭和十四年ノ一〇九件ニ比シ昭和十五年ニ於テハ三三四件ヘト激増シ昭和十四年ニハ日本系ニハ皆無ナリシモ同十五年ニハ七件発生スルニ至レリ

三〇五

七〇

十一 入満労工出身地別

省別／年別	昭和十四年	昭和十五年	省別／年別	昭和十四年	昭和十五年
河北	四三六、三六八	六〇八、三三八	湖北	八六	一五〇
山東	五三三、三一四	七〇七、六三三	察哈爾	四五四	四五三
山西	一〇、四四八	九、〇〇七	福建	一六	一〇
河南	六八、三三三	三一、七五七	広東	六	八
江蘇	七、一〇六	三、五六六	其他	三四三	四八
浙江	一、三四〇	五三三	合計	一、〇三三、四八〇	一、三六四、四〇六
安徽	五六、九〇四	三一、八〇〇			

十二 山東、河北労働者ノ体格並体力比較

山東労働者	河北労働者
○河北ニ比シ稍劣ル (理由)農民ヨリ採用シタル者多ク[illegible] [illegible] ○標準体格体力ハ	○体格体力共ニ優秀ナリ (理由)多少労働経験者ノ採用[illegible] ○標準体格体力ハ

山東労働者 標準体格体力

体格		体力	
身長	体重	握力	背筋力
一六〇cm	五二瓩	四五瓩	一〇〇瓩

河北労働者 標準体格体力

体格		体力	
身長	体重	握力	背筋力
一六五cm	五五瓩	五〇瓩	一三〇瓩

十三 日鮮漢人ノ体力比較

日鮮漢人ノ体力及ビ労働能力ヲ比較スレバ次ノ如シ

第一表 民族別労働者平均体格

	力役労働者 身長(糎)	力役労働者 体重(瓩)	技術労働者 身長(糎)	技術労働者 体重(瓩)
日本人	一六〇・〇	六一	一六二	五五・五
朝鮮人	一六一・〇	六一	一六三	五六・〇
漢人	一六八・〇	六四	一六七	五八・五

第二表 力役労働者平均年齢ニ於ケル平均握力

	平均握力(瓩)	比率(漢人ヲ一〇〇)
日本人	五六・四	一一二
朝鮮人	五二・〇	一〇三
漢人	五〇・四	一〇〇

第三表 力役労働者平均身長ニヨル平均握力

	平均身長ニ於ケル平均握力(瓩)	比率
日本人	五四・〇	一一四
朝鮮人	五〇・〇	一〇五
漢人	四七・五	一〇〇

第四表　力役労働者平均体重ニ於ケル平均握力

	体重別握力（瓩）	比率（漢人一〇〇）
日本人	五五・五	一一三
朝鮮人	五二・〇	一〇六
漢人	四九・〇	一〇〇

第五表　力役労働者平均年齢ニ於ケル平均背筋力

	平均背筋力（瓩）	比率（漢人一〇〇）
日本人	一八三	一一〇
朝鮮人	一六一	九七
漢人	一六六	一〇〇

第六表　力役労働者平均身長ニ於ケル背筋力

	平均背筋力（瓩）	比率（漢人一〇〇）
日本人	一八九	一一七
朝鮮人	一五二	九四
漢人	一六二	一〇〇

第七表　力役労働者平均体重ニ於ケル平均背筋力

	平均背筋力（瓩）	比率（漢人一〇〇）
日本人	一八五	一一四
朝鮮人	一五五	九五
漢人	一六四	一〇〇

七三

第七表　土木運搬毎時労働能力比較（日本人ヲ一〇〇トシタル朝鮮人漢人ノ距離別毎時能力率）

米	日本人	朝鮮人	漢人
一〇	一〇〇	九三	七一
二〇	一〇〇	九七	七一
三〇	一〇〇	一〇一	七二
四〇	一〇〇	一〇三	七二
五〇	一〇〇	一〇五	七二
六〇	一〇〇	一〇七	七二
七〇	一〇〇	一〇八	七二
八〇	一〇〇	一一〇	七二
九〇	一〇〇	一一〇	七二
一〇〇	一〇〇	一一一	七二
平均	一〇〇	一〇五	七二

七四（続）

遊休可動人口（昭和十五年國勢調査ニ依ル）調

一、内地銃後人口（十四歳以下及六十歳以上ヲ除キタル數）（別表I参照）

男　一九、〇一三、六九二
女　二〇、三一七、五六六
計　三九、三三一、二五九

二、遊休可動人口（一、中ノ無業者ヨリ兒童、生徒、學生及在監人ヲ除キタル數）（無業者内譯別表II参照）

男　六四三、一八三
女　八、五一三、九六一
計　九、一五七、一四四

三、二ノ一ニ對スル比（カツコ内ハ二ノ内地銃後人口總數ニ對スル比）

男　三、三八（一、八五）
女　四一、九〇（三三、三一）
計　二三、二八（一二、八三）

I　内地銃後人口（十四才以下及六十才以上除ク）職業別調

	男	女	計
總數	19,013,693	20,317,566	39,331,259
農業	5,340,621	6,307,798	11,648,419
水産業	416,336	61,012	477,348
鑛業	512,837	65,653	578,490
工業	5,816,590	1,724,222	7,540,812
商業	2,702,962	1,719,322	4,422,284
交通業	1,174,051	141,054	1,315,105
公務自由業	1,400,601	638,550	2,039,151
家事業	26,795	557,733	584,528
其ノ他有業	132,388	55,328	187,716
無業	1,490,512	9,046,894	10,537,406

II　内地銃後人口無業者調

	男	女	計
總數	1.490.512	9.046.894	10.537.406
恩給年金、小作料、家賃預金利子其ノ他ノ收入ヲ受クル無職業者	95.638	151.156	246.794
小學校兒童	21.908	23.641	45.549
學生生徒（他ニ職業ナキモノ）	784.398	503.552	1.292.950
家族	527.136	8.349.049	8.876.185
官公又ハ社會事業團體等ノ救助ヲ受クル者	14.728	10.471	25.199
在監人	41.023	740	41.763
其ノ他ノ無職業者	5.681	3.285	8.966

極秘

機密

一部軍資秘

極秘

（五）経済

運輸

公文研究生
川渕研究生
熊野研究生
村田研究生
今井研究生

三ヒイ

一

機密

一部軍資秘

一、陸上輸送

公文研究生

三ヒイ

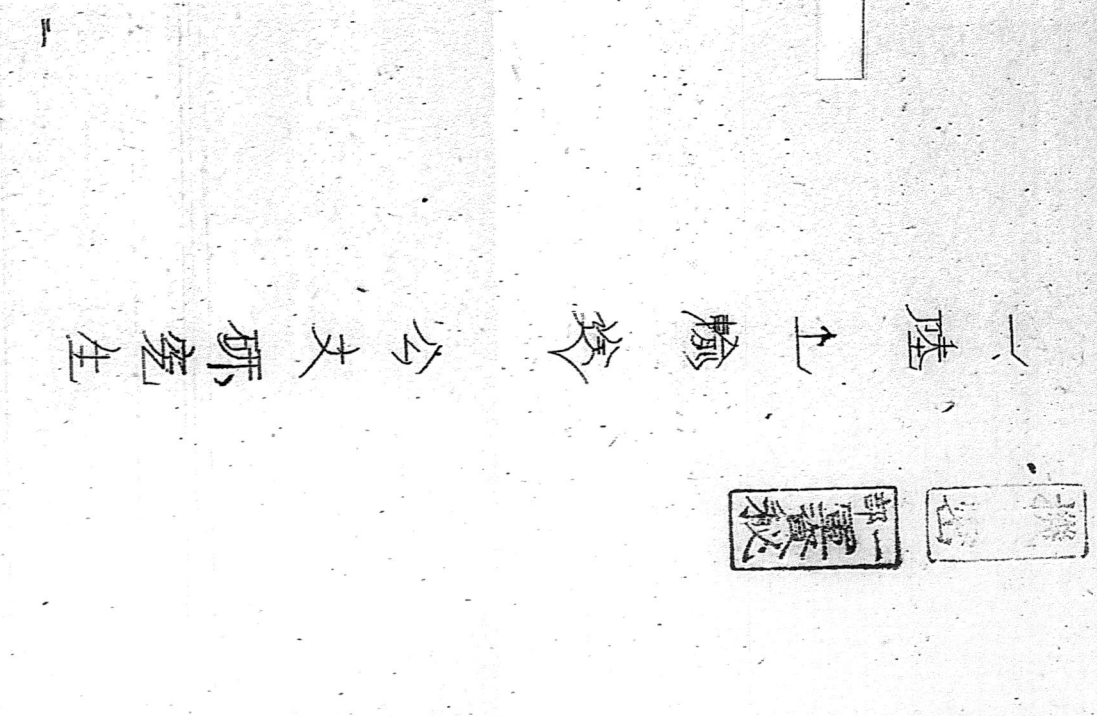

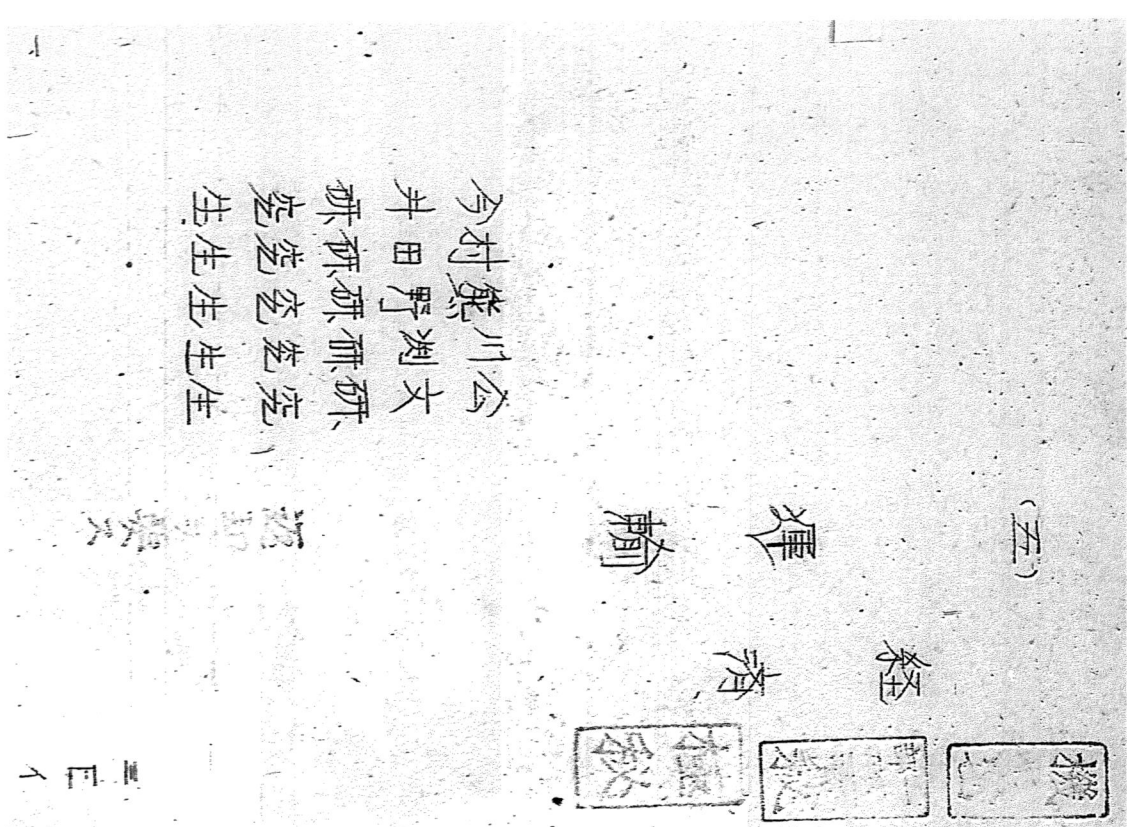

二

イ、昭和十二年以降ニ於ケル輸送ノ推移

支那事変ノ勃発ハ陸上輸送ニ質量共ニ大変革ヲ現出セシメタ。即
未曾有ノ軍事輸送ハ勿論、軍需物資、生産拡充物資、生活
必需物資等ノ貨物並ニ産業ノ躍進ニ伴ッテ工員ノ通勤輸送
其ノ他戦時下國家活動ノ活況ニ因ル一般旅客ノ激増等質的変
化ト量的ノ躍進的上昇ヲ来シ輸送ハ逐年緊迫ノ状態ヲ辿リ来ッ
タト言ヘル。

蓋シ高度國防國家体制下其ノ動脈タル輸送ニ対スル需要ノ増加ハ必然
ノ勢デアッタ

此ノ有ニ處シ陸上輸送機関ハ國有鉄道ヲ基幹トシ地方鉄道軌道
自動車事業、小運送事業等ハ國家的統制ノ強化ニヨル企業経営
ノ合理化、施設ノ整備拡充、輸送方法ノ再編成等ニヨリ極力輸送
能力ノ向上ニ努メ来ッタガ当面ノ問題ハ施設ノ整備拡充ヲ第一義
トスルモ物資ノ人的物的資材難ハ之ガ維持スラ楽観ヲ許サズ
況ンヤ積極的拡充ハ遅々タル進歩ヲ辿リ輸送需要ト併行シ
全ク跛行状態ヲ見ルニ至ッタ。

特ニ船腹不足ニヨル海運貨物ノ陸運転移ノ激増　ガソリン規正ト車
輌新造補給減ニヨル近距離客貨ノ鉄道転稼ト大運送機関ノ
両端ニ於ケル小運送能力ノ弱体化ハ右ノ状況ヲ一層深刻ナラシメタ原因
デアル

斯ル情勢下陸上輸送機関ハ戦時陸運ノ非常体制（十七年十月閣議決定）
ヲ確立シ現有施設ニヨル輸送能力ノ極度ノ集約的、重点的運用、配
分並ニ施設ノ整備拡充計画ノ実現促進ヲ以テ対処シオル現状デ
アル。

(1) 鉄道

事変前昭和十一年度ヨリ昭和十七年度ニ至ル國有鉄道ノ輸送ノ推移
ヲ見ルニ施設ノ増加ハ著シク跛行シ旅客貨物共ニ其ノ輸送人（延）粁ハ
ニ倍以上ニ増加スルニ至ッタ。

尚旅客ニ於テハ対十一年指数ニ二二一、貨物ニ於テハ二〇九トナルガ
旅客一人平均乗車粁ガ昭和十一年ニ於テ二四、八粁　昭和十七年ニ於テ
二六、五粁トナリ其ノ増加少ニシテ短距離利用者ノ増大ヲ指示セルモノ
ナルニ反シ貨物ニ於テハ十一年ノ一屯平均輸送粁一七五、二粁ニ対シ十
七年度ニ二一七粁トイフ増加ヲ見セテイルコトハ長距離輸送ノ増
加ヲ示スモノニ外ナラナイ

之ガ原因ハ生産拡充物資　生活必需物資等ノ計画輸送ニ重点

ガオカレテイルコトト海運ヨリ完全転移乃至中継物資ノ漸増等ニ求メラレ
ヤラ
別表、第一、二、三、四表参照
右ノ趨勢ハ地方鉄道ハ軌道ニ於テモ略同様デアル、（別表第五、六表）

(2) 自動車

(イ) 内地ニ於ケル自動車ノ輸送力ハ旅客ニ於テ一ケ年約十億人、貨物一億屯ノ量ヲ占メ旅客自動車事業ノバス、ニヨル工員輸送、タクシー、ハイヤーノ緊急輸送、トラックノ生産業ノ輸送乃至小運送等其運営上ニ於ケル担当分野ハ大デアルガ、事変以来其輸送需要ノ激増ニモ拘ラズ、生産資材ノ操転資材ノ極度ノ規正ヲ受ケ鉄道ト同様輸送力ノ統制運用ニヨリ重点的配分ノ徹底化シツヽアルモ加之高度国防国家ニ於ケル自動車並ニ其要員ノ保有整備ガ緊要ナルコトヲ思ヘバ地方交通機関トシテ生産力拡充ニ影響大ナル自動車ノ増強ヲ期スベキデアル、

(ロ) 自動車保有現在数ハ貨物自動車（昭和十七年一月末現在）一二一、八七〇、旅客自動車（昭和十七年三月末現在）一一七、八九二デアルガ、ガソリンノ現石油化ニヨル代燃化ノ徹底ト生産資材規正ニヨル新造車ノ補給減少ニヨル老令車ノ割合増加ハ実働車ト雖モ

五

四ロイ

能率ヲ低下シ、四ワニムガ酷使ハ耐命年数（事変前ニ於テトラック四年バス五年）ヲ更ニ短縮スベク輸送需要増加傾向大ナルニ対シ憂フ可キ現象ナリ、

(ハ) 自動車用揮発油需給状況　自動車需給状況ヲ示セバ別表（第七、第八ノ如シ）

自動車保有量ノ内訳ハ昭和十年度基礎研究ノ資料参照、

(3) 小運送

大運送機関タル鉄道軌道ノ両端ニ於ケル小運送ノ輸送力ハ国有鉄道輸送屯数ノ二倍約二億屯ト推定セラレ物資ノ移動ニ付キ其演ズル機能ハ大デアリ、殊ニ事変以来大運送機関ノ輸送ガ極度ニ計画化サレルニ伴ヒ小運送ハ之ト併行シテ合理的、計画的ナル輸送ヲ要請サレルコトトナリ未ダ其ノ性質上生産ト消費現場ニ直接シ、種々ノ困難性ヲ有スルト共ニ企業経営ノ合理化未ダ必ズシモ充分ナラズ殊ニ労務要員ノ獲得難ト貨物自動車ハ勿論其使用スベキ小運搬具ノ逼迫ハ小運送輸送能力向上ノ為著シキ支障ヲ来シテイルトイヘヤウ、

大

三ロイ

昭和十四年以降ニ於ケル小運送用小運搬具並ニ労務厚生ノ要約状況
ニ付キテハ別表第九、第十参照

三ヒイ

ロ、昭和十八年度ニ於ケル輸送調整計画、特ニ物動、生拡ノ
関係

一、一般情況

(1) 既ニ述ベタル如ク戦時下ニ於テ大ナル量ニ達スル軍需品、生産拡充用物
資、及生活必需物資ハ、戦力増強上緊要ナル旅客ト輸送ノ絶対確保
スベキデアルガ現在ノ輸送力ヲ以テシテハ一定ノ限度以上能力ノ増加ハ
望マレナイ

従ツテ設備改善、運用能率ノ向上ニヨルモ尚未ダ旅客ノ需要度ニヨル順
位ヲ追ツテ或ル程度ノ規正ヲ加ヘ輸送力全体ノ調整ヲ行ハナケレバナラ
ナイ事情ニアル

昭和十八年度ニ於ケル國有鉄道ニ於ケル輸送ノ調整計画ハ別表
第十一、十五ノ如クデアリ貨物ニ於テハ物動物資等ノ輸送ヲ優先シ
一般物資ニ付テハ三ヒ%ノ規正ヲ加ヘテオリ、旅客ニ於テハ工員等ノ輸

七

三ヒイ

送ヲ確保シ一般旅客ノ抑制ニ二%（旅客列車取消シモ行フ）ニヨル貨
物輸送能力ノ捻出等、貨物輸送中心ノ計画トナツテヰル。

外地鉄道及内地自動車輸送ノ計画ニ付テモ計画ノ重点ハ戦力増強
物資輸送確保ヲ期シテ樹立サレテヰルトイヘル
別表第十二、第十六参照

(2) 具体的ニ内地鉄道ニ於ケル戦力増強物資（物動生拡生必中心）ノ
輸送内容及満支物資ノ陸上ルートニヨル内地移入計画ニ付キテハ
意義極メテ大ナルヲ以テ
別表第十二、十三、十四、十七、十八ヲ参照ノコト

(3) 内地大運送計画ニ併テ小運送計画ニ付テハ別表第十九ノ如シ、

二、昭和十八年度物動、生拡計画ニ対スル國有鉄道ノ輸送実施方
針右ノ如シ

(1) 輸送力ノ配分

イ、一般方針

a、軍需品物並ニ鉄鋼、鉄屑、石炭、軽金属及其原料等ノ大重

八

兵産業物資ノ輸送ヲ確保スルコト

b. 主要食糧等ノ輸送ニ付テハ其ノ要請ヲ重点的ニ確保シ特ニ需給上起ルコトアルベキ緊急輸送ニ満全ヲ期スルコト

c. 其他物資ニ付テハ前年実績ヲ確保スル程度トスルコト

2. 主要物資別配当

物資別	輸送要請	配当	同上比率	備考
石炭	五二、二八一、〇〇〇瓲	四八、五六六、〇〇〇瓲	九三%	生産様相、発地積出能力、冬季輸送等ヲ考慮ス
鉄鋼	五、八三七、〇〇〇	五、八三七、〇〇〇	一〇〇%（対前年増）	
鉄屑	九三〇、〇〇〇	九三〇、〇〇〇	一〇〇%	
（製鉄原料）鉄鉱石	二、七二八、〇〇〇	二、七二八、〇〇〇	一〇〇%	対十七年七九%増
石炭	二、六三八、四〇〇	二、六三八、四〇〇	一〇〇%	
石灰石、焼石灰	三三三、三〇〇	三三三、三〇〇	一〇〇%	
苦灰石	一六三、〇〇〇	一六三、〇〇〇	一〇〇%	
軽金属原料	八九〇、〇〇〇	八九〇、〇〇〇	一〇〇%	
木材	一七、三六〇、〇〇〇瓲	一五、三〇〇、〇〇〇瓲	九〇%	十七年度実績一三、三〇〇、〇〇〇瓲ニ対シ二、〇〇〇、〇〇〇瓲、一七%増 坑木、軍用、造艦船、車輛材、枕木、杭木、等ニ付テハ一〇〇%配当
重要鉱石	六、〇九八、〇〇〇	五、七一八、〇〇〇	九四%	十七年度実績ニ一〇%増
米	五、六七五、〇〇〇	四、九七九、〇〇〇	八八%	生産目標七〇、〇〇〇、〇〇〇石、外米台湾米ノ移入計画ヲ基トス輸送要請ナルモ種々ノ点ヲ考慮シ前年実績ノ一〇%ト査定ス
麦、小麦粉、大豆、雑穀、甘藷、馬鈴薯等	綜合配給計画ニ即応可及的輸送ヲ計ル			

三四イ

九

(2)、輸送力不足対策

1. 輸送量ノ抑制

a. 貨物ニ付テハ輸送計画ノ内容何レモ絶対ニ輸送確保ヲ要スルモノ又ハ極度規正ヲ受ケタル物資ニ限定セルヲ以テ抑制ハ影響甚大ニシテ之以上ノ抑制困難ナリ。

b. 線路容量ノ狭隘、貨物列車時刻改善等旅客輸送ノ犠牲ニ於テ実施セラルベキモノ多ク、且ツ貨物機関車不足ハ旅客用ヨリ転用ヲ不可避トスル現状ヨリ不急不要旅客ノ抑制ヲ強化ス

三四イ

一〇

乙、車輛ノ新造、改造及積載効率ノ向上ニヨリ輸送力増加ヲ計ル

a、新造……

十八年度落成機関車四三七輛、貨車一六七八六輛ノ予定

貨車ハ原則トシテ大形無蓋車（十七瓲、三十瓲）トス

b、改造……

貨車増能工事ニヨリ年間二、五〇〇、〇〇〇瓲ヲ増送見込ミ、

c、積載効率ノ向上

貨車満瓲、満載ノ徹底

小口積車ニ削減ニヨリ車扱貨物増送見込年間二、八九〇、〇〇〇瓲

尚ホ今後小口貨物積車ヲ最低限度ニ圧縮ノ方針ナリ

貨車標記瓲数ノ引上ニヨル年間増送二、三〇〇、〇〇〇瓲ノ見込ミ

d、貨車運用効率ノ向上

貨車運用効率ハ昭和十六年度ハ昭和十一年度対比九四％トナリ以後低下傾向ニアリ、

之ガ原因ハ次ノ如キ諸点ニ見ラルルヲ以テ極力此隘路ヲ打開スベシ

（Ⅰ）輸送量ノ激増ニ対シ、線路、駅、設備、荷役及小運送能力ノ増強追随シ得ザル為貨車停留時間ヲ延伸セシメタルコト

（Ⅱ）操車場能力ノ行詰リ並ニ列車輸送力不足ニ因リ貨車中継時間ヲ延伸セシメタルコト、

三ヒイ

一二

（Ⅲ）海運貨物ノ転移及国内資源開発ニヨリ輸送距離ノ延伸セルコト

（Ⅳ）大都市ニ対スル物資ノ集中輸送度大ナル為生産地向空車ノ排出増加並ニ空車ノ走行料ノ延伸シタルコト

e、旅客輸送力ヨリ貨物輸送力捻出

旅客輸送量ト抑制、旅客機関車ノ貨物用ヘノ転用ニ付テハ既ニ述ベタガ

尚ホ貨物列車本位、操車場中心ノダイヤ編成方針ヲ実施スベキモノトス

f、航路有スル隘路事情打開ヲ図ル、

本年度ノ省航路及朝鮮経由上ノ貨物輸送計画ニ付テハ別表第二十ニヨリ見ラレ、如ク一般物資輸送ハ大ナル抑制ヲ余儀ナクサレオル現状ニシテ之ガ対策トシテ航路ノ増強ヲ図ル

尚ホ省航路運輸能力ニ付テハ第二十一表参照

（Ⅰ）博釜航路ノ開設

関釜航路ニ新造大形船既備之（七九〇〇噸）就航ニ伴ヒ同航路就役ノ景福型（三六〇〇噸）二隻ヲ以テ博釜航路ヲ開設シ大陸物資ノ輸送量増加ヲ計ル……

七月十五日ヨリ実施、

三ヒイ

一二

年間輸送量増加
関釜航路ノ開設
関釜上リ　二〇八、〇〇〇瓲
博釜上リ　一七三、〇〇〇瓲　} 計三八一、〇〇〇瓲
此結果年間朝鮮、本土間省航路輸送力上下合シ一〇〇万瓲ノ予定
(ロ)青函航路ノ増強
新造船計画ノ実施ニヨリ隘路ヲ救済ス（現在貨車航送ノ汽船積機帆船積併用）
第五青函丸（十九年三月新造）　第六青函丸（十九年三月新造）
第七青函丸（十九年七月新造）
現在最大運航能力ハ十四運航（車数四七〇輛）六二〇〇瓲ノ輸送力ハ
右計画ノ実現後ハ十八運航（車数六三〇輛）八四五〇瓲トナル
８、海運転嫁其他陸送増加ニ対応シ隘路線区ノ施設ヲ増強ス
◎石炭輸送関係主要工事
(イ)第五、第六青函丸新造ニヨル北海炭ノ陸送増加ニ対応シ函館本線、東北本線、常盤線ノ強化、五稜郭、青森操車場ノ拡充ヲ行フ

三〇イ
一三

(ロ)裏日本諸港湾水陸連絡施設、上沼垂、高崎操車場、信越線ノ増強
(ハ)九州炭ノ陸送ニ関シ伊万里筑肥線山陽東海道線（待避線及操車場増強
◎鉄鋼輸送関係主要工事
山田線及釜石線ノ増強——山田線ハ八月ヨリノ増送計画ニ応ズ
◎其他
(イ)博釜航路開設ニ伴フ博多埠頭ノ応急施設
(ロ)香椎操車場ノ緊急仕拵（伊万里線ニ対スル軍事輸送、博多臨港線ニ対スル軍車及集積輸送、博釜航路ニ対スル連絡輸送）ニ対応シ工事ノ促進ヲ期ス
９、省営自動車ニヨル重要物資輸送ニヨリ近距離鉄道貨物ノ一部ヲ省営自動車ニ移行セシメ線路容量操車場能力ノ行詰リヲ打開セントス
右ノ実施ノ為メ本年度新造車ノ約九〇%（一〇五五輛）ヲ之ニ充当スル

三〇イ
一四

事変後ニ於ケル國有鉄道輸送ノ趨勢

事項 ＼ 年度	昭和11年	〃12〃	〃13〃	〃14〃	〃15〃	〃16〃	〃17〃	昭和11年度ヲ100トセル指数 昭12	13	14	15	16	17	備考
鉄道営業粁 粁	17,530.1	17,934.0	18,178.7	18,297.5	18,400.0	18,495.5	18,581.4	102	104	104	105	106	106	
従業員数 人	227,689	253,247	272,175	309,917	339,613	384,559	401,772	111	120	136	149	169	176	
車輌数 輌	88,612	91,070	96,695	104,394	114,806	119,571	124,468	103	109	118	130	135	140	
列車粁 千粁	257,255	271,041	278,108	294,263	305,181	310,953	318,765	105	108	114	119	121	124	
車輌粁 千粁	3,583,806	3,899,794	4,191,646	4,588,154	4,826,764	5,016,973	5,382,540	109	117	128	135	140	150	
旅客人員 千人	1,058,631	1,156,266	1,344,506	1,613,206	1,878,333	2,172,219	2,279,840	109	127	152	177	205	215	
旅客人粁 千人	26,216,151	29,052,146	33,632,506	42,057,511	49,338,666	55,545,287	60,450,556	111	128	160	188	212	231	
貨物瓲数 千瓲	89,342	98,170	109,588	122,767	137,006	141,696	147,610	110	123	137	153	159	165	
貨物瓲粁 千瓲粁	15,656,580	18,253,832	21,227,604	24,573,861	27,202,865	28,967,626	32,729,870	117	136	157	174	185	209	

一六

三四イ

方針ナリ

二、以上ノ諸情勢ヲ綜合スルニ物動計画ハ輸送力ノ極度ノ集約的活用ヲ前提トシテ策定サレテ居ルコトガ察知セラレ内地國有鉄道ノ三七ノ極秘料輸送計画ノ完遂ニ付キテモ緊急ニ打開スベキ幾多ノ隘路ヲ包蔵シオルコト

海運情勢ノ見通シ楽観ヲ許サズ、國内輸送ニ付テハ全面的転移モ考慮シオカネバナラズ、コト等ヲ思ヘバ今後戦力増強ノタメ一層膨大トナルベキ物動計画ノ円滑ナル実施ノ為ニハ陸上輸送機関ノ劃期的整備拡充ヲ焦眉ノ急務トスル。

別表十三　　　　　　　　　　　　　　　　　　　　　　　　　　　　　　　　　　　一三八

事変以降通勤通学等ノ旅客数量ノ増加趨勢

種別 / 年度	普通		學生		工員		計	
	券数	指数	券数	指数	券数	指数	券数	指数
昭和11年	1,800,773	100	670,781	100	1,072,041	100	3,543,595	100
12年	2,024,660	112	701,358	105	1,551,161	145	4,277,179	121
13年	2,388,354	133	777,715	116	2,364,198	221	5,530,267	156
14年	2,852,814	158	889,224	133	3,048,128	284	6,791,166	192
15年	3,521,746	196	957,073	143	3,249,498	308	7,728,297	218
16年	4,321,490	240	1,023,441	153	3,455,867	322	8,800,798	248
17年上期	2,112,360	234	711,224	164	1,655,448	323	4,489,032	289

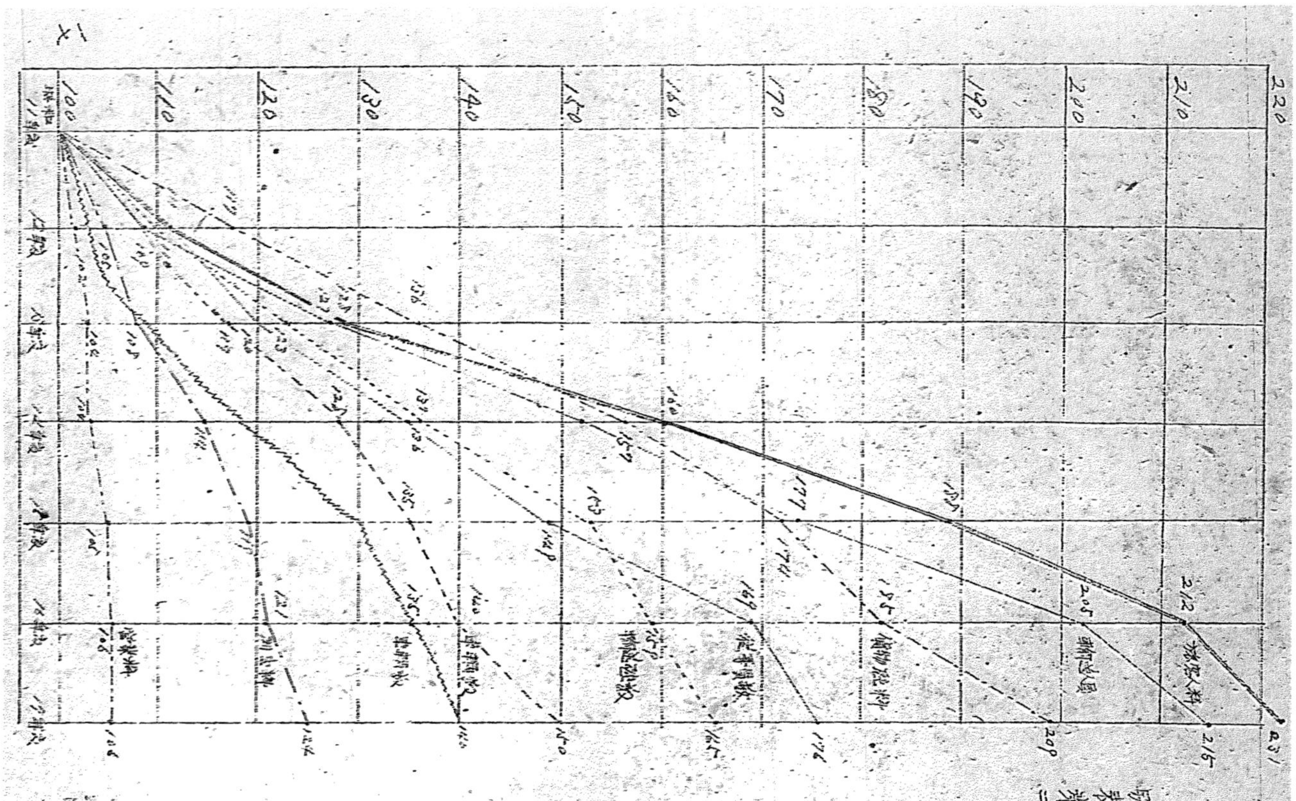

別表第四

主要貨物ノ輸送噸数表（内地）　（昭１１－昭１７）

種目	品目別＼年度別	昭和11 噸数	指数	12 噸数	指数	13 噸数	指数	14 噸数	指数	15 噸数	指数	16（概算） 噸数	指数	17 噸数	指数
生産拡充関係物資	石炭	30025549	100	33570057	109	35219521	118	36346112	122	41094043	137	38675391	128	3858[illegible]871	126
	鑛及鑛物	5070521	〃	6030434	119	6835546	134	7007579	138	8503270	135	8775713	173	1000[illegible]	[illegible]
	鑛油	1134521	〃	1172105	103	1180990	104	1114787	98	1037240	91	840583	74	657950	58
	化学配合肥料	2228008	〃	2872910	129	2964910	133	3240217	146	2974020	133	2323630	104	1930098	87
	セメント	1940490		2052406	106	2130784	110	2461177	127	2894891	149	2902961	150	2410003	124
	鉄及鋼	1118026		2105010	190	2395451	213	2607053	233	1947433	174	2090309	187	2581184	238
	小計	42117821		47650920	113	51652788	123	55782925	132	59210905	141	55604587	132	57042950	135
其他生産拡充関係物資	木材	7528882		8529917	113	10425062	138	2225680	162	13336920	177	13364258	178	12455418	165
	石材	652339		636550	98	721601	111	835819	128	1070375	164	1270883	195	1362973	209
	砂利	1888972		1618577	86	1942147	103	2282142	121	2222985	118	2647364	140	2506995	133
	大豆粕肥料	452215		431987	96	511951	113	588231	130	384258	85	300844	67	530989	117
	紙及加工紙	910948		953858	105	1002876	110	1061176	116	961139	105	1006754	111	955532	105
	牛及馬	167423		222747	134	273572	164	352156	211	510730	306	470949	281	465300	278
	小計	11600769		12393636	107	14877231	128	17341204	149	18486405	159	19070052	164	18133207	156
生活必需品関係物資	米	3388857		3540717	104	3950296	116	4373072	129	3593003	105	3934764	116	4393022	130
	麦類	982278		1189409	121	1541163	157	1698526	173	1537156	157	1198015	122	1538809	157
	野菜類	789789		539695	68	672755	85	759076	96	1842033	107	1038908	132	1156739	146
	木炭	1252501		1218572	97	1324915	106	1350729	108	2044159	163	2181821	174	2093440	167
	薪	402926		380853	95	485135	120	802065	199	1189061	295	1118049	277	1539551	382
	塩類	620711		647808	104	730811	118	785888	127	882382	142	838905	135	1017871	164
	活鮮冷凍魚	755739		801317	106	954225	126	1073198	142	1133733	150	1150118	152	983512	130
	魚類其ノ他	425060		435083	102	497173	117	512761	121	505658	119	595605	140	330230	78
	小粉	348356		352850	101	402511	116	426199	122	442861	127	375628	108	345615	99
	砂糖	413751		430180	103	477427	114	490622	117	455540	110	428619	105	492713	118
	小計	9394968		9556284	102	10438466	125	12272134	131	12628586	134	12870428	137	13891505	148
其他貨物		23365185		28680475	123	32521556	139	37469681	160	46803704	200	54906844	235	59377500	254
總貨物		86478743		98241515	114	109668041	127	122865944	142	137129600	159	142451911	165	148445168	172

備考
1　昭和十一年ヲ１００トス
2　野菜類ニハ甘藷、馬鈴薯ヲ含マス
3　鉄道、自動車、航路ヲ含ム

別表第五　　地方鐵道軌道人粁調

年度	延粁 地方鐵道	延粁 軌道	延粁 計
昭和	千粁	千粁	千粁
11	643,036	12,923	655,959
12	669,889	13,271	683,160
13	717,852	14,522	732,374
14	772,030	16,550	788,580
15	791,802	16,627	808,427
16	791,271	17,016	808,287
17	847,089	18,408	865,497
18	880,263	19,338	899,601
19	913,437	20,268	933,705
20	946,611	21,198	967,809
21	979,785	22,129	1,001,914

年度	延人粁 地方鐵道	延人粁 軌道	延人粁 計
昭和	千人粁	千人粁	千人粁
11	4,993,479	9,452,232	14,445,711
12	5,435,258	10,251,356	15,686,614
13	6,322,963	11,887,222	18,310,185
14	8,531,079	13,971,489	22,502,568
15	10,565,495	16,136,895	26,702,390
16	12,524,072	18,188,701	30,712,773
17	13,591,237	19,659,639	33,250,876
18	15,165,288	21,473,445	36,638,733
19	16,739,340	23,287,252	40,026,592
20	18,313,391	25,101,059	43,414,450
21	19,887,442	26,914,865	46,802,307

備考　自昭和十一年度至昭和十六年度ハ實績昭和十七年度以降ハ前記期間ヲ基礎トシテ最少自乘法ニ依リ推定セリ

軌道

年度	機關車		客車	貨車			
				有蓋		無蓋	
	電氣	其他		電動車	其他	電動車	其他
昭和	輛	輛	輛	輛	輛	輛	輛
11	9	81	6,603	61	125	66	1,394
12	9	68	6,541	59	106	65	1,290
13	9	65	6,569	61	109	62	1,252
14	9	61	6,566	55	109	52	1,190
15	9	43	6,554	51	101	50	1,157
16	11	45	6,728	59	81	59	1,106

地方鐵道

年度	機關車		客車	貨車			
				有蓋		無蓋	
	電氣	其他		電動車	其他	電動車	其他
昭和	輛	輛	輛	輛	輛	輛	輛
11	169	639	4,291	65	3,520	24	7,380
12	180	536	4,233	68	3,541	26	7,582
13	175	555	3,980	60	3,430	19	7,507
14	178	541	4,079	65	3,409	19	7,344
15	179	548	4,089	56	3,405	17	7,342
16	185	569	4,159	47	3,389	57	7,432

備考　機關車ノ其他ハ蒸氣及内燃機關車又客車ノ中ニハ内燃客車ヲ含ム

別表第七

自動車用揮発油需給状況調

	自動車用揮発油合計 使用又ハ割当量	規正率	合計中ノバス規正率	同トラック規正率	同ハイヤー・タクシー規正率
昭和十一年	一、二〇九、三七二竏	%	%	%	%
十二年	一、二六九、四六二	三	三	三	三
十三年	八一六、六八八	三二	三三	二六	四一
十四年	五六八、六〇二	五三	五七	四三	六五
十五年	四一九、五二五	六五	六九	五五	八〇
十六年	二一一、五九二	八三	九二	七二	九六
十七年	一八四、九五三	八五	一〇〇	九〇	一〇〇

別表第八

自動車需給状態調

		要求量	生産割当数
十五年	バス	三六〇〇〇	一〇二七
	トラック	一五五〇〇〇	八五三〇
十六年	バス	三六九三	七〇三
	トラック	一三九三三	工〇一三四
十七年	バス	四一七八	七七二
	トラック	一四二三〇	五二七八
十八年	バス	三一六八	八〇〇
	トラック	九五八三	五六六〇

三 E イ

別表第九

小運送業者ノ小運搬具數

種別 \ 年度	14 臺數	14 指數	15 臺數	15 指數	16 臺數	16 指數	17 臺數	17 指數
貨物自動車	13902	100	14010	101	12200	96	10475	75
荷牛馬車	18307	100	17747	97	15475	85	17346	95
荷車	23577	100	21218	90	18147	76	16473	70
リヤカー	14172	100	14425	102	12900	91	12280	87
橇	9551	100	9001	94	7553	79	6979	73
艀	8273	100	7705	93	5295	64	2601	31

別表第十

小運送關係從事員數

年度 \ 種別	事務員	勞務員	計
14	34877(100)	105184(100)	140061(100)
15	38740(111)	110992(106)	149732(107)
16	38919(112)	107691(102)	146610(104)
17	41776(120)	104508(99)	146254(104)

別表第十一

昭和十八年度鐵道貨物需給調整計畫

項目 / 鐵道種別	輸送需要量 A	基本輸送可能量 B	輸送計畫 輸送可能量增加 車輛增加ニヨルモノ	能率向上ニヨルモノ	計	增加率 C/B	計 B+C	規正率% A（B+C）/A
內地官營	40.834.881 (33.061.303)	32.851.391 (30.027.306)	新製 2.558.280 改良 554.090	1.079.185	4.191.561 (813.175)	12.8	37.042.952 (30.240.481)	9.3 (7.0)
朝鮮官營	10.708.918 (6.986.412)	6.835.384 (6.070.837)	新製 530.110 借入 1.663.966	449.877	2.643.955 (404.246)	38.6	9.479.339 (6.475.083)	11.5 (7.0)
臺灣官營	1.252.508 (1.143.029)	1.106.304 (1.003.276)	41.856	11.365	53.221 (46.219)	4.8	1.159.525 (1.049.495)	7.4 (8)
樺太官營	141.464	135.689	5.529	1.384	6.913	5.2	139.602	1.3
內地民營	1.024.562 (855.314)	841.979 (833.734)	1.921	16.893	18.814 (18.446)	2.2	860.793 (852.180)	16.0 (0.4)
朝鮮民營	444.299 (501.764)	369.666 (432.755)	15.772	7.668	21.440 (27.750)	5.8	391.106 (470.505)	11.9 (6)
臺灣民營	83.107 (125.090)	77.606 (114.259)	[illegible]	[illegible]	4.872 (4.219)	5.9	82.478 (118.478)	0.8 (5)

註（　）內ハ17年度ノ計畫ヲ示ス

三四イ

物資別輸送計画 （単位千屯）

品目別 ＼ 期別		一/六	二/六	三/六	四/六	合計
生産力拡充物資	石炭	12,739	14,102	12,854	12,878	48,568
	鉄鋼及鉄屑	1,236	1,677	1,721	1,992	6,626
	軽金属及其原料	211	203	240	235	889
	重要鉱石	1,219	1,289	1,332	1,328	5,118
	特殊鉱物	921	812	886	288	2,407
	石油及石油精	426	147	147	137	850
	セメント	440	685	605	665	2,455
	コークス	321	356	357	335	1,409
	工業塩	305	230	251	232	1,023
	機械類	850	72	84	40	576
	[illegible]	311	243	209	224	262
	小計	18,949	19,821	17,996	18,861	73,127
基礎生産力拡充物資	木材	4,621	4,395	2,824	2,451	15,314
	石灰石	847	488	173	218	3,134
	石材	331	116	261	208	856
	砂利	1,535	851	1,029	1,081	4,496
	肥料	1,047	411	602	242	3,052
	飼料	195	223	254	243	912
	石灰類	365	207	337	328	1,287
	紙及パルプ	345	381	444	405	1,535
	藁工品	355	260	230	225	1,120
	牛馬	170	250	205	253	918
	小計	7,831	8,120	7,956	6,804	32,911
生活必需物資	米	1,327	848	1,415	1,381	4,777
	麦	125	550	511	358	1,544
	大豆	204	86	87	225	606
	甘藷馬鈴薯	154	161	539	246	1,100
	生野菜	214	300	494	229	1,287
	木炭	522	372	533	442	2,174
	薪	405	250	268	385	1,218
	魚介類	406	192	244	205	1,049
	小麦粉	99	115	107	58	379
	砂糖	185	160	125	172	584
	味噌醤油	182	127	151	191	651
	酒類	185	102	125	172	554
	煙草	97	43	52	53	267
	果物	159	181	202	245	231
	油脂及其原料	41	65	84	97	297
	小計	4,268	3,490	4,911	4,209	14,392
其ノ他	物資	8,415	11,429	10,642	10,786	41,292
		41,403	40,360	41,565	41,160	164,488

註 其他物資ニハ軍用及事業用貨物ヲ含ム

三七

三一イ

三六

(1) 内地官營 （單位千瓲粁）

	輸送需要量	輸送計畫量	規正量	規正率%
軍用貨物	3.454.729	3.454.729	0	0
陸運轉移物資	8.703.148	8.703.148	0	0
生產力擴充物資	9.428.856	9.240.279	188.577	2.0
大量消生產力擴充物資	6.055.955	5.510.819	545.136	9.0
生活必需物資	4.800.300	4.440.277	360.023	7.5
事業用貨物	1.276.500	1.276.500	0	0
其他物資	7.115.393	4.417.200	2.698.193	37.9
合計	40.834.881	37.042.952	3.791.929	9.3

(2) 朝鮮官營 （單位千瓲粁）

	輸送需要量	輸送計畫量	規正量	規正率%
軍用貨物	1.093.087	1.093.087	0	0
陸運轉移物資	2.598.632	2.598.632	0	0
事業用貨物	982.319	901.420	80.899	8
其他物資	6.034.880	4.886.700	1.148.180	19.1
合計	10.708.918	9.479.839	1.229.079	11.5

三一イ

品目別 ＼ 期別	一／八	一／八	／		
	瓲数	瓲数	瓲数	瓲数	瓲数
石炭	1.355	1.409	1.407	1.459	5.820
鑛石	945	949	949	948	3.791
セメント	270	271	271	271	1.083
鹽	131	134	270	140	675
木材	469	452	470	416	1.807
肥料	240	288	249	240	1.117
米	205	176	284	362	977
雜穀	249	277	222	176	924
野菜	40	45	127	58	265
薪炭	144	138	170	176	628
魚介類	40	29	71	69	209
小計	4.088	4.168	4.540	4.310	17.106
其他物資	3.598	3.722	3.652	4.148	15.115
	7.686	7.890	8.192	8.458	32.221

註　其他物資ニハ軍用及農業用貨物ヲ含ム

二八

三四イ

別表第十五

昭和十八年度鐵道旅客輸送需給調整計畫

	輸送需要量 A	輸送計畫量						規正率 A+(B+C)% A
		基本輸送可能量 B	輸送增加可能量				計 B+C	
			車軸增加	能率向上	列車取消ニヨル減	計 C		
內地官營	67,121,963	57,140,667	20,104	2,286,431	△2,286,431	93,199	57,233,866	14.7
朝鮮官營	7,950,196	6,895,138	31,843	103,427	△ 446,171	△310,901	6,584,237	17.2
臺灣官營	1,587,287	1,380,864	—	27,776	—	27,776	1,408,640	11.3
樺太官營	189,515	156,879	—	5,178	—	5,178	162,057	14.5
內地民營	57,687,863	51,175,534	163,444	1,566,949	—	1,730,393	52,905,927	12.7
朝鮮民營	514,098	425,280	7,712	4,330	—	12,042	437,322	14.9
臺灣民營	122,172	106,096	4,537	2,219	—	6,756	112,852	7.6

註．內地官營規正率14.7%ハ定期旅客規正率0定期外旅客規正率22.1%（規正量9,888,127千人粁）
ノ內譯トナル

三九

三四イ

別表第十六

昭和十八年度貨物自動車輸送計畫

（單位千噸千噸粁）

事項／地別	種別	輸送需要量	輸送計畫量	規正率
內地	噸數	227.402	186.830	18
	噸粁	2,364.982	1,943.225	18
朝鮮	噸數	7.781	6.616	15
	噸粁	282.330	245.436	15
滿洲	噸數	5.282	3.577	32
	噸粁	73.214	49.922	32

5.2％（對國有鐵道）

昭和十八年度旅客自動車輸送計畫

（單位千人千人粁）

內地	人數	2,085.842	1,895.281	31
	人粁	10,068.841	6,981.248	31
朝鮮	人數	96.768	86.620	18
	人粁	998.990	879.868	12
滿洲	人數	40.807	34.296	16
	人粁	515.548	436.184	15

7.7％（對國有民官）

三〇

別表十七

昭和十八年度陸運轉移物資輸送計畫表

（內地官線）　　　　（單位千噸）

品名別／種別		完全移轉	中繼	合計
石炭		5,333.2	1,816.6	7,149.8
鑛物	鐵鑛石	846.0	336.0	1,182.0
	煉瓦	10.8	8.4	19.2
	亞鉛及亞鉛鑛	25.8	10.0	35.8
	硫黄		13.2	13.2
	硫化鐵鑛	36.0	120.0	156.0
	螢石		19.2	19.2
	砂鐵	50.0		50.0
	滿俺鑛	18.0		18.0
	硫酸滓	227.0		229.0
	耐火粘土	100.0		100.0
	苦灰石	131.0		131.0
	其他	11.4	12.9	24.3
	計	1,458.0	519.7	1,977.7
油脂類		25.2	46.6	71.8
コークス		10.2	556.8	567.0
セメント		120.0		120.0
銑鐵		1,100.0	1,349.0	2,449.2
パルプ類			170.4	170.4
曹達類		53.3		53.3
鹽		48.0	429.0	477.0
石灰石		621.0		621.2
大豆粕			158.0	158.0
飼料			18.0	18.0
大豆			668.0	668.0
穀類		3.6	266.4	270.0
砂糖			240.0	240.0
油料種實			118.1	118.0
魚脂			38.4	38.4
練粉乳		1.2	2.9	4.1
合計		8,774.1	6,397.9	15,172.0

三一

別表第十八

1. 昭和十八年度
2. 時期別輸送数量

昭和十八年度満支物資大陸輸送（海送節約）

大陸輸送協議会決定
昭和 18. 4. 17
（単位 千瓲）

				一 八	二 八	三 八	四 八	年度間
朝鮮経由 内地へ	北支ヨリ	塩		87	66	145	83	381
	満州ヨリ	大豆		125	30	115	300	570
		銑鉄	銑鉄	97	112.5	112.5	132	454
			鋼塊	0	8	9	10	27
			鋼片	20	30	30	35	105
			屑鉄	0	0.45	0.45	0.3	1.2
			[illegible]鉄	0	3.3	3.4	3.3	10
			鋼材	4	22	5	5	36
		非鉄金属鉱石		0.82	1.26	1.26	1.26	4.6
		大豆粕		9	15.553	0	65	89.553
		油料雑穀		0	0	10	20	30
		石炭		30	70	20	5	120
	計			362.82	359.063	451.61	654.86	1828.353

大陸相互間	
1. 北支→満州ヘ年間 満州置籍船（鮮船）ノ石炭 600 関釜陸運関係ノ石炭 2,100 朝鮮ノ振替炭 350 鉄鉱石 150	2. 北支ヨリ中支ヘ年間 石炭 2,372 3. 満州→朝鮮ヘ年間 北支ヨリ振替炭 350 雑 数 看果

備考
1. 上期ニオイテハ塩ノ輸送ハ之ヲ完遂スルモノトシ下期ニオケル数量ノ輸送ハ之ヲ完遂スル努力ノ下ニ大陸鉄道相互間ノ研究ヲ促進スルモノトス
2. 本輸送ニヨリ捻出シタル満州置籍船及華北置籍船ハ日本内地ノ重要物資輸送ニ協力ス
3. 海上輸送ハ主トシテ北支船及内地置籍機帆船並ニ朝鮮置籍ニ依リ大部分ハ阪神向ケ一部ヲ関門向ケ輸送ス
南朝鮮運航船ニ余裕アル場合ハ努メテ之ヲ利用ス（主ニ雑貨等）
4. 積出港別割当ハ次ノ如クナルモ状況ニ応ジテ変更スルコトアリ

予定積出港
- 釜山　銑鋼一部（銑鋼塊鋼片）非鉄金属全部、塩全部、大豆全部
- 馬山　銑鋼大部
- 麗水　大豆一部並大豆粕及油料雑穀全部
- 木浦　予備（石炭）

5. 陸運能力ルートノ鉄道港湾施設増強ノ件
イ. 京山線―釜山―麗水ノ複線化、湖南線複線化、釜山港ノ複線化
ロ. 鮮鉄車輌ノ増強 機関車350 貨車4200ヲ要ス 貨車1000機関車70 満鉄華北ヨリ差当リ次ノ通リ供出援助ス
　　→ 満鉄ヨリ鮮鉄ヘ 華北ヨリ鮮鉄ヘ
　　貨車 700 300
　　機関車 50 20
ハ. 予定積出港ノ中継施設増強

其ノ他ノ施設増強等ニ加ヘテ鋼材十四万瓲ヲ要スル見込

別表第二十

昭和十八年度青函航路及関門経由ニヨリ貨物輸送計画

物資別	青函間 輸送要求	青函間 輸送数	青函間 輸送割合
軽金属及其原料	19	19	100
石炭 営業	450	450	100
石炭 官用	150	150	100
銑鋼	236	236	100
鉄屑	4	4	100
軽金鉱石	105	105	100
小計	964	964	100
其他	6,480	1,296	20
総計	7,444	2,260	30
内訳 航送		1,922	
内訳 新羅丸		97	
内訳 機帆船		241	

物資別	宇高間 輸送要求	宇高間 輸送数	宇高間 輸送割合
軽金属及其原料	10	10	100
鉄屑	29	29	100
小計	39	39	100
其他	983	786	80
総計	1,022	825	88

物資別	関門間 輸送要求	関門間 輸送数	関門間 輸送割合
軽金属及其原料	52	52	100
石炭 営業	3,300	3,300	100
石炭 官用	967	967	100
銑鋼	382	382	100
鉄屑	44	44	100
軽金鉱石	56	56	100
小計	4,801	4,801	100
其他	3,545	1,418	40
総計	8,346	6,219	75

備考 単位千瓩

別表第十九

昭和十八年度ニ於ケル小運送能力

貨物自動車	九〇、二一二千瓲
荷牛馬車	七八、一八四〃
荷車、リヤカー	二〇、〇四七〃
其他	一二、〇二九〃
合計	二〇〇、四七二〃

（註）1 国有鉄道貨物輸送量（一六四、四八八）ニ対スル比率 一二二%

2 昭和十八年度貨物自動車輸送能力ニ対スル小運送用貨物自動車輸送能力ノ比率 四八%

別表第二十一

主要航路運輸量

下関釜山間

年度＼事項	旅客 人員	旅客 1日平均	旅客 指数	貨物 噸数	貨物 1日平均	貨物 指数
昭和 11年	899.688	2.465	100	269.690	739	100
〃 12〃	1.029.201	2.820	114	370.634	1.015	137
〃 13〃	1.353.993	3.710	150	516.559	1.415	192
〃 14〃	1.793.059	4.912	199	496.384	1.357	184
〃 15〃	2.198.118	6.022	244	465.020	1.274	172
〃 16〃	2.200.845	6.030	245	538.474	1.475	200
〃 17〃	3.005.354	8.234	334	568.194	15.57	211

青森函館間

年度＼事項	旅客 人員	旅客 1日平均	旅客 指数	貨物 噸数	貨物 1日平均	貨物 指数
〃 11〃	891.398	2.442	100	1.097.184	3006	100
〃 12〃	982.758	2.692	110	1.343.392	3.681	122
〃 13〃	1.113.064	3.039	125	1.556.875	4.265	142
〃 14〃	1.488.320	4.078	167	1.893.834	5.188	173
〃 15〃	1.824.989	5.000	205	2.131.500	5.840	194
〃 16〃	1.854.522	5.081	208	2.136.106	5.852	195
〃 17〃	1.737.663	4.761	195	2.368.994	6.490	216

稚内、大泊港間

年度＼事項	旅客 人員	旅客 1日平均	旅客 指数	貨物 噸数	貨物 1日平均	貨物 指数
〃 11〃	104.344	286	100	36.156	99	100
〃 12〃	100.366	275	96	52.897	145	146
〃 13〃	119.983	329	115	73.441	201	203
〃 14〃	173.648	474	166	96.323	263	266
〃 15〃	214.070	586	206	85.316	234	236
〃 16〃	267.398	733	256	91.821	252	254
〃 17〃	242.852	665	233	87.777	240	243

宇野、高松間

年度＼事項	旅客 人員	旅客 1日平均	旅客 指数	貨物 噸数	貨物 1日平均	貨物 指数
〃 11〃	1.077.829	2.953	100	232.933	638	100
〃 12〃	1.134.347	3.108	105	312.689	857	134
〃 13〃	1.308.415	3.585	121	452.853	1.241	194
〃 14〃	1.694.514	4.630	157	623.080	1.702	267
〃 15〃	2.012.242	5.513	187	762.345	2.088	327
〃 16〃	2.336.589	6.402	217	853.133	2.365	371
〃 17〃	2.572.147	7.047	239	956.300		

一部軍事秘

極秘

二、海上輸送

熊野研究生

一、生拡及物動ト海上輸送ノ関係（熊野）

ソノ海上輸送ヘノ依存度極メテ高キ為、本邦生産拡充乃至物資動員ハ、
(イ)昨今ニ於ケル海上輸送力弱化ニヨリ、著シク阻害サレ居レリ。
生拡乃至物動ノ海上輸送依存性
本邦生産拡充計画乃至物資動員計画ハ、我國ノ地理的環境ト國内資源
ノ貧困等ノ事情ニヨリ海上輸送ヲ前提トセズンバ成リ立タズト言フモ
過言ニ非ラズ。
註 鉄・ボーキサイト石油等ヲ引例スル迄モナク、國内資源タル石炭サヘ
其ノ大部分ハ海上輸送ニマタザレバ利用シ得ザルノ事実ニ徴スレバ
此ノ間ノ事情瞭然タリ。
(ロ)参表 第一表 重要物資自給率表
海上輸送力ノ減退ト生拡・物動・輸送ノ計画順序例錯、輸送ノ生拡・物動
制約
然ルニ上陳ニ対スル朝野ノ認識不足――外船依存主義ニヨル船腹手当懈怠
――ハ第二次世界大戦勃発後外船引揚・要輸送重要物資増大ニ伴ヒ漸次船
腹不足症状ヲ招来シ、大東亜戦遂行ノ為ニスル徴傭船ノ激増、戦争危険
ニヨル輸送能率低下・船腹喪失等ノ悪条件加重ハ極度ノ輸送力減退（
詳細後陳参照）ヲ惹起シ海上輸送力ヲシテ文字通リ生拡・物動ヘノ戦力
増強ノ隘路タラシムルニ到レリ。

三七

註　支那事変当初ニ於テモ我ガ海上輸送力ハ未ダ自給ニハ距離遠ク輸入物資ノ約四割ハ外船ニ依存スルノ状態ニシテ年々約二百オ噸ノ外船ヲ傭船スルノ外大量ノ外船ヲ定期傭船シ居リタリ。

参照
第二表　重要輸入貨物ノ外船積比率表
第三表　本邦外国船定期傭船状況調
第四表　本邦保有船腹推移及徴傭船状況調

而シテ元来生拡ハ物動ヲ、物動ハ輸送ヲ規定スベキモノナルニ不拘、上述ノ如キ輸送力ノ減退ハ生拡・物動・輸送ノ計画順序ノ倒錯ヲ招来シ昨今ニ於テハ逆ニ輸送ガ生拡及至物動ヲ規定シアリ。
即チ昨今ハ生拡・物動ニ奉仕スベキ輸送ガ生拡・物動ヲ制約シ、然モソノ制約ハ単ニ量的分野ニトドマラズ漸次質的分野ニ及ビツヽアリト謂フヲ得ベシ

註　量的制約ハ年度始メニ於ケル計画樹立ニ際シテノミナラズ計画遂行中ニ於テモ加重シ屡々物動ノ改訂縮減ヲ余儀ナクセシメツヽアリ。

参照
第五表　最近三ケ年間ニ於ケル輸送要求量、輸送可能量、物動査定量、計画輸送量、輸送実績対比表
第六表　昭和十八年度海上基本輸送力計画表
第七表　昭和十八年度海上輸送力調整計画（輸送要求量トノ関係）

三八

（ハ）
第八表　昭和十八年度海上輸送力調整計画（物動査定量トノ関係）
第九表　生拡・物動・輸送関係図（業者ノ輸送要求ヨリ輸送実施迄）
第一〇表　昭和十七年度物動輸送量（査定）、輸送計画、輸送実績及使用船腹対比表

輸送力減退ノ事由

A　稼動船腹ノ減少
a　徴傭船ノ増加
b　喪失大破船ノ増高（現在ノ所新造船腹ハ之ヲ補填スルニ不足）修理不如意
c　外国船傭船利用ノ局限化

参照
第四表　本邦船腹推移及徴傭船状況調
第三表　本邦外国船定期傭船状況調（喪失大破及新造状況ハ口述）

B　海上輸送能率低下
a　戦争危険ニヨル能率低下
一、防禦海面ノ航行制限
二、危険海面ノ為ニスル離路蛇行等
三、護送船団制
四、夜荷役等ノ制限
五、其ノ他

戦争危険ニヨル能率低下度ノ測定ハ至難ニシテ綜合平均値ハ未ダ

三九

計出サレ居ラザルモ現下ノ所一割五分乃至二割見当ト押ヘテ大過ナキモノノ如シ

参照 第十一表 独行ト船団航行ニヨル運航能率対比表

b、其ノ他ノ事由ニヨル能率低下

一、焚料炭質低下、及焚料油不足

二、船員ノ不足ト素質低下

三、修理不如意

四、荷役能率低下

五、其ノ他

(二) 海上輸送力増強対策

叙上ノ如キ海上輸送力減退ニ対処シ戦力ヲ維持増強シ戦時國民生活ヲ確保センガ為現在採ラレツツアル諸方策並ニ考慮サレツツアル諸対策ヲ概観スレバ左ノ如シ

A、船腹増強対策

a、鋼船及木造船新造ノ強力促進
参照 第六表昭和十八年度海上基本輸送力計画表

b、沈船引揚促進

c、損傷船ノ修理推進

d、独伊船仏印船其ノ他外國船ノ傭入活用
参照 第十二表本邦外國船定期傭船状況調 第六表海上基本輸送力計画表

四。

三三

B、

e、拿捕船等ノ利用
参照 第四表本邦保有船腹推移状況調 第六表海上基本輸送力計画表

f、A・B徴用船腹利用
参照 第七表 第八表昭和十八年度海上輸送力調整計画

g、特殊雑船、漁船等ノ貨物輸送ヘノ轉用

h、乾舷減少（満水吃水線上）参照 第七表、第八表昭和十八年度海上輸送力調整計画

i、船腹喪失及損傷防止

船舶ノ防空防護施設強化（武装及護送ノ改善強化）

航路標識等船舶航行保安施設整備、

a、輸送能率増進対策

一、船舶稼行率ノ向上

二、海上輸送距離ノ短縮、

I、中継輸送

一、海陸輸送ノ一体的運用ヲ強化シ、陸運転移可能ナルモノハ例之九州炭・釜石鉱石等ハ可及的ニ鉛陸送トナスト同時ニ中継輸送（輸送経路変更）ノ方法ニヨリ海上輸送物資ノ区間陸上轉移ヲハカリ、海上輸送距離ノ縮減ニヨリ船舶稼行率ヲ向上セシム。

中継輸送ノ指向重点

甲、東浜、伊勢湾、阪神揚北海道炭及樺太炭、東北及北陸諸港

四

三三

乙、揚陸

Ⅱ 満支及朝鮮北部物資ノ南鮮諸港積出

交錯輸送ノ抑制

二、適船適航主義ノ徹底

積揚地ノ整理統合

三、不定期ニアリテハ積揚地ヲ可及的ニ荷役力高キ港湾ニ特定シ多港積・多港揚ヲ可能ナル限リ抑制シ、定期船ニアリテハ始終点及寄港地ヲ再検シ稼行率ヲ向上セシム

四、航海制限緩和及船団護送制ノ改善、船団護送制ニ付テハ第十一表参照

五、重要物資ノ生産・在貨移動状況ノ明確ナル把握ト出荷配給機構整備ニヨル生産配給ト輸送ノ連繫強化

六、輸送ニ必要ナル燃料潤滑油等ノ確保トソノ重点的合理的配分

七、航行保安施設並ニ輸送力増強ニ必要ナル通信施設、整備、

八、港湾荷役力増強(碇泊日数短縮)参照第十七表、第十八表

Ⅰ 第十二表 昭和十八年度港湾荷役力調整計画表

甲、港湾施設整備

重要港湾ニ於ケル設備ノ改良、増設、荷役作業ノ機械化(ホイスト、起重機、コンベヤア)殊ニ陸運中継港湾(南鮮、東北北陸)ニ於ケル施設ノ緊急参照第十三表東北北陸諸港施設強化目標

乙、港湾労務者ノ確保ト作業能率向上ニ必要ナル諸措置ノ採用

丙、艀ノ修理促進ト船夫確保ニヨル稼働艀ノ増備ト重油不足ニ対処スル石炭燃焼・焼玉船ノ動員

丁、小口物ノ整理・物揚場ノ集約整理ニヨル艀ノ回転率ノ向上、所要ニ応ジテノ総揚制実施

戊、遊休又ハ利用度低キ港湾ニ於ケル艀・曳船・荷役機械等ノ重要港ヘノ転用

Ⅱ 港湾運営体制整備

甲、港湾運送運営機構ノ強化、殊ニ陸運転移ニ伴フ中継港ニ於ケル海陸荷役作業一体化

乙、重要港湾ニ於ケル倉庫運営統制(輸送調節機関化)

丙、港湾行政ノ統合的運営

九、船舶運航体制ノ強化

Ⅰ、船舶運営会ノ簡素強力化ト低質運航実務者ノ淘汰(抑制度ノ廃止)

Ⅱ、機帆船徴傭範囲ノ拡大(現存ノ外航機帆船及一五〇總噸以上ヲ七〇噸以上トス)全面的計画輸送体制整備参照第十四表機帆船々腹調 第十七表 機帆船輸送実績調

一〇、船員ノ戦時意識昂揚ト物資向上並ニ新規要員確保、支障ナキ範囲ニ於ケル共栄圏内他民族ノ活用（船員募集・養成施設拡充ト訓練・配集ノ適正化・福利施設ノ整備其ノ他処遇ノ改善）参照・第十五表船員増加計画

b、
一、船腹利用ノ合理化（原料輸送ノ圧縮、可及的ニ積出港ニ於テ加工・不純物ノ除去ヲナス）
不純物輸送ノ抑制
二、定期船ノ圧縮整理ニヨル不定期船ノ増加ト不定期船ノ往航空船ノ船腹利用（之ニ即応セル雑貨等ノ計画的出荷）
三、定期船其ノ他限定航路船ニヨル重要物資輸送
四、沿岸輸送ノ木船被傭船ヘノ転移、海洋筏ノ利用等ニヨル海上輸送力ノ合理的運用
五、緊急輸送需要ノ出来等ノ場合ニ於ケル修繕繰延ニヨル船腹増加

c、
其他海上輸送ニ対スル国民協力体制ノ確立等

二、参照
昭和十二年以降ニ於ケル海上輸送ノ推移
第十六表 昭和十二年ノ昭和十七年汽船輸送ノ推移
第十七表 機帆船輸送実績

海第一表
重要物資自給率表
（商工省資料ニヨル計出）

品目	昭和十五年	昭和十六年
鉄鉱石	25+(8) %	33+(7) %
マンガン鉱	40+(15)	65
銅	38+(15)	58+(22)
ボーキサイト	8	7+(25)
有煙炭	89	88
無煙炭	82	86
第一種原油	9	13
第二種原油	24（但シ在庫補填[illegible]）	12
航空揮発油	8+(21)	8+(48)
重油	7+(25)	5+(19)
工業塩	5	8
紡績用棉花	3+(9)	4+(11)

註（）内数字ハ在庫補填用品、回収輸入原料ニヨル国内生産等ニヨル自給率ヲ示ス
註 昭和十四年以前ニ於テハ自給率更ニ尠カルベシ

海第二表
重要輸入物資外国船積取比率表

品目	昭和十三年	昭和十四年
塩	66	84
燐鉱石	38	58
屑鉄	60	60
銑鉄	55	55
鉄鉱石	3	3
米材	10	9
棉花	25 米棉 印棉	22
穀類	24	23
羊毛	10	10
石炭	5	?
非鉄鉱	12	?

（大蔵省及海務院資料ニヨリ計出）

本邦保有船腹推移及ＡＢ船状況調

単位 千総噸　　　　海務院資料ニヨル

年月	登簿船 千総t以上	登簿船 百総t以上	全林消未済船 百総t以上	ＡＢ船 百総t以上	ＡＢ船 千総t以上	拿捕船 百総t以上
昭12年7月	4,056	不詳	ナシ	635	不詳	不詳
10月	4,189			1,278		
13年1月	4,351			973		
4月	4,597			704		
7月	4,786			1,248		
10月	4,898			1,693		
14年1月	5,000			1,057		
4月	5,096			936		
7月	5,194			777		
10月	5,253			844		
15年1月	5,306			855		
4月	5,396			772		
7月	5,496			812		
10月	5,557			921		
16年1月	5,632			1,161		25
4月	5,725			1,245		25
7月	5,799			2,157		25
10月	5,854			3,387		23
17年1月	5,886	6,349	?	4,058	4,105	59
4月	5,973	6,413	?	3,982	4,173	78
7月	?	6,367	?	3,287	3,463	170
10月	5,798	6,267	353	2,913	3,098	160
18年1月	5,729	6,189	463	3,216	3,423	221
4月	5,686	6,170	636	3,145	3,353	247
6月	5,659	6,151	877	2,656	2,854	212

（註）稼働船腹ハ上記ノ外外國傭船㊥損傷事故船㊀入渠船㊀等ヲ参考スル要アリ　外國傭船ニ付テハ第二表最近ニ於ケル稼動船腹量ニ付テハ第十表及第六表等参照

海第二表

本邦外國船定期傭船状況調

単位重量噸　　　　海務院資料ニ由リ作成

年月	傭船々腹量	年月	傭船々腹量
昭12年4月	443,000	昭16年10月	152,000
7月	631,000	17年1月	㊥124,000
10月	661,000	4月	㊥111,000
昭13年1月	660,000	7月	238,000
4月	651,000	10月	207,000
7月	808,000	18年1月	201,000
10月	770,000	4月	188,000
昭14年1月	900,000	6月	190,000
4月	452,000		
7月	354,000		
10月	288,000		
昭15年1月	331,000		
4月	273,000		
7月	264,000		
10月	347,000		
昭16年1月	193,000		
4月	124,000		
7月	142,000		

（註）㊥印ハ総t＝1.5ヲ乗ジタル推定重量噸

海第五表

最近三ヶ年間ニ於ケル輸送要求量・輸送可能量
物動査定量・輸送計画量・輸送実績対比表

量位千屯　　　　海務院企画院資料ニヨリ作成

年度	輸送要求量	輸送可能量（計画輸送力）	物動査定	輸送計画	輸送実績
昭和十六年	91,360 (134)	62,729 (100)	68,174 (73)	49,732 (73)	48,732 (71)
昭和十七年	資料残存セズ	50,792 (96)	52,823 (100) 改訂 44,177 (改100)	41,493 (79)	40,531 (77) (改98)
昭和十八年	66,217 (176.5)	36,865 (98) 改訂 35,288	37,502 (100)	第三四半期以降未定	未確定

（　）内数字ハ物動査定ヲ100トセル場合ノ
指数

海業大表

昭和十八年度海上基本輸送力計画表（百総噸以上汽船及運航機帆船）

三月初現有船腹（登簿船拿捕船外国傭船満州国籍船）
貨物船 4,534.2 貨客船 1,237.4 } 計 5,771.6
油槽船 440.5 特殊船 383.6 } 計 824.1 総計 6,595.2

企画院

		四月	五月	六月	一/十八	七月	八月	九月	二/十八	十月	十一月	十二月	三/十八	一月	二月	三月	四月	合計
供給船腹	登簿船	4292.5 (1,110.2)	4318.0 (1,110.2)	4332.4 (1,110.2)		4371.5 (1,110.2)	4428.3 (1,110.2)	4448.2 (1,110.2)		4563.1 (1,110.2)	4834.2 (1,110.2)	4737.8 (1,110.2)		4751.6 (1,110.2)	4945.8 (1,110.2)	5,054.2 (1,110.2)		
	拿捕船	151.3 (60.3)	151.3 (60.3)	151.3 (60.3)		151.3 (60.3)	151.3 (60.3)	151.3 (60.3)		151.3 (60.3)	151.3 (60.3)	151.3 (60.3)		151.3 (60.3)	151.3 (60.3)	151.3 (60.3)		
	外国傭船 旧	78.3 (66.5)	78.3 (66.5)	78.3 (66.5)		78.3 (66.5)	78.3 (66.5)	78.3 (66.5)		78.3 (66.5)	78.3 (66.5)	78.3 (66.5)		78.3 (66.5)	78.3 (66.5)	78.3 (66.5)		
	新	7.3	27.0	33.2		16.6	—	—		—	—	—		—	—	—		
	満州国籍船	12.3	12.3	22.2		12.3	12.3	12.3		12.3	12.3	12.3		12.3	12.3	12.3		
	新造船	25.5	20.4	33.1	79.0	56.2	60.0	74.2	191.0	71.0	103.0	113.8	228.5	94.3	109.1	119.2	321.0	830.1
	沈船引上	12.0 (3.4)	16.0 (4.0)	20.0 (5.4)		24.0 (6.0)	28.0 (7.0)	32.0 (8.0)		36.0 (9.0)	40.0 (10.4)	44.0 (11.0)		48.0 (12.4)	52.0 (13.0)	56.1 (14.4)		
	計	4579.1 (1,240.4)	4623.7 (1,241.4)	4666.4 (1,242.4)		4,710.4 (1,243.4)	4758.1 (1,244.4)	4,736.2 (1,245.4)		4912.5 (1,246.4)	5,019.5 (1,247.4)	5137.3 (1,248.4)		5,235.5 (1,249.4)	5,348.6 (1,251.4)	5,496.1 (1,251.4)		
控除船腹		3,324.8 (949.2)	3,312.2 (954.5)	3394.9 (959.0)		3,440.8 (963.6)	3,478.9 (968.1)	3,549.2 (972.7)		3,620.8 (977.3)	3,609.3 (981.7)	3,718.3 (986.4)		3,775.4 (971.2)	3841.3 (975.5)	3,968.0 (1,006.1)		
稼働船腹		1,254.3 (290.5)	1,261.0 (286.9)	1,271.5 (283.4)		1,269.8 (279.8)	1,279.1 (291.3)	1,281.9 (272.7)		1,291.2 (268.1)	1,390.3 (215.4)	1,419.3 (262.5)		1,460.1 (258.5)	1,507.4 (254.2)	1,512.2 (251.3)		
輸送量		2,464.5 (223.1)	2,477.2 (222.8)	2,498.1 (218.1)	7,441.0 (602.5)	2,495.2 (215.3)	2,513.4 (212.6)	2,528.2 (209.9)	7,537.0 (637.8)	2,517.0 (204.5)	2,671.2 (201.8)	2,767.1 (199.1)	7,958.2 (605.4)	2,847.3 (196.5)	2,937.4 (193.8)	3,041.4 (191.4)	8,733.3 (581.3)	31,967.2 (2,486.7)
計		2,688.4	2,698.2	2,716.2	8,103.5	2,710.5	2,726.0	2,738.2	8,175.2	2,723.5	2,873.2	2,966.4	8,563.4	3,043.8	3,133.3	3,237.6	9,414.4	34,256.2
運航機帆船輸送量		142.4	160.4	173.3	481.2	186.3	202.5	218.2	607.5	236.2	221.0	240.6	701.5	255.3	272.2	290.3	818.1	2,606.3
総輸送量		2,835.5	2,859.1	2,890.4	8,584.0	2,896.8	2,928.4	2,957.4	8,782.2	2,958.4	3,099.2	3206.8	9,214.9	3,299.0	3,405.2	3,527.8	10,232.4	31,764.2

註（一）船腹ハ単位千総噸輸送量ハ日満支換算単位ノ瓩トス（二）（ ）ハ貨客船ヲ示ス（三）控除船ハ徴傭船喪失大破船海難船修繕船ハ保船等ヲ含ム（四）稼行率ハ上半期貨物船[illegible]貨客船0.71下半期貨物船1.30貨客船0.80トス。

[illegible]表（輸送不能量ノ関係）

期別			一/十八	二/十八	三/十八	四/十八	合計
輸送要求量	地域別	日満支	14,621.8	15,526.2	13,075.6	11,620.8	54,744.5
		甲地域	403.9	401.8	397.5	391.0	1,593.7
		乙地域	739.8	706.5	684.3	714.0	2,844.6
		計	15,765.5	16,633.8	14,157.4	12,725.8	59,272.8
	日満換算		17,559.5	18,381.1	15,841.6	14,433.8	66,216.6
海上輸送	基本輸送力（日満支換算）		8,584.6	8,782.2	9,264.9	10,232.7	36,864.9
	AB船輸送力（〃）		793.3	793.3	786.5	786.5	3,159.4
	計（日満支換算）輸送要求量ニ対スル比率		9,377.8 53.4%	9,575.5 52.1%	10,051.4 63.4%	11,019.2 76.3%	40,024.3 60.4%
	輸送不能量		8,181.7	8,705.8	5,790.2	3,414.6	26,192.3
陸送増加			1,269.3	1,318.5	1,692.1	1,702.0	6,231.9
差引輸送不能量			6,912.4	7,437.3	4,098.1	1,512.6	19,960.4
輸送力減少補填ヲ要スル輸送			441.2	711.4	1,034.0	1,404.2	3,596.8
輸送不能量計			7,353.6	8,154.7	5,132.1	2,916.8	23,557.2
輸送力増強対策	限定航路利用		472.4	461.1	461.1	461.1	1,855.7
	AB船利用強化		76.2	77.2	77.2	77.2	307.8
	中小破AB船ノ應急支援		70.8	70.8	47.2	—	188.8
	輪船減少ニヨル輸送力増加		133.5	133.5	132.6	132.6	532.2
	鉄道輸送ヲ換ユ余剰收復利用		21.2	101.0	173.4	△23.8	271.6
	朝鮮中継輸送強化		95.8	150.0	150.0	150.0	545.8
	港湾荷役力増強		432.0	442.0	463.0	512.0	1,847.0
	計		1,301.9	1,435.6	1,504.5	1,309.1	5,551.1
残輸送不能量			6,051.7	6,719.1	3,627.6	1,607.7	18,006.1
同上ノ輸送要求量（日満支換算）ニ対スル比率			34.5%	36.6%	22.9%	11.1%	27.2%

註 乙地域上半期三・二八下半期三・二六トス。甲乙地域ノ日満支輸送力換算率ハ甲地域上半期三・二八下半期三・二五

吾

海第九表

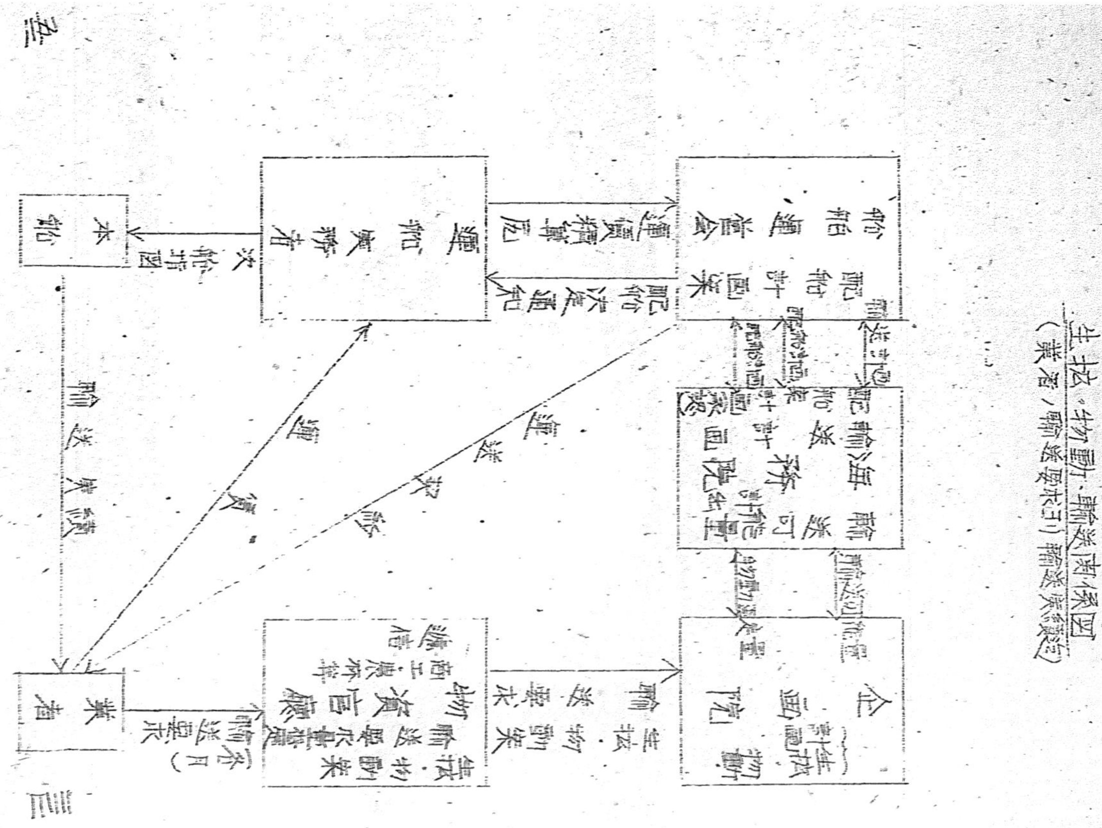

海第八表

昭和十八年度海上輸送力需給調整計画（物動査定量トノ関係）

企画院（単位千瓩）

区分			期 1/18	2/18	3/18	4/17	合計
物量	物動輸送量（査定）	ABC船	8.230.0	8.503.0	8.912.0	9.913.0	35.558.0
		C船	7.802.0	8.045.0	7.434.0	9.435.0	33.716.0
日満支換算	C船物動要輸送力		8.561.4	9.062.6	9.564.1	10.313.5	37.501.6
	C船基本輸送力		8.584.6	8.782.7	9.264.9	10.232.7	36.864.9
	差引輸送力不足（1）		23.2	279.9	299.2	80.8	636.7
	輸送力ノ減少補塡ニ対スル要輸送力（2）		441.2	717.4	1.034.0	1.404.2	3.596.8
	要増強輸送力（1）＋（2）		418.0	997.3	1.333.2	1.485.0	4.233.5
	輸送力増強対策	限定航路利用	472.4	461.1	461.1	461.1	1.855.7
		乾舷減少ニ依ル輸送量増加	133.5	133.5	132.6	132.6	532.2
		鉄道転移余剰能腹利用	21.2	101.0	173.4	23.7	271.3
		港湾荷役力増強	432.0	442.0	463.0	512.0	1.849.0
		計	1.059.1	1.137.6	1.230.1	1.081.9	4.507.7
		純増送可能量	⊕141.1	⊕140.3	△103.1	△403.1	⊕275.2

（海第十一表）

独航ト船団ニ依ル運航能率比較表

船舶運営会資料ニヨル

航路	船型	積高	一航海所要日数 往航	復航	積揚日数	船団編成日数	計	一ケ月回轉率	一ケ月輸送量	貨物海上 D/W当	(稼行率) 重量 D/W当 貨物積	単航ニ依ル輸送力増	船団ニ依ル輸送力減
西貢～内地	9.100	8.000	25	30	15	8	40 / 53	0.75 / 0.566	6.000 / 4.528	1.51 / 2.00	0.66 / 0.50	32.0%	24.2%
楡林～内地	10.000	9.000	15½	17	9	6	24½ / 32	1.22 / 0.94	10.980 / 7.410	0.91 / 1.18	1.09 / 0.84	29.7	22.9
小樽～京浜	6.700	6.000	7½	8	6	1½	13½ / 15½	2.22 / 1.93	13.320 / 11.580	0.502 / 0.577	1.98 / 1.73	14.4	12.6
室蘭～八幡	6.700	6.000	7½	10	5	1½	12 / 16½	2.5 / 1.71	15.000 / 10.260	0.446 / [illegible]	2.74 / 1.62	37.2	27.6
青島～京浜	6.800	6.000	11½	16	7½	2½	19 / 26	1.57 / 1.15	9.420 / 6.900	0.721 / 0.985	1.38 / 1.01	36.6	26.8
連雲～八幡	3.500	3.000	5½	9	4½	1½	10 / 15	3.00 / 2.00	9.000 / 6.000	0.388 / 0.582	2.57 / 1.71	50.2	33.4
連雲～阪神	3.500	3.000	8	12	4½	1½	12½ / 18	2.40 / 1.66	7.200 / 4.980	0.466 / 0.702	2.05 / 1.42	44.3	30.7
塘沽～京浜	3.600	3.000	14	17	6½	2½	20½ / 26	1.46 / 1.15	4.380 / 3.450	0.721 / 1.043	1.21 / 0.95	27.3	21.4
大連～京浜	4.500	4.000	7½	9	10	1½	17½ / 20½	1.71 / 1.46	6.840 / 5.840	0.657 / 0.770	1.52 / 1.29	17.8	15.1
基隆～京浜	6.700	6.000	5½	6	1½	1½	11½ / 13½	2.6 / 2.22	15.600 / 13.320	0.429 / 0.578	2.33 / 1.98	17.6	15.0
秦皇島～京浜	7.800	7.000	13	17	2½	2½	18.3 / 24.8	1.63 / 1.20	11.410 / 8.400	0.683 / 0.928	1.46 / 1.07	31.4	26.7
高雄～八幡	5.600	5.000	7½	9	5	5	16 / 20	1.87 / 1.30	9.350 / 6.500	0.599 / 1.261	1.69 / 1.16	43.?	30.5
馬鞍山～鶴見	6.700	6.000	10	15	5	5	23 / 30	1.30 / 1.00	7.800 / 6.000	0.858 / 1.116	1.16 / 0.89	30.8	23.2
馬鞍山～大阪	6.000	5.500	10	12	5	5	16½ / 23½	1.81 / 1.27	9.955 / 6.985	0.602 / 0.858	1.66 / 1.16	43.1	30.1
合計	77.200	77.500					254.8 / 332.3	0.113 / 0.089	136.255 / 103.705	0.64 / 0.74	1.563 / 1.19	31.3	23.8

海第十表

（査定）昭和十七年度物動輸送量・輸送計画・輸送実績及使用船腹対比表

海務院資料ニヨル

期別	物動	改訂物動	輸送計画	輸送実績	輸送実績比率 対物動	対改訂物動	対輸送計画	使用船腹 物動	実績	増減	稼行率 総合当
第一四半期	10.464.0	仝左	9.679.1	9.443.4	90	90	97	1.467.1	5.311.4	△997.6	165
第二四半期	13.771.2	11.998.5	11.994.0	11.090.7	90	92	92	7.050.0	6.209.7	△1.240.7	113
第三四半期	14.169.5	11.033.8	11.439.3	10.847.3	77	98	95	8.014.4	6.449.3	△1.565.2	168
第四四半期	14.417.2	7.681.1	8.379.2	9.149.2	63	119	109	8.073.5	5.257.1	△2.311.4	174
十七年度計	52.822.6	41.177.4	41.493.4	40.531.4	77	98	98	30.627.3	24.227.6	△1.400.3	167

単位千瓲、但船腹ハ千総噸

海第十二表

東北・北陸諸港施設強化目標

昭和十八年度計画　　企畫院

港名	現荷役力 石炭一ヶ月当	増強荷役力 石炭一ヶ月当
船川	30,000	20,000
土崎	—	30,000
酒田	—	40,000
新潟	100,000	100,000
伏木	108,000	12,000
七尾	—	4,000

上記ハ樺太炭、北海道炭中継輸送量増強ニ対應スル計画ナリ。

五五　　三〇

昭和十八年度港湾荷役力調整計画表

海業十三ノ

一 内地

港湾名	出入貨物量(屯)	載積船舶屯数(D/W)	貨物別一隻一日当リ荷役力 貨物名	標準荷役力	荷役力増強目標	(1)捻出船腹屯数(D/W)	(2)現在荷役力ニヨル捻出船腹屯数	(1)−(2)差引十八年度純増加捻出船腹屯数
小樽	1.956.000	2.173.200	石炭 其ノ他	1.700 800	2.550 900	5.550	3.940	1.610
室蘭	4.027.700	4.473.200	石炭 鉄鉱石 鋼材 其ノ他	1.900 2.000 800 800	2.850 3.200 1.200 1.200	11.780	7.730	4.050
京浜	5.952.600	6.614.000	石炭 鉄鉱石 鋼材 其ノ他	2.000 2.000 1.300 1.100	3.000 3.000 1.950 1.600	18.310	12.680	5.630
名古屋	2.302.300	2.558.100	石炭 鋼材 其ノ他	2.000 1.100 1.000	3.000 1.650 1.500	8.940	7.390	1.550
阪神	7.898.000	8.687.800	石炭 鉄鉱石 鋼材 其ノ他	2.000 2.000 1.300 1.000	3.000 3.000 1.950 1.500	26.280	−9.100	35.380
新潟	1.770.000	1.947.000	石炭 其ノ他	1.200 800	1.800 1.200	4.730	2.240	2.490
関門	920.400	1.022.700	石炭 鉄鉱石 鋼材 其ノ他	1.800 2.000 1.000 800	2.700 3.000 1.500 1.200	2.600	370	2.230
若松	914.700	1.016.300	石炭 鉄鉱石 其ノ他	2.000 2.000 700	3.000 3.000 1.200	1.870	1.840	30
八幡	3.912.200	4.346.700	石炭 鉄鉱石 鋼材 其ノ他	2.000 1.500 1.200 1.000	3.000 2.250 1.800 1.500	9.300	−280	9.580
計						89.360	26.810	62.550

海業一三ノ

港湾名	出入貨物量(屯)	載貨船舶屯数(D/W)	一日当リ総貨物荷役力 標準荷役力	荷役力増強目標	(1)捻出船腹屯数(D/W)	(2)現在荷役力ニヨル捻出船舶屯数(D/W)	(1)−(2)差引十八年純増加捻出船腹屯数
鎮南浦	571.500	635.000	5.800	8.700	3.272	0	3.272
兼二浦	679.700	755.200	4.800	7.200	3.073	0	3.073
清津	447.900	497.700	5.400	8.100	1.890	945	945
釜山	1.984.000	2.204.400	8.000	12.000	6.830	2.280	4.550
計					15.065	3.225	11.840

昭和十八年度純増加捻出船腹屯数合計
(1)内地＋(2)朝鮮 74.570屯(D/W)
昭和十八年度捻出船腹屯数(D/W)ノ可働船腹屯数(D/W)

第一四半期	207.740屯
第二四半期	212.640 〃
第三四半期	224.340 〃
第四四半期	247.860 〃
年間計	892.680屯

五六　　　　　　　　　　　　　　　　一三

海第十六表

昭和十二年/昭和十七年迄水輸送推移

物資＼年度	昭和十二年十月/昭和十三年九月	昭和十三年十月/昭和十四年九月	昭和十四年十月/昭和十五年三月	昭和十五年四月/昭和十六年三月	昭和十六年四月/昭和十七年三月	昭和十七年四月/昭和十八年三月
石炭	17,850(31.0)	20,249(33.6)	11,655(36.2)	26,670(39.4)	24,145(A49.5 B46.5)	19,718(A48.2 B45.4)
木材	2,384(4.2)	2,262(3.8)	1,367(4.3)	3,134(4.6)	2,026(A4.2 B3.9)	1,268(A3.1 B2.2)
鉄鉱石	3,915(1.9)(非鉄ヲ含ム)	5,234(8.2)(非鉄ヲ含ム)	1,653(5.2)	4,917(7.2)	4,874(A10.0 B9.4)	4,709(A11.6 B10.8)
塩	1,208(2.1)	1,034(1.7)	480(1.5)	1,461(2.2)	1,760(A3.6 B3.4)	1,727(A4.3 B4.0)
砂糖	1,408(2.5)	1,928(3.2)	786(2.5)	1,632(2.4)	478(A1.0 B0.9)	514(A1.3 B1.2)
米	1,556(2.5)	1,145(1.9)	785(2.5)	993(1.5)	穀類ニ含ム	穀類ニ含ム
鉄鋼銑鉄	3,436(6.1)	3,515(5.8)	1,386(4.4)	2,994(4.4)	3,750(A7.7 B7.2)	3,534(A8.2 B8.1)
屑鉄	477(0.8)	351(0.6)	213(0.2)	220(0.3)	其他ニ含ム	其他ニ含ム
洋灰	1,054(1.2)	1,238(2.1)	341(1.1)	905(1.3)	789(A1.6 B1.5)	322(A0.8 B0.7)
穀類	1,645(2.9)	1,155(2.2)	791(2.5)	1,387(2.1)	3,654(A7.5 B7.0)	2,501(A6.2 B5.8)
油類	3,342(5.9)	3,619(6.0)	1,714(5.4)	3,929(5.8)	152(A0.3 B0.3)	90(A0.3 B0.2)
非鉄	鉄ニ含ム	鉄鉱ニ含ム	809(2.6)	2,464(3.6)	3,192(A6.5 B6.2)	2,893(A6.6 B6.3)
其他雑	18,878(33.1)	20,089(29.9)	9,607(30.4)	16,4[illegible](25.4)	重 3,912(A8.0) 雑 3,100(B13.6)	重 3,[illegible](A8.5) 雑 2,963(B[illegible])
計	57,153(100)	60,256(100)	31,587(100)	67,644(100)	A48,932 A(100) B51,832 B(100)	A40,531 A(100) B43,434 B(100)

註(1) 昭和十六年度及昭和十七年度「其他」欄ニ「重」トアルハ重要物資「雑」トアルハ其他雑貨合計欄ニAトアルハ重要物資計Bトアルハ其他雑貨ヲ含メタルモノナリ。
(2) 各物資欄( )内指数ハ当該年度總輸送量ニ対スル当該物資輸送量ノ比率ヲ示ス。

海第十四表

機帆船船腹調

十八年三月海務院調

總計 24,834隻　890,000總噸
內訳（主要ナルモノノミ）
70總噸以上　430,000
現在國家使用船　48,000
運航機帆統制受託船　4,700
西日本石炭運送所屬　2[illegible]3,000
北部機帆輸送団所屬　11,000

海第十五表
海務院調

船員増加計画

	船種	昭和十七年度末就職	昭和十八年度末計画	指数	対比
高等船員	500屯以上	18,008人	20,758	100	115
	500屯未満20屯以上	47,302	56,166	100	119
高等	船員計	65,310	㊉91,294	100	140

㊉ 普通海員ヨリ繰上ゲ14,370人ヲ含ム

	船種	昭和十七年度末就職	昭和十八年度末計画	指数	対比
普通海員	500屯以上	66,635	99,665	100	150
	500屯20屯	82,314	96,209	100	117
	20屯未満	221,432	221,432	100	100
普通海員計		370,381	417,306	100	11

三、造船計画ノ検討

(一) 最近ノ造船ノ実状

1. 過去六ヶ年ノ造船ノ実績

2. 昭和十七年度木造船建造ノ経過（別表(一)参照）

(1) 計画造船ハ昭和十七年五月ノ閣議決定ニ依リ其ノ実施方策ノ大要ヲ決定シ之ガ実行ニ着手シタルモ続行船ノ工事遅滞ニ依ル標準船建造着手ノ時期ノ遅延其ノ他各種原因ニ依リ所期ノ船腹量ヲ建造スルコト能ハズ建造目標及竣工実績左ノ通リトス（別表(二)参照）

頭初建造目標	一七五、〇〇〇噸
物動決定ニ依リ改訂セル目標	一四二、〇〇〇噸
実制当ニ依ル可能量	九二、〇〇〇噸
竣工実績	七五、〇〇〇噸

二五八

六〇

海第十七表

機帆船輸送実績

昭和十七年度	四一、四四三、三五二平
内訳	
石炭	一七、五三九、三三六〃
鉄鋼	一、一六八、九四三〃
非鉄金属	三、九七四、一一七〃
木材類	二、九九五、五二一〃

二五九

(2) 障害トナル事項

(イ) 主要資材ノ不足
鋼材約五〇％ 銑鉄 七五％
木材 二五％

(ロ) 労務要員ノ不足
労務者 二七、〇〇〇人 二四、〇〇〇
(昭和十七年頃) 同年十一月

(ハ) 機関、艤装、金物等ノ供給ノ不円滑

(ニ) 工具類ノ入手難及修理用資材ノ不足等

(3) 昭和十八年度ノ木造船建造ニ付テハ昭和十八年一月二十日
木船建造緊急方策ヲ閣議ニ於テ決定ス。

(イ) 目標
内地 四〇万噸
満支 一〇万噸
朝鮮 一〇万噸

(ロ) 木造貨物船ノ標準型ノ整理、大型ノ建造
二五〇噸型、一五〇噸型、一〇〇噸型ノ三種
三〇〇噸型、之ノ外ニ 五〇〇噸型ヲ予定サレアリ

(ハ) 標準型船ノ構造簡易化
直線ヲ極力使用シ曲材ニ代フ

(ニ) 造船設備ノ整理統合、工作機械ノ利用

(ホ) 大木造船所ノ新設

(ヘ) 工場管理

(ト) 造機能力ノ拡充

(チ) 木造建造完遂ノ挙国的国民運動ノ実施

(4) 木造保険法ノ制定

(ち) 西ノ如ク目標及諸方策決定セルモ別表(三)ニ見ラル、通リソノ進捗遅々タルモノアリ、最近物動計画トノ関聯ニ於テ目標ヲ二〇七、六六〇噸ニ変更セルモ之ガ目標達成ニ特ニ機関ノ製造能力ニ於テ相当ノ困難アルヲ予想セラル

(二) 造船計画ノ検討

1、船型

(1) 大型高速船建造ノ問題

(イ) 敵襲ノ回避及稼航率ノ高度性

(ロ) 作戦用船舶又ハ貨物船ノ代替

(ハ) 船員ノ需給

(ニ) 優秀船建造技術ノ保持培養

(ホ) 大型高速船ノ要目

噸数　七、〇〇〇総噸

速力　十五節

機関　タービン又ハディーゼル

使用船舶　内地／海南島以南

(2) 一万噸型又ハ五千噸型油槽船ノ建造問題

2、木造船

(1) 木船積轉換ノ強化

(イ) 内地沿岸相互

(ロ) 朝鮮／内地

(ハ) 北支、満州／内地

(2) 二五〇噸型以上ノ大型木鉄交造船ノ建造

(3) 木造油槽船ノ建造

(4) 艀船ノ建造

3、護送用艦艇

(1) 建造量及性能

(2) 船腹喪失ノ防止

(3) 現有船腹回轉率ノ向上

4、計画造船ノ組織

三〇八

計畫造船ノ実施確保ニ関スル件（昭和一七、五、二二 閣議決定）

第一 方針

標準型船舶ノ計画数量ヲ一定期間内ニ確保スルコトハ戦争遂行上絶対的要件ナルヲ以ッテ此ノ目的ヲ達成スル為メ、産業設備営團ヲシテ政府ノ強力ナル援助ノ下ニ標準型船舶ノ建造ノ注文並ニ造船造機施設ノ拡充ノ実施ニ当ラシムルモノトス。

第二 要領

一 産業設備営團ハ本件ニ関シ政府ノ樹立セル計畫ニ基キ概ネ左ノ事業ヲ営ムモノトス。

(イ)標準型船舶ノ建造ノ注文ヲ斉スルコト

(ロ)(イ)標準型船舶ヲ要スレバ自ラ保有シ、運航業者(船舶運営會)ニ貸付スルコト

(ハ)(イ)標準型船舶ヲ船主ニ譲渡スルコト

(ニ)造船、造機施設ノ新設拡充ヲ実施スルコト

(ホ)(ニ)造船造機施設ヲ自ラ保有シ、造船、造機業者ニ貸付スルコト

六五

(ヘ)右造船、造機施設ヲ造船、造機業者ニ譲渡スルコト 三〇八

二 標準型船舶ノ建造又ハ譲渡ニ関シ基準価格ハ政府ニ於テ之ヲ決定シ其ノ細目及実行ニ関スル事項ハ関係ト協議シテ之ヲ定ムルモノトス。

三 標準型船舶ノ建造ノ為メ産業設備営團ガ蒙ムル損失ニ付テハ政府ニ於テ之ヲ補償シ所要資金ノ調達ニ関シテハ政府ハ全面的ニ援助スルモノトス。

四 産業設備営團ガ本件実施ノタメニ船舶又ハ造船、造機施設ニ関シ登記ヲ受クル場合ニ於テハ之ニ対スル登録税ヲ免除スルモノトス。

五 産業設備営團ハ本件ノ実施ニ関シテハ別箇ノ経理ヲ為スモノトス。

産業設備営團ハ本件ノ実施ニ関シ遞信大臣ノ監督ヲ受クルモノトス。

尚産業設備営團ノ監督ニ関スル細目ハ関係ト協議シテ之ヲ定ムルモノトス。

六 本件実施ニ関シ必要ナル関係法律ノ改正案及予算等ハ今次臨時議會ニ提出スルモノトス。

六六

昭和十七年度木造船舶竣工調（海務院造船課）

		四月	五月	六月	七月	八月	九月	十月	十一月	十二月	一月	二月	三月	計
総噸数二十噸以上	隻数	六一	六一	五〇	四一	四〇	四六	五二	八四	九二	四三	五九	九〇	七二〇
	総噸数	五、九七六	六、二八二	五、三四〇	五、二〇四	三、四五三	四、七四二	四、八一九	三、三九六	四、三一四	三、四七六	四、〇〇〇	五、四四〇	五六、四四二
総噸数二十噸未満	隻数	五三二	六三七	七〇六	四八四	四〇三	五四〇	六〇八	四六三	七四八	四六七	五三八	五三八	六、六五四
	総噸数	二、〇四五	二、一二八	二、八二三	一、二四六	一、三五六	一、四七九	二、〇五八	九〇八	一、四三九	九六六	一、一八四	一、一八四	一八、七一四

三〇八

六八

大東亜戦争開始以来ノ
造船ノ実績

昭16	12月	10,746
昭17	1月	25,792
	2月	18,873
	3月	25,676
	4月	8,445
	5月	18,277
	6月	25,138
	7月	22,299
	8月	28,210
	9月	35,075
	10月	27,430
	11月	22,973
	12月	62,024
昭18	1月	14,661
	2月	39,540
	3月	119,000
	4月	18,000
	5月	28,000
合計		550,157

造船ノ実績

昭	12	475,000
〃	13	432,000
〃	14	397,000
〃	15	323,000
〃	16	340,000
〃	17	423,000
〃	18	1200,000（予定）

六七

三〇八

木造戦時標準貨物船進水調（五月五日現在） 三五八

月別＼船型	七〇噸型	一〇〇噸型	一五〇噸型	二〇〇噸型	二五〇噸型	備考
一月	一	丨	丨	丨	丨	七〇噸
二月	四	八	三	丨	丨	一、五三〇〃
三月	一五	一〇	七	一	二	四、〇〇〇〃
四月	一六	一五	八	一	二	六、三二〇〃
五月	六	三	一	丨	一	一、二二〇〃
計	四二（二、九四〇噸）	三六（三、六〇〇噸）	一九（二、八五〇噸）	二（四〇〇噸）	五（一、二五〇噸）	（一一、〇四〇噸）

戦時標準船型木造貨物船四半期別竣工予定

昭和十七年度ヨリ継続ノモノ含ム

第一四半期	六六隻	七、〇〇〇噸
第二四半期	二五七隻	二九、一〇〇〃
第三四半期	四六二隻	六八、五五〇〃
第四四半期	六九九隻	一〇三、〇一〇〃
計	一、四八四隻	二〇七、六六〇〃

月別予定（七〇噸型ヲ除ク）（最初目標 四〇〇、〇〇〇）

4月	1750	（実績）
5月	1250	（〃）
6月	2900	（〃）
7月	4,900	
8月	7,370	
9月	9,830	
10月	13,900	
11月	20,900	
12月	24,800	
1月	21,000	
2月	31,500	
3月	41,900	

六九

一、鋼船

戦時標準船要目表 （造船規定一〇二） 三四八

名称	主機別呼称	総噸数	載荷重量（瓲）	長（垂線間）（米）	巾（型）	深（型）	最大吃水（米）	主機ノ型式	馬力	航海速力（航海経済速力）（節）	航行区域
戦時標準A型船	ARS	六、四〇〇	九、三〇〇	一三八・〇	一八・八	九・八	七・八〇	三聯式	三、三〇〇（指）	一二	遠洋
戦時標準B型船	BT	四、五〇〇	七、一〇〇	一二〇・〇	一五・八	九・一	七・四〇	タービン	三、四〇〇（軸）	一二	遠洋
戦時標準C型船	CRS	二、七〇〇	四、三〇〇	九三・〇	一三・七	七・六	六・三五	三聯式	一、八〇〇（指）	一一	近海
戦時標準D型船	DRS	一、九〇〇	二、八五〇	八三・三	一二・三		五・三三	三聯式	一、二〇〇（指）	一〇	近海
戦時標準E型船	ED	八三〇	一、二七〇	六〇・〇	九・五〇	五・〇	四・五〇	ディーゼル	七五〇（軸）	一〇	近海
戦時標準F型船	FD	四九五	七三〇	五〇・〇	八・四〇	四・四	三・六八	ディーゼル	六〇〇（軸）	一〇	近海
五千噸型戦時標準鉱石船	KRS	五、三〇〇	七、九〇〇	一三〇・〇	一六・五	九・五五	七・五五	三聯式	二、〇〇〇（指）	一〇・五	遠洋
一万噸型戦時標準油槽船	TLT	一〇、〇〇〇	一四、五〇〇	一五三・〇	二〇・〇	一一・〇	九・一〇	タービン	九、五〇〇（軸）	一六・五	遠洋
五千噸型戦時標準油槽船	TMT	五、二〇〇	七、〇〇〇	一二〇・〇	一六・五	九・〇	七・四四	タービン	三、六〇〇（軸）	一二・五	遠洋
千噸型戦時標準油槽船	TJRS	一、〇〇〇	一、五〇〇	六〇・〇	九・六	五・〇	四・六〇	三聯式	七五〇（指）	一〇	近海

註、現在設計進行中ナルヲ以テ総噸数、載貨重量等ハ尚変更アルベキモノトス。

七〇

一、木船

貨物船

名称	総噸数(噸)	主要寸法(長×巾×深)(米)	船種	資格	機関ノ種類	軸馬力	摘要
三〇〇噸型	三〇〇	三五・〇×八・〇〇×三・九五	汽船	二級	ディーゼル式	二五〇	最強速力八海里以上トス
二五〇噸型	二五〇	三一・〇×七・六〇×三・七〇	汽船 帆船	〃	ディーゼル式又ハ焼玉式	二一〇 二〇〇	汽船最強速力八海里以上トス
二〇〇噸型	二〇〇未満	二九・〇×七・一〇×三・二五	〃	汽二級 帆二級	〃	一六〇 一五〇	汽船最強速力八海里以上トス
一五〇噸型	一五〇以上	二六・七〇×六・八〇×二・九〇	帆船	二級	焼玉式	一二〇	
一〇〇噸型	一〇〇	二三・〇〇×五・八〇×二・四五	〃	三級	〃	八〇	
七〇噸型	七〇未満	二一・五〇×五・七〇×二・一〇	〃	〃	〃	六五	一部ノモノハ總ハイ型トス

註　昭和十七年度ニ於テハ三〇〇噸型ノ建造ヲ行ハザルモノトス

三四八

鋼製第二次戦時標準船(簡易型)主要目表案(造船規八、三、九)

名称	改A型	改D型	改E型			改TL型	改TM型
総噸数	六、六七〇	二、三〇〇	八六〇			[illegible]、〇〇〇	二、八〇〇
載貨重量(瓲)	九、七二〇	三、八七〇	(D) 一、六三六 (R) 一、五八六				四、三〇〇
主要寸法(米) 長	一二八、〇〇	八五、〇〇	六〇、〇〇				九〇、〇〇
幅	一八、二〇	一二、三四	九、五〇			未定	一三、八〇
深	一一、一〇	七、二	五、四五				七、三〇
最大吃水(米)	七、八〇	五、八五	四、五〇				六、〇四
主機ノ型式	タービン 二罐(石炭焚)	三聯成 二罐(石炭焚)	三聯成 二罐(石炭焚)	ディーゼル	焼球		三聯成 二罐(油焚)
発揮馬力	二、〇〇〇	九〇〇	一、四〇〇	四三〇	三八〇		一、一〇〇
航海速力(節)	一〇	九	七			(要求)九	八
航続距離(浬)	八、〇〇〇	四、〇〇〇	二、〇〇〇			八、〇〇〇	四、〇〇〇

三五八

七三

十八年度鋼船建造予定

一、貨物船

型	屯数	隻数	総屯数
継續行A型	（六、四〇〇）	五六隻	一六五、七七〇
B〃	（四、五〇〇）	一六〃	七二、〇〇〇
C〃	（二、七〇〇）	三一〃	八三、七〇〇
D〃	（一、九〇〇）	一三〃	二四、七〇〇
E〃	（八三〇）	一三〃	一〇、九〇〇
F〃	（四九〇）	二一〃	一〇、二九〇
改A型	（六、六七〇）	一七〃	一一三、三九〇
改B〃	（二、三〇〇）	一一〃	二五、三〇〇
改E〃	（六〇、八七〇）	二五〇〃	二一五、六〇〇
ES〃	（八〇〇）	七〃	五、六〇〇

二、鉱石船

型	屯数	隻数	総屯数
		五隻	二七、九〇〇
継續行K型	（五、三〇〇）	一七〃	九〇、一〇〇

二、油槽船

型	屯数	隻数	総屯数
建續行		一〇隻	二五、九〇〇
TL型	（一〇、〇〇〇）	一二〃	一二〇、〇〇〇
TM〃	（一五、二〇〇）	一五〃	二〇、〇〇〇
TS〃	（一、〇〇〇）	四〃	四、〇四〇
改TL型	（一〇、〇〇〇）	二隻	二〇、〇〇〇
改TM〃	（二、八〇〇）	五〃	一四、〇〇〇
一、其他		一九〃	四九、三一〇
合計		五三四隻	三〇八、三九〇

総屯

三百二

極秘

三 航空輸送

川淵研究生

七五

三百三

川淵研究生

(五) 運輸(航空輸送)

1、帝國民間航空概觀

帝國航空輸送事業ハ昭和三年政府補助ノ下ニ國策會社トシテノ日本航空輸送株式會社ノ成立ヲ見、仝四年四月一日ヲ以テ東京大阪間其他ニ定期旅客郵便輸送業務ヲ開始セラレタルヲ嚆矢トス。爾来其ノ発達ハ諸列國ニ比シ遅々トシテ進マザリシモ昭和十二年支那事変勃発スルヤ、陸海軍機ノ活躍ニ刺戟セラレルト共ニ事変ノ進展ニヨル東亜ノ新事態ニ即応ニ伴ヒテ世界ノ状勢ニ対応センガタメ従来ノ航空輸送事業ハ根本的ニ検討ノ必要ヲ生ジ昭和十三年ニ至リ日本航空輸送株式會社ト國際航空株式會社ヲ綜合一元化シテ事業ノ基礎ヲ一層鞏固ナラシムベク新ニ大日本航空株式株社成立ヲ見ルニ至レリ。(第一表参照)

カクシテ従来、主トシテ國内ノミノ航空輸送ニ跼蹐シ居リタル殻ヲ脱シ、日満、支ヲ通ズル空ノ紐帯ハ強固ニ結バレルト共ニ更ニ國際航空路並ニ南洋委任統治領土ヘノ海洋航空ニモ進出シ、大東亜戦争勃発前ハ東亜ニ於テ米、英、蘭ト空ノ争覇戦ニ堂々挑戦シアリシヤウナリ其ノ躍進目覚シキモノアルニ至レリ。

2、昭和十二年以降ニ於ケル帝國ノ航空状況

七六

斯ノ如ク支那事変勃発前ノ我民間航空事業ハ到底諸列國ニ伍シ得ザリシモ事変ヲ契機トシテ航空機ノ真価ハ朝野ノ認識セラルヽ所トナリ、一方ニ於テハ飛行機乗員ノ急速養成ノタメ、航空局ガ拡充強化セラレ、従来永ク主トシテ民間飛行学校ニノミ依存セラレタル民間航空教育ハ總テ官立航空乗員養成所ニ移管セラレ又培テ民間航空工業ニ就テモ外國依存ノ域ヲ脱シ漸次飛行機発動機製造工業ノ独立ヲ見ルニ至リタルトニ依リ航空輸送モ亦着々躍進ノ一途ヲ辿レリ(第一表第二表第三表第四表参照)

而シテ今ヤ航空ニ対スル関心ハ支那事変後ト雖モ未ダ須ル低調ニシテ軍事的モ免モ角政治的ニモ経済的ニモ航空ハ交通ノ一少部分ニ過ギズト看ラレ交通政策上輸送力ガ海運陸運ト比較シテ極メテ貧弱ナル点ヨリ目ヲ蔽ヒ航空ノ持ツ真ノ意義ヲ認識スル者ハ極メテ寥々タル状態ナリ。

然ルニ此ノ時既ニ諸列國ハ着々航空ノ重要性ニ留意シ民間飛行機及乗員ノ養成拡充ニ全力ヲ之ニ傾注シ居リ、是ガ直ニ戦時ニ於テハ重大ナル役割ヲ持ツニ至リ戦時ニ於ケル航空總動員ヘノ臨床トシテ民間航空ノ重要性ハ益々痛感セラルヽニ至リタリ(第五表参照)

3. 帝國航空輸送ノ現況

航空ガ力トシテ作用スル場合ハ第一ニ空軍ノ力トシテ第二ハ空軍力ノ基底タル民間航空ヲ俟タズシテ完璧タリ得ザルハ言ヲ俟タザル処

三四二

七三

ナレド同時ニ逆ニ空軍力ハ強力ニ民間航空ヲ推進シ、コノ両者ノ密接不可分ナル相対的関係ガ一國ノ航空力ノ発展ヲ招来スト謂フヲ得ベシ。

此ノ観点ヨリ帝國ノ民間航空ハ支那事変以来逐次整備セラレタルモ突如其ノ途上ニ於テ大東亜戦争ニ突入セルヲ以ッテ現状ハ未ダ極メテ不充分ニシテ大東亜航空輸送ノタメニハ今後乗員器材共飛躍的ニ増強ノ要アリ。

現在我民間航空ハ大東亜戦争開戦直前ヨリ引續キ専ラ陸軍ノ所定期、海軍ノ徴傭定期トシテ陸海軍ノ作戦目的ニ即應スル輸送ニノミ従事シアリ一般営業用定期航空ハ中止セラレアル実状ニシテ作戦ノ進展ト現在ノ人員器材ヲ以ッテハ当分一般民間人ノ利用ハ期待シ得ザルベシ。

併シ乗員ト飛行機生産ノ状況ヨリカヽル状況ハ逐次解消セラレ営業定期航空ノ復活ハ逐次実現セラレツヽアリ(第六表参照)

4. 大東亜航空圏確立

現在我ガ國輸送機ハ殆ンド大型機ニシテ時速三〇〇粁内外航続時間概ネ十時間ニ達セルヲ以ッテ東京ヲ中心トシテ約三千粁ノ半径ヲ持ツ円ハ完全ニ帝國航空圏内ニ在リ。然シ乍ラ飛行機ノ時速ト大型化ハ此ノ半径ヲ更ニ四千粁五千粁六千粁ニ迄延長スルコトハ[illegible]遠キ将来ニ非ルベシ。然ラバ東京ヲ中心トシテ飛行機ノ一日行程六千粁ノ円周内ニ含マレル地域即チ北ハ「アリューシャン」ヨリ東ハ「ハワイ」ニ及ビ「カントン」「ニューカレドニア」濠洲ノ北端ヲ通リ「ジャワ」「馬来」「ビルマ」「印度」ノ東部ヲ

三四三

七四

経テ更ニパミールノ頂ヲ越エ、東部トルキスタン以東ニ至ル広大ナル大東亜地域ヲ包含スルコトトナリ之ヲ「大東亜航空圏」トシテ政治的ニ経済的ニ東京ヲ中心トスル見等ノ航空圏内ノ諸國家諸民族ヲ糾合シ大東亜共栄圏建設ニ邁進セシムルコトハ今後民間航空ニ與ヘラレタル大使命タルベシ。大東亜戦争ノ現段階ニ於テ重要物資輸送ノ為ニ船舶ノ急速ナル拡充ハ焦眉ノ急タルト同時ニ人ノ輸送ノタメニハ飛行機ノ飛躍的増強ハ刻々ノ急務ナリ。即従来人ノ輸送モ船舶ニ依存シ居リタル状態ヲ急速ニ飛行機ニ轉換シ以テ大東亜共栄圏ノ隅々ニ至ル迄迅速ニ人ヲ輸送スルニヨリ大東亜ノ盟主タル日本ト直接ニ然カモ急速ニ結合セシメ、帝國ヲ中心トスル政治的統一ヲ期スベキナリ。

三四二

第一表　昭和十年 十三年末 列國民間航空状勢比較表

國別	定期航空哩（昭和十年）	定期航空哩（十三年）	輸送客数（昭和十年）	輸送客数（十三年）	輸送郵便物数（昭和十年）	輸送郵便物数（十三年）	輸送貨物数（昭和十年）	輸送貨物数（十三年）
米								
英	六〇、四五一	七一、一九九	八六〇、七六一	一、三六九、五四三	六一五二	—	二、四六一	四、三二〇
独	二六、二五二	二九、〇六四	二〇、〇〇〇	二二二、二〇〇	七一四	二、四五三	一、八九八	二、五二七
佛	二二、二九一	三三、七七〇	一七八、〇五二	三八一、一八七	一、四〇四	五、四八四	二、八七四	六、二五六
和	一六、八九八	一六、〇五五	六四、一九三	一六三、七二〇	二八八	八四五	一〇〇〇	二、三一四
伊	一二、八四〇	二三、五八三	五三、六九四	一二一、七九三	二一三	四八六	九四一	八六〇
日	四七八四	八六九四	一三、二一一	五七、六六六	一九六	六四三	六〇	二七六

三四二

第二表 定期航空輸送統計（一）

年度	航空回数	旅客 総数	旅客 人粁総数	貨物 総数瓩	貨物 粁総数	郵便物 総数瓩	郵便物 粁
昭和一一年	五、六七二	一七、八四一	五、一八四、六九三	六三、九四〇	二三、〇七三	三五、八四一	二〇、四一二
一二年	八、七四八	二九、六四五	一四、四六一、四一三	三〇、六四五	一九、〇八三	四一〇、五六三	三三、九九九
一三年	一〇、四五二	五二、六六六	三〇、〇九〇、三六八	三七六、一七二	一三三、三三五	六四三、八九七	三七五、九四〇
一四年	一二、二七二	七〇、〇五五	四〇、〇九〇、七九	三三六、四四九	三三〇、四四八	一、〇六〇、〇〇二	六五六、一四〇
一五年	一〇、八〇一	六七、三一九	四四、三三三、四九五	五五六、七〇二	三八七、二二四	一四三、三八三	九〇八、八五五
対前年増加	六、七九一	四〇、七三四	／	四〇五、七三三	／	六三五、三八〇	／

第三表 定期航空輸送統計（二）

年度	飛行時間	飛行距離
昭和一二年	三一、九三一時五九分	六、五四七、九四四粁
一三年	三八、三四一—四六	八、八四五、六九四
一四年	四六、八四六—二二	九、九三三、九三二
一五年	三八、八〇一—四三	九、五四四、六四四
一六年	四三、一〇四—二二	一〇、一九八、三七六
一七年	四六、六〇六—〇六	一三、五五六、五六六

備考
一 昭和七年 一三八〇一時 二三分 二二七四、八四〇
二 地球一周距離 八 四〇〇二五粁

第四表(一)

航空路ノ変遷

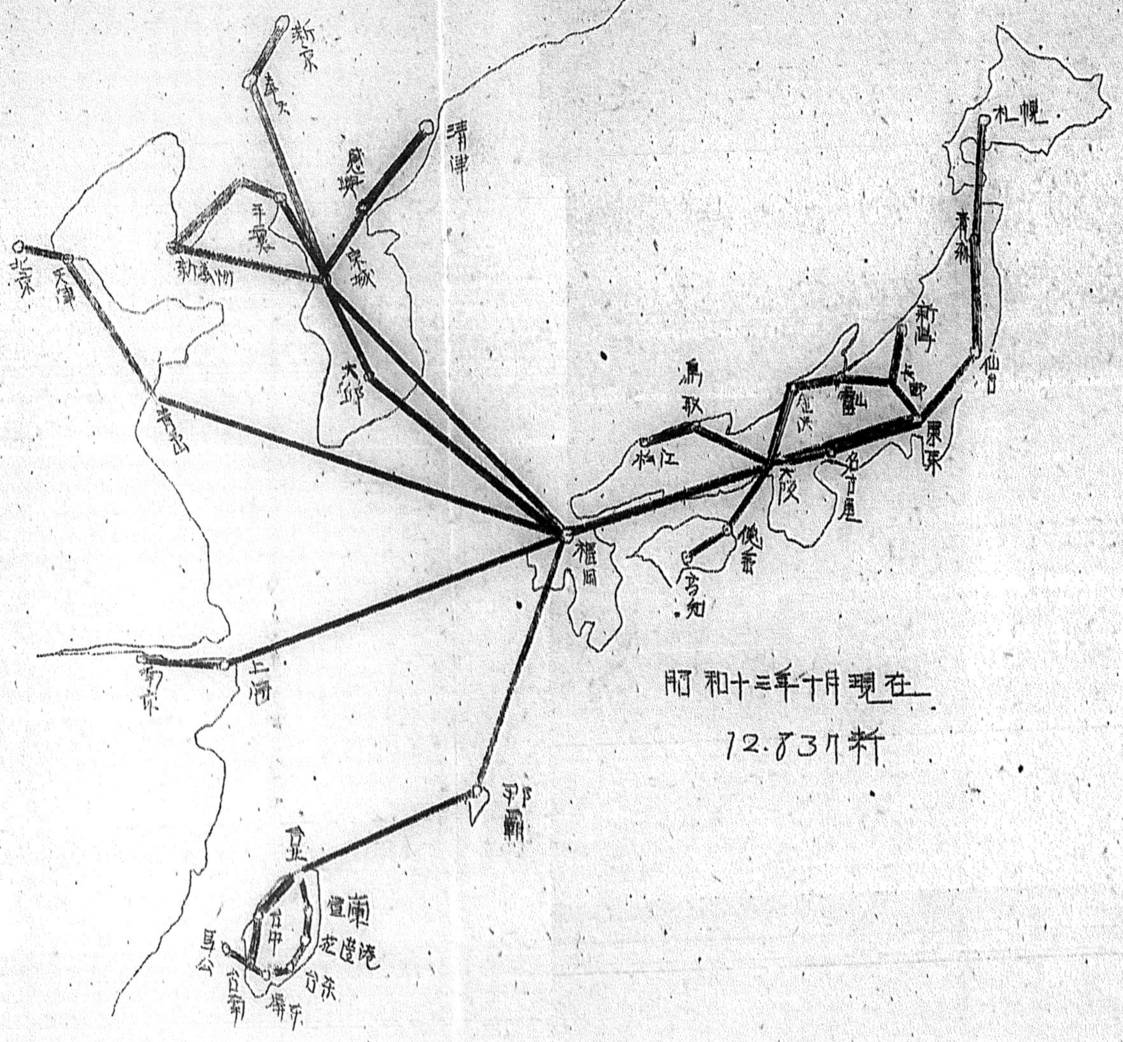

昭和十三年十月現在

12.837粁

第四表(二)

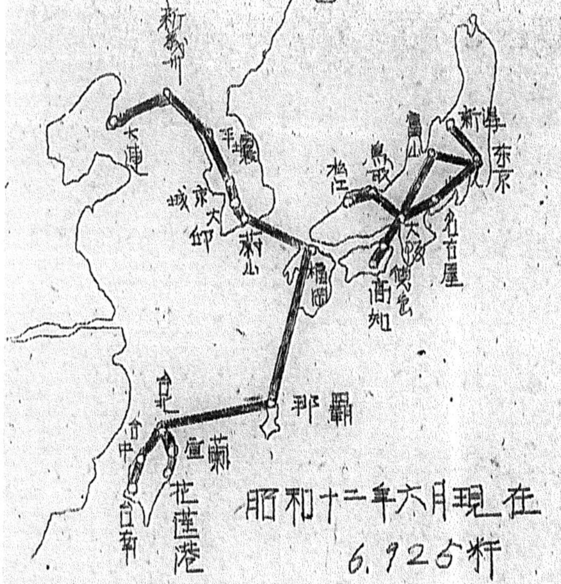

昭和十二年六月現在
6.925粁

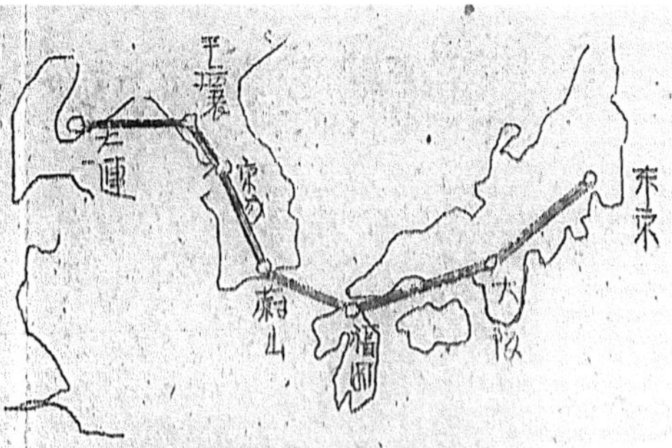

昭和四年九月現在
2.575粁

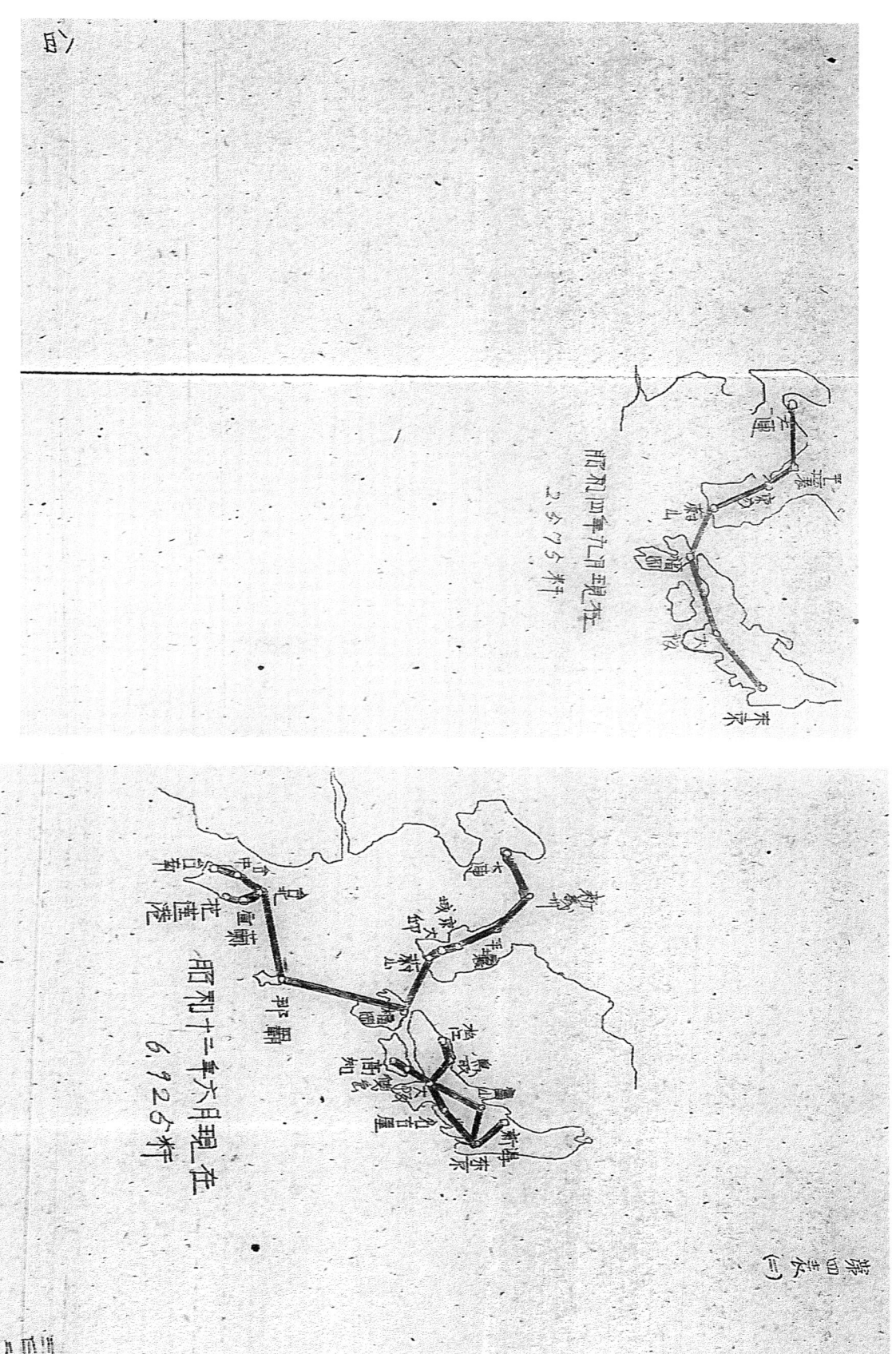

第五表

一九三八年ニ於ケル列國飛行距離比較表

國	飛行距離	比較		
米	一二九、六九三、〇〇三粁	一四、六六	一九四〇年 一九一、三三七、六三一粁	二〇、〇三
英	二三、九二九、六〇〇	二、五九		
獨	一八、八三七、九〇〇	二、一三		
佛	一四、四八四、二九六	一、六三		
伊	一三、五三四、五四八	一、五三		
日	八、八四四、六九四	一、〇〇	一九四〇年 九、五四四、六四四	一、〇〇

三五二

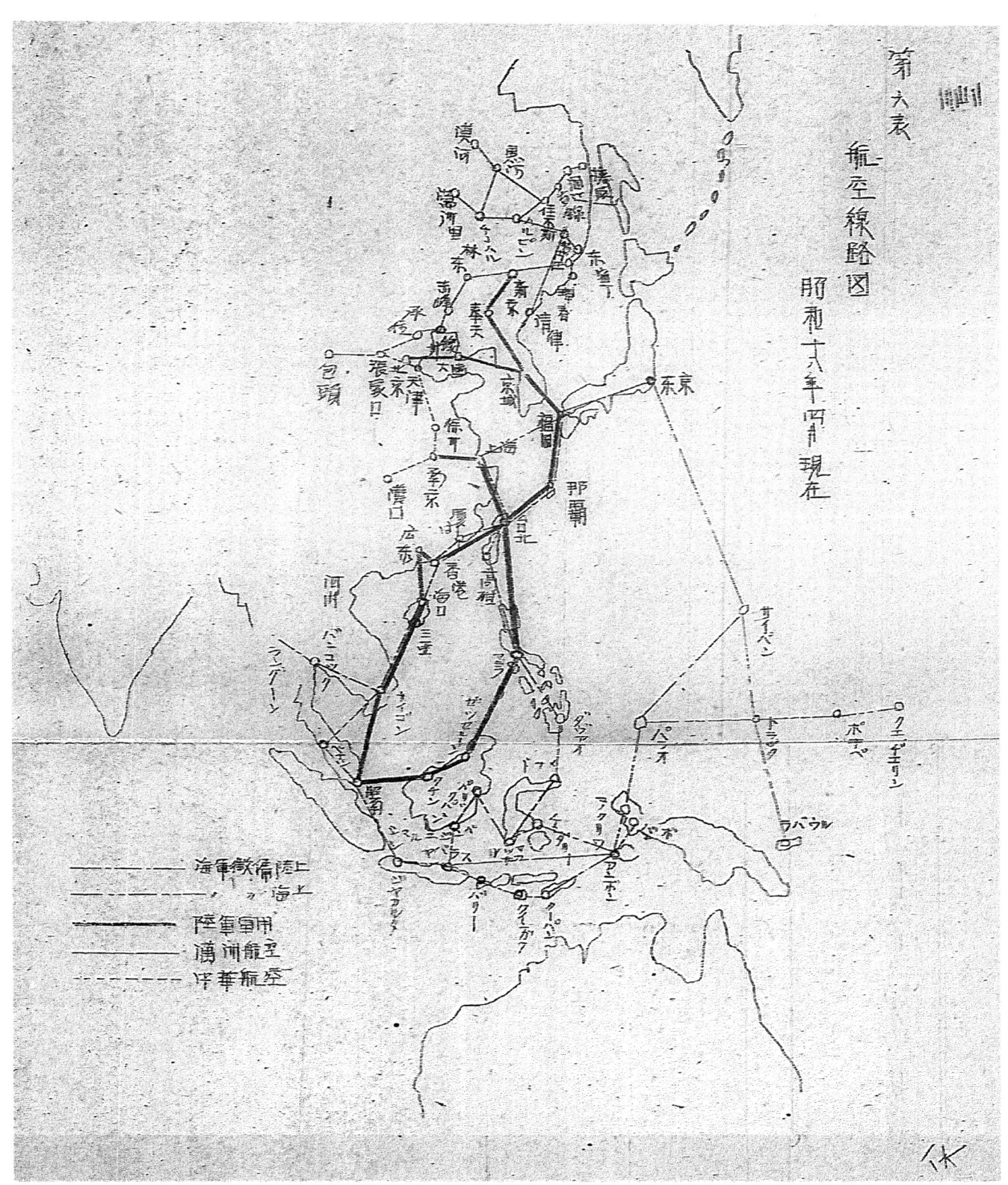

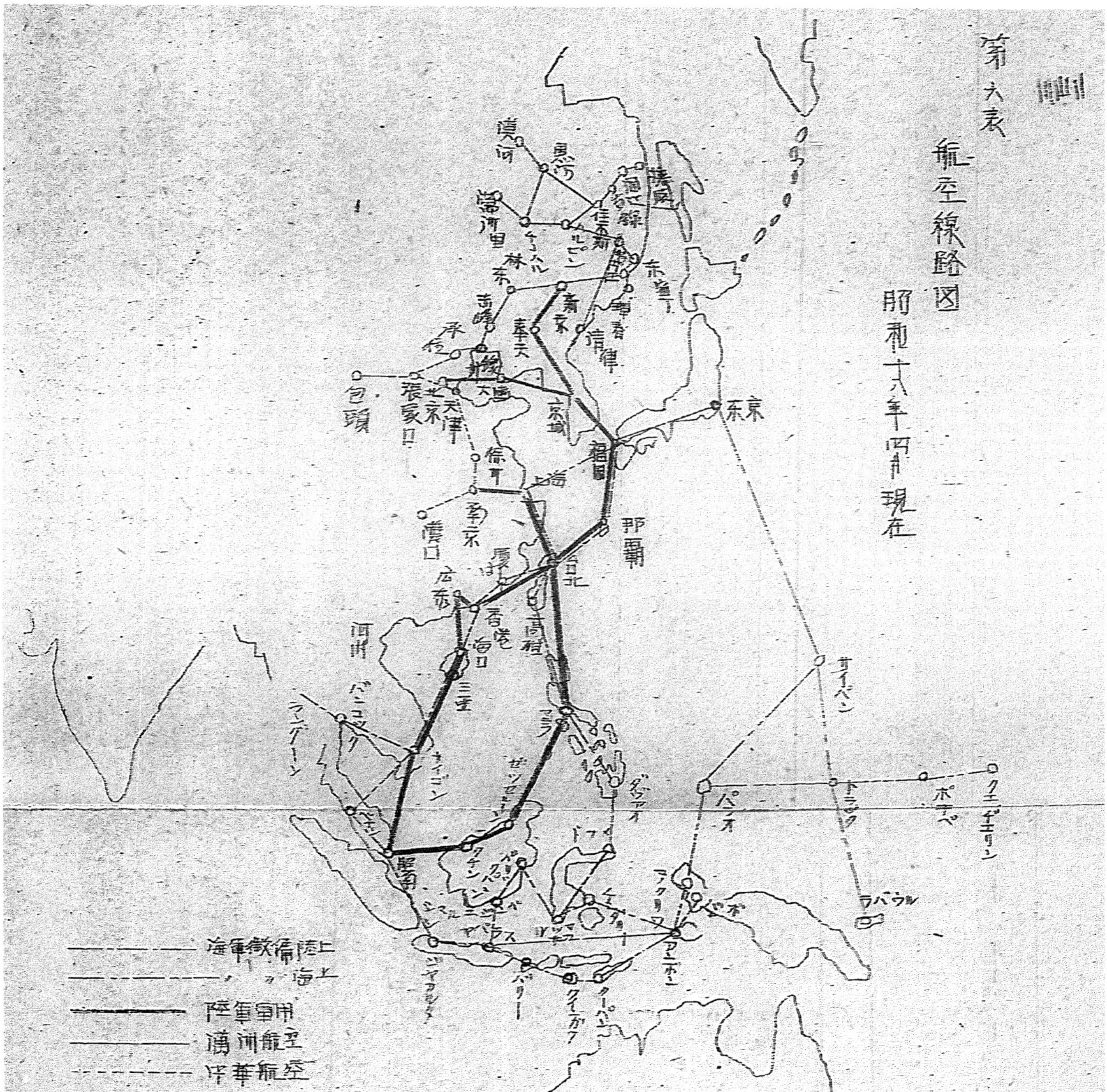
第六表
航空線路図
昭和十六年四月現在
東京
那覇
台北
サイパン
パラオ
トラック
ポナペ
ラバウル
マニラ
サイゴン
香港
広東
海口
三亜
上海
南京
漢口
京城
福岡
新京
奉天
天津
張家口
包頭
承徳
ダバオ
アンボン
海軍徴傭陸上
〃 〃 海上
陸軍専用
満洲航空
中華航空

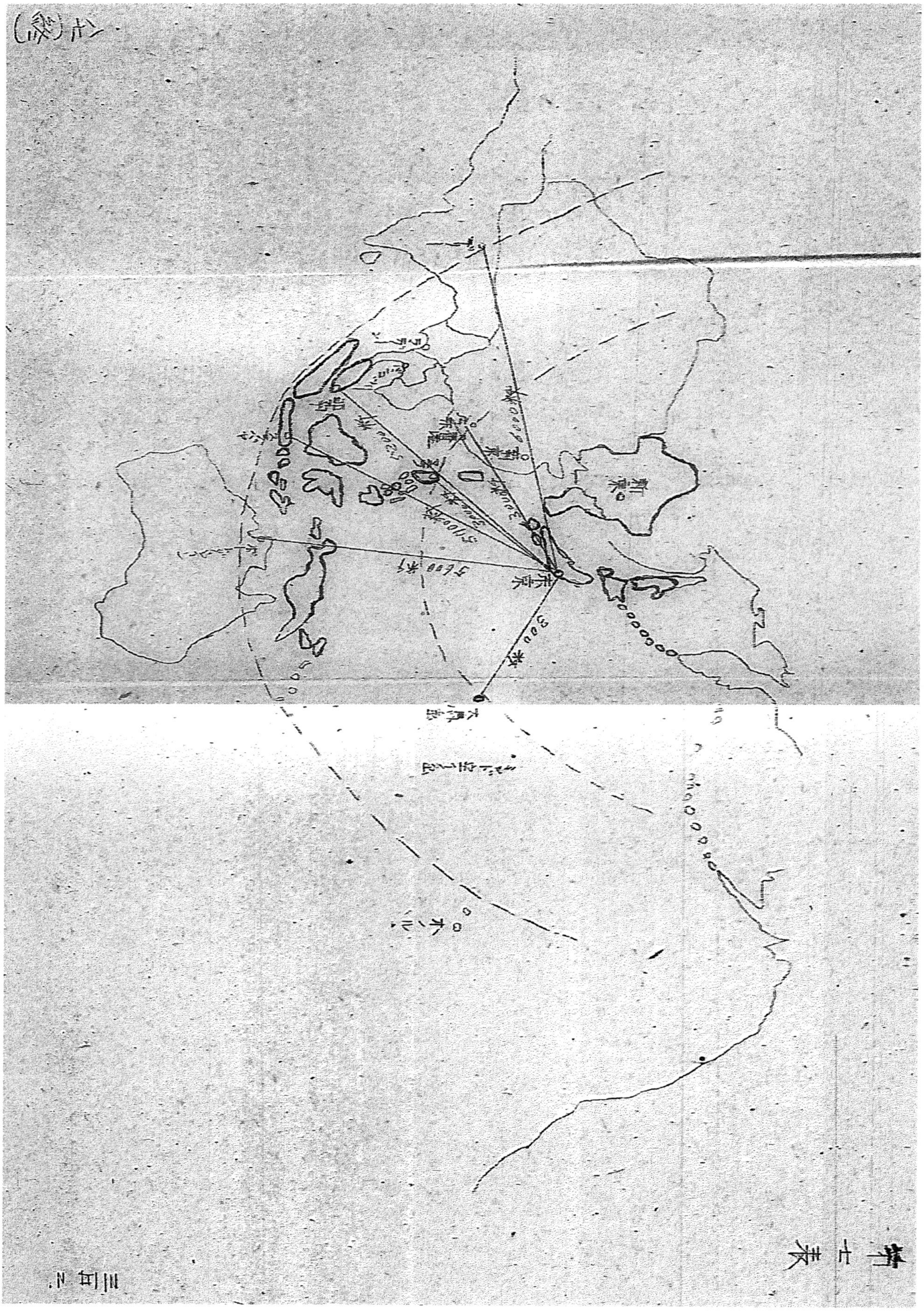
東京
新京

極秘

（六）電力

経済

一、電力需給ノ推移

二、今後ニ於ケル電力拡充対策

今井研究生
岩田研究生

三ノイ

一、電力需給ノ推移

今井研究生

（一）電力拡充ノ実績

最近ニ於ケル電力拡充ハ建設用資材ノ逼迫及労務ノ円滑ヲ欠メ著シクソノ進歩ヲ阻害サレ、殊ニ昭和十六年以降ニ於テソノ傾向顕著ナリ。（第一表、第二表参照）

（二）発電量ノ実績

発電量ハ昭和十三年迄順調ナル増加ヲ見タルモ十四年度以降著シク鈍化シ昭和十七年度ニ於テハ遂ニ前年度ニ比シ減少ヲ来シ生産拡充阻害ノ一大要因ヲ構成セリ、之ハ異常渇水並石炭不足及出炭質低下ニ依ル発電力ノ減退ニ原因ス。（第三表参照）

（三）電力消費規正

右ノ如キ電力不足ニ対処シ重要産業ニ対スル電力ノ供給確保ノ為メ昭和十四年電力調整令ヲ制定シ電力ノ消費規正ヲ実施セリ、電力消費規正ノ経過及昭和十七年ニ於ケル之ガ実施状況ハ第四表第五表ノ通

（四）豊水期電力利用

昭和十六年度ヨリ豊水期ニ於ケル電力利用強化期間ノ設定アリ爾来豊水期ニ於ケル特殊電力ノ利用ニ努メ来リシガ昭和十七年十二月、豊水期電力利用強化対策実施要綱ノ決定

一

三ドイ

ヲ見、所要労務僅少ニシテ大電力ヲ消費シ豊水期間ニ生産集中可能ナルアルミ、硫安、特殊鋼、フエロアロイ等ノ如キ産業ノ生産ヲ特ニ深夜閑電力ノ利用ヲ用途トシテ計画的ニ増強スルコトナレリ、昭和十八年度豊水期（四月一日ヨリ九月三十日）ニ於ケル之ガ実施目標ハ約三億KWHニシテ実績ハ約（一億五千KWH）ナリ

(五)電力需給ノ現況

(イ)電力需要ノ測定ハ困難ナルモ昭和十五年ヨリ十七年ニ至ル間ノ假ニ消費規正ヲ行ハザリシモノト假定セル場合ノ需要ト供給ノ比較ハ左記ノ通ナリ

	供給力	制限ナカリシトキノ需要	不足
昭和十五年	四、五三〇	四、八〇五	二七五
〃 十六年	四、七六〇	五、一四五	三八五
〃 十七年	五、〇七〇	五、四九五	四二五

（單位千KW）

(ロ)昭和十八年度下期ニ於ケル新規電力需要ハ約五三万KWナルニ対シ供給力ハ約三〇万KWニシテ供給ハ需要ノ半バニ達セズ而モコノ供給力ハ昨年度ノ如キ渇水ヲ来ス場合或ハ石炭ノ入手ガ円滑ナル場合ハ更ニ低下スルノ可能性アリ（別表八参照）

(六)満洲、朝鮮、台湾ニ於ケル電力需給状況

満洲ハ対独発注機器ノ入手ヲ得タルト、産業計画特ニ人造石油ノ如キ産業ノ進捗予定ノ如クナラザリシ為中満地方ニ相当ノ電力

二

三ドイ

余裕ヲ生ズベキ見込、南満地区ニ於テハ水豊発電所トノ関係ニ於テ火力ニ若干ノ余裕生ズル見込ナリ

朝鮮ハ建設資材ノ制約ニヨリ若干ノ遅延ハ免カレザルモ産業建設計画ノ遅延、産業ノ再編成ノ動向等ヲ綜合勘案スルトキハ大体ニ於テ需給ノ均衡ヲ保チ得ル見込ナリ（別表九参照）

台湾ニ於ケル電力需要ハ近年増加ノ一途ヲ辿リ概ネ現存設備ノ能力ノ最大限ニ達スルニ至レリ。従テ海軍工場及インタタム生産工場ノ新設ノ進捗ニ伴ヒ今後ハ電力ノ需要増加ヲ来シ目下策定シツツアル電力拡充計画ガ資材ノ関係ニ依リ円滑ニ進捗セザルトキハ一九年四月以降電力ノ需給ハ相当逼迫スルモノト予想セラル（別表十参照）

(七)大東亜ノ電力問題

大東亜ニ於ケル電力資源

電力ト工業立地

参考

一、我ガ国ノ電源ノ特徴（ネットシステム、補給火力）

二、電力生産ノ特性

三、建設ノ長期性

四、負荷曲線（別表（十）参照）

三

五、サイクル問題（別表(十)参照）

第一表
別表(一)

一、発電所出力拡充実績　昭一八、四、一

（単位、発電地点、キロワット）

一、電気事業用

年次	最大発電設備	内訳 水力	内訳 火力	前年末ニ対スル増加 水力	前年末ニ対スル増加 火力	前年末ニ対スル増加 計
七年末	四、三〇六、〇〇〇	二、九八四、〇〇〇	一、三二二、〇〇〇	八三、〇〇〇	九六、〇〇〇	一七九、〇〇〇
八年〃	四、五三〇、〇〇〇	三、〇八九、〇〇〇	一、四四一、〇〇〇	一〇五、〇〇〇	一〇九、〇〇〇	二二四、〇〇〇
九年〃	四、七四九、〇〇〇	三、一七一、〇〇〇	一、五七八、〇〇〇	八二、〇〇〇	一三七、〇〇〇	二一九、〇〇〇
一〇年〃	五、一三七、〇〇〇	三、三〇九、〇〇〇	一、八二六、〇〇〇	一三八、〇〇〇	二六〇、〇〇〇	三九八、〇〇〇
一一年〃	五、七九四、〇〇〇	三、六五四、〇〇〇	二、一四〇、〇〇〇	三四三、〇〇〇	三四四、〇〇〇	六八七、〇〇〇
一二年〃	六、一八三、〇〇〇	三、八五三、〇〇〇	二、三三六、〇〇〇	二〇〇、〇〇〇	一八九、〇〇〇	三八九、〇〇〇
一三年〃	六、六二〇、〇〇〇	四、二六六、〇〇〇	二、三五四、〇〇〇	三二四、〇〇〇	二三五、〇〇〇	五三七、〇〇〇
一四年〃	七、二五〇、〇〇〇	四、五五五、〇〇〇	二、六九五、〇〇〇	三一八、〇〇〇	二四一、〇〇〇	六三〇、〇〇〇
一五年〃	七、八八二、〇〇〇	四、九九七、〇〇〇	二、八八五、〇〇〇	四四三、〇〇〇	一九〇、〇〇〇	六三二、〇〇〇
一六年〃	八、一九〇、〇〇〇	五、二二三、〇〇〇	二、九六八、〇〇〇	二二五、〇〇〇	八三、〇〇〇	三〇八、〇〇〇
一七年〃	八、四七六、〇〇〇	五、四四三、〇〇〇	三、〇一三、〇〇〇	二四〇、〇〇〇	四五、〇〇〇	二八五、〇〇〇

四

二、自家用

年次	最大発電設備	内訳 水力	内訳 火力	前年末ニ対スル増加 水力	前年末ニ対スル増加 火力	前年末ニ対スル増加 計
七年末	六〇五、〇〇〇	一二七、〇〇〇	四七八、〇〇〇	(一)六、〇〇〇	二二、〇〇〇	四五、〇〇〇
八年〃	五三三、〇〇〇	一七二、〇〇〇	四三〇、〇〇〇	(一)五五、〇〇〇	(一)六八、〇〇〇	(一)八三、〇〇〇
九年〃	五七六、〇〇〇	一七二、〇〇〇	五四四、〇〇〇	〇	五四、〇〇〇	五四、〇〇〇
一〇年〃	六二〇、〇〇〇	一七二、〇〇〇	五四七、〇〇〇	一、〇〇〇	四三、〇〇〇	四四、〇〇〇
一一年〃	七四九、〇〇〇	一七五、〇〇〇	六七四、〇〇〇	二二、〇〇〇	一二七、〇〇〇	一二九、〇〇〇
一二年〃	七九四、〇〇〇	一七二、〇〇〇	七三三、〇〇〇	三二、〇〇〇	四八、〇〇〇	四五、〇〇〇
一三年〃	九四〇、〇〇〇	一七九、〇〇〇	八六六、〇〇〇	(一)一四、〇〇〇	一二九、〇〇〇	一四八、〇〇〇
一四年〃	一、〇六四、〇〇〇	二二三、〇〇〇	九五四、〇〇〇	四三、〇〇〇	八一、〇〇〇	一二四、〇〇〇
一五年〃	一、一五五、〇〇〇	二五〇、〇〇〇	一、〇七五、〇〇〇	八、〇〇〇	一三三、〇〇〇	一四一、〇〇〇
一六年〃	一、二六八、〇〇〇	二四六、〇〇〇	一、一二二、〇〇〇	一六、〇〇〇	四七、〇〇〇	六五、〇〇〇
一七年〃	一、三一七、〇〇〇	二七二、〇〇〇	一、一四五、〇〇〇	二六、〇〇〇	二三、〇〇〇	四九、〇〇〇

備考　昭和八年末ノ減ハ電気事業法ノ改正ニ伴ヒ電気事業ニ電力供給スル自家用施設ガ電気事業（第三号ノ事業）トナリタルニ因ル。

三ドイ

五

一表

表(二)、電力拡充用主要資材配当表、一八、四、一

(単位 瓲)

六

資材名	昭和十四年度 要求量	割当数量A	配当実績B	B/A %	昭和十五年度 要求量	割当数量A	配当実績B	B/A %
普通鋼	二二六、五二一	一二九、三八六	九六、〇〇四	七四	二四一、一二二	一三三、五〇〇	八九、八五五	六七
普通銑	二八、五〇〇	七、二二四	八、〇六六	一一二	二六、九二三	一五、九〇〇	一一、八七〇	七五
電気銅	二七、三〇〇	一五、八七六	一一、〇六三	七〇	四〇、三五九	二三、五八〇	一五、四六八	六六
鉛	八、五〇〇	四、三四四	三、三〇一	七四	五、六四三	三、四二〇	二、一九六	六四
亜鉛	八、〇〇〇	四、八〇八	三、二八三	六六	五、一二七	三、七五〇	二、五六二	五九
錫	四三〇	二四二	一九八	八二	七九九	三九〇	二三一	五九
アルミ	一、一〇〇	九〇〇	六九一	七七	二、七一六	五六九	五六八	一〇〇
石綿(高)	—	—	—	—	四九〇	一三	七六・三	五八七
石綿(普)	—	—	—	—		三五五	一六五	五五
セメント	—	—	—	—	八七四、三三九	六七四、六八〇	五七一、〇九〇	八五

七

資材名	昭和十六年度 要求量	割当数量A	配当実績B	B/A %	昭和十七年度 要求量	割当数量A	配当実績B	B/A %
普通鋼	一九七、三八四	九二、五八〇	八六、二二五	九三・一	二〇七、三四一	一〇六、〇四五	七〇、三〇二	六六
普通銑	三〇、三六四	一〇、六三〇	一〇、三四四・五	九七・五	—	二一、九五二	一九、八三一	八二
電気銅	三〇、一七四	六、三〇〇	六、二八三・五	九九・七	九、九九二	三、四七〇	二、八六九	八三
鉛	四、七二五	一、六六八	一、六六八	一〇〇	—	一、七〇五	一、四二四	八三
亜鉛	五、〇三〇	一、七五四	一、六三七	九三・二	—	一、七六九	一、三一三	七四
錫	七三五	一三五・九	一二六・四	九三・〇	—	一五一	一〇八	七二
アルミ	二、二七〇	一、三四〇・三	一、四〇八・五	一〇五・四	—	二、八一八	二、三九七	八二
石綿(高)	二、二六七	三〇	二九・一	九七・一	—	四〇	二六	六五
石綿(普)	六八四	七六・五	七四・八	九七・七	—	五五・五	三五	六三
セメント	一〇六一、四四七	七三一、〇九〇	五四二、三七三	七五・三	六五三、二三五	五八〇、〇〇〇	四三六、五三六	七四

三F イ

第三表
別表(三) 電力需用実績

（昭一八、四、一）
（単位 キロワット）

三ドイ

年次	全国		
	各年十二月需用実績	前年ニ対スル増加	同増加率%
七年	三、〇七五、〇〇〇	三三八、〇〇〇	一二・四
八年	三、三二四、〇〇〇	二五一、〇〇〇	八・二
九年	三、六四九、〇〇〇	三二五、〇〇〇	九・八
十年	三、九六〇、〇〇〇	三一一、〇〇〇	八・五
十一年	四、二八七、〇〇〇	三二七、〇〇〇	八・三
十二年	四、五三八、〇〇〇	二五一、〇〇〇	五・九
十三年	五、〇三一、〇〇〇	四九三、〇〇〇	一〇・九
十四年	五、一三二、〇〇〇	一〇一、〇〇〇	二・〇
十五年	五、三〇三、〇〇〇	一七一、〇〇〇	三・三
十六年	五、五三二、〇〇〇	二二九、〇〇〇	四・三
十七年	五、四五五、〇〇〇	(減)七七、〇〇〇	(減)一・四
備考			

八

電力需給状況 実績

（単位発電端 キロワット）
昭一八、四、一

三ドイ

年次	最大発電設備	渇水期供給力	各年十二月需用実績
七年	四、三〇六、〇〇〇	三、一六七、〇〇〇	三、〇七三、〇〇〇
八年	四、五二〇、〇〇〇	三、三三一、〇〇〇	三、三二四、〇〇〇
九年	四、七五九、〇〇〇	三、四五五、〇〇〇	三、六四九、〇〇〇
一〇年	五、一三七、〇〇〇	三、七六五、〇〇〇	三、九六〇、〇〇〇
一一年	五、七九四、〇〇〇	四、二二九、〇〇〇	四、二八七、〇〇〇
一二年	六、一八三、〇〇〇	四、五一二、〇〇〇	四、五三八、〇〇〇
一三年	六、六六〇、〇〇〇	四、八一三、〇〇〇	五、〇三一、〇〇〇
一四年	七、三五〇、〇〇〇	四、八〇三、〇〇〇	五、一三二、〇〇〇
一五年	七、八八三、〇〇〇	五、〇五五、〇〇〇	五、三〇三、〇〇〇
一六年	八、一九〇、〇〇〇	五、二六七、〇〇〇	五、五三二、〇〇〇
一七年	八、四七六、〇〇〇	五、四七〇、〇〇〇	五、四五五、〇〇〇
備考			

九

制限(其四)　一般電力消費規正經過概要　(一八、四、一)

年度	回	用途	地域	限度	備考
昭和十四年度	第一回	昭和十五年二月十日ヨリ施行ノモノ 甲、第四種需用以外ノ需用(乙ニ掲グルモ及電燈用ヲ除ク) 乙、イ、第一種需用 ロ、第二種需用中ニ掲グルモノ金属鉱業石油鉱業・他九業種	東北地方南部 関東地方 中部地方 近畿地方 中国地方東部 中国地方中部及西部 四国地方	百分ノ九十五 百分ノ六十 百分ノ五十五 百分ノ九十 百分ノ七十五	限度ノ基準ハ前年同月(昭和十四年一月分)ノ使用電力量トス 昭和十五年二月十日ヨリ十日間最高四割乃至四割五分ノ制限
	第二回	昭和十五年二月二十日ヨリ上記中地域及限度ヲ左ノ通改ムル実施シタリ 甲ニ属スルモノ 乙ニ属スルモノ	東北地方南部 関東地方 中部地方 近畿地方 中国地方東部 中国地方西部 四国地方	甲ニ属スルモノ　乙ニ属スルモノ 百分ノ八十五　百分ノ九十五 百分ノ七十　百分ノ七十五 百分ノ八十　百分ノ九十 百分ノ七十五　百分ノ八十五	昭和十五年二月二十日ヨリ平均二割制限
	第三回	昭和十五年三月十五日ヨリ上記中地域及限度ヲ左ノ通改ムル実施シタリ	関東地方 中部地方 近畿地方	百分ノ八十五　百分ノ九十	昭和十五年三月十五日ヨリ平均一割制限 同　三月二十二日制限解除
昭和十五年度		昭和十五年十一月十二日ヨリ施行ノモノ 第一種需用、第二種需用　甲類 第二種需用、第三種需用　乙類 第一種需用、第二種需用　甲類 第二種需用、第三種需用　乙類	東北地方南部 関東地方 中部地方 近畿地方 中国地方 四国地方	百分ノ百 百分ノ九十 百分ノ八十五 百分ノ八十五 百分ノ百 百分ノ八十五 百分ノ八十 百分ノ八十	限度ノ基準ハ昭和十五年八月及九月ノ月平均使用電力量トス 昭和十六年三月五日解除
昭和十六年度		昭和十六年十二月一日ヨリ実施ノモノ 第一種需用、第二種需用　甲類 第二種需用、第三種需用　乙類 第一種需用、第二種需用　甲類 第二種需用、第三種需用　乙類 第一種需用、第二種需用　甲類 第二種需用、第三種需用　乙類	東北地方南部 関東地方 中部地方 近畿地方 中国地方 四国地方 九州地方	百分ノ百 百分ノ九十 百分ノ八十 百分ノ八十 百分ノ百 百分ノ八十 百分ノ七十 百分ノ七十 百分ノ百 百分ノ八十五 百分ノ七十五 百分ノ七十五	限度ノ基準ハ昭和十六年四月乃至六月ノ月平均消費電力量トス 昭和十六年十二月八日ヨリ二月十四日迄最高一割五分制限 昭和十七年三月十四日解除ト同時ニ休電日指定ニ関スル告示公布十五日ヨリ施行 月二日休電日指定
昭和十七年度	第一回	昭和十七年九月二十三日告示公布十月一日ヨリ実施ノモノ 第一種需用 第二種需用　甲類 第二種需用　乙類 第三種需用	東北地方 関東地方 中部地方 近畿地方 中国地方 四国地方 九州地方	百分ノ百 百分ノ八十 百分ノ七十 百分ノ七十	昭和十七年八月十四日休電日追加指定ニ関スル告示公布同日ヨリ施行 第二種需用甲類　月二日 第二種需用乙類及第三種需用　月三日 限度ノ基準ハ昭和十七年四月乃至六月ノ消費電力量トス 基準電力量ノ変更ニ付テハ通告ヲ受ケタル日ヨリ一月以内ニ限リ逓信局長ニ申出ルコトヲ得ルモノトセリ 昭和十七年十二月五日ヨリ最高二割五分制限 昭和十八年一月十六日ヨリ最高三割制限(四国ノミ)
	第二回	昭和十八年一月二十七日改ム二月一日ヨリ実施ノモノ 第一種需用、第二種需用　甲類 第二種需用、第三種需用　乙類	同上	百分ノ九十 百分ノ七十 百分ノ五十 百分ノ五十	

別紙

一、一般電力　昭和十七年度電力消費規正実施状況

一八、四、九

	本州中央部	中國	東北	四國	九州
一七、一二、五	第二段	第二段	第二段	十七	十七
一七、一二、一一	〃	〃	〃	第二段	〃
一七、一二、一五	第四段	〃	南部第三段 北部第二段	〃	〃
一七、一二、二三	〃	〃	〃	第四段	〃
一八、一、五	〃	〃	南部第三段 北部第三段	〃	〃
一八、一、一二	〃	〃	〃	第五段	〃
一八、一、一四ヨリ 一八マデ	〃	〃	〃	二種甲 三〇% 其他 五〇% (隔日休)	〃
一八、一、一六	第五段	東部第四段 中部第四段 西部第二段	南部第四段 北部第四段	〃	〃
一八、一、一九	第五段	東部第四段 中部第四段 西部第二段	南部第四段 北部第四段	二種甲 三〇% 其ノ他 三三% (三日ニ一回休電) 此ノ間降雨アル毎ニ大口需用ヲ第五段程度ニ緩和ス	〃
一八、二、一	〃	東部第五段 中部第四段 西部第二段	南部第五段 北部第四段	〃	〃
一八、二、七	〃	〃	〃	第五段	〃
一八、三、一	〃	東部第四段	〃	〃	〃
一八、三、一六	〃	二種甲以上解除 二種乙以下百分ノ百	新潟縣 二種甲百分ノ百	〃	〃
一八、三、二〇	二種甲百分ノ百 (隔週休電)	〃	二種甲百分ノ百	〃	〃
一八、三、二三	一種、二甲臨時解除 二乙以下百分ノ百	〃	一種、二甲臨時解除 二乙以下百分ノ百	〃	〃
一八、三、二六	〃	〃	〃	一種、二甲臨時解除 二乙以下百分ノ百	〃
一八、四、一	二乙以下解除 生産率関係 第三段	仝上	仝上	一八、四、一〇 仝上	〃

ロ、制限段階表

種	第一段	第二段	第三段	第四段	第五段	第六段
第一種	〇	〇	〇	〇	〇	一〇
第二種甲イ	〇	五	五	一〇	一〇	二〇
第二種甲ロ	〇	五	一〇	一五	二〇	三〇
第二種乙及第三種	一五	一五	二〇	二五	三〇	五〇
平均制限率（本州中央部）	二	三	五	八	一〇	一六

二、電燈用電力

十七年十一月一日ヨリ　制限実施

十八年二月一日ヨリ　制限強化実施（但北海道ハ据置）

現在續行中

一二

別表(六)

電力消費規正需用区分表

第一種需用　一、軍用　二、其ノ他遞信大臣ノ指定シタルモノ

第二種需用、甲類　一、採鉱業　二、土砂採取業　三、金属工業　四、軍需品製造工業　五、機械器具工業　六、窯業　七、化学工業　八、交通通信事業　九、其ノ他ノ公共事業　十、土木建築　（二～十　一部）

乙類　一、前記甲類中一、三、五、六、七、ニ掲グル事業ニシテ甲類ニ属スルモノ以外ノモノ　二、製材業　三、農林業　四、水産業　五、倉庫業　六、食料品業

第三種需用　第一種、第二種、第四種需用及電燈用ヲ除ク其ノ他ノ需用

第四種需用　一、照明　二、電熱及動力

第五種需用　電燈用

三ノイ

一三

三ノイ

別表(七)

昭和十七年末ニ於ケル電力需給状況。（単位発電端ヨリキロワット）

	需用電力実績	供給力 水力	供給力 火力	供給力 計	供給力過不足
本州中央部	二、五八五、〇〇〇	二、二八八、〇〇〇	一、三〇六、〇〇〇	三、五九四、〇〇〇	(十) 九、〇〇〇
中国	二八八、〇〇〇	一四四、〇〇〇	一八〇、〇〇〇	三二四、〇〇〇	(十) 三六、〇〇〇
東北	三二〇、〇〇〇	四四三、〇〇〇	三〇、〇〇〇	四七三、〇〇〇	(一) 四七、〇〇〇
四国	一八六、〇〇〇	九二、〇〇〇	一〇三、〇〇〇	一九五、〇〇〇	(十) 九、〇〇〇
九州	六八一、〇〇〇	二六九、〇〇〇	四一一、〇〇〇	六八〇、〇〇〇	(一) 一、〇〇〇
北海道	一九五、〇〇〇	一二六、〇〇〇	七八、〇〇〇	二〇四、〇〇〇	(十) 九、〇〇〇
全国	五、四五五、〇〇〇	三、三六二、〇〇〇	二、一〇八、〇〇〇	五、四七〇、〇〇〇	(十) 一五、〇〇〇

備考

一、昭和十七年末ニ於テハ左ノ如ク電力供給制限ヲ行ヘリ

本州中央部 一〇％

中国 四％

東北 五％

四国 六％

別表(八)、昭和十八年度下期分申請処分ノ引当供給力捻出需給対照表、

一八、六、末日現在、調整課、受給課

単位 キロワット

			北海道	東北	本州中央部	中国	四国	九州	全国
昭和十七八年度増加供給力	設備増加ニ依ル新規並ニ増加供給力		二四、三〇〇	三二、二〇〇	二三九、六〇〇	二八、七〇〇	三二、八〇〇	五七、六〇〇	四五五、二〇〇
	動員供給力		一〇、五〇〇	三五、三三〇		一四、四三〇	三、一一〇	一七、一五〇	八〇、四〇〇
	計		四四、八〇〇		五〇七、〇三〇	五三、一三〇	三五、九一〇	七四、七五〇	七三五、六〇〇
昭和十七年度上期以来現在迄ニ既ニ認可シタル電力			一四、三〇〇	三、九〇〇	三三五、五九三	五五、六四六	三〇、三五〇	三四、九二〇	五〇〇、七〇九
供給余力 (A)			三〇、五〇〇	一五八、五三七		四四四	五、五六〇	一九、八三〇	二四〇、八九一
今回認可セントスル申請処分内容	認可電力	引当電力ヲ要スルモノ (B)	三、六〇〇	三三、九三〇	一〇〇、三二〇	六、三〇〇	一一、八〇〇	九、四五〇	一六六、四〇〇
		引当電力ヲ要セザルモノ	〇	一六、六三〇	四九、四一〇	三、五〇〇	〇	一四、四〇〇	八三、七四〇
		計	三、六〇〇	五〇、五六〇	一四九、七三〇	一〇、六〇〇	一一、八〇〇	二三、八五〇	二五〇、一四〇
	申請電力		三、六〇〇	九五、九〇〇	三三〇、八〇四	一三、五〇〇	一〇、〇〇〇	七三、四九二	五三三、三三六
余力 (A－B)			二六、九〇〇	二四、二二七		不足 六、八三六	不足 六、三四〇	一〇、三八〇	四八、四九一

一、数字ハ全部常時及補給電力ノミヲ示ス

二、左表中引当電力ヲ要セザルトハ従来既認可電力ヲ超過受電シアリタルモノ及特殊ナ情ニ依リ已ムヲ得ス受電シ居リタルモノ等ニシテ今期認可ノ際別段新規供給力ヲ要セザルモノナリ。

三、動員供給力トハ昭和十八年度電力動員計画選定ノ際考慮セラレタル緊急措置ニ依ル増加供給力及企業整備ニ依ル需用減退ニ基ク捻出供給力ヲ示スモノニシテ之ガ捻出ニハ相当努力ヲ要スル見込

四、余力

今回ノ処分後ノ余力ハ今後提出サルベキ緊急受理ト今回審議ノ際照会ノ上保留トナリタル分及逓信局ヘノ第四・四半期割当量等ノ供給分トナル。

(ハ)

一、満洲・鮮地方電力需給状況

(イ) 中満地区

年度	供給力（キロワット）	需要電力（キロワット）	余力（キロワット）	備考
昭和十八年度	二〇〇、〇〇〇	一二〇、〇〇〇	八〇、〇〇〇	
昭和十九年度	二九〇、〇〇〇	一七〇、〇〇〇	一二〇、〇〇〇	
昭和二十年度	四二〇、〇〇〇	三〇〇、〇〇〇	一二〇、〇〇〇	需用電力中ニハ南満地区ヘノ送電一二万キロワットヲ含ム

(ロ) 南満地区

年度	供給力（キロワット）	需要電力（キロワット）	余力（キロワット）	備考
昭和十八年度	六一〇、〇〇〇	五六〇、〇〇〇	五〇、〇〇〇	
昭和十九年度	七一〇、〇〇〇	六四〇、〇〇〇	七〇、〇〇〇	
昭和二十年度	八七〇、〇〇〇	七五〇、〇〇〇	一二〇、〇〇〇	供給力中ニハ中満地区ヨリ受電一二万キロワットヲ含ム

二、朝鮮

年度	供給力（キロワット）	需要電力（キロワット）	余力（キロワット）	備考
昭和十八年度	一、一六〇、〇〇〇	一、一七〇、〇〇〇	不足一〇、〇〇〇	
昭和十九年度	一、三一〇、〇〇〇	一、三〇〇、〇〇〇	一〇、〇〇〇	
昭和二十年度	一、三五〇、〇〇〇	一、三三〇、〇〇〇	二〇、〇〇〇	

一五

別表（十）　電力需給（台湾）

	昭和十八年末	昭和十九年末	昭和二十年末	昭和二十一年末
陸軍々需	二〇〇	三五〇	九〇〇	六七〇
海軍々需	二、六五〇	五六、三〇〇	九六、三〇〇	二〇四、七〇〇
急速需要	一〇、八五〇	二五、五五〇	三三、〇五〇	三九、〇五〇
一般需要	三四、四〇〇	四八、三六〇	七六、七六〇	一五六、八六〇
計	四八、一〇〇 KW	一三〇、五六〇	二〇八、五一〇	四〇一、二八〇
発給力増加（会社施設ニ依ルモノ）	六五、六一三	五八、三五〇	八六、〇〇〇	

一九

別表（十一）

大東亜圏内ノ総電水力　（単位　千KW）

	包蔵水力	既開発水力
内地	一六、四二〇	五、六三五
朝鮮	四、八七〇	一、三二九
台湾	二、六〇〇	二二四
樺太	二〇〇	―
満洲	六、八八八	三三六
蒙疆	五六八	―
支那	二四、四〇〇	―
仏印	六、〇〇〇	二
泰	一、四〇〇	―
マライ	一、五八〇	三五
フィリッピン	一、八〇〇	二〇
ビルマ	一八、〇〇〇	一〇八
東印度	三、〇〇〇	六
印度	一〇、〇〇〇	二七三
濠洲	四、二五〇	一四六
ニュージーランド	三、六〇〇	二七〇
合計	一〇五、五七六	八、〇八三

一七

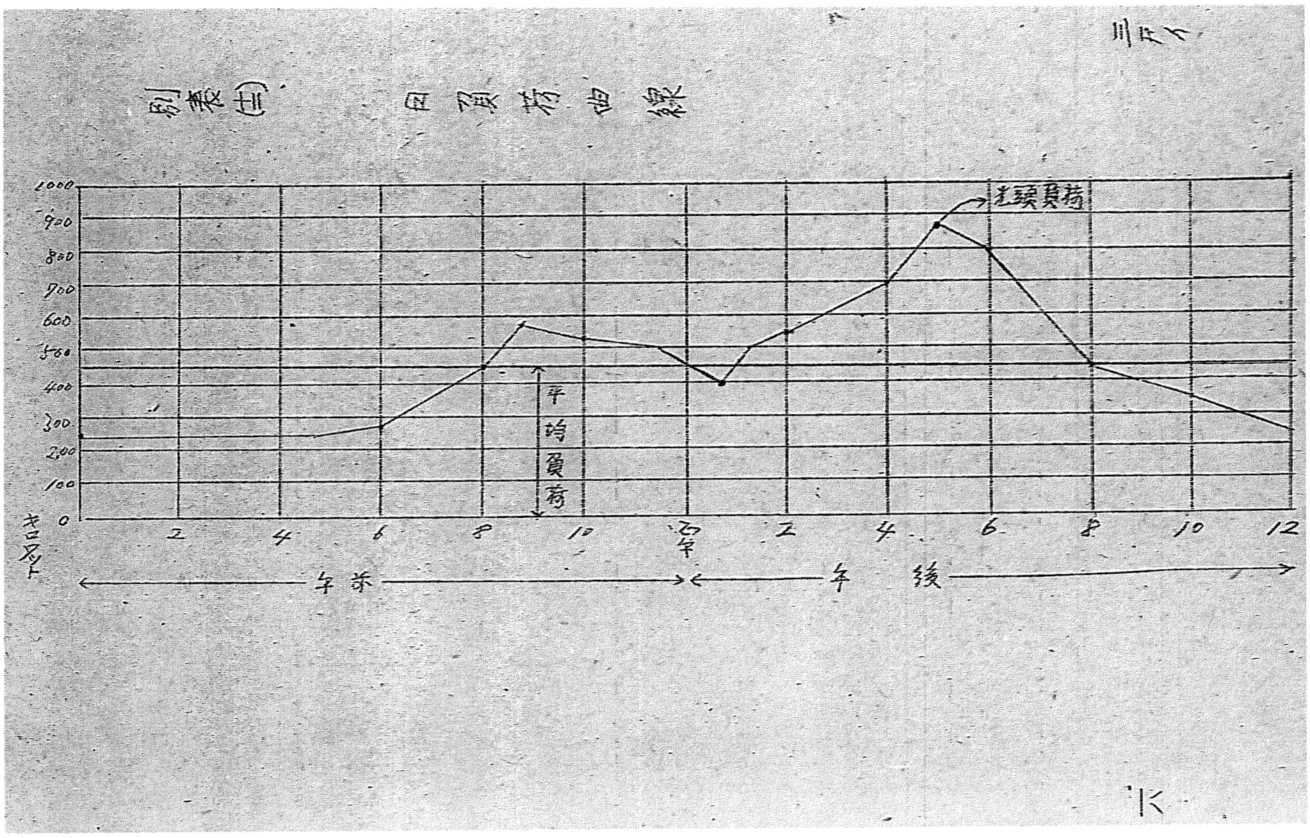
別表(十三)
日負荷曲線
キロワット
0
100
200
300
400
500
600
700
800
900
1000
平均負荷
尖頭負荷
2
4
6
8
10
12
午前
午後

別表（十三）

（一）主要工業地帯ニ対スル電源及送電略図

（二）周波数別地域図

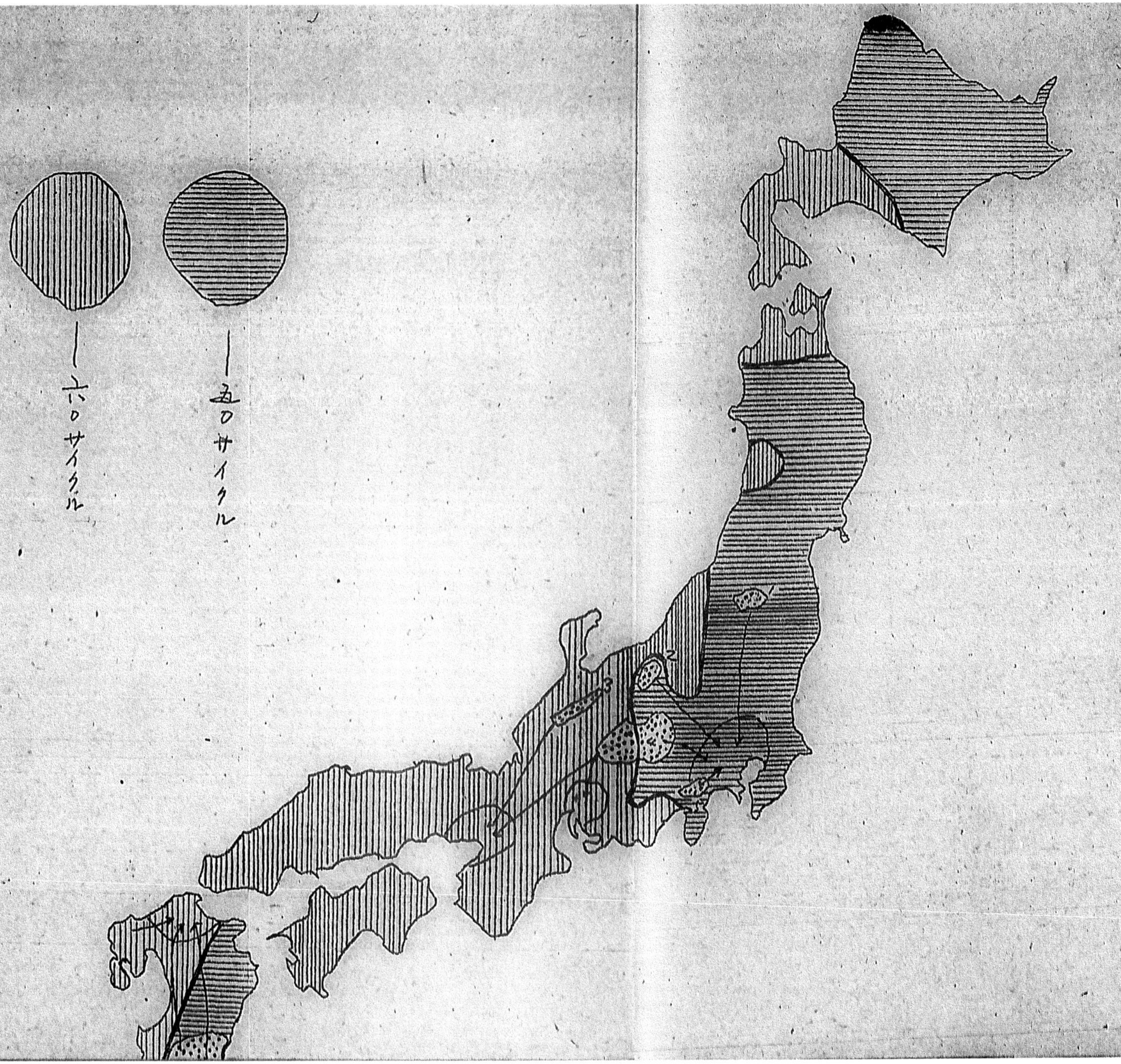

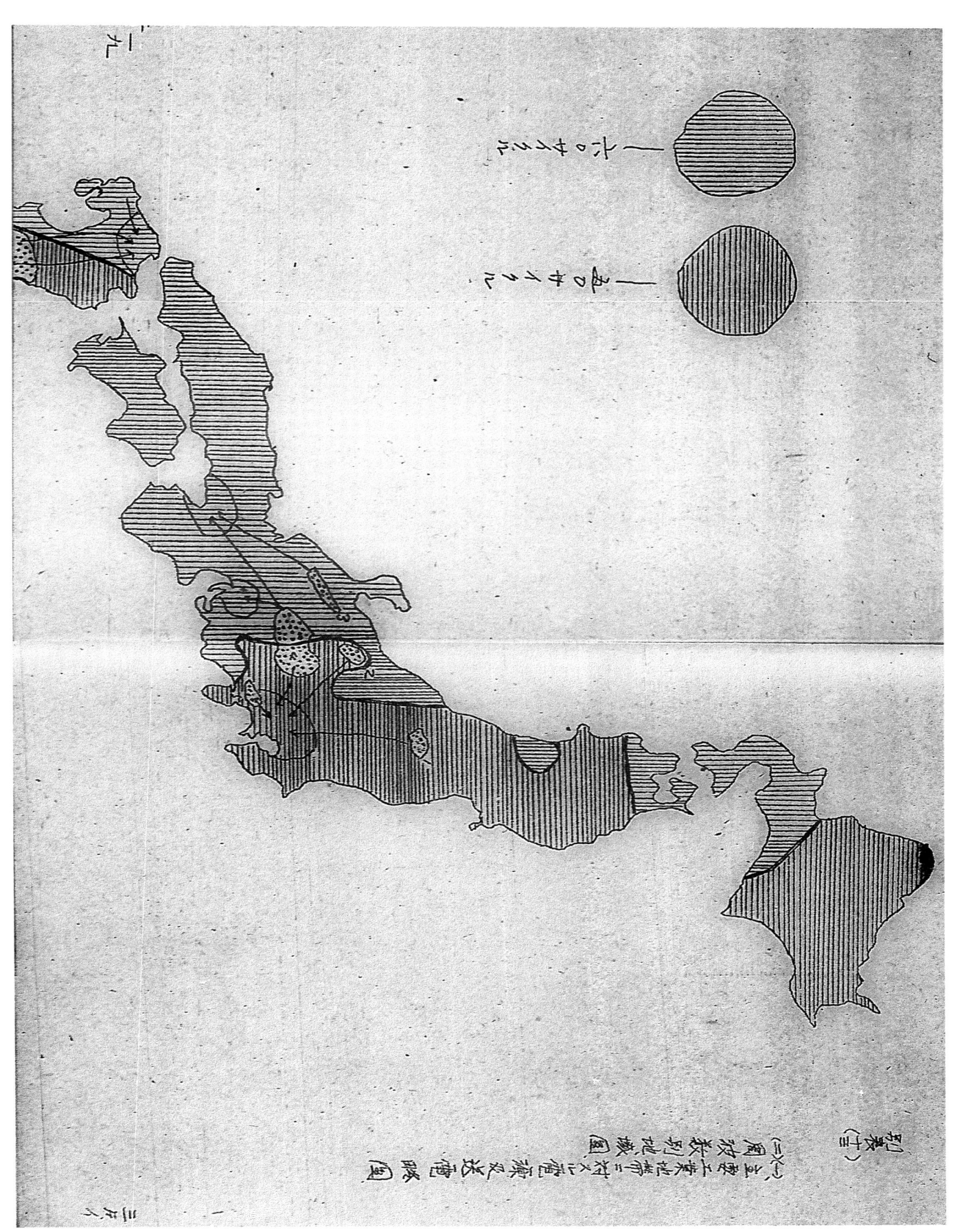

二、今後ニ於ケル電力拡充対策

岩田研究生

(一)実施方針

施設ノ応急的拡充並ニ建設資材ノ迅速ナル戦力化ト徹底的節約ニ重点ヲ指向シ概ネ左ノ要領ニ依リ之ヲ行フ。

1、完成年度ノ速カナルモノニ資材労務ヲ重点的ニ集中スルコト

2、建設速度ノ飛躍的増進ヲ期スル為中規模水路式発電地点ノ開発ニ主力ヲ集中ス

3、石炭需給ノ趨勢ニ鑑ミ燃料資源ニ対スル依存度ヲ極力脱却セル強力ナル動力態勢ノ確立

(イ)水力発電力ノ緊急増強

(ロ)火力発電ノ建設ハ概ネ左ノ場合ニ之ヲ限定ス

(a)産炭地域ニ於ケル粗悪炭処理ヲ目的トスルモノ

(b)石炭ノ複合的利用ヲ目的トスルモノ

(c)工場作業ニ伴ヒ副次的ニ発生スル紙、級燃料ノ処理ヲ目的トスルモノ

4、戦時的建設方式ヲ確立シ建設資材ノ徹底的節約ヲ図ルコト

5、現有電力施設ノ動員

二〇

(二)設備拡充計画(十八年度)

(単位キロワット)

地域	水火別	十七年度末発電設備能力	十八年度末発電設備能力目標	十七年度ニ対スル増加
内地	水力	五、五二五、〇〇〇	五、八二六、九〇〇	三〇一、九〇〇
	火力	三、〇四三、〇〇〇	三、一五〇、〇〇〇	一〇七、〇〇〇
	計	八、五六八、〇〇〇	八、九七六、九〇〇	四〇八、九〇〇
朝鮮	水力	一、二一七、六九〇	一、三二一、二九〇	一〇三、六〇〇
	火力	一四八、四〇四	一四八、四〇四	—
	計	一、三六六、〇九四	一、四六九、六九四	一〇三、六〇〇
台湾	水力	二五二、三九五	三〇五、八九五	五三、五〇〇
	火力	五四、三三四	五六、三三四	二、〇〇〇
	計	三〇六、七二九	三六二、二二九	五五、五〇〇
合計	水力	六、九九五、〇八五	七、四四四、〇八五	四五九、〇〇〇
	火力	三、二四五、七三八	三、三五四、七三八	一〇九、〇〇〇
	計	一〇、二四〇、八二三	一〇、七九八、八二三	五六八、〇〇〇

註、実際供給力ハ設備能力ニ対シ平均、約六五%ナリ。

二一

(三) 将来ノ電力需給関係ノ見透
戦争ノ激烈化ニ伴フ造船及航空機ノ絶対的増産ハ電力需要ノ飛躍的増大ヲ伴フモ(註、飛行機一台製作ニ要スル総電力ハ平均六五KWヲ要ス)之ガ需給ノ理想的均衡ノ維持ハ実現困難ナリ。
内地需給関係予想左ノ如シ(附表一号参照)

年度	18年	19年	20年	21年	22年
需要増加	713KW	1491KW	1898KW	2470	2970
供給力増加					
A 新設分	291	570	900	1135	1417
B 動員供給力	283	437	544	596	621
計	574	1007	1444	1731	2038
差引不足	139	484	454	739	932

(註、動員供給力ニハ企業整備分ヲ含ム)　(単位千KW)

但左記数字ハ生拡ガ予定通リニ遂行サレタル場合ノ予想需要増加電力量ニシテ、ヤヽ希望的数字タルヲ免レズ。ムシロ業界ニ於テハ現在ノ生拡進捗状況ヨリ判断シテ実際需要増加電力ハ左ノ如キ数量ナランドノ観測アリ。

年度	18年	19年	20年	21年	22年
需要増加	439	803	1176	1538	1842
供給力増加	574	1007	1444	1731	2038
差引過剰	135	204	268	193	196

二二

一方供給力増加中既存設備ノ動員ニヨル供給力増加モヤヽ希望的数字ニシテ実現性ハ五割以下ナルベク、且新設供給力ハ専ラ鋼材ノ実際配給量ニ依存シ少クモ計十乃至十一万瓲ノ配給ヲ必要トスルモノナリ。(附表二号参照)

(四) 将来ノ電力需給関係ノ対策
資材、労務ノ確保及既存設備ノ動員ニヨル供給力ノ増加等ヲ計ルハ論ヲ俟ザル所ナルモ、前述ノ如ク絶対量ニ於テ不足ナル故、電力需給対照ヲ二段構ヘトシ、決戦経済ノ能動性ニ対応セシムルト共ニ全体トシテノ計画性ヲ保持シ電力需給均衡ヲ図ルノ外此レガ打解策ナシ。
即チ電力需要ヲ絶対必要戦争電力需要(鉄鋼、石炭、軽金属、船舶、航空機、兵器産業並ニ民戦生活維持ニ必要ナル食糧関係)ト二義的電力需要(戦局ノ進展如何ニヨリ其ノ供給ヲ中止セシムルコトアルベキモノ)トニ分チ前者ニ対シテハ絶対確実ナル供給力増加ヲ以テ之ガ需要ニ引当テ、後者ニ対シテハ電力合理化使用等ニヨル捻出電力ノ如キ不確実ナルモノヲ以テ引当テ斯クノ如クシテ常ニ前者ニ対スル供給力ノミヲ確保セントス。　尚此処ニ注目スベキハ行政措置ノ簡捷化ノ必要ナリ、即チ発電所建設準備調査命令ノ発セラレテ以来建設命令発令セラルヽ迄約一ヶ年ヲ要シ其ノ間徒為ニ日時ヲ過スヲ通例トス。

以上

二三

附表第一号

自昭和18年度 至昭和20年度 内地電力需給対照表

(昭和18.6.30)

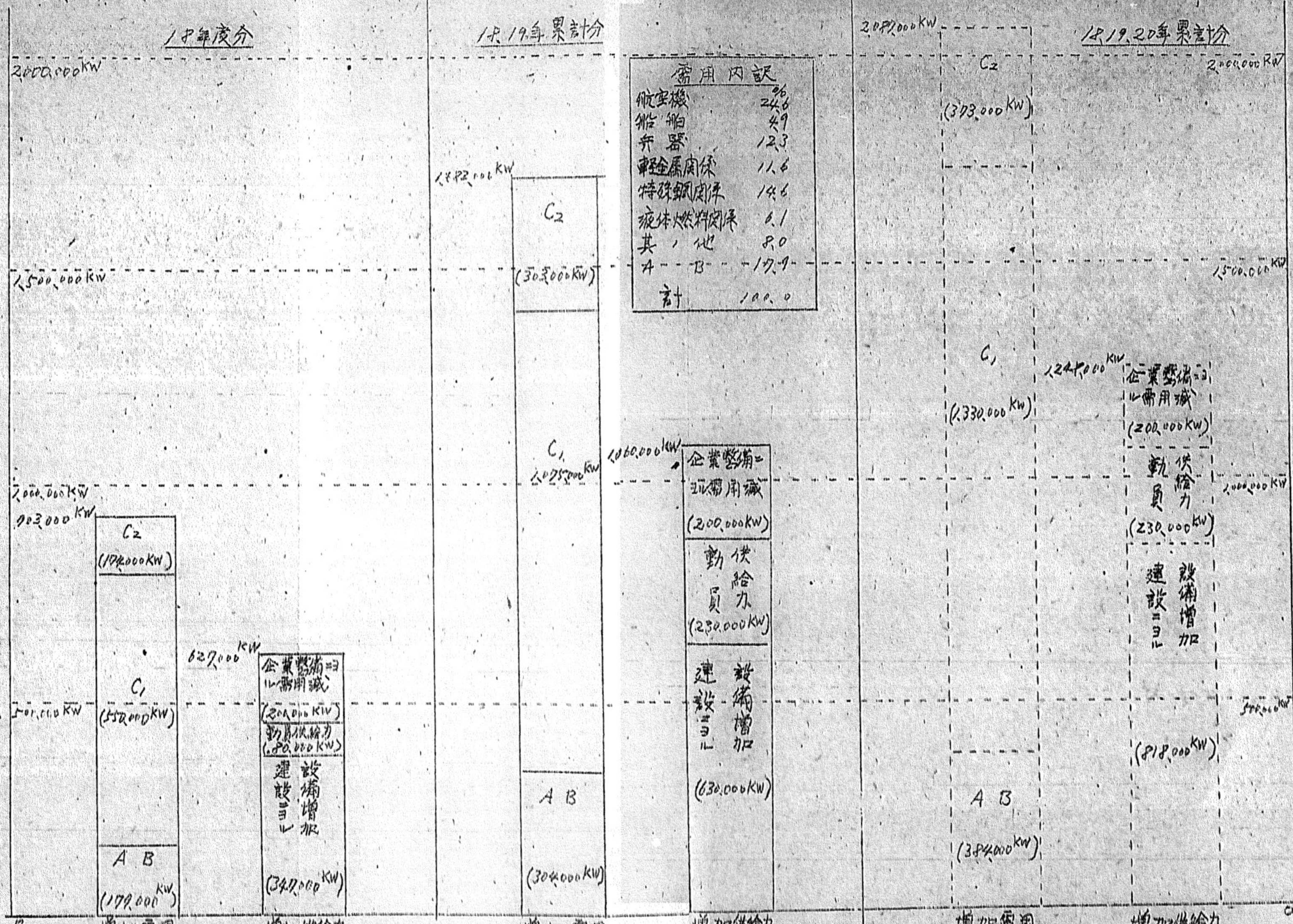

〔註〕1、18、19年増加需用電力ハ各省連絡会議ニ於テ決定セルモノ、2、20年増加需用電力ハ昭和17年12月電気局査定ニヨルモノ

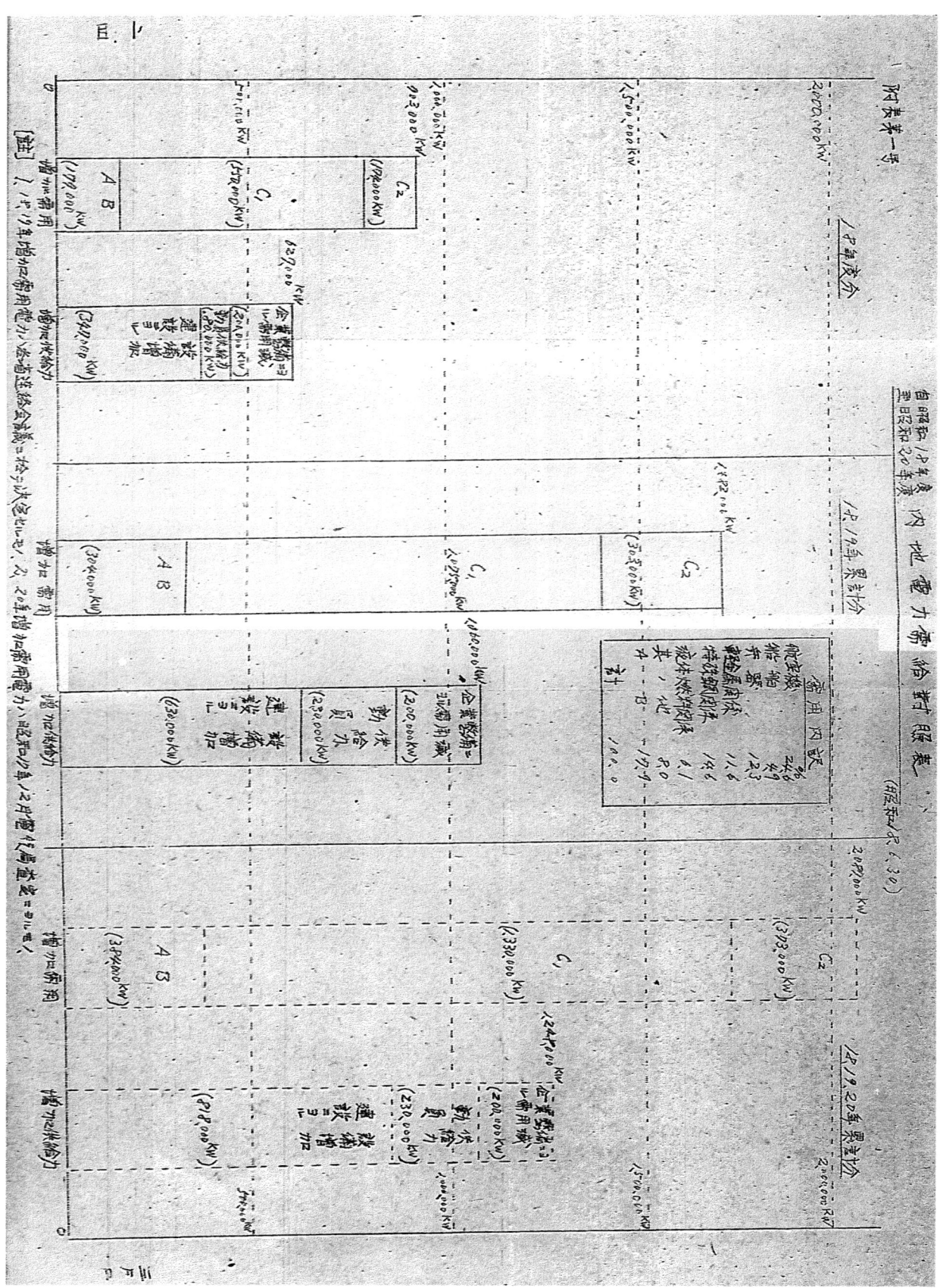

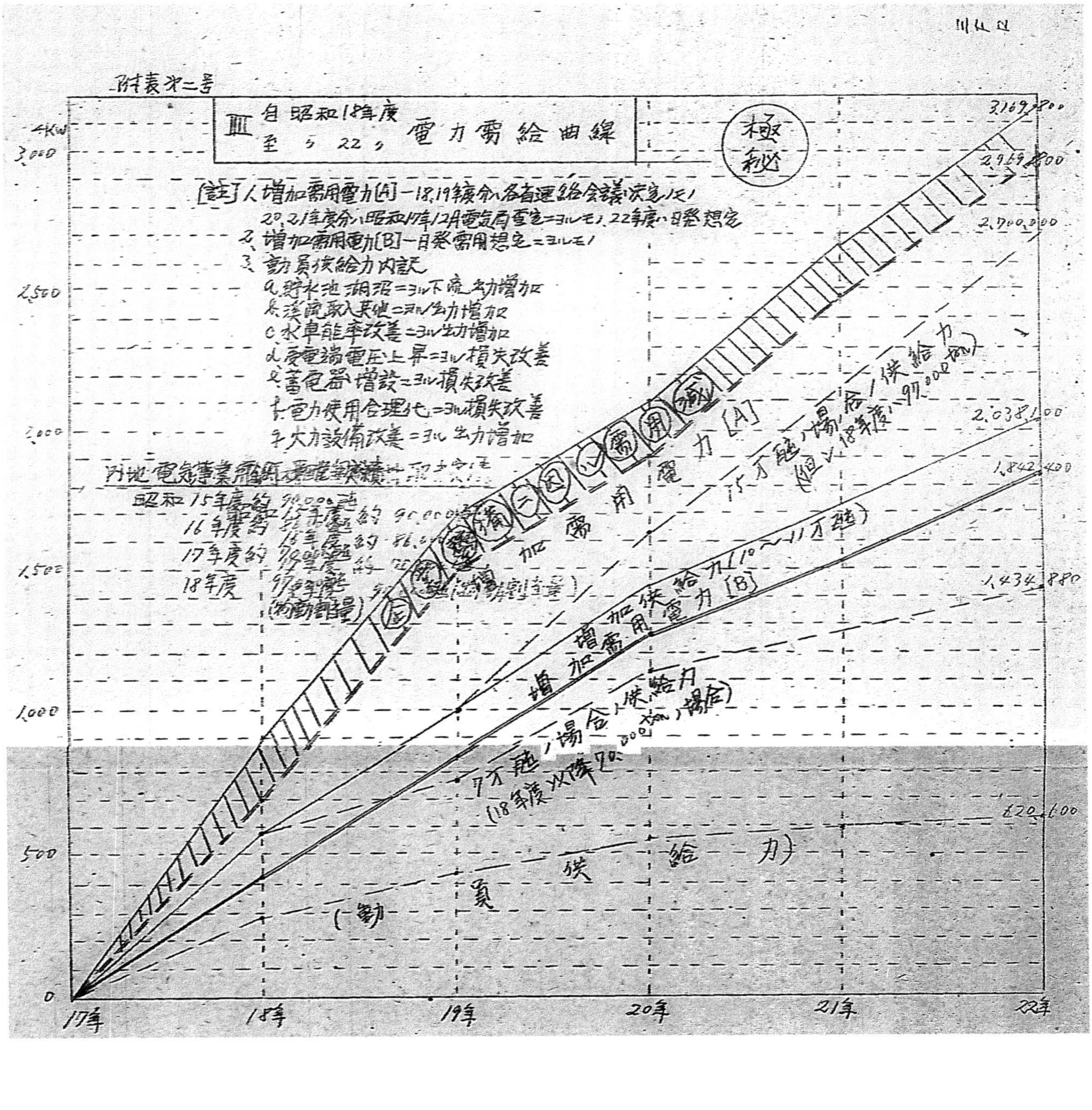
附表第二号
Ⅲ 自昭和18年度 至 〃 22 〃 電力需給曲線
極秘
[註] 1. 増加需用電力[A]ー18,19年度分ハ各省連絡会議決定ノモノ
20,21年度分ハ昭和17年12月電気局査定ニヨルモノ、22年度ハ日発想定
2. 増加需用電力[B]ー日発需用想定ニヨルモノ
3. 動員供給力内訳
a. 貯水池湖沼ニヨル下流出力増加
b. 渓流取入実施ニヨル出力増加
c. 水車能率改善ニヨル出力増加
d. 受電端電圧上昇ニヨル損失改善
e. 蓄電器増設ニヨル損失改善
f. 電力使用合理化ニヨル損失改善
g. 火力設備改善ニヨル出力増加
昭和15年度約
16年度約
17年度約
18年度
増加需用電力[A]
75万瓩ノ場合ノ供給力
(但シ18年度ハ97,000瓩)
増加供給力(10〜11万瓩)
増加需用電力[B]
7万瓩ノ場合ノ供給力
(18年度以降70,000瓩ノ場合)
(動員供給力)
3,169,800
2,969,800
2,700,000
2,038,100
1,842,400
1,434,880
620,600
KW
3,000
2,500
2,000
1,500
1,000
500
0
17年
18年
19年
20年
21年
22年

機密

(七) 財政

(イ) 國家資力ノ形成及配分　飯田研究生

(ロ) 軍事費膨張ノ現況及其ノ對策　三枝研究生

(ハ) 大東亜ニ於ケル資金交流ノ現状ト今後ノ見透　吉澤研究生

(ニ) 大東亜ニ於ケル物資交流ノ現状ト今後ノ見透　越村研究生

指定	
配付者	
處理	用濟後直ニ返却

三Gイ

佐尉官

(イ) 國家資力ノ形成及配分―國家資金計畫ノ設定

飯田研究生

一、國家資金計畫ノ目標

(1) 戰時財政經濟運營ノ主目標ハ戰爭目的ノ達成ノ爲國家經濟力ノ最高度ニ於ケル集中並ニ其ノ效率ノ最高度ノ發揮ニアリ、之ガ爲國民經濟ニ對スル綜合的見地ニ基リ計畫的ナル指導統制ハ其ノ必然ノ要請デアルガ、昭和十六年七月閣議決定「財政金融基本方策要綱」ハ右ノ要請ニ基キ

(イ) 國民經濟ノ總生産額其他ヲ綜合的ニ勘案シテ國家資力ヲ概定シ

(ロ) 之ニ基キ國民ガ國家總力戰下ニ於テ必要ナル最底限度ノ生活ヲ維持スル爲消費ニ充ツベキ部分（國民消費資金）ト租税及國民貯蓄等ノ形態ニ依リ動員スベキ部分（動員資金）トヲ劃定シ

(ハ) 右動員資金ノ總量ヲ物資動員計畫等ト照應シ戰費其他ノ財政需要、生産上ノ所要等ト彼此勘案シ國家總力ヲ最高度ニ發揮スル如ク財政資金及産業資金トニ配分スベキ「國家資金動員計畫」ヲ設定スベキコトヲ闡明シタノデアル。若右國家資金動員計畫ノ設定ニ當ッテハ國民經濟ニ供給セラルル物資ガ國家總力戰ノ見地ヨリシテ最モ效率ヨキ均衡ニ於テ消費貯蓄用生産用ニ配分セラルベキヲ本旨トスルノデアル。

(2) 國家資金動員計畫ノ綜合性

國民經濟ノ總予算

(3) 國家資力

右ノ目標ノ下ニ概定セラルベキ國家資力トハ戰爭遂行ニ當リ國民經濟ヨリ國家目的ノ爲ニ動員集中シ得ベキ總經濟力（物資設備ニ換言スレバ國家資金動員計畫ノ基礎タリ得ベキ實質的ナル資金ノ總量デアル。從ッテ其レハ所謂國民所得（當該一年度間ニ於テ資本用ヲ超ヘテ新ニ生産セラレタル物資ノ價額又ハ之ト同額ナル增加セル物資ノ價額ニ對價ノ支拂ハルル勤勞ノ價額ニ海外投資收支差額ヲ加除シタルモノ）ヲ中核トスルコトハ勿論デアルガ、更ニ之ヲ超ヘテ過去ノ蓄積ノ動員ヲモ包含（即チ經常的所得ノミニ限定サレズ、又必ズシモ常ニ必要費用ノ控除ヲ要セズ）スルノミナラズ進ンデハ將來ノ生産力ヲモ含ミ得ルモノデアル。

以上ノ如ク國家資力ハ戰爭經濟國力ノ綜合的表現デアルガ其ノ昭和十六年度推定實績及十八年度概算額ハ左表ノ如クデアッテ國民所得ノ增加必ズシモ大ナラザルニ拘ハズ國民所得以外ノ所得特ニ海外資金動員額ノ飛躍的增大ハ戰時財政經濟發展ノ基本的特徴ヲ現示スルト共ニ大東亞各域ノ帝國ニ對スル財政産業的寄與ヲ具体化スルモノトシテ注目スベキデアル。

三ロイ

昭和十八年度國家資力概算（單位百万円）

	十八年度概算	十七年度実績	比較増減（△）
一 國民所得	四八、四〇〇	四六、九三六	一、四六四
(一) 物的所得	四〇、四六〇	三八、七〇〇	一、七六〇
(二) 用役勤労所得	六、一六三	六、六七六	△五一三
(三) 海外事業労務利益等	一、七七七	一、五六〇	二一七
二 國民所得以外ノ所得	二一、九八八	一四、五六七	七、四二一
(一) 既存資本所得	三、九六〇	三、二四四	七一六
(二) 海外資金動員	六、八四六	三、〇六九	三、七七七
(三) 振替所得	五、二七二	三、九九八	一、二七四
(四) 其ノ他	五、九一〇	四、二五六	一、六五四
合計國家資力總額	七〇、三八八	六一、五〇三	八、八八五

三

三ロイ

二 國家資金計畫ノ内容

(1) 綜合的ナル國家資金計畫ノ設定ハ戦時財政經濟ノ運營上必然ノ要請タルニ拘ラズ従来ハ財政資金ニ関シ歳入歳出豫算并産業資金ニ関シ資金統制計畫等ガ個別的ニ設定セラレタルニ止マリ或程度ノ綜合性ヲ有スルモノトシテハ僅カニ國民貯蓄計畫ガ存スルノミデアリ有機的綜合的ナル國家計畫ハ之ヲ欠イテ居ッタ次第デアル。

従ッテ完全ナル綜合性ヲ有スル國家資金計畫ノ設定ハ本年度ガ最初デアリ過去ノ計畫ト比較対照シテ之ガ推移ヲ検討スルコトハ困難デアル（既存資金統制計畫ハ前述ノ如ク局部的計畫ニ過ギズ之ガ検討ハ省略スル）

(2) 昭和十八年度國家資金計畫並ニ之ニ対照セラルベキ十七年度推定実績ハ左ノ如クデアル。

四

三 G イ

第一 昭和十八年度國家資金計畫(案)

本計畫ハ戰爭ノ現段階ノ要請ニ即應シテ我國經濟力ノ動員戰力化ヲ資金面ヨリ把握計畫化スルト共ニ該計畫達成上所要ノ措置ヲ講ジ以ッテ戰爭完遂ニ遺憾ナカラシムルコトヲ目途トシテ之ヲ策定ス

第二 本計畫策定ノ基本要領左ノ如シ

一、財政金融基本方策要綱ノ決定セル國家資金動員計畫ノ方式ニ則リ昭和十八年度國家資力總額ヲ概定シ之ニ基キ財政及産業ノ為動員スベキ資金並ニ國民消費資金ヲ畫定スルコト

二、右國家資力ハ我國總生産額ヲ基礎トシ大東亜各地域ノ我國ニ対スル資力的寄與等ヲ勘案シテ之ヲ概定スルモノトシ生産、労務、交易等ニ関スル諸計畫ヲ綜合シツツ戰爭遂行ノ要求スル最高ノ戰時經済活動ノ実現ニ照應セシムルコト

三、動員資金ハ財政、産業及対外投資資金ヲ通ジ当面作戰遂行ト戰力急速増強ノ為綜合所要量ニ基キ物資動員計畫等ト照應関係ヲ考慮シテ畫定スルト共ニ之ヲ財政其ノ他各資金ニ対シ相互ニ有機的均衡アル配分ヲ為スコト

四、國民消費資金ハ國民ノ戰時生活ノ保持ト所要動員資金充足トノ関係ヲ考慮シ消費財生産等ニ照應シテ之ヲ概定スルコト。

五

三 G イ

第三 本計畫ハ左ノ五計畫トス

一、資金綜合計畫
(一)資金動員計畫
(二)動員資金配分計畫
(三)動員資金調達計畫
二、蓄積計畫
三、公債計畫
四、産業資金計畫
五、対外投資計畫

六

一 資金統合計画

一、昭和十八年度国家資力ヲ国民所得四百八十四億円、国民所得以外ノ資金二百十九億円余、合計七百三十億円余ト概定シ、之ニ基キ左ノ如ク財政並ニ産業等ニ付所要資金ノ動員、配分並ニ調達計画ヲ画定ス

二、本計画達成上特ニ左記事項ノ実施ヲ図ルモノトス

(一)財政並ニ産業資金ノ査定ハ専ラ国家資力ノ合理的増産ニ俟ツモノナルヲ以テ緊急物資ノ増産遂行並ニ遊休設備ノ転換活用ニ依リ各方面ヨリ果断ナル措置ヲ講ズルコト

(二)国民消費資金ノ実質的圧縮並ニ国民ノ収入ノ消費資金ニ対スル比率ノ極大等ニ鑑ミ強力ナル貯蓄動員方策ヲ実施スルト共ニ消費統制ノ強化、国民消費生活ノ具体的ナル指導、消費財ノ戦時規格化徹底等ノ措置ヲ講ズルコト

(三)―(四)（略）

三Gイ

七

(一)資金動員計画

（単位 百万円）

	十八年度計画	十七年度実績	比較増減(△)
国家資金総額	七〇、三八八	六一、五〇三	八、八八五
一、動員資金	五〇、六五五	三六、九〇〇	一三、七五五
(一)国内動員資金	四三、八〇九	三四、八三一	八、九七八
(イ)財政徴収	一三、一四四	一〇、三九四	二、七五〇
(1)租税	九、四五〇	八、三七一	一、〇七九
(2)[illegible]入及専売益金	一、四六二	九〇二	五六〇
(3)其ノ他	二、二三二	一、一二一	一、一一一
(ロ)個人貯蓄動員	二三、〇三六	一五、九三九	六、〇九七
(1)民間金融機関	一三、六七〇	八、八九八	三、七七二
(2)官庁	五、一一二	三、九九九	一、一二三
(3)証券投資	四、二四四	三、〇四一	一、二〇三
(ハ)法人資金動員等	八、六三九	七、六七七	九五二
(ニ)其ノ他	〇	八二二	△八二二
(二)現地動員資金	六、八四六	三、〇六九	三、七七七
(イ)財政徴収	一〇二	八七	一五
(ロ)対本邦投資	二四八	二三八	一〇
(ハ)其ノ他	六、四九六	二、七四四	三、七五二
二、国民消費資金	一九、七三三	二三、六〇三	△三、八七〇
(国民消費支出金額)(消費税等ヲ含ム)	〔三三、八三〇〕	〔三六、一八三〕	〔△六、三六三〕

三Gイ

八

(一) 動員資金配分計画 (単位 百万円)

	十八年度計画	十七年度実績	比較増減(△)
動員資金総額	五〇、六五五	三七、九〇〇	一二、七五五
同配分	五〇、六五五	三七、九〇〇	一二、七五五
一、財政資金	三七、〇〇〇	二四、九七四	一二、〇二六
(一)国庫財政	三四、八一五	二二、九九三	一一、八二二
(イ)軍事費	二四、五四七	一六、二一五	八、三三二
(ロ)行政費	九、一五三	五、七〇四	三、四四九
(ハ)投資的経費	一、一一五	一、〇七四	四一
(二)地方財政	二、一八五	一、五八一	六〇四
二、産業資金	一一、〇一九	一〇、六三六	三八三
三、対外投資資金	一、六三六	一、七七六	△一四〇
四、調整準備金	一、〇〇〇	〇	一、〇〇〇

(二) 動員資金調達計画 (単位 百万円)

	十八年度計画	十七年度実績	比較増減(△)
動員資金総額	五〇、六五五	三七、九〇〇	一二、七五五
同調達区分			
一、租税等普通収入	一三、一四四	一〇、三九四	二、七五〇
(一)国庫収入	一二、〇一五	九、二八九	二、七二六
(二)地方収入	一、一二九	一、一〇五	二四
二、公債	一九、五〇四	一四、一四五	五、三五九
(一)国債及借入金	一九、二一九	一三、九〇〇	五、三一九
(二)地方債	二八五	二四五	四〇
(三)現地国庫収入	四、三五二	四三五	三、九一七
小計(一―三)	三七、〇〇〇	二四、九七四	一二、〇二六
四、企業自己資金	一、五〇〇	一、五四〇	△四〇
五、株式	三、九五三	三、三四六	六〇七
六、社債	二、三八六	二、五三五	△一四九
七、借入金	四、八一六	四、九九〇	△一七四
計(一―七)	四九、六五五	三七、四一二	一二、二四三
八、未定	一、〇〇〇	〇	一、〇〇〇

二、蓄積計画
三、公債計画
四、産業資金計画
五、対外投資計画 ｝口述

三、

(1) 國家資金計画ノ遂行——資金動員ノ確保

(2) 財政課徴並ニ大東亜地域ノ財政平衡的寄与

(3) 国内資金動員ノ根幹トシテノ国民財蓄——国民財蓄確保ノ絶対的必要

(イ) 国民財蓄増加ノ趨勢

国民財蓄増加ノ現状——戦時経済運営ノ総合的指標

(ロ) 実績ノ検討

国民財蓄増加額

国債発行額——政府資金撒布超過額——国債消化額

（国債発行額——国債消化額……国債消化率）

国債不消化額——通貨膨脹額

適正ナル通貨流通額——物価安定ノ基本條件

(4) 戦費負担ノ衡平

一、(ロ) 軍事費膨脹ノ現況及其ノ対策

三枝研究生

財政膨張ト軍事費ノ地位

支那事変勃発以来、我国ノ国力ハ戦争ト戦力増強ノ為ニ動員サレ来レリ。而シテ今次ノ聖戦ニ完勝シ大東亜ノ本格的建設ニ備ヘンガ為我国最近ノ財政モ勿論戦争遂行ヲ才一目標トセルモ他面戦備充実生産力拡充ノ強力且迅速ナル達成ノ為メ諸種財政的諸施設ヲ講ジ所謂必勝戦時財政ヘノ歩ミヲ続ケ来レリ。助テ一方ニ於テ直接戦費ノ増張ヲ来スト共ニ他方戦力増強ノ為ノ諸経費モ亦著シク増大セリ。之今次ノ戦争ニ於ケル財政ノ一大特色ニシテ支那事変以来財政ハ一途ニ膨張ヲ重ネテ来レルモ特ニ大東亜戦争ノ勃発ニ因リ飛躍的増大ヲ見ルニ至レリ。

昭和十一年度以降ノ帝国財政状況、推移、概況ハ次表ノ如クナリ。之ニ依レバ昭和十一年度ヨリ昭和十八年度ニ至ル間ニ於テ歳出予算総額ニ於テハ十五倍以上ニ上リ軍事費ハ約二十七倍ニ達シ予算総額ニ対スル比率ハ四八％カラ七五％ニ飛躍セリ。之ニ相応シ国債費ノ絶対額（六・七倍）ノ著シキ増加ニ注目スベク一般行政費ハ絶対額ニ於テハ約八倍弱ニ増加セルモ予算総額ニ対スル比率ハ昭和十一年度ノ三六％カラ僅カニ一八％ニ減少シ如何ニ軍事費増大ノ係数ノ大ナルカヲ窺知シ得

最近ニ於ケル我國歳出ノ構成
（單位百万円）

年度	總額	行政費	軍事費	國債費
昭和十一年度	二、二八二（一〇〇%）	八四〇（三六%）	一、〇七八（四八%）	三六三（一六%）
昭和十二年度	五、二四九（〃）	一、〇七二（二〇）	三、七七六（七二）	三九九（八）
昭和十三年度	七、八一九（〃）	一、三〇一（一七）	六、〇一六（七七）	五〇二（六）
昭和十四年度	八、五六三（〃）	一、六五五（一九）	六、二三三（七三）	六七五（八）
昭和十五年度	一一、〇三三（〃）	二、二九七（二一）	七、七六二（七〇）	九七四（九）
昭和十六年度	一九、四四六（〃）	三、二八七（一七）	一四、九二一（七七）	一、二三八（六）
昭和十七年度	二四、三一一（〃）	四、四四三（一八）	一八、〇七五（七四）	一、七九三（七）
昭和十八年度	三六、〇三五（〃）	六、六七八（一八）	二七、〇〇一（七五）	二、三五五（七）
備考	一、本表ハ一般會計及臨時軍事費ノ純計ニ付作成セリ 二、昭和十四年度以前ハ決算額、昭和十五年度以降及軍事費ハ予算額ニ依ル			

三Gロ

二

二

（イ）臨時軍事費特別會計

支那事変勃発以来事変拡大ニ伴フ所要ノ軍事費ニ関シテハ先例ニ倣ヒ臨時軍事費特別会計ヲ設置シ一般ノ歳出ト区分シ事件ノ経過ヲ一会計年度トシテ特別ニ整理スルコトトシ之ニ関スル法律案ハ昭和十二年七十一議会ノ協賛ヲ経今日ニ及ベリ。

本事変勃発当初ノ昭和十二年度ニ於テハ軍事費ハ一般会計ヨリ移シ整理シタル分及第七十二議会ニ於テ協賛ヲ経タル分トヲ合シ二五四〇百万円ニ過ギザリシモ爾後事変ノ進展ニ伴フ事態ニ対処スル為年度概ネ一ケ年間ノ経費ヲ昭和十三年度第七十三議会以来毎年度四、五〇〇百万円内外ヲ追加予算トシテ議会ニ提出シ居リタルモ昭和十六年度ニ入リ俄ニ極東及欧米ヲ中心トスル国際情勢ノ著シキ推移ニ即応シ事変処理ノ完遂ヲ期スル為新タナル構想ノ下ニ軍備ノ拡充整備ヲ絶対ニ必要トスルニ至リ前後二回ニ亘リ追加予算ヲ提出セルモ更ニ支那事変ハ発展シテ大東亜戦争トナリタルヲ以テ茲ニ軍事緊急ノ需要ヲ充足スル為更ニ追加予算

三

三Gロ

三千口

案ノ提出ヲ見、昭和十六年度ニ於ケル三回ニ亘ル臨時軍事費追加予算ノ合計ハ実ニ一二、四八〇百万円ニ昇リ我ガ国財政史上ニ一大時機ヲ劃セリ。而シテ大東亜戦争ノ推移発展ト共ニ之ガ遂行ニ必要ナル経費ハ愈々膨張シ昭和十七年度ニ於テハ一八、〇〇〇百万円、昭和十八年度ニ於テハ二七、〇〇〇百万円ヲ夫々追加予算トシテ提出シ支那事変以来現在迄ノ臨時軍事費特別会計予算ノ現額ハ別表ノ如ク実ニ七四、一三八百万円ノ巨額ニ達セリ。

四

別表

臨時軍事費豫算現額區分一覧表（単位千円）

區分	臨時軍事費 陸軍臨時軍事費	海軍臨時軍事費	予備費	臨時軍事費	計	右財源 公債金	借入金	他會計ヨリ受入	北支事変特別税	軍事費繰入金	物品拂下代其他雑収入	計	差引財源超過額
昭和十二年度 一般會計ヨリ繰 整理シタル額	三一三,三〇六	一〇四,一〇〇	一〇〇,〇〇〇		五一七,四〇六	四一一,三八三	三六,五九一	二六,八八三	六六,五四八	0	0	五一七,四〇六	
昭和十二年度 第七十二議會成立予算額	一,四二二,七一二	三四九,九五八	二五〇,〇〇〇		二,〇二二,六七二	二,〇二二,六七二	0	0	0	0	0	二,〇二二,六七二	
昭和十三年度 第七十三議會成立予算額	三,二五七,〇〇〇	一,〇四三,〇〇〇	五五〇,〇〇〇		四,八五〇,〇〇〇	四,四五三,四八九	0	四三,〇七八	九,〇二三	一,〇〇〇	0	四,八八六,五九一	三六,五九一
昭和十四年度 第七十四議會成立予算額	三,一四三,〇〇〇	八一二,〇〇〇	六五〇,〇〇〇		四,六〇五,〇〇〇	三,九二四,〇七〇	0	六六二,六六九	0	二,〇〇〇	一六,三〇九	四,六〇五,〇〇〇	
昭和十五年度 第七十五議會成立予算額	二,九七三,〇〇〇	七三七,〇〇〇	七五〇,〇〇〇		四,四六〇,〇〇〇	三,六七三,八七二	0	七六〇,五八一	三,八七一	一,五〇〇	二,一七四	四,四六〇,〇〇〇	
昭和十六年度 第七十六議會成立予算額			七八〇,〇〇〇	五,一〇〇,〇〇〇	五,八八〇,〇〇〇	四,九七四,八二七	0	八九三,〇五四	二,三一八	0	九,七九八	五,八八〇,〇〇〇	
昭和十六年度 第七十七議會成立予算額			一,二〇〇,〇〇〇	二,六〇〇,〇〇〇	三,八〇〇,〇〇〇	三,五七〇,〇三〇	0	二二八,九〇六	一,〇六三	0	0	三,八〇〇,〇〇〇	
昭和十六年度 第七十八議會成立予算額			八〇〇,〇〇〇	二,〇〇〇,〇〇〇	二,八〇〇,〇〇〇	二,八〇〇,〇〇〇	0	0	0	0	0	二,八〇〇,〇〇〇	
昭和十七年度 第七十九議會成立予算額			三,〇〇〇,〇〇〇	一五,〇〇〇,〇〇〇	一八,〇〇〇,〇〇〇	一四,八〇〇,四九九	0	三,〇四〇,九三八	二九	二,一五四	九五,六三七	一八,〇〇〇,〇〇〇	
昭和十八年度 第八十一議會			六,〇〇〇,〇〇〇	二一,〇〇〇,〇〇〇	二七,〇〇〇,〇〇〇	一七,一六三,八〇二	三,三〇〇,〇〇〇	四,九六六,二〇四	二九〇	一八,八〇九	一,六〇〇,八九五	二七,〇〇〇,〇〇〇	
合計 豫算現額	一一,一〇九,〇一八	三,〇四六,〇五八	一四,〇八〇,〇〇〇	四五,八九三,四九〇	七四,一二八,五六七	五六,九九四,六四七	三,三三六,五九一	一一,一三三,七五六	八三,一四五	二五,四六四	二,六三〇,五五九	七四,一六五,一五八	三六,五九一
備考					（一〇〇%）	（八二%）		（一八%）					

註
(1) 右財源超過額ハ借入金資金行見合セニヨル財源欠陥補填ニ充当スルモノトス。
(2) 本表ノ他昭和十六年秋、一般會計第二予備金及國庫剰余金支出ニヨル繰入金ヲ財源トシテ一九三、四九〇千円ノ予算超過支出アリ

五

（ロ）臨時軍事費ノ内容

臨時軍事費ノ内容ハ其ノ概略ヲ挙グレバ陸軍関係ニ於ケル部隊ノ派遣、維持、作戦資材ノ応急整備、航空要員ノ急速補充、造兵設備ノ増強、占領鉄道ノ管理改良等ニ関スル経費及海軍関係ニ於ケル艦船部隊ノ派遣維持航空兵力及軍需品ノ急速充実、工作通信補給其ノ他各種施設ノ急速整備等ニ関スル経費並ニ南方開発金庫ニ対スル貸付及南方物資ノ取得ニ要スル経費等ヲ計上セリ。

尚従来一般会計中ニ編成セラレタル陸海軍経費ハ昭和十七年度ヨリ大戦下軍事ノ現況ニ鑑ミ本省経費ヲ除キ凡テ之ヲ本特別会計中ニ入レ軍ノ需要充足上ノ便宜ヲ図ルコトトセリ。

（ハ）臨時軍事費ノ財源取得ノ対策

斯クノ如キ巨額ノ軍事費支弁ノ方法トシテハ其ノ財源ノ大部分ヲ公債ニ依ルハ已ムヲ得ザル所ナルモ他面租税其ノ他ノ方法ニヨリ之ガ調達ノ方途ヲ講ジ公債ノ発行ハ可及的ニ之ヲ圧縮セザルベカラズ。

三千ロ

六

之ガ本年度予算編成ニ関スル閣議決定中ニモ「戦時財政ノ強化ヲ図ル為、普通歳入ノ増加ヲ図リ又各特別会計ヨリ臨時軍事費特別会計又ハ一般会計ニ対シ能フル限リ多額ノ繰入ヲ為ス等ノ方法ヲ講ジ公債ノ発行ハナルベク之ヲ抑制スルコト」ト謂ヘル所ナリ。

斯クテ昭和十二年事変勃発以来逐次増加スル財政需要ニ対応シ国庫収入ノ増加ヲ図リ併セテ戦費増大ニ伴フ国民ノ消費抑制及購買力吸収ヲ図ランガ為前後七回ニ亘リ大増税ヲ行ヒ又増税ニ関聯シ数次ノ煙草、アルコール等専売品ノ値上ヲ行ヒ或ハ鉄道運賃及通信料ノ改定等ヲ行ヒ之等ニ依ル増収ノ分ハ凡テ軍事費ノ財源ニ充当スルコトトセリ。而シテ第八十一議会追加予算ニ対スル財源トシテ之等税制改革等ニ依ル増収額ノ繰入金額ハ一般会計ヨリ四、三三六百万円、各特別会計ヨリ合計五七九百万円ナリ。尚第八十一議会ニ於テ成立セル臨時軍事費ニ関シテハ今回新ニ軍ノ現地ニ於ケル支出ノ一部ニ付之ガ財源ヲ南方開発金庫ヨリノ借入金ニヨリ調達スルコトトセリ。之ハ共栄圏ノ諸地域ガ共同目的タル聖戦ノ遂行ニ協力スルコトヲ意味スルモノニシテ今後確立セラルベキ共栄圏地域ノ財政的協力制度ノ一段階ヲ劃スルモノトシテ意義深キモノアリ。

又雑収入トシテ十八年度ニ於テ一、六〇〇百万円ガ計上サレ居ルガ之ハ主トシテ作戦ニ伴フ取得物資ノ売払代金、鹵獲品、貸下料等ニシテ之ノ両者ハ当面我ガ国ニ於ケル内地ノ負担トナラザルモノト解セラル。

三千ロ

七

三千口

因ニ第八十一議会ニ於テ追加セラレタル臨時軍事費予算額二七、〇〇〇百万円ノ歳入ノ内訳左ノ如シ

公債金	一七、一六三、八〇二千円	（六四%）
借入金	三、三〇〇、〇〇〇	（一二%）
他会計ヨリ受入	四、九一六、二〇四	（二四%）
支那事変特別税	、二九〇	
軍事献納金	一八、八〇九	
物品払下代金其他雑収入	一、六〇〇、八九五	
計	二七、〇〇〇、〇〇〇	（一〇〇%）

三、財政ノ健全性ノ問題

昭和十八年度ニ於ケル一般会計及臨時軍事費特別会計ヲ総括シテ財源関係及支出状況ヲ見レバ左ノ如シ。

財源		
総額	三六、〇三五百万円	（一〇〇%）
公債及借入金	二三、六七〇	（六六%）
租税及準租税収入	九、四九一	（二六%）
其他	二、八七四	（八%）

支出		
総額	三六、〇三五百万円	（一〇〇%）
行政費	六、六七八	（一八%）
軍事費	二七、〇〇一	（七五%）
国債費	二、三五五	（七%）

八

三千口

戦時財政ト国民経済トノ関聯ノ一ツノ指標ハ国民所得トノ均衡ニ存スルガ今十八年度ノ予算総額ト国民所得トノ関係ヲ見ルニ仮リニ昭和十八年ノ国民所得ヲ五〇、〇〇〇百万円ト推定スレバ財政費ノ占メル割合ハ約七二%トナリ右ノ歳入中南方借入金及雑収入ノ合計五、〇〇〇百万円ヲ控除スレバ約六二%トナリ更ニ右ノ内軍事費ノミニ充当セラレル部分ニ付テ見レバ其ノ割合ハ五四%ナリ。之ヲ最近ニ於ケル英米、独ニ付テ見ルニ国民所得ニ対スル歳出ノ割合ハ英国六五%（一九四一一九四二）米国八三%、独逸ハ八〇、九%ニシテ更ニ軍事費ノ割合ハ英国五七%米国七六%独逸六〇%ナリ。勿論財政ノ建テ方ヤ各国ノ特種事情ニ依リ一律ニ断ゼラレザルモ一応我ガ国ハ国民経済的支持力ハ健全性ヲ有スルト謂フヲ得ベシ

次ニ財政ヲ財源論ヨリ観察スルニ勿論現代ニ於ケル長期的規模ノ大ナル戦争ニ於テハ其ノ厖大ナル戦費ハ凡テ租税ニヨツテ賄フコトハ事実上不可能ニシテ其ノ財源ノ大部分ヲ公債ニヨルハ已ムヲ得ザルベシ。而シテ現在ニ於テハ如何ニシテ必要ナル戦費ヲ調達スルカガ問題ニシテ如何ナル手段ニヨリ調達スルカハ問題トナラザルガ如キモ猶一応ハ戦費支弁ヲ租税ニヨルヤ公債ニヨルヤハ財政ノ健全ナルヤ否ヤノ規準トナリ得ベシ。之政府ニ於テモ屡々戦時財政ノ強化ヲ図リ可能的ニ公債ノ発行ヲ抑制シ租税ノ増徴ヲ行フヲ以テナリ。而シテ第一次欧洲大戦ニ英国ノ戦時財政ハ所謂健全財政ノ適例ナリトセラレタルモ其ノ場合ニ於テモ戦費ノ八四%ハ公債ヲ以テ支弁

九

三千ロ

セラレタリ。今次大戦ニ於テハ英国ハ一九四二～四三年ニ於テ公債ノ占メル割合ハ五二%、米国ハ七二%、租税ニ於テ英国ハ四二%、米国ハ二五%ナリ。而シテ現在我国ノ歳入中公債及借入金ノ割合ハ六六%、租税及準租税収入ノ割合ハ二六%ナリ。国民所得トノ関係ヲ考慮スル時ハ未ダ租税負担ノ余力ヲ有スルトモ謂フヲ得ベク、此等ノ点ヨリ観察スレバ我ガ国財政ノ現状ハマヅ以テ健全ナル歩ミヲ続ケテキルト謂ヒ得ベシ。然シ問題ハ将来更ニ深刻化スベキ戦争ヲ考慮ニ入レタ場合ニ於ケル国民経済ノ負担力如何ニ存ス。即チ大東亜戦争下ノ現在ノ財政ガ更ニ高度ノ戦争ニ対スル準戦時財政タルノ性格ヲ有スルコトニ存ス。国家財政ハソノ性格上国民経済ノ基礎ノ上ニ立ツモノナルガ故ニ此ノ膨大ナル財政ヲ賄フ為ニ国民経済ハ根本的ニ再編成サレルヲ要ス。而シテ此ノ点ニ関聯シ資金計画ノ確立ト共ニ公債ノ消化、国民貯蓄ノ問題、財政膨張ノ齎ラスインフレーションノ物価対策ノ問題、金ト相表裏スル物ノ面カラノ統制等ノ諸問題ガ存スルモ之等ノ点ニ関シテハ別途考究スルコトトセリ。

一〇

三千ロ

最近ノ我国歳入ノ構成

（単位百万円）

年度	総額	租税及準租税収入	公債及借入金	其他
昭和十一年度	二、三七二（一〇〇%）	一、三八三（五八%）	六〇九（二六%）	三七九（一六%）
昭和十二年度	五、四五四（〃）	一、八七〇（三四）	三、〇七六（五六）	五〇七（九）
昭和十三年度	八、一六三（〃）	二、四七七（三〇）	五、一三八（六三）	五四七（七）
昭和十四年度	九、〇三九（〃）	三、一〇〇（三四）	五、二二二（五八）	七一七（八）
昭和十五年度	一一、三〇四（〃）	四、三六八（三九）	五、九五三（五三）	九八二（九）
昭和十六年度	一八、一九七（〃）	五、一四九（二七）	一一、七五三（六六）	一、二九四（七）
昭和十七年度	二四、三一一（〃）	七、〇八四（二九）	一五、五八〇（六四）	一、六四六（七）
昭和十八年度	三六、〇三五（〃）	九、四九二（二六）	二三、六七〇（六六）	二、八七四（八）

備考
一、本表ハ一般会計及臨時軍事費ノ純計ニ付之ヲ作成セリ
二、一般会計ノ昭和十六年以前分ハ決算額、昭和十七年度以降及臨時軍事費ハ予算額ニ依ル

一一（了）

〈八〉

大東亜ニ於ケル資金交流ノ現状ト今後ノ見透

吉澤研究生

(一) 資金交流ノ現状及見透

(A) 本邦對諸地域——何レモ支拂超過（附表(い)参照）

(イ) 本邦対満洲……交通関係ニ於テ常態的出超ナルモ交易外ニ於ケル巨額ノ政府海外払及海外投資ハヲ主因ニ支払超過

(ロ) 本邦対北支……前年度迄ハ(イ)ト殆同傾向ナリシモ本年度ハ交易関係ニ於テ巨額ノ入超ヲ予想セラル、ヲ以テ戦費分担ニ依ル政府海外払ノ著減モ響カス支払超過益々増大ノ見込

(ハ) 本邦對蒙疆……前年度ハ乍僅少受取超過ナリシモ本年度ハ海外投資ノ増大ニ依リ支払超過ノ見込

(ニ) 本邦對中支……(ロ)ト同ジク交易ニ於テ巨額ノ逆調予想ナレド、政府海外支出ハ戦費分担ノ関係モアリテ急減結局支払超過ハ昨年比約三分ノ一程度ニ止マル筈

(ホ) 本邦對南支……同ジク交易逆調ニ轉ズルノミナラズ海外投資著増予想セラル、ヲ以テ戦費分担ニ依ル政府海外払ノ激減ニモ不拘支払超過ハ對昨年比半減見込ナルヲ以テ支払超過額減少サル

(ト) 本邦對泰……本年度ハ輸入激減（昨年ノ1/4以下）ニ依リ乍些少ノ出超ヲ見ル可ク、従テ政府海外支払拂ハ倍増予想セラル、モ結局支払超過ハ前年度ノ半以下ニ止マルヘシ。

(チ) 本邦對南方甲地域　交易関係（總テ臨時軍事費特別會計買上輸出入ニ依リ資金ノ交流ヲ認メズ）ニ於テハ約二倍強（昨年比）ノ支払超過予想セラル、モ交易外ニ於テハ乍多少受取超過。

(B) 本邦ヲ除ク各地域間ノ現状（附表(二)参照）

(イ) 満洲対各地域	何レモ支払超過
(ロ) 北支対各地域	対中支、南支、南方ハ支払超過
(ハ) 蒙疆対各地域	対北支以外ハ受取超過
(ニ) 中支対各地域	対蒙疆及南方以外ハ受取超過
(ホ) 南支対各地域	対中支以外ハ受取超過
(ヘ) 乙地域対各地域	乍僅少対南支等ニ払超アル外受超
(ト) 甲地域対各地域	泰ニ払超アル外受取超過

(二) 大東亜ニ於ケル資金決済方式

(A) 現状

別紙図表ノ如キモ敢マデ経過的、発展途上ノモノトシテ把握スヘキモノナリ。

(B) 将来ノ見透ト理想型態（目標）

(イ) (a)共栄圏各地域対本邦間(b)圏内各地域相互間及(c)本邦ヲ含ム圏内各地域ト圏外向ノ為替取引ハ總テ日本円貨表示トスルコト

(ロ) 各地域ハ夫々其中央銀行発行ニ係ル通貨ヲ以テ幣制統一ヲ行ヒ且ヘ特別円為替ノ集中制ヲ実施スルコト

(ハ) 各中央銀行ハ日本銀行ニ円勘定ヲ開設シ当該地域ノ対外為替決済ハ總テ右円勘定ノ振替ヲ以テ之ヲ行フコト

(ニ) 本邦並ニ各地域ノ為替管理ハ有機的且協力的ニ其ノ為替取引ヲ律シ予メ策定セラレタル圏内外ノ綜合的為替資金計画ノ実現ヲ期ス

ルコト

(ホ) 各地域通貨ト日本円貨(特別円)トハ妥当ナル為替相場(交換比率)ヲ以テ結ビ付クルコト

(三) 本邦ノ支払超過ノ調整策

各地域ニ於ケル巨額ノ軍事費支払、軍需資材、食糧等ノ調達開発用資金資等ニ依リ本邦ノ圏内各地域ニ対スル支払超過ハ真ニ巨額ニ達スベク将来ノ増大傾向ハ不可避ナルベシ。

之ノ支払超過ヲ決済センガ為メ

(イ) 金ノ現送(イヤマークヲ含ム)

(ロ) 必要ナル計画以上単ニ調整ノ為ノミヲ以テスル物資ノ輸出ハ本邦ノ負担ヲ益々加重スルヲ以テ絶対ニ不可ナリ。採リ得ベキ方策左ノ如シ(一部実施中)

(A) 金融上ノ方策

(イ) 各地域ニ於ケル物資、労力ノ原価ノ適切、公正化(インフレ防止)

(ロ) 各地域通貨ノ日本円ニ対スル為替換算率ノ適切公正化(割高修正)

(ハ) 本邦企業並ニ資本進出ニ依ル交易外受取勘定ノ増加

(ニ) 各地域ノ円資金保持策((1)各地中央銀行ノ発行準備(2)為替決済用資金(3)本邦債券ヘノ投資等)

根本観念トシテハ支払超過国タル本邦ガ金融ノ中心タルベキナリ。

(従来概念ト正反対)—(クレディツトレニ関シ口述)

(B) 財政上ノ方策

各地域戦費應能分担ノ問題トシテ次頁ニ(四)述ブ

三G八

三

(四) 戦費分担ノ問題

(A) 戦費分担ノ理念

大東亜共栄圏ノ確立、維持、発展ナル一元普遍的共同目的ニ対スル各地域應能ノ共苦偕楽

(B) 戦前南方甲地域ノ政、経済状態ヨリ分担可能性ノ推測

各地其ノ規模、態様ヲ異ニスレドモ一應本國財政ヨリ獨立シ居リ、支出ニ於テハ國防費ノ占ムル割合極メテ大ナル外、一般行政費モ大部分ハ人件費(特ニ恩給費目立テリ)ニシテ收入ニ於テハ従来米英資本及華僑ノ勢力下ニアリシ関係上租税其他官業收入ハ一時激減予想セラル、モ敵産及華僑敵金ニ依ル負担ヲ考慮セバ相当部分ノ負担力アリト云ヒ得ベシ。(附表(三)参照)

(C) 本年度戦費分担ノ概要

臨時軍事費特別会計ノ財源トシテ「三十三億ヲ南方開発金庫等ヨリ借入ル、コトニ依リ実行ス

北支及中南支」ニ於テハ朝鮮銀行北京支店及正金銀行及儲備銀行ヨリ聯銀券及儲備券ノ借入実施(技術的ニハ預ケ合勘定ニ依リ)

南方甲地域ニ於テハ南発券ノ発行増加ナル形ニ於テ借入ヲ実施ス

(以下口述)

三G八

四

附表〈三〉

南方諸地域戰前才出入一覧表

括弧内ハ百分比

	單位	才入	才出	邦貨換算額 才入	邦貨換算額 才出	内國防費	公債費	恩給年金
本邦	百万円			百万円 8,511 (100)	百万円 8,657 (100)			
仏印	百万ピアストル	134.6	134.6	107.6 (1.3)	107.6 (1.2)			
泰	百万バート	137.9	137.9	222.7 (2.7)	222.7 (2.6)			
ビルマ	百万ルピー	174.2	178.5	226.5 (2.8)	232 (2.7)	37.8	16.2	17.9
英領マレー	百万海峡弗	134.5	160.0	269.0 (3.3)	320 (3.7)	7.6	3.6	10.4
英領ボルネオ	同上	9.4	7.0	18.8 (0.2)	14.0 (0.1)	—	—	—
蘭印	百万盾	804.4	872.4	1,850.1 (22.5)	2,006.5 (23.2)	376.6	2.1	29.8
比島	百万ペソ	92.6	122.6	194.4 (2.4)	270 (3.1)	19.9		
備考				百分比計 35.2	32.8	南方甲ノミ 31.2 32.8		

(1)会計年度ハ日本泰蘭印比島ハ1941年度、仏印ビルマハ1940年度、英領マレー及英領ボルネオハ1939年度ニ據ル
(2)換算ハ当該年度ノ「ブロウオアー・レート」ニヨル

七

附表(一) 昭和十八年度本邦對各地域收支計画一覧表

單位百万円 括弧内ハ昨年度実績

收支 \ 各地域	對滿洲	〃北支	〃蒙疆	〃中支	〃南支	〃佛印	〃泰	〃南方甲地	合計
受取									
(1)交易	(1,109) 845	(365) 182	(1) —	(199) 100	(38) 25	(109) 68	(70) 63	(120) 166)	(2,013) 1,439
(2)交易外	(1,390) 1,496	(418) 439	(11) 13	(231) 249	(63) 78	(2) 2	(15) 15	(104) 132	(2,236) (2,424)
計	(2,499) 2,341	(784) 621	(13) 13	(431) 349	(102) 103	(111) 70	(85) 78	(224) 288	(4,249) 3,863
支拂									
(1)交易	(516) 710	(222) 789	(—) —	(156) 346	(12) 48	(257) 141	(187) 141	(243) 344	(1,594) 2,426
(2)交易外	(2,863) 2,349	(681) 452	(5) 52	(653) 139	(116) 107	(125) 135	(48) 98	(13) 32	(4,505) 3,364
計	(3,379) 3,059	(904) 1,241	(5) 52	(809) 485	(128) 155	(382) 276	(235) 146	(257) 376	(6,099) 5,790
差引 △印支拂超過	(△880) △718	(△119) △620	(7) △39	(△378) △136	(△25) △52	(△270) △206	(△149) △68	(△32) △88	(△1,850) △1,927

五

附表二 昭和十八年度本邦並ニ各地域綜合收支計畫表

單位百万円 △印ハ支拂超過ヲ示ス

	對本邦	〃滿洲	〃北支	〃蒙疆	〃中支	〃南支	〃佛印	〃泰	〃南方甲地	合計
本邦		△718	△620	△39	△136	△52	△206	△68	△88	△1,927
滿洲	718		△194	△12	0	△1	△2	△5		504
北支	620	194		24	△229	△5	△4	△13		587
蒙疆	39	12	△24		17					44
中支	136	0	229	△17		69	△5	△1	0	411
南支	52	1	5		△69		5	1	0	△5
佛印	206	2	4		5	△5		0	△8	204
泰	68	5	13		1	△1	0		11	97
南方甲地	88				0	0	8	△11		85
計	1,927	△504	△587	△44	△411	5	△204	△97	△85	0

六

三G八

附表四（参考）　　大東亜共栄圏内通貨事情一覧表

地域	貨幣単位	交換比率（日本円）100ニ対スル	発券機関	18年6月発行高 単位百万	備考
満洲	円	¥100	満洲中央銀行	1.800	最近一年間膨張700百万
北支	〃	¥100	中國聯合準備銀行	1.949	〃 1000百万円
蒙彊	〃	¥100	蒙彊銀行	169（但6/21）	〃 87
中支	元	¥18	中央儲備銀行	9.122（6/27）	〃 8000（南支ヲ含）
	軍票円	¥100	帝國政府	流通高 63	新規発行ナク回收ニヨリ漸減
南支	元	¥18	中央儲備銀行	中支ノ項参照	全右香港弗禁止ニ伴ヒ香港及海南島ニハ新規発行ヲナスモ他地域ハ回收一方
	軍票円	¥100	帝國政府	流通高 106	
仏印	ピアストル	¥97.60	印度支那銀行	585百万ピアストル	非公表ニ就キ一部推定ヲ含ム
泰	バート	¥100	泰中央銀行（及政府）	476百万バート	〃
南方甲地 (イ)マライ及北ボルネオ	海峡弗	¥100	（在来通貨）海峡植民地通貨委員会 （軍票）帝国政府 （南発券）南方開発金庫	3月末204百万弗 〃 117 〃 6月末 98 〃	（以下数字軍機密）
(ロ)ジャワ及スマトラ	ギルダー	¥100	（在来通貨）政府及爪哇銀行 （軍票）帝国政府 （南発券）南方開発金庫	3月末425百万盾 〃 65 〃 6月末 24 〃	17/4/1ヨリ軍票発行停止 南発券発行但シ形式紙質等全ク同一
(ハ)比島	ペソ	¥100	（在来通貨）政府比島銀行、比島吐銀行 （軍票）帝国政府 （南発券）南方開発金庫	5月末170百万ペソ 6月末 90 〃	
(ニ)ビルマ	ルピー	¥100	（在来通貨）政府及印度準備銀行 （軍票）帝国政府 （南発券）南方開発金庫	3月末152百万留 〃 198 〃 6月末109 〃	

八

（別圖）大東亜共栄圏ニ於ケル決済方式略図（一八・七・一〇現在）

（二本線ハ特別円決済ヲ示ス）

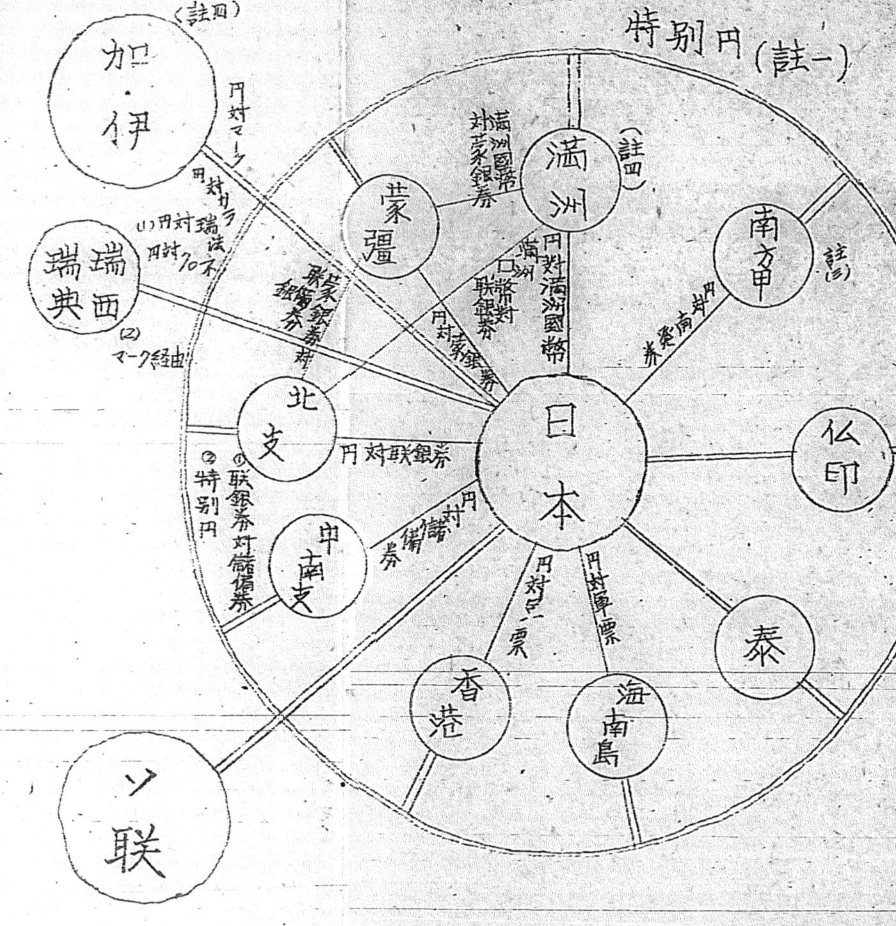

註一、特別円ノ環ニ連繋セル地域間ノ決済ハ特別円ニ依ル
（右表中ニ本線ヲ以テ示ス）但シ直線ヲ以テ連繋セル地域間ハ該地域通貨間ノ直接決済ニ依ル

註二、日本対大東亜共栄圏内各地域間ノ為替ハ日本円表示ナリ

註三、南方甲地域ニ於テハ

(1) 交易ハ臨軍会計ノ買取輸出入ニ依リ一般的為替決済ハ行ハレズ

(2) 交易外ニ於テハ対本邦ハ円対南発券ノ直接決済ニ依リ対本邦外ハ為替決済ノ認メラルル場合ハ特別円決済ニ依ル

(3) 甲地地域間ノ相互ノ少額ノ交易等ニ伴フ決済ハ被占領地通貨建ノ為替ニ依リ現地通貨間直接決済ス

註四、満独協定分ハ満洲國幣対馬克ノ直接決済ナリ。

九
(3)

(二)大東亜ニ於ケル物資交流ノ現状ト今後ノ見透

（特ニ日本ヲ中心トシタル観察）

越村研究生

1 貿易ノ現状

日本ヲ中心トスル大東亜ノ物資交流ノ現状ハ之ヲ戦前ノ日本貿易ノ状態ト対比シテ観察スル時極メテ明確ニ把握シ得ベシ。由リテ先ヅ支那事変開始ノ前年タル昭和十一年度ヲ採リ、日本ノ相手国別貿易額及ビ主要輸出入品ヲ一図ニ集約スレバ「第一表」トナル

コノ表ニヨリテ明カナル如ク、日本ノ貿易額ノ構成ニ於テ亜細亜ノ諸国ノ輸出入合計ハ略々五〇%ヲ占メ、内主要貿易対手国ハ満洲、関東州、支那及ビ英印ニシテ、日本ハ東亜ノ諸国ヨリ原料ヲ輸入シ、夫ニ加工シタル商品（主トシテ綿織物、雑貨類）ヲ輸出セリ

亜細亜以外ノ諸国トノ貿易ニ於テハ米洲第一位ニシテ輸入ニ於テ二九%輸出ニ於テ一九%ヲ占メタリ。

米洲中特ニ重要ナル貿易対手国ハアメリカ合衆国ニシテ、日本ハ夫ヨリ棉花、砿油、鉄等ヲ輸入シ、其対価トシテ生絲、植物油雑品等ヲ輸出セリ

大東亜戦争ノ開始ト共ニ米洲、欧洲、阿弗利加、太平洋ニ対スル貿易ハ寸断セラレ、東亜諸国ニ於テモ南方圏トノ貿易ハ作戦遂行中一時中絶セリ。之ニ反シ満、関、支間ノ貿易ハ躍進シ昭和十七年度ノ貿易額中満、関、支ノソレハ輸出ニ於テ七〇%ヲ占メタリ。其ノ現状ヲ図示スレバ「第二表」トナル

大東亜戦争ニ基ク日本貿易額ノ変遷ヲ知ルタメニ昭和十五、十六、十七ノ三ケ年ノ国別輸出入表ヲ「第三表」ヲ観察セン

(1) (a) 輸出額

昭和十五年度ノ全輸出額三十六億五千六百万円ナリシニ十六年度ニ於テハソノ七三%ニ、又昨十七年度ニ於テハ僅ニ四九%ニ激減セリ。

(b) 亜細亜洲ヘノ全輸出額モ十五年度ヲ基準トスレバ十六年度ハ八六%、十七年度ハ七〇%トナリタリ。

亜細亜洲ノ中比較的減少度ノ少キハ満、関、支、ノ二地域ニシテ、直接ノ作戦対象タリシ香港、馬来、海峡植民地、緬甸、比律賓、英領ボルネオ、蘭印ヘノ輸出ハ当然ニ激減シ、戦前ノ十五年度ニ於テ二億三千三百万円ヲ誇リシ印度ヘノ輸出額戦争ノ開始ト共ニ全ク杜絶シ、

昨十七年度ノ全輸出額ハ僅カニ一圓トナリタリ。
之ニ反シ佛印ヘノ輸出額ハ十五年度ノ三百萬圓ヨリ、十七年度ニハ一億四千四百萬圓ヘト四十八倍ニ躍進シ、又泰ヘノ輸出額モ四千七百萬圓ヨリ一億八千六百萬圓ヘト一・三倍ニ増加セリ。

(c) 欧洲ヘノ輸出額モ十五年度ハ一億八千萬圓ナリシガ、十六年十七年度ニハ対獨、伊輸出ノミトナリ、ソノ額四千萬圓台ニ著減セリ。

(d) 米洲ヘノ輸出モ十五年度ニハ総額七億五千萬圓ヲ超エ、日本全輸出額ノ三〇%ヲ超ユル状態ナリシガ、大東亜戦争ノ開始ト共ニ全ク杜絶セリ。

(e) 阿弗利加、太洋洲ヘノ輸出モ十七年度ニハ全ク杜絶ノ現状ニアリ。

(2)

(a) 輸入額

昭和十五年度ノ全輸入額ハ三十四億五千三百萬圓ニ上リシガ、東亜ノ情勢急ヲ告グルヤ、十六年度ニ於テハ四%ニ減ジ、十七年度ニ於テハ殆ド半分ニ激減セリ。

(b) サレド亜細亜洲ヨリノ輸入額ハ、僅カ乍ラ増加ノ傾向ヲ辿リ、特ニ満洲國ヨリノ物資輸入ハ一・四倍ニ、支那ヨリノソレハ二倍ニ増加セリ。
亜細亜ニ於ケル爾余ノ諸國ハ概ネ作戦対象トナリシ為輸入ハ殆ド杜絶状態トナリ、英印ヨリノ輸入ハ十五年度ノ一億七千七百万円ヨリ、十七年度ノ二百萬圓ヘト激減シタリ。
之ニ反シ佛印ヨリノ輸入額ハ二・三倍ニ、又泰國ヨリノソレハ三倍以上ニ躍進セリ。

(c) 欧洲ヨリノ輸入モ十五年度ニハ一億九千万円ヲ超エシガ、十七年度ニハ殆ド獨逸ヨリノ輸入ノミトナリ、四千万円程度ニ激減セリ。

(d) 米洲ヨリノ輸入額ハ十五年度ニハ総額十五億三千万円ヲ超エ日本総輸入額ノ四四%ヲ占メタリシモ、昨十七年度ニ於テハ千五百萬圓ニ激減シタリ。

(e) 阿弗利加及ビ太洋洲ヨリノ輸入モ昨年度ハ完全ニ杜絶セリ。

(3) 貿易尻

大東亜戦争ノ勃発ト共ニ貿易尻ノ上ニ現ハレタル著シキ変調ハ従来輸出超過ノ状態ヲ続ケタル対支貿易ガ輸入超過ニ転ジタルコトナリ。

即チ昭和十五年度ニハ出超三億四千二百萬円、十六年度ニハ出超一億七千七百万円ヲ算シタリシモ、十七年度ニ於テハ一億五千三百万円ノ入超ニ転ジタリ。

又対満貿易モ十五年度ニハ二億二千萬円ノ出超ナリシガ十六年度ニハ一億八千一百万円ニ、更ニ十七年度ニハ六千三百万円ニ著減シタリ。

其他仏印、泰トノ貿易尻モ入超ノ度ヲ強メ、仏印ニ就テハ十五年度入超九千五百万円ナリシモ、十六年度ニハ一億一千六百万円トナリ、十七年度ニハヤヤ減ジテ八千万円トナレリ。

泰ニ就テハ十五年度ハ僅カ四百万円ノ入超ニ過ギザリシモ、十六年度ニハ一億一千七百万円ニ達シ、十七年度モ依然一億円台ノ入超ヲ持続シツツアリ。

コノ状態ニシテ持続センカ、貿易外收支ニ依リテ相殺サレザル限リ日本ハ之等ノ諸國ニ対シテ債務國ノ立場ニ立チ國際收支上苦境ニ立ツニ至ルベシ。

従ツテ今後共栄圏ノ建設進行ト併行シテ貿易尻ヲ好転セシムル為ニ萬全ノ策ヲ講ゼザルベカラズ。

日本ヲ中心トスル昭和十七年度共栄圏諸地域ノ主要貿易品ノ

五

三九二

数量及ビ金額ハ『第四表』以下『第八表』ニ掲ゲタリ

2

今後ノ見透シ

大東亜ノ物資交易ハ昨年七月二十三日ノ大東亜建設審議會ニ於テ決定セラレタル基本政策ニ基キ、大東亜ノ自給自足体制ノ確立ト大東亜全域ヲ通ズル軍事力ノ増強、圏内諸地域ノ開発促進及ビ民生ノ安定ヲ図ルコトヲ主眼トシテ運用セラレ、之ガ為ニ日本ヲ核心トシ、圏内各地域ニ亘リテ恒久的ニ樹立セラレタル産業建設計画ニ照應シテ綜合的ナル交易基本計画ヲ設定シ、交易営団等ノ如キ交易機構ヲ通ジテ最高度ノ計画交易実施セラルベシ。

勿論現下ノ状況ニ於テハ、各地域ノ産業施設中、戦禍ニ依リテ破壊セラレ未ダ復旧セザルモノ多ク、且ツ船腹ノ不足ニ依リテ輸送上ノ多大ノ困難ヲ伴フト雖モ、産業建設進展シ、船腹ノ不足緩和サルルニ至レバ、交易機関ノ活動円滑ト相俟ッテ共栄圏ノ物資交流ハ漸次改善セラレ、諸地域ハ物資交易ノ紐帯ニ依リテ有機的ニ結合セラレ、名實共ニ共栄圏ノ一環トシテ強力ナル國防経済体制ヲ完成スルニ至ルベシ。

六

三九二

三G二

大東亜戦争ニ伴フ物資交流ノ停滞ト回復ノ過程ヲ単純明確ニ理解スル為、日、比、米間ヲ一例ニトリテ圖示スレバ第九表ノ如シ。

第一過程——戦前ニ於テハ、日本及ビ比律賓ハ北米合衆國ト物資交流ノ大動脈ヲ以テ联結セラレ、日、比間ノ貿易ハ日米貿易ノ二十分ノ一程度ニ過ギズ、日本ハ米國ヨリ棉花、砿油、鐵、機械、自動車、木材、銅、パルプ等ヲ輸入シ、其ノ対價トシテ生絲、植物油、陶磁器、罐詰、食料品、綿織物、玩具、絹織物、メリヤス、製品等ヲ輸出シタル。比律賓ハ米國ヨリ鐵鋼及ビ同製品、砿油、自動車、電気用機械器具、化学薬品及薬材等ヲ輸入シ、其ノ対價トシテ砂糖、椰子油、コプラ、煙草、麻等ヲ輸出セリ。日本ハ比律賓ニ対シ人絹織物、綿織物、メリヤス類、石炭、鉄製品、硝子、陶磁器、其他雑貨類ヲ供給シ、比律賓ヨリ麻類、木材等ノ輸入ヲ受ケタリ。

第二過程——然ルニ大東亜戦争開始セラルルヤ、日、比、米トヲ結ブ物資ノ交流ノ大動脈ハ切断セラレ、比島作戦中日比間ノ平常的交易モ一時杜絶セリ。

第三過程——其ノ結果日本ニ於テハ生絲其ノ他ノ物資ノ過

七

三G二

充ヲ來シ棉花、鉄、機械、自動車、木材等ノ不足ヲ招来シ、他方比律賓ニ於テハ砂糖、椰子油、コプラ、麻等ノ充血状態ト、綿織物、鉄鋼及鉄製品、砿油、絹及絹製品、自動車、其ノ他雑貨類ノ貧血状態ヲ惹起セリ。コノコトハ必然ニ比島ニ於ケル生活ノ激変ヲ招来シ、原料品滞貨ノ山積ニ伴フ栽培業者ノ必需品不足ハ民心ノ動揺ヲ促ス主要ナル原因トナリタリ。

第四過程——日、比ノ経済ヲ東亜共栄圏ノ産力ナル一環トシテ連繋スル為ニハ、従来両國ガ米國ニ対シテ連結シアリタル物資ノ交流ノ大動脈ヲ日比間ニ切換ヘ、相互ニソノ充足セル物資ヲノ貧血セル部分ニ輸血セザルベカラズ。サレド血液ノ型ノ相違ニ依リテハ輸血モ不可能ナルコトアルト同様、物資ノ交流関係ニ於テモ需給ノ品目ヲ異ニスル場合彼此流通不能トナリ、今日本ト比律賓ノ米國ニ対スル従来ノ貿易品ヲ検討スルニ日米貿易ノ断絶ニ依リテ日本ニ過剰トナリタル物資ヲ総テ比島ヘ輸出ニ充ツルコトハ不可能ナルト共ニ、比島ノ過剰物資ヲ直チニ日本ノ産業ニ依リテ消化スルコトモ不可能ナリ。茲ニ於テカ両國ハ産業ノ編成替ヲ断行シ、日本ハ機械工業、自動車工業、化学工業等ヲ興シテ、之等ノ製品ニ対スル比島ノ需要ニ應ジ、比島

八

三午二

ハ砂糖、コプラ、煙草、麻ハ栽培園ノ一部ヲ棉花、木材等ノ栽培殖林地ニ転換シテ日本ノ需要ニ即應セザルベカラズ。

以上ハ一例トシテ日、比間ノ物資交流ノ調整問題ヲ取上ゲタルモ同様ノ関係ハ他ノ総テノ共栄圏地域ニ就キテ生起スベク、斯クテ大東亜ノ交易ハ産業建設計画トノ密接ナル関聯ノ下ニ計画的ニ促進セシメラレザルベカラズ。

共栄圏物資交流促進上ノ諸方策ノ主ナルモノ左ノ如シ

一、満、関、支トノ交易ニ就テハ従来ノ分散的輸出ヲ綜合シ、一元的交易機関ヲシテ計画的ニ遂行セシムルト共ニ、交易適格業者ヲ総動員シ以テ我國必需物資獲得ニ集中的努力ヲ払フベシ。

二、泰、佛印トノ交易ニ就テハ、現在輸出ニ就テ代行輸出制乃至申請制當制等ノ方式ヲ採用シアルモ、將來満、関、支ト同様ノ交易方式ニ移行セシムベシ

三、南方占領諸地域トノ交易ニ就テハ目下軍政下機宜ノ處置ヲ採ラレツツアルモ、將來之ヲ一元的交易機関ノ運營ニ移管スル要アリ、

四、圏内各地域相互間ノ交易ニ就テハ、各地域ノ餘剰物資ヲ相互ニ交流セシメテ國防体制ノ確立ト民生ノ安定ニ資スル如ク誘導シ、敵性國

九

三午二

家ヘノ流失ヲ極力阻止スベシ

五、圏外貿易、特ニ対友邦交易ニ就キテハ総テ日本ノ計画ト指導ノ下ニ契約ノ取極メ及ビ運營ヲ圖ルベシ。

六、圏内各地ノ物價ノ高低ヲ平準化スル為統一原價計算制度ヲ普及徹底シ、國内價格、輸入価格、輸出價格ノ跛行性ヲ修正シテ東亜綜合物價体系ヲ整備スベシ

七、大東亜各地相互間ノ決済及ビ圏外交易ノ清算ニ就テハ、原則トシテ圓ニ依ル綜合決済ノ方式ヲ確立スルコト。

又圏内各地域ニ於ケル通貨ノ圓ニ対スル換算率ハ圏内物資交流ノ促進ヲ目途トシテ設定シ日本ノ指導ノ下ニ各域ニ於テ高度ノ為替管理ヲ実施スベシ

八、大東亜圏各地ノ関税調査ハ、圏内各地ヨリノ我國ニ対スル重要物資ノ供給ト、我國ノ各地域ニ対スル開発資材並ビニ生活必需品ノ供給ノ圓滑化ヲ図ル途トシテ之ヲ行ヒ、從來ノ多元的関税関係ヲ整理シテ特恵関税主義ニ基ク單一関税体ヲ樹立シ將來行ハルベキ圏外交易ニ就テハ保護関税主義ヲ採用スルコト。

一〇

乙

現地ニ於ケル物資ノ集荷及ビ配給ニ就テハ極力現地商人及ビ華僑ノ組織ト信用ヲ活用スルト共ニ、将来之等ヲ高度ノ統制機関ノ指導下ニ置キ、大東亜綜合物資交流体系ノ組織的ナル一環トナスコト。

三ノ二

（第1表）

日本の貿易（戰前）

昭和11年（数字單位百万円）

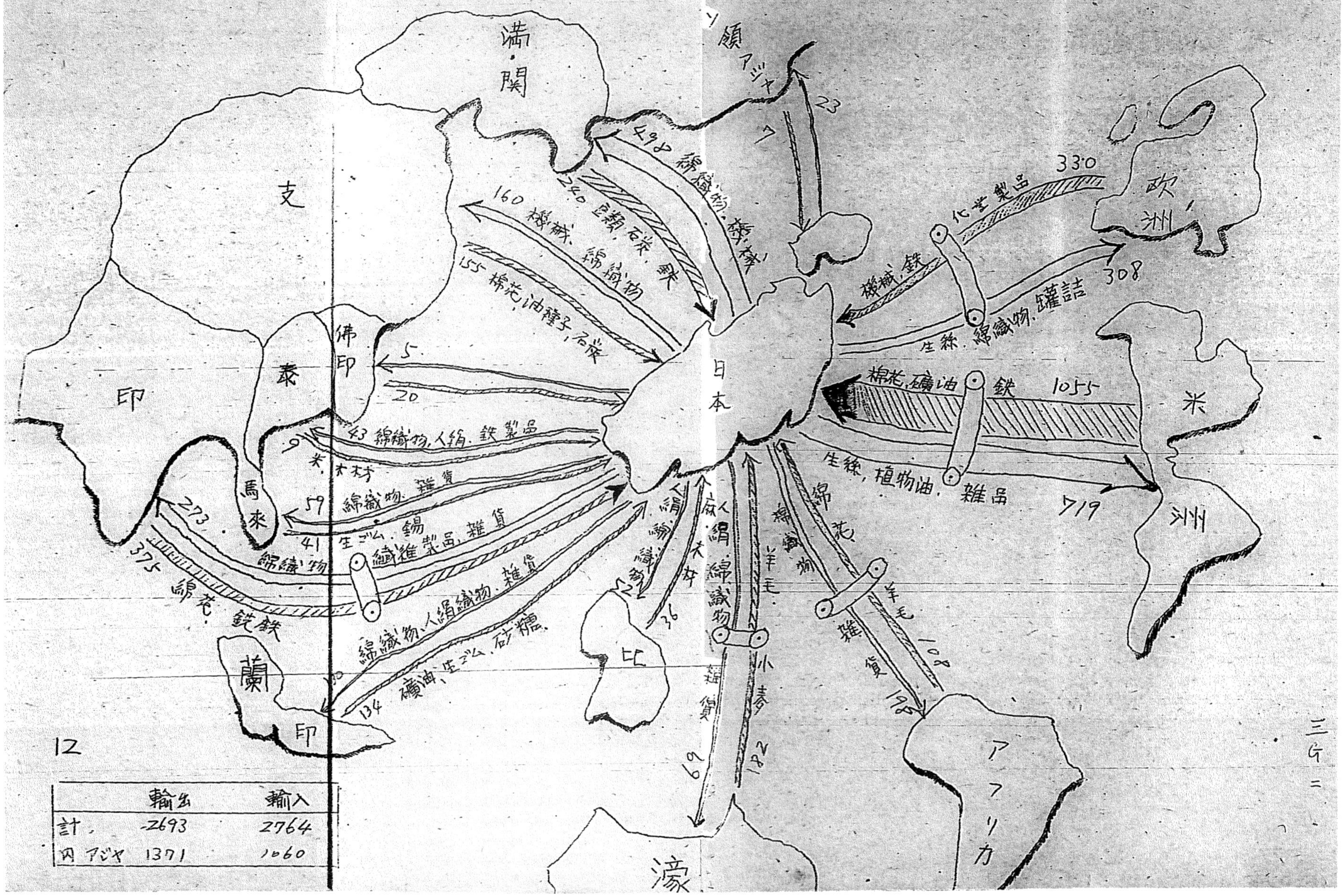

12

	輸出	輸入
計	2693	2764
内アジヤ	1371	1060

三ら二

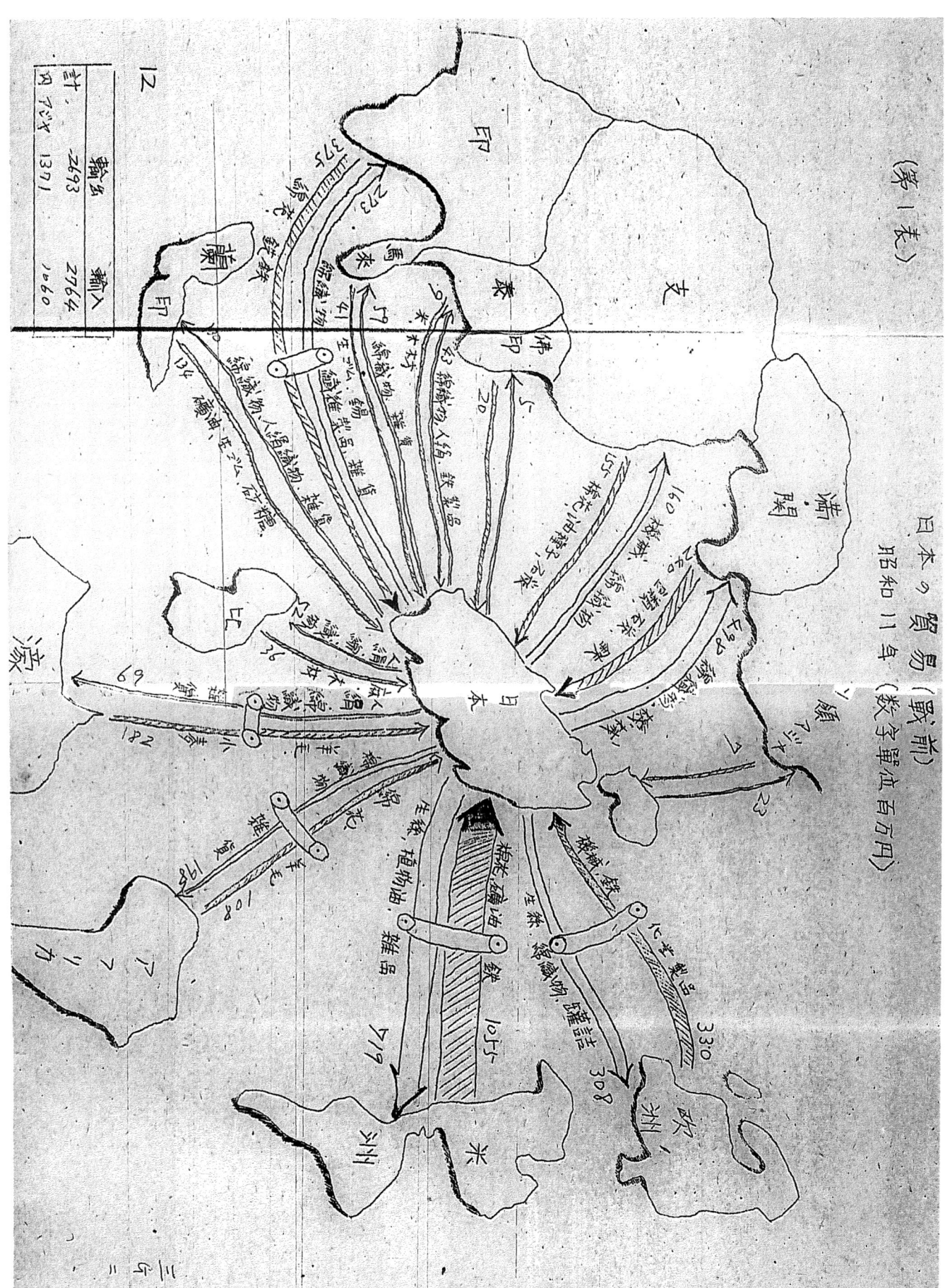

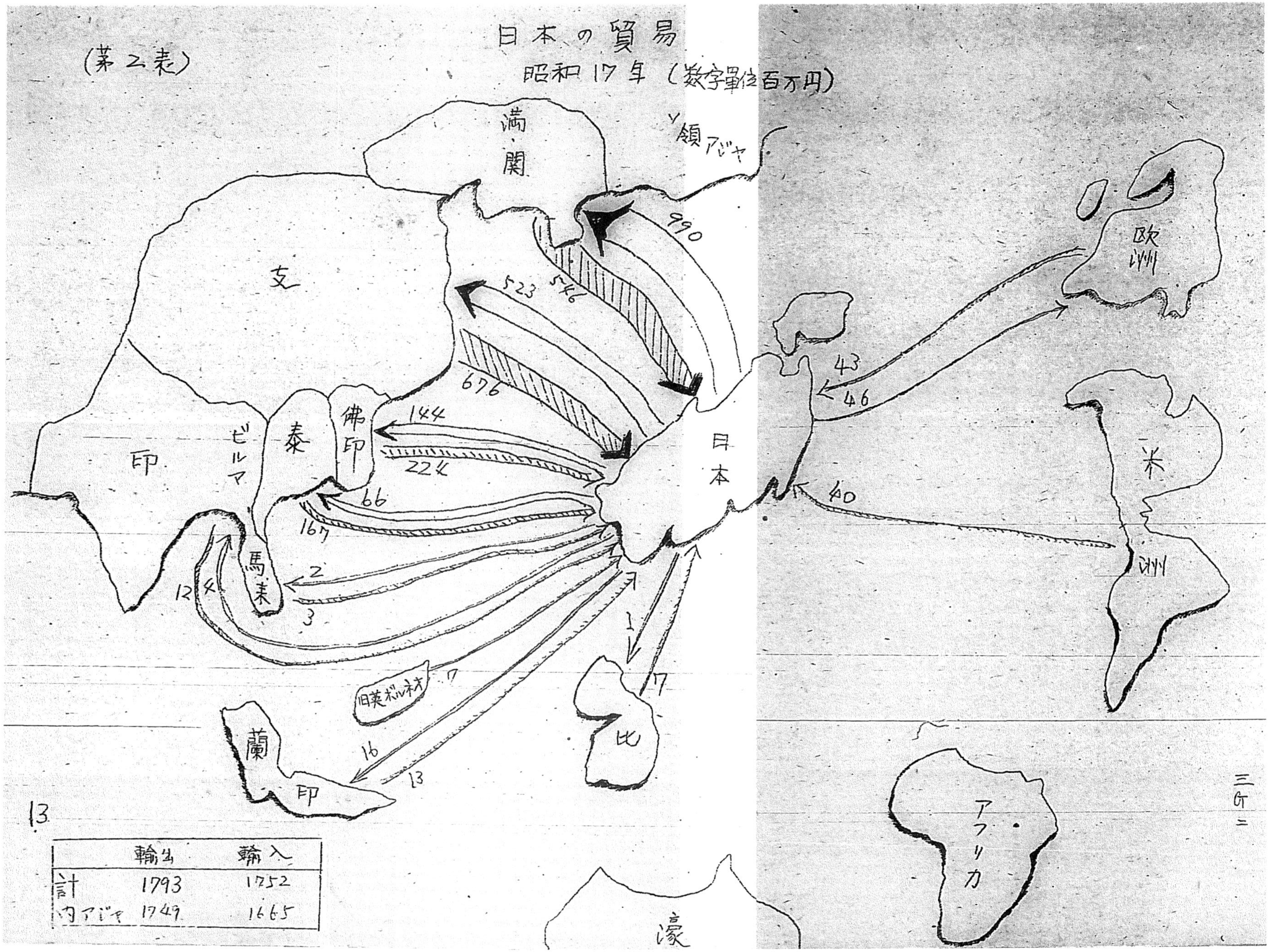

	輸出	輸入
計	1793	1752
内アジヤ	1749	1665

(第3表)

國別輸出入額表(百万円)

國内	輸出			輸入		
	昭15	昭16	昭17	昭15	昭16	昭17
亜細亜洲	2474	2155	1749	1514	1680	1665
満洲国	582	558	568	358	377	505
関東洲	604	471	422	59	45	41
中華民国	681	630	523	339	433	476
満関支小計	1867	1659	1513	756	855	1222
香港	29	17	1	3	4	1
佛印	3	45	144	98	161	224
泰	49	66	66	53	183	167
馬來	2	1	0	74	30	2
海峡殖民地	23	9	2	54	16	1
緬甸	22	11	4	76	85	12
比律賓	27	13	1	61	56	7
英領ボルネオ	1	0	0	14	9	7
蘭印	173	161	16	125	154	13
英印	233	153	0	177	117	2
セイロン	13	6	0	3	1	0
其他	52	14	2	20	9	7
欧洲	184	47	43	193	122	46
英吉利	56	0	0	11	5	1
佛蘭西	24	0	0	12	1	0
独乙	75	35	37	83	70	40
伊太利	4	0	3	19	2	0
其他	25	9	1	73	44	5
北米	591	282	0	1314	592	18
合衆国	569	278	0	1241	572	14
加奈陀	22	4	0	73	20	4
其他	0	0	0	0	0	0
中米	41	22	0	19	53	1
メキシコ	14	14	0	16	44	1
其他	27	8	0	3	9	0
南米	123	69	0	200	314	21
ペルー	12	7	0	19	66	5
チリー	23	15	0	47	56	4
アルゼンチン	23	21	0	42	73	7
ブラジル	23	14	0	68	96	3
其他	42	12	0	24	23	2
阿弗利加洲	129	47	0	91	42	0
太洋洲	93	27	1	122	94	0
濠洲	73	21	0	94	78	0
其他	20	6	1	28	16	0
全計	3656	2651	1793	3453	2899	1752

14

三〇二

（第5表）

對満関支主要輸入品表

昭和17年度（千円）

品名		満洲国 数量	満洲国 価額	関東州 数量	関東州 価額	中華民国 数量	中華民国 価額
豆類	千瓩	10,236	138,999	16	212	560	14,940
採油用原料	〃	658	12,644	15	240	906	15,537
塩	〃	1,484	3,525	5,224	11,570	16,159	39,150
皮類	〃	30	1,238	—	26	91	547
高粱	〃	279	2,635	—	—	—	—
玉蜀黍	〃	935	9,213	—	—	38	398
原油重油粗油	竏	70,257	3,954	—	—	—	—
硫安	千瓩	145	890	633	3,796	—	—
棉花	〃	—	—	—	—	1,883	213,833
屑繊維	〃	26	4,180	4	199	112	13,797
繊維素パルプ	〃	167	3,977	—	—	—	—
石炭	【illegible】	621	17,152	—	—	[illegible]	[illegible]
ドロマイト及マグネサイト	千瓩	2,194	19,568	3,367	2,817	—	—
鉄鉱	千瓩	86	3,480	—	—	3,540	83,233
普通鋼々塊	〃	1,757	25,478	3	63	37	218
普通鋼々材	〃	60	2160	3	147	—	14
屑鉄	〃	160	1,234	17	198	416	2,535
鉛	〃	9	322	2	85	—	—
木材			3,830		—		1,075
飼料	千瓩	326	2,217	10	108	2	15
麩皮	〃	452	3,125	6	38	862	6,053
肥料	〃	6,774	13,485	943	8,727	851	8,727
油糟	〃	6,956	13,309	927	8,596	753	7,868

（第4表）

對満関支主要輸出品表

昭和17年度（千円）

品名		満洲国 数量	満洲国 価額	関東州 数量	関東州 価額	中華民国 数量	中華民国 価額
茶	千瓩	30	3,159	11	1,116	27	2,345
砂糖	〃	42	732	46	987	83	2,808
水産物	〃	42	3,847	320	14,189	410	15,496
罐壜詰食料品	〃	16	4,352	43	2,648	73	5,219
葉煙草	〃	21	3,522	25	5,286	37	6,812
賣薬			6,121		2,005		6,302
合成染料	〃	1,372	2,163	164	282	4,886	7,141
生絲	百斤	2,117	3,363	76	128	820	1,486
人絹絲	〃	8	2	—	—	16,923	31,253
スフ	〃	—	—	49,154	5,207	—	—
綿織物	千平方碼	280	151	74,755	36,493	11,646	7,381
毛織物	〃	1,352	6,481	770	3,661	1,082	5,139
絹織物	〃	1,023	22,505	5,390	20,041	972	4,516
スフ織物	〃	4,546	4,431	5,236	4,136	327	743
メリヤス製品	千打	385	5,305	69	753	7	197
帽子及帽体	〃	368	10,419	79	2,911	59	1,584
紙類	千瓩	242	11,986	527	18,871	613	35,105
陶磁器			14,199		5,177		11,303
鉄	〃	834	15,562	81	12,808	1,226	18,065
銅	〃	14	1,363	9	1,052	19	3,486
工具			6,333		3,150		2,816
鉄製品			13,321		10,765		9,153
自轉車部分品			3,987		2,206		1,608
自動車部分品			7,182		843		7,284
機械部分品			101,583		48,170		75,944
木材			2,737		2,423		36,863
ランプ部分品			5,368		5,062		4,355

17

（第6表）

対仏印主要貿易品

昭和17年度

輸入品		数量	価額	輸出品		数量	価額
			千円				千円
米及籾	千石	5,559	118,412	生糸	百斤	5,258	7,523
玉蜀黍	十万斤	2,081	14,589	人絹	〃	9,363	2,980
皮類	〃	23	2,888	綿織物	千平方碼	37,310	29,991
生ゴム	〃	477	12,753	毛織物	〃	514	2,772
燐鉱石	〃	800	2,385	人絹織物	〃	8,422	11,788
石炭	千英噸	249	7,299	麻袋	百箇	13	20,469
鉄鉱	千瓲	55	1,199	紙類	十万斤	73	6,116
錫鉱	瓲	721	1,552	鉄	〃	55	3,922
亜鉛	十万斤	55	3,443	鉄製品			3,743
計（其他ヲ含ム）			223,712	計（其他ヲ含ム）			114,380

18

（第7表）

対泰国主要貿易品

昭和17年度

輸入品		数量	価額	輸出品		数量	価額
			千円				千円
米及籾	十万斤	8,466	115,706	綿織物	千平方碼	27,355	19,500
生ゴム	〃	230	23,132	麻袋	百箇	5	1,853
錫鉱	瓲	3,899	13,839	機械同部分品			2,863
計（其他ヲ含ム）			117,175	計（其他ヲ含ム）			66,462

19

（第8表）

南方諸地域別主要輸入品（昭17）

輸入地域	品名	数量	価額
馬来	鉄鉱	77千瓲	2,011千円
緬甸	米及籾	268千石	8,507〃
〃	棉花	59十万斤	3,177〃
比律賓	麻類等	175〃	4,183〃
英領ボルネオ	炭化水素油	124,956竏	7,201〃
蘭印	〃	124,927〃	8,379〃

（第2表）

物資交流の停滞と回復の過程

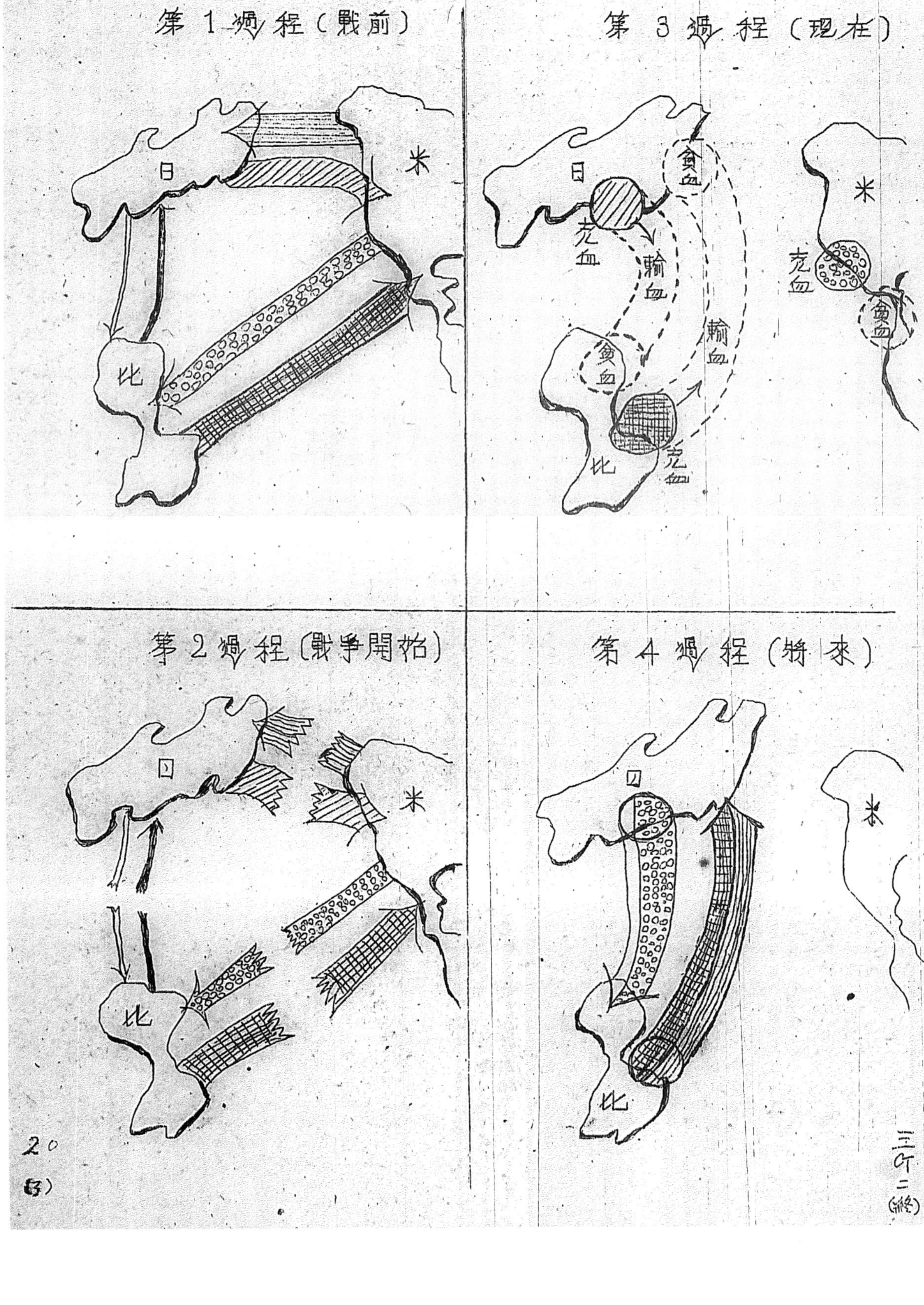
第1過程（戦前）
日
米
比
第3過程（現在）
日
充血
輸血
貧血
輸血
貧血
比
充血
米
充血
貧血
第2過程（戦争開始）
日
米
比
第4過程（将来）
日
米
比
20

三　經濟

(ハ)　科學技術

目　次

(イ)　本邦科學技術ノ水準及之ガ向上對策　稻垣研究生

(ロ)　生産擴充及勞務對策トシテノ科學技術ノ利用方策

第一　本邦鉱工業技術ノ現況及其ノ缺陥　入江研究生　村田研究生

第二　農業技術　増田研究生

第三　勞務能率向上ノ問題　小島研究生

三H

(イ)　本邦科学技術ノ水準及之ガ向上対策

稲垣研究生

一、明治以降ニ於ケル本邦工業ノ発展ト科学技術ノ進歩（第一、二、三表参照）

(イ)　明治時代 ― 維新以来我国ハ孜々トシテ西洋工業ノ移植ニ勉メタリシガ比較的新興ナル振興素差良好ナラズ且ツ採用ニ軽便ナル軽工業ヲ主トスル傾向アリ。然ルニ日清戦争ノ体験ヨリ製鉄業、造船業ノ海外依存ノ不利ヲ痛感シ、茲ニ政府ノ直営或ハ保護ノ下ニ斯業ノ創始ヲ見ルニ至レリ。日露戦争ニヨリ国富ノ消耗著シク、軍需工業以外大ナル打撃ヲ受ケタルモ、政府ノ応急措置宜シキヲ得、戦後景況好転セリ。斯クテ戦争ハ兵器ノ改良進歩ヲ促シ、造船造機ニ一転機ヲ劃セリ。又新進日本ヲ認メタル欧米列強ハ特許ヲ分叙シ技術的ニ提携スルヲ言ブニ至レリ。

(ロ)　大正時代ノ製紙鉄業漸クソノ緒ニツキ、人造絹糸ノ研究モ年ト共ニ進ム時、欧州大戦勃発シ、欧洲ヨリノ物資杜絶ニ一時当惑シタリシモ、之ガタメ染料工業等ハ政府補助ノ下ニ出発シ、化学薬品、金属類モ夫々国内自給ニ努力セリ。一方自国科学ノ後進性ヲ痛感シ日本産業自主性獲得ノ為之ガ基礎ヲナス科学技術ノ研究コソ当面焦眉ノ急務ナリトノ声揚リ理化学研究所其他政府軍部大学ノ研究所続出スルニ至レリ。大戦間我国ハ東洋諸国ノ市場ヲ欧洲諸国ニ代リテ独占シ、我商品ノ輸出激増シ茲ニ我ガ工業ハ劃期的躍進ヲ遂グルニ至レリ。欧洲製品オサヌルヤ欧洲戦後ノ立直リニヨリ東洋ノ市場ハ奪還セラレントシ、急場ノ間ニ合

三H

此ノ傾向アリシモ我工業ノ実力ヲ以テシテハ彼等トノ対抗極メテ困難ナリキ。加之大正九年反動的不景気ノ来襲、十二年ノ関東大震災ニヨリ工業ノ受ケタル打撃極メテ大ナリシモ、復興頗ル進ミ打撃ハ却ツテ工業界ノ整理淘汰トナリ斯界健全発達ノ基トナレリ。

(ハ)昭和時代——前代慢性的不況ノ中ニモ一筋ノ光明アリシ我ガ工業界ハ昭和六年満州事変勃発ニヨリ立直リノ機縁ヲ得、同七年末ノ金輸出再禁止実施ニ伴フ為替安ノ結果外国品ノ圧迫緩和サレ国内自給容易トナリ或工業ハ関税其他国家ノ手厚キ保護ヲ受ケ製品ノ内外消化ヲ旺盛ナラシメ生産量激増スルニ至レリ。昭和十二年支那事変勃発以来政府ハ民需品輸入制限ノ必要ヲ認メ所謂代用品時代ニ入リ、又鉄鋼、ゴム、皮革其他多クノ商品ニ対シ輸入生産配給価格等ノ統制ヲ行フニ及ビ、軍需ノ工業、重工業ハ特ニ旺盛ヲ加ヘ、ヤガテ大東亜戦争ノ勃発ト共ニ科学技術資材ノ鎖国状態ニ入ルヤ新体制ヲ整備シ、公明正大真ニ日本的性格ヲ有セル科学技術ノ振興発展ニ邁進シツヽアリ。

顧ミルニ明治以来ノ西洋時代ヲ通ジ維新前ニ於ケル我ガ古来伝統タル精神生活重視ニ基ク科学軽視思想ト科学ノ訓練ノ欠除ハ大勢ノ赴ク所急速ナル科学思想ノ輸入ニ対シ之ヲ容易ニ咀嚼同化スル能ハズ、単ナル模倣ニヨリ努メ、ソノ基礎研究モ一部専門学者ノ自由主義的研究ニノミ委ネラレ、未ダ国民的性格ヲ有スル科学ノ完成ハ日猶遠シノ感アリ。例ヘバ重工業ニ於テモ永キ間ニワタリ機械及ソノ製品ハ多ク之ヲ海外ニ求メ、技術又外国ヲ模シ形態上ハ速カニ欧米ノ様相ニ近似シ得タルモ到底百年ノ大計ニ非ズ。然レドモコハ後進国ノ必ズヤ一度ハ通過セザルヲ得ザル必然的過程ニシテ、ヤガテ来ルベキ昭和ノ躍進的発達ヘノ雌伏時代ト見ル時先人ノ努力又没スベカラザルヲ痛感ス。

二

二、本邦科学技術ノ特質

科学ト技術トハ密接ニ相互関聯結合シ、特ニ近代ニ於テハ科学（一自然科学）ハ技術（生産技術）ノ[illegible]基礎ヲ形成ス。本邦科学技術ノ特質ハソノ著シキ後進性ニアリ。大局的ニ考察スレバ徳川後期ニ於ケル本邦科学技術ハ本質上西欧「ルネッサンス」時代（十五世紀）ノ科学技術段階ヲ一歩モ出デズ。

(一)日本人ノ科学技術能力

日本人ノ科学技術能力ハ之ヲ素質的ニ見レバ欧米人ノ夫ニ比シ何等遜色ナキモノト判断ス。

「ルネッサンス」以後欧米ニアリテハ航海術砲術ノ発達ニヨリ動力科学ノ展開ヲ見、更ニ産業革命以後近代的科学技術駸々乎トシテ進歩ノ一途ヲ辿リシガ、我ニアリテハ徳川三百年ノ鎖国下貿易ヲ海外ニ営マズ、太平ノ迷夢ニ耽リ以テ生産力ノ発展ヲ抑制セシ結果トシテ科学技術発達ノ土壌全ク存在セザリキ。加之徳川時代ノ我ガ指導層ニ於ケル政治道徳重視、技術軽視一般ニ慣習ヲ四民ニ導キ重ニテ斬新ヲ好マザル傾向、封建制治下ニ於ケル身分ノ固定、生活意欲ノ沈滞等ハ習性トナリ、今日尚ホ科学技術ノ進歩ヲ阻ミツヽアリ。

(二)日本科学技術ノ性格

(イ)我国民ハソノ科学ノ後進性ノ故ニ一般ニ解析的トイフヨリハ綜合的直観的ニシテ理解早ク「カン」ト「コツ」ニ於テ特有ナルモノアリ。サレバ直観的「勘」ニ依存シテ技術ノ相伝方法ハ学トイフヨリハ術ノ色彩濃厚ニシテ系統的組織的ナラズ、コヽニ秘[illegible]ルト云フ弱点アリ。即チ本邦科学ハ自然哲学的傾向強ク且ツ局部的関キハ有[illegible]

三

(ロ) 研究ノ孤立性
我国研究施設ハ一般ニ極メテ小規模ニシテ無統制ノママ乱立シ専門分野ノ総力発揮ハ困難ナル現況ナリ。且ツ基礎研究、応用研究、企業研究ノ間ニ有機的一貫性ナシ

(ハ) 研究者ノ不足
本邦古来算数（科学）ヲ卑ムノ風アリ。加之科学技術研究者ノ社会的地位低カリシタメ優秀研究者ニ乏シク科学ノ推進力薄弱ニシテ又多数無名技術者ノ組織的協力ニヨル研究動員ノ偉大ナル成果モ期待シ得ザリキ。

(ニ) 研究者ノ素質
科学者技術者中研究ヲ以テ相傳ノ業トスルノ気魄ニ欠クルモノ尠カラズ。一般国民ノ科学精神普及不充分ニシテ科学技術教育ノ不足ナリ。且ツ従来漢学的教育ニヨリ章句記誦ノ末ニ過リ創意工夫実践ヲ以テ立ツノ気概乏シ、ソノ感深ク且ツ科学者ガ形而上学的教養不足シ円満ナル科学的教養ニ欠クルモノナシトセザル感アリ。

(ホ) 研究ノ追随性
外国人ノ特許ニヨル優秀ナル外国製資材ノ多数ヲ輸入シ資源豊富ナル欧米列強ノ研究方法ヲ無批判ニ輸入シ之ニ盲従シ日本的性格ヲ有スル具体的研究ヲ欠除ス。外国技術ノ輸入ニ際シ種々ナル条件ヲ附セラレ秘密ノ関係ノミナラズ技術ノ研究ニモ制約ヲ受ケ或ハ機密ノ漏洩ヲ来ス等技術諜報ニ無関心ナリキ

(ヘ) 研究方法ノ偏向性
研究内容ハ研究者ノ自由選択ニ委ネラレテ国家的統制ナク重大問題ニシテ未曾

三

モ稀平タル史的集積ニ欠ケタリ。

(ロ) 蘭学勃興以来本邦科学ハ新奇ナルモノニ対スル興味ヲ中心トシ、自ラ緻密ナル観察ト実験ヲ行ヒ、之ヨリ一ツノ原理ヲ導キ出シ複雑ナル現象ヲ組織的統一的ニ説明セントスル努力ニ欠ケタリ。然レドモコノ性格ニ基ク無批判ニシテ科学ノ立地性ヲ顧慮スルコトナキ科学技術ノ輸入ハ後進国家ノ止ムナキニ出ヅル方途ニシテコノ模倣ヲ以テ独創性ノ欠除ヲ云々スルハ妥当ナラズ。ヨク外来文化ヲ吸収同化シ独創的ニ本邦ニ即セシ科学技術ノ発達セルモノアレドモ模倣的ニ無批判ノ模倣ノ片鱗ヲ止ムルモノナキニ非ズ。

(ハ) 我国ノ科学技術ハ近年ニ至ルマデソノ本来的土台タル重工業ハ未発達ナリシタメ技術ハ生産ヨリ又科学ハ技術ヨリ遊離シソノ間ニ有機的一貫性ヲ欠除スルノ情勢ヲ招来シ、カヽル事情ノ下ニ跛行的発展ヲ余儀ナクセラレ、盲目的ニ欧米追随ノ止ムナキニ至レリ。要之従来ノ日本技術ノ特性ハ其ノ後進性ニヨリテ表現サルルニ対シ日本科学ノ特質ハソノ近代科学トシテノ水準ノ低サト技術ヨリノ遊離ナリ。

(二) 本邦科学技術研究ノ現況

(イ) 研究ノ軽視
従来一般ニ研究ハ軽視セラレ甚シキハ眼前ノ利益ニ捉ハレテ研究ハ営利企業ノ目的ニ沿ハザルモノトシテ全ク顧慮セラレザル向アリ。且ツ一般ニ小瑕瑾アラバ之ガ改良ヲ計ラントスル事ナク直チニ研究ノ萌芽ヲ摘ミトリテ之ガ大成ヲ育ムノ度量ニ欠クル傾アリ。況ンヤ科学ノタメノ科学ノ必要性等ハ少数ノ識者ノ唱フルモノアルニ過ギズ。

四

手モノアリ。研究所ノ研究方法、研究内容ニ時局下切実ナル内容ヲ包含セズ、研究者ハ愛国ノ至情ハ有セルモ現実ヲ遊離スルノ不満アルモノ多シ。

(ト) 研究ノ排他性

研究機関互ニ対立シ夫々ノ研究ノ秘匿ニ努メ個人中心ノ排他的研究ニシテ世俗的名声ニトラハルルコト絶無ナラズ。島国根性ニヨリテ国家ノ要請セル科学ノ発達ハ著シク阻害セラレタリ。

三ト

三 科学技術振興方策ト科学技術動員態勢ノ概要（末尾参照）

科学技術動員態勢ハ先年来逐次進捗中ナリシガ、戦争ハ明ニ科学技術戦ノ様相ヲ顕ニシ今ヤ科学技術ノ飛躍的向上ニ対シテハ単ニ科学技術者ノミナラズ国家総力ヲアゲテ之ニ傾注シ以テ科学ノ優秀、技術ノ先制ヲ確立スルヲ要ス。之ガタメ昭和十五年五月科学技術新体制確立要綱ノ閣議ノ決定ヲ見タリ。之ガ内容ヲ概説スレバ

(一) 方針

高度国防国家完成ノ根幹タル科学技術ノ国家総力戦体制ヲ確立シ科学ノ画期的振興ト技術ノ躍進的発達ヲ図ルト共ニ其ノ基礎タル国民ノ科学精神ヲ作興シ以テ大東亜共栄圏資源ニ基ク科学技術ノ日本的性格ノ完成ヲ期ス

(二) 要領

(イ) 科学技術研究ノ振興方策
(ロ) 技術躍進方策
(ハ) 科学精神ノ涵養方策

六

(三) 措置

科学技術水準ノ躍進速度ヲ急速ニ増高セシムル為一般産業及教育行政機関ト別箇ニ基礎研究、応用研究、工業化研究ノ三者ヲ一貫シテ統制指導スルト共ニ各専門担当面ノ有機的ニ連絡綜合スル科学技術ノ研究及中央機関ヲ早急ニ創設ス

(イ) 科学技術行政機関ノ創設

科学技術行政中枢機関トシテ昭和十七年一月技術院誕生ス、技術院ハ企画院同様ノ企画官庁ニシテ科学技術ニ関スル国策ノ樹立ニ任ズルト共ニ更ニ実施官庁トシテ航空技術ノ研究ニ任ズ。技術院ハ創立後未ダ日尚浅ク且ツ陣容整ハザル為ニ行政的関連性ニヨリ定員充足ヲ止メラレタルト共ニ官界一般ノ科学技術ニ関スル認識未ダ充分ナラズ一方科学者ニシテ技術院ヲ目シテ徒ラニ研究ヲ統制スルモノトナスモノアル等前途ニハ幾多ノ困難アルモ当事者ノ努力ニヨリ技術院ヲ中心トセル科学技術動員態勢ハ逐次成果ヲアゲツヽアリ

三ト

(ロ) 科学技術研究機関ノ綜合整備

(1) 研究機関ノ直轄

全研究機関ヲ技術院直轄トシ之ヲ自由ニ綜合運用スルハ最モ理想トスル所ナルモ旧来ノ因襲ニヨリ直チニ実施スル事困難ニシテ新設研究所ノ逐次傘下ニ収メラレツヽアリ

(2) 調査研究聯盟

国策樹立ノ基礎資料タルベキ各種ノ調査研究ヲ徹底シ其ノ成果ノ綜合的活用ヲ図ルタメ各種主要調査研究機関ヲ以テ聯盟ヲ組織シ其ノ運営ニヨリ調査研究機関ノ国家目的ニ沿ヘル有機的一体化ヲハカリ綜合的機能

七

ヲ育成シ彼此調査研究ノ重複乖離ヲ排除シ以テ一層能率ヲ向上セシムル如ク指導ス　換言セバ調査研究ノ一種ノ統制會ニシテ昭和十七年末創設サル

(3) 調査研究協議會

各庁ニ於ケル調査研究ニ関シ連絡調整ヲ図ルト共ニ調査研究聯盟ノ指導其他民間ニ於ケル調査研究ノ指導統制ニ関スル重要事項ヲ調査審議スル為メ十七年末内閣ニ設ケラレシモノニシテ科学技術ニトリテノ官庁研究機関動員態勢ナリ

(4) 科学動員協會協力委員會

技術院ノ外郭團体タル科学動員協会ノ手續ニヨリ実施セルモノニシテ主要民間科学技術研究機関代表ヲ委員トシ研究技術生産ノ三位一体三者一貫的体制ニ関シ協議スルモノニシテ本年三月設立セリ

(5) 研究所ノ新設計畫

航空ニ重点ヲ指向ス

(ハ) 科学技術審議會ノ設置

重要国策ニ対スル科学技術的基礎ヲ確立シ之ガ円滑ナル遂行ヲ期スルト共ニ科学技術ニ関スル我国ノ重要内外最高国策ヲ決定スルヲ目的トナシ関係各庁協力ノ上之ガ積極的活用ヲ図ルノ要緊急ナルニ鑑ミ内閣ニ設置シ総理ノ監督下ニオケリ。本審議会ニハ部会ヲオキ部会ハ更ニ通常部会ト特別部会ノ二種ヲ区別シ部会ノ下ニ専門部会ヲ設ケ専門事項ノ調査審議ニアタラシム

(a) 通常部会……燃料　機械　電気　材料等

(b) 特別部会……南方資源活用、発明奨励、研究体制

八　三H

(二) 尚ホ従来ノ科学審議会ハ本審議会中ニ発展的解消ヲトゲルト共ニ各種官制委員会或ハ民間科学技術団体ニ対シテハ関係各庁ニ於テ技術院ト協力ノ上必要ニ応ジ本審議会ニ統合或ハ有機的連絡ヲ図ル如ク指導シツヽアリ

技術院関係外部団体

(1) 調査研究聯盟　(前述)

(2) 科学動員協会

政府ノ科学技術動員実施ニ協力シ国防生産力ノ拡充ヲ主眼トシテ科学技術ノ躍進的振興ヲ図リ以テ大東亜建設ニ貢献スルコトヲ以テ目的トス

(以下口述)、

(3) 全日本科学技術団体聯合会

時局ノ推移ニ伴ヒ全国百五十有余ノ科学技術団体ガソノ綜合的機能ヲ発揮スル為メ結成セルモノニシテ従来存在セル全科学界ヲ網羅セリ。ソノ研究所総括ノタメニ結成シツヽアル研究隣組ハ前記科学技術審議会ノ上部組織ト対応シ一大ピラミット型ノ科学技術者ノ総動員態勢ヲ結成スベキモノナリ

(4) 大日本航空技術協会

本協会ハ航空ニ関係アル科学者ガ互ニ連絡提携シテ我国独自ノ航空科学ヲ開発セシガ為メ各庁航空当局並ニ航空関係会社ガ協議ノ結果設立シタルモノナリ

九　三廿

第一表　明治以降本邦工業ノ発展ト科学技術ノ進歩　（未定稿）　三七

年代	外来刺戟（東亜情勢ト日本ノ対外関係）	時代思潮	産業時代相	基本産業	外来刺戟ニ対スル反応ノ様相：国内産業	外来刺戟ニ対スル反応ノ様相：科学技術面ニ於ケル反応	主要ナル研究発明発見
	紅毛来朝探険	攘夷鎖国		農業		蘭学洋学ノ渡来 洋学者等ノ覚醒	
	門戸開放要求	尊王開国				国防科学技術ノ急速輸入	
維新	市場開発	文明開化	国権主義時代		資本主義的蓄積ノ進行	政府保護奨励（産業官営）ヨリ現実的保護政策ヘノ移行 農商務省設置ノ金融制度ノ整備 東大ノ基礎確立（10）	村田銃 地震学研究（田中舘） 地磁気研究（長岡）
明17	日清戦争	自由民権			産業革命	欧米科学盲従ヨリ覚醒（直訳ヨリ日本的性格ヘ 邦人新進学徒外人教師ニ代ル）（明30 研究所19 学会28）	アニリン工業ノ有望性ヲ説ケドモ実現ヲ見ズ（[illegible]田） 下瀬火薬 無煙火薬 無電研究始マル（松代）
明27	日露戦争	臥薪嘗胆		軽工業		資本蓄積相当度ニ達ス 繊維工業ノ発展（生産設備ノ量的増大） 東洋市場（朝鮮等）ヘノ発展 日本科学独立ノ気運興ル 京大設立（30）（明40 研究所36 学会44）	アドレナリン発見（高峰） 緯度変化Z項発見（木村） 原子模型（長岡）
明40	対日市場拡大	満蒙問題中心	自由主義時代		近代企業確立	関税自主権ノ回復 機械、化学工業抬頭（質的発展） 電力開発 東北大（40）九大（43）新設 学士院ノ恩賜賞（44）	オリザニン発見（鈴木） 軍航空研究始マル 重力理論（石原） ラウエ斑点ニ関スル研究（寺田）
大3	第一次世界大戦 独科学技術輸入杜絶	支那問題中心			独占企業成立 異常景気	本邦ノ東洋市場独占 重工業独立 日本産業自主性ノ提唱（高峰[illegible]） 科学ノ反省 科学研究ノ勃興 科学教育ノ進歩 理研（6） 陸技研（8） 東大航研（10） 海技研（12）	
大10	独逸ノダンピング	国民精神作興	混迷時代		慢性的不況	産業規模縮少人口問題抬頭 産業合理化企業ノ集中	水銀原子破壊（長岡） 超短波研究（八木）
大15 昭4					恐慌	国家主義抬頭 日本的科学ノ提唱（寺田、橋田）（昭2 研究所123 学会96）	電子線回折（菊池） MK磁石鋼（三島）
昭6 昭8	世界恐慌・満洲事変	日本主義思想ノ抬頭	国家主義時代	重工業		高度国防国家ヘノ発足 重工業、化学工業 軍需工業ノ発達 国民科学精神昂揚	新KS磁石鋼（本多） 中間子概念導入（湯川） 中間子質量測定（仁科）
昭12	ブロック経済ノ確立ヘ・支那事変				計画経済ヘ	重工業ノ躍進 戦時体制ノ確立 計画経済開始 工作機械自給	
昭14 昭16	第二次世界大戦・大東亜戦争	戦力増強					

-10

第二表　科学、技術

列国理工科系総学生対法文科系統学生比率表

国別	文科系	理科系
日	70	30
独	46	54
蘇	28	72
米	50	50

列国学術産業研究大勢一覧表

国別	研究所総数	研究費年額	研究人員
日	700	1.5億	2.8万
独	1000	80.0	10.0
蘇	2300	32.0	8.0
米	2000	40.0	5.0

列国最大研究機関比較表

国別	研究所名	研究人員	年額研究費
日	理研	442	370万円
独	カイザーウイルヘルム研究所	2,000	16,000〃
蘇	ソ聯科学アカデミー	8,800	20,000〃
米	デュポン研究所	1,900	20,000万弗

列国学術奨励代表機関年額予算比較表

国別	名称	予算
日	学術振興会	100万円
独	学術維持促進会	1,037〃
蘇	学術産業研究局	1,104〃
米	ナショナルリサーチカウンシル	353〃

一二

第三表

東大工、理、農学部卒業生年別図

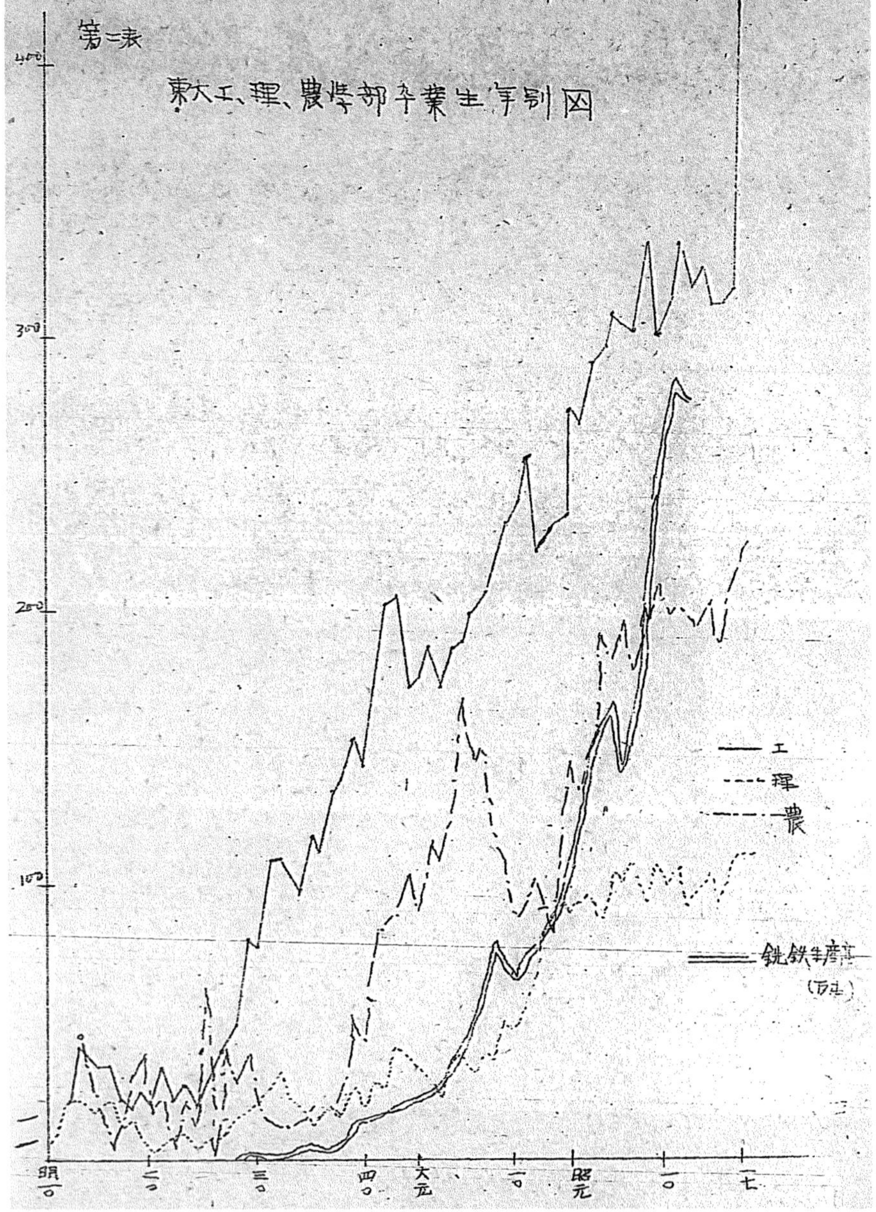

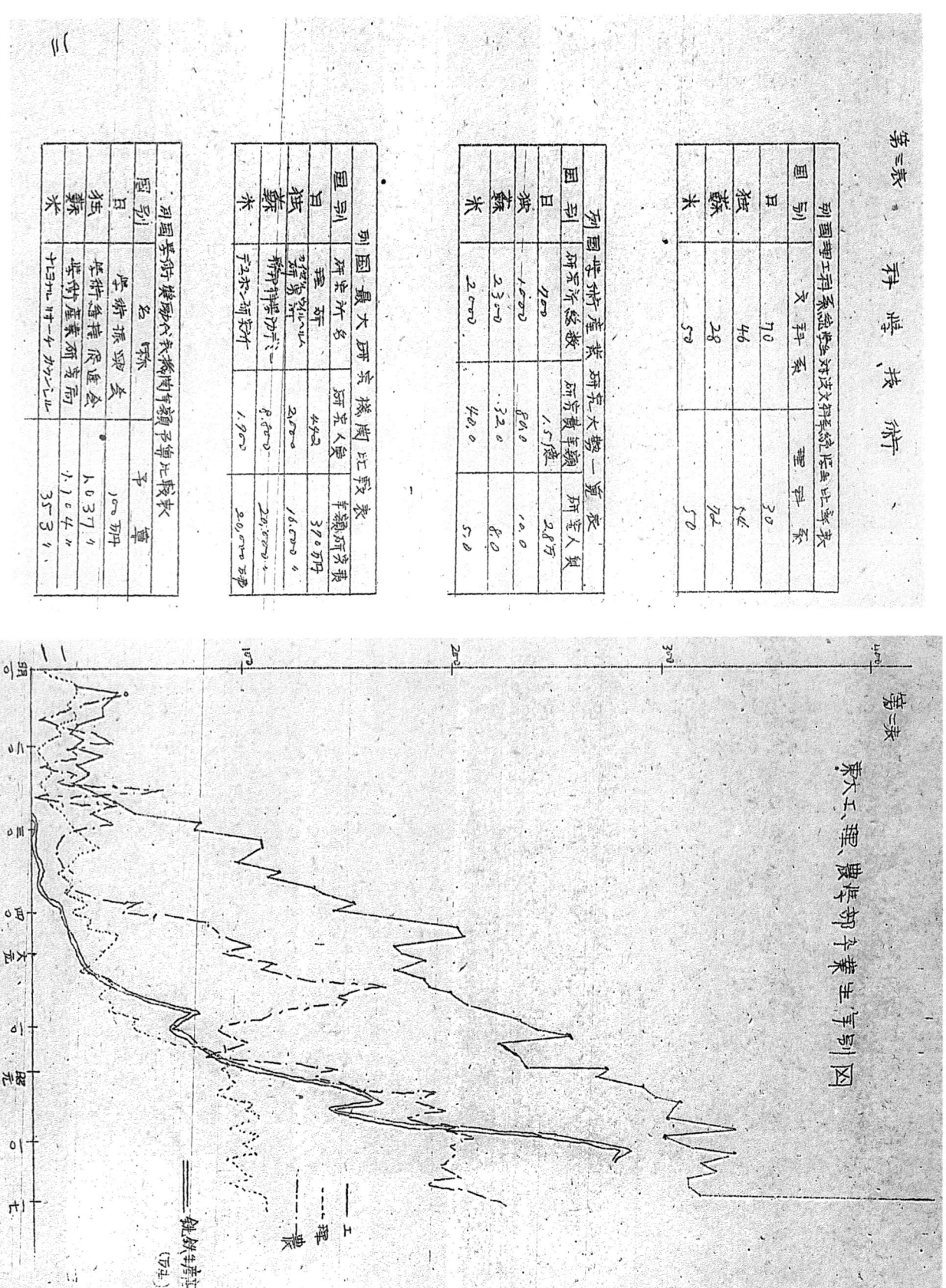

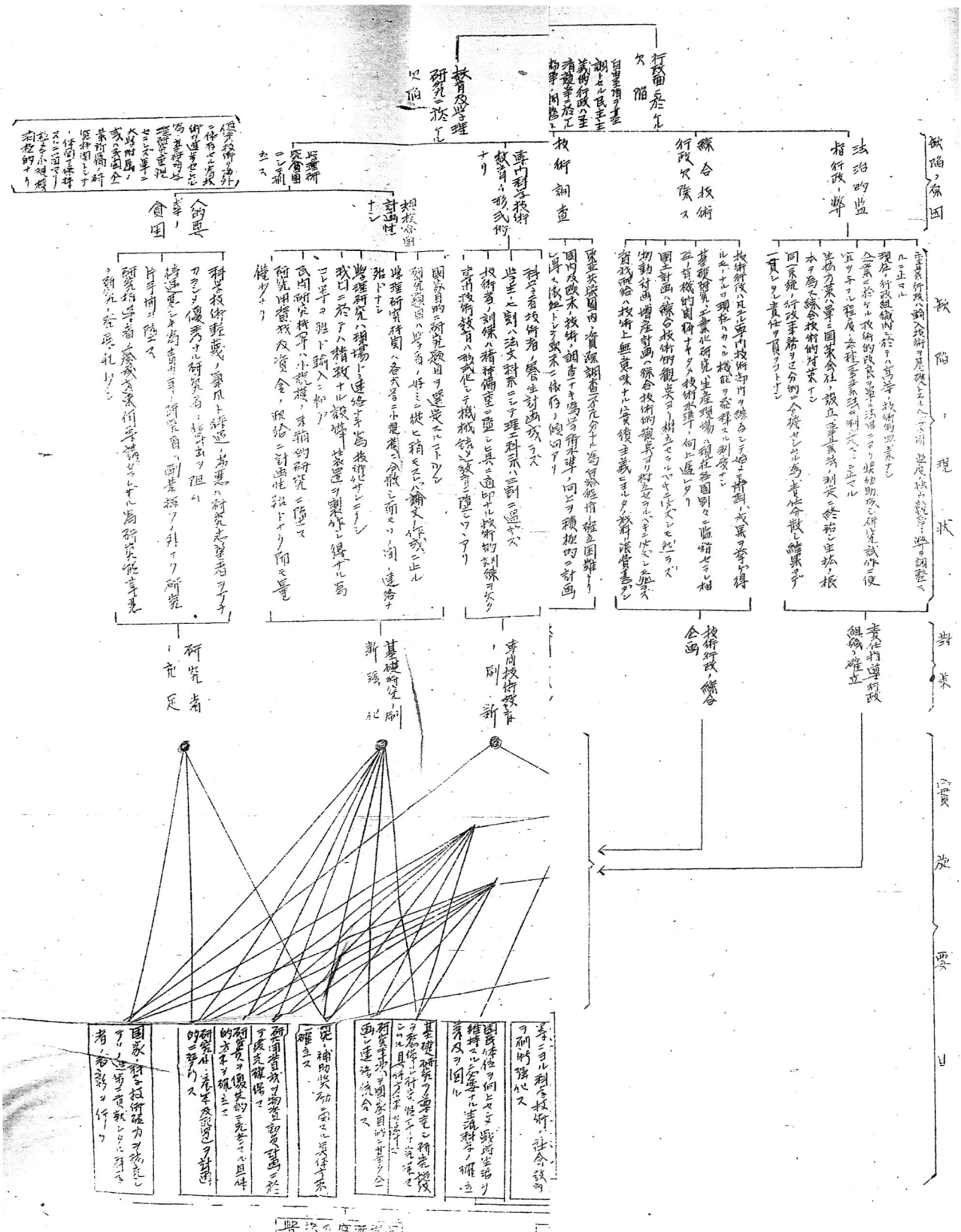

欠陥ノ原因

行政面ニ於ケル欠陥

自由主義ヲ基調トセル民主主義的行政ハ至消競争ニ於ケル物事ノ間接ス

法治的監督行政ノ弊

欠陥ノ現状

- 産業行政ハ輸入技術ヲ基礎トスル企業間ノ過度ノ競争ノ弊ヲ調整スルニ止マル
- 現在ノ行政組織内ニ於テハ高等ノ技術的要素ナシ
- 企業ニ於ケル技術的改良ヲ単ニ法律ニヨリ奨励助成シ研究試作ニ便宜ヲ与フル程度ノ各種事業法ノ制定ヘヘニ止マル
- 生産方策ハ単ニ国策会社ノ設立、事業法ノ制定ニ終始シ生拡ノ根本ヲ為ス綜合技術的対策ナシ
- 同一系統ノ行政事務ヲ区分的ニ分掌セシムル為責任分散シ結果ヲ一貫シタル責任ヲ負フコトナシ

対策：責任指導行政組織ノ確立

綜合技術行政欠除ス

- 技術行政ハ凡ユル専門技術部門ヲ綜合シテ始メテ所期ノ成果ヲ挙ゲ得ルモノナルヲ現在ハカカル機能ヲ発揮スル制度ナシ
- 基礎研究、工業化研究、生産現場ハ現在各国別々ニ監督セラレ相互ノ有機的関係ナキタメ技術水準ノ向上遅レタリ
- 国土計画ハ綜合技術的観点ヨリ樹立セラルベキニモ拘ラズシモ然ラズ
- 物動計画増産計画ハ綜合技術的観点ヨリ樹立セラルベキニモ拘ラズ
- 資材配給ハ技術上無意味ナル実績主義ニヨルタメ材料ノ浪費甚ダシ

対策：技術行政ノ綜合企画

教育及学理研究ニ於ケル欠陥

技術調査

- 東亜共栄圏内ノ資源調査ノ不充分ナル為自給経済確立困難ナリ
- 国内及欧米ノ技術ノ調査ナキ為其ノ技術水準ノ向上ヲ積極的ニ計画シ得ス依然トシテ欧米ニ依存ノ傾向アリ

専門科学技術教育ハ形式的ナリ

- 科学者技術者ノ養成計画成ラズ
- 学生ノ比率ハ法文科系ニシテ理工科系ハ三割ニ過ギズ
- 技術者ノ訓練ハ精神的涵養ニ重点ヲ置キ真ニ適切ナル技術的訓練ヲ欠ク
- 専門技術教育ハ形式化シテ機械的詰込教育ニ堕シツツアリ

対策：専門技術教育ノ刷新

学理研究ニ計画性ナシ（相互機関）

- 国家目的ニ研究題目ヲ選定スルコトナシ
- 研究題目ハ学者ノ好ミニ従ヒ精々モスレバ論文作成ニ止ル
- 学理研究機関ハ各大学ニ分散シ孤立シ而モソノ間ノ連絡ナク殆ドナシ
- 学理研究ハ現場ト連絡ナキ為技術化サレズ
- 我国ニ於テハ精緻ナル設備装置ヲ製作シ得ザル為之ヲ殆ド輸入ニ仰グ
- 民間研究機関ハ小規模ナル且断片的研究ニ陥リ
- 研究用資材及資金ノ配給ニ計画性殆ドナク而モ量僅少ナリ

対策：基礎研究ノ刷新

学理研究ニ不利ナル事ノ貧困

（侵入技術ノ海外ニ依存セル為技術ノ進歩セザル為其ノ技術ノ研究室ヲ軽視セシメズ単ニ大学附属ノ或ハ民間企業所属ノ研究機関トシテノ体面ヲ保持スルニ過ギズ消極的ナリ）

- 科学技術軽蔑ノ弊風ト待遇ノ劣悪ハ研究志望者ヲ少ナカラシメ優秀ナル研究者ノ補充ヲ阻ム
- 待遇悪シキ為青年ノ研究者ハ副業ヲ持チ研究ニ片手間ニ陥ル
- 研究指導者ノ養成方策ノ講ゼラレザル為研究能率低ク研究ノ発展乏シ

対策：研究者ノ充足

実施要目

- 国家ノ科学技術確力ヲ拡充シアリ進歩ニ貢献シタル科学者ノ表彰ヲ行フ
- 研究材・基本及設備ヲ計画的ニ整フ
- 研究費ヲ優先的ニ充当シ具体的方策ヲ確立ス
- 研究用資材ヲ物資動員計画ニ於テ優先確保ス
- 研究補助奨励ニ関スル具体方策確立ス
- 研究事項ハ国家目的ニ基キ企画シ連絡統合ス
- 基礎研究ヲ重視シ研究施設ヲ整備シ研究ニ従事スル者ニ具体的方策ヲ確立ス
- 国民体位ヲ向上セシメ戦時生活ヲ維持スルニ必要ナル生活科学ノ確立普及ヲ図ル
- 科学ニヨル科学技術ノ社会教育ノ刷新強化ス

(ロ) 生壙及勞務對策トシテノ科學技術ノ利用方策

第一 本邦鑛工業技術ノ現況及其ノ缺陷

入江研究生
村田研究生

一、本邦鉱工業技術ハ欧米一流国ニ比シ著シク劣勢ニアリ其ノ原因ハ基礎理論ノ貧弱性、材料、精密測定及精密工作技術ノ未熟ニ依ルモノナリ結局根本ハ左ノ諸点ニアリシモノナルベシ

(1) 国民ノ性格
(2) 企業者ノ取易性
(3) 技術者ノ模倣性

二、鉱山関係

過去ノ労力ノ豊富低廉ナリシト本邦鉱床、炭層ノ貧弱ナルニ依リ採掘能率ハ欧米諸国ニ比シ著シク低シ又物理探鉱法ノ如キ探鉱技術未ダ発達セズ其ノ他左ノ如シ

(イ) 選鉱油 起泡剤
專ラデュポン製品ヲ使用セリ
(ロ) 鉱山機械 工具粗悪
ドリル、コールカッター等ノ材料粗悪ノ爲寿命短シ

鉱夫一人一ケ月当出炭量（瓲）

日本	0.56
米国	4.55
英国	1.55
独国	1.19
伊国	0.60

三、鉄鋼関係

本邦資源事情ニ鑑ミ貧鉱処理法ヲ完成シ置クヲ要ス、又砂鉄ノ大規模利用法、粉鉱利用法等ニ於テ未ダ著シク遅レタリ例示左ノ如シ

(1) 製銑法
貧鉱処理法
粉鉱処理法
砂鉄大規模利用法
高級鋳物銑製造
連続焼結装置
クリーブランド銑

(2) 製鋼方法
転炉製鋼法
電気炉製鋼法

(3) 特殊鋼
品質向上ヲ要ス
高速度鋼（工具）
特殊鋼（ベアリング耐圧耐熱鋼）
不銹鋼（化学機械）

四、アルミニウム
本邦アルミニウム工業ハ当初量ヲ目的トシ最モ安易ナル方法ヲトリドイツ人技師ノ設計ニ依リ輸入原料ニ依存セル為全然日本的性格ヲ有セズ
国産原料ニ依リ日本ノ環境ニ適スル方法ノ確立ヲ要求セラル
(1) アルミナ　国産原料法確立
1. 礬土頁岩石炭ソーダ法
2. 明礬石灰法
3. 明礬石アンモニア法
4. 副礬石土亜硫酸法
5. 礬土頁岩酸アルカリ法
6. 電炉法
ベイヤー法酸化剤加入法（新）
能率増進

(2) アルミニウム精錬技術
電極
氷晶石
ピッチコークス
当初設計ノ外人技師ハドイツノ二流技術者ニシテ効率ハドイツノ約八〇%
総ベテドイツゼーターベルグ式特許ヲ使用ス
弗素ノ消費量大ナリ
焼成炉ノ能率悪シ
ドイツ特許ヲ使用ス

五、金属工業
本邦金属材料ノ品位低キハ総ベテノ工業機械ノ欠点トシテ現ハルル処ナルモ之ガ加工方面ニモ改良進歩セシムベキ点少ナカラズ左ニ一例ヲ挙グ
(1) 電気熔接技術
造船等ニ利用シテ工程ヲ促進シ材料ヲ節減ス
最近ドイツニ於テ之ニヨリ鋼材ニ〇%ノ節減ニ成功（セリ）
(2) マグネシウム合金防錆法
総ベテエケ特許タル重クロム酸法ヲ使用セリ

六、化学技術
化学技術ハ総ベテドイツノ指導ニ係リ甚ダ知レキハドイツノ研究ノ工業化試験ニ使用セシタルガ如キ観ヲ呈スルモノアリ之等ノ中特ニ接触反応ニ依ル合成ハ全然独米ニ遠ク及バズ特ニ機器材料及触媒ニ関シ急速ナル研究改良ヲ行フヲ要ス
(1) 硫酸　ルーギ式等ドイツ特許ニ依ルモノ多シ
(2) 硝酸　触媒　日本ノ白金　ドイツノ銑

(3) 石油合成　本邦ハ全クドイツノ模倣ニシテ石炭ト原料ドイツト異ル環境ニ於テ之ガ確立ニ著シク困難ヲ感ジツヽアリ

(4) パラフィンヨリ航空燃料　ドイツニ於テ完成セリ

(5) アセトアルデヒト　觸媒タル水銀ノ消費量米独ニ比シ著シク大ナリ

(6) 合成ゴム　米独ノ実用化、日本ノ研究時代

(7) 人造繊維

七、機械工業

一萬瓲プレス、五萬キロワット発電気器ノ大型ナルモノ及精密機械ニ於テ未ダ国産化セラレザルモノ多ク又其ノ他モ電気機器、化学装置等ハ殆ンド米独ノ特許使用ニ依リ製作セラレタルモノニシテ機種多数ニシテ又材料ノ原因的欠陥ヨリ之ガ国産化ハ一朝ニシテ完成シ得ルモノニ非ズ、之等機器ガ使用セラレ居ル各種工場ニ於テ其ノ代換ヲ必要トスル時ヲ考慮スレバ誠ニ憂慮ニ耐エズ速ニ基礎技術ヲ把握シ機械工業ノ独立ヲ圖ルノ要アリ

左ニ国産化ヲ要スルモノノ一例ヲ掲グ

(1) 圧延鍛造
一萬瓲プレス　砲身反応筒製作用
大型分塊機
連続鋼片圧延機
アルミニウム線抑出機

(2) 鉱山機械
空気截炭機　アイホック型
鑿岩採炭機
深孔鑿岩機　二千米級石油井採掘用
振動篩分器　ピット、ドリルステム等

(3) 合成蒸溜装置
反応筒　人造石油、メタノール、硫安
石油分解蒸溜装置
石油精溜装置
タール分溜装置

(4) 発生炉
瓦斯発生炉

(5) 自動車
水素分離機　イビング式
瓦斯変性炉　ウィテクラー
瓦斯脱硫技　フィアガ
燃料ポンプ　ウェルマン
気化器　リンデ
サイクロックス
ディーゼル用

(6) 電気機器
ジーメンス、GE等ノ特許使用極メテ多シ
電波使用機器

(7) 軸受
(8) 光学ガラス
(9) 精密工作機械
絶縁材料　スチロール樹脂
精密軸受
種類ナシ　ドイツ一六〇。日本三〇。

總動員試験研究命令件数

項目	昭和十六年度	昭和十七年度
鉱業	一〇	—
金属	—	一
化学	一三	三
機械	三六	五〇
繊維	五	—
燃料	九	二
其ノ他	四	—
合計	七六	五六

三九

二〇

第二 農業技術

増田研究生

三八

第一表 稲作技術體系

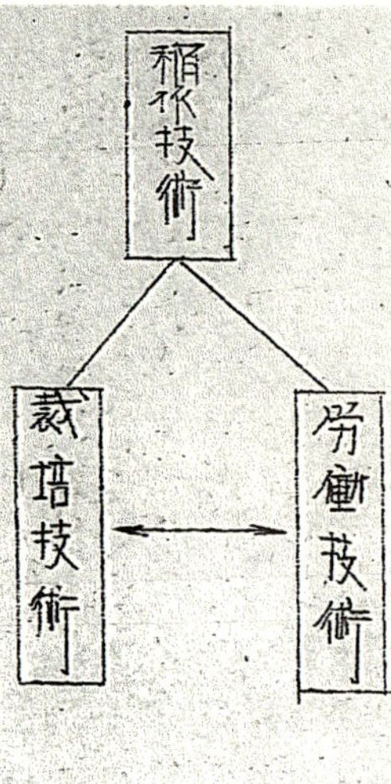

労働技術
- 耕耘（苗代整地施肥）
- 播秧（苗取挿秧）
- 中耕除草
- 収穫（刈取乾燥収納、脱穀、調整）

→ 機械化、合理化（労働生産力）

栽培技術
- 水（灌排水）
- 施肥 ― 多肥栽培
- 耕耘技術（特ニ深耕）
- 品種改良――新品種育成

→ 多収穫（土地生産力）

（備考）

一、農業技術ノ本来的ナルモノハ労働技術ナリ

二、栽培技術ヲ終局的ニ決定スルモノハ労働技術ニシテ、栽培技術ト労働技術ノ対立ガヨリ高次ノモノニ統一セラレタルモノガ農業技術ナリ。

三、栽培技術ハ労働技術ト一應獨立シテ孤立的ニ発展スル可能性アリ。

二一

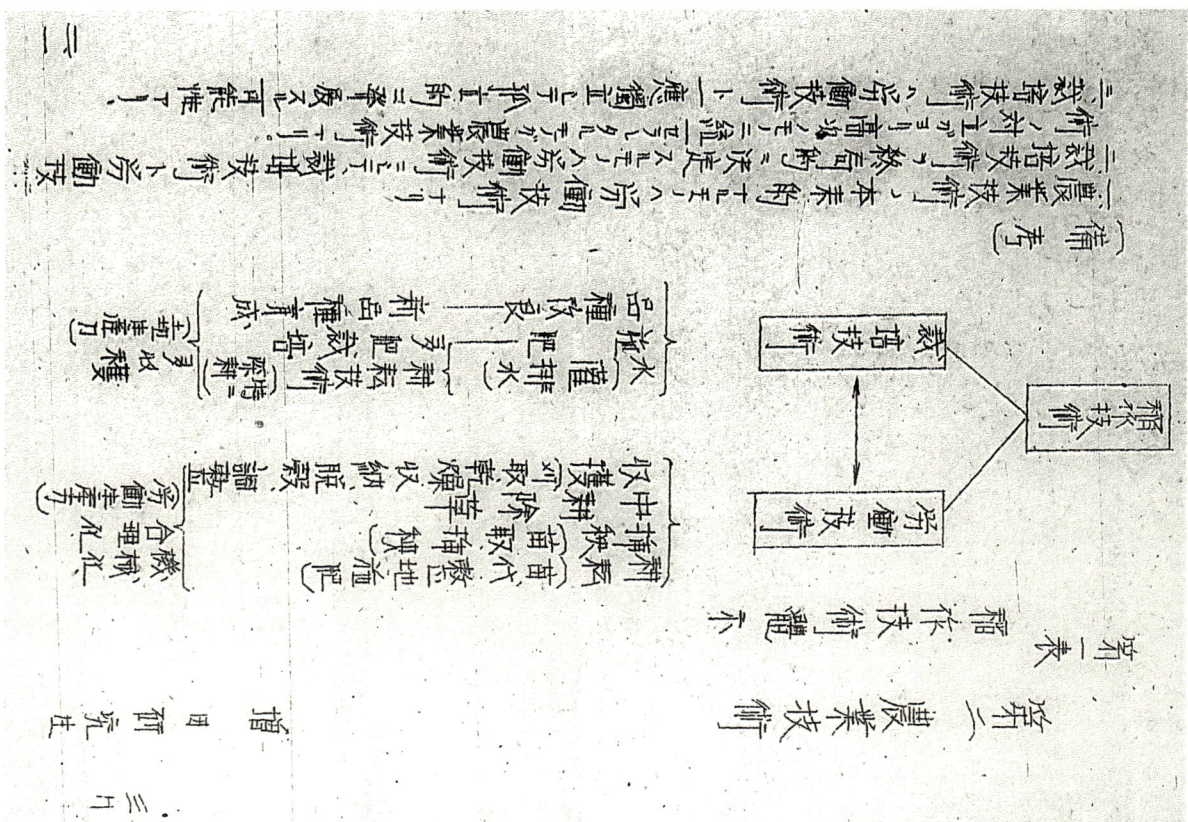

第二表 稲作技術ノ段階（構造的観察）

区別	現勢	段階 一部	機械化	備考
耕耘	大畜耕	(一)人耕 (二)機械耕	機械耕	〔畜耕面積ノ田面積ニ対スル割合ハ四七・五％（昭和十四年）〕〔自働耕耘機ハ畜耕ノ一・五倍ノ能力アリ〕
揚水	揚水ポンプ			一、大規模――電動機 小規模――石油発動機
挿秧	一手労働 二正條植	(一)乱植	見透シツカズ	二、直播法 正條植ハ除草機使用ノ不可缺條件ナリ
除草	手押除草機	(一)手取	畜力除草	畜力除草機ハ手押除草機ノ四―五倍、雁爪打ノ一〇―一五倍ノ能力アリ。
刈取	手労働		見透シツカズ	
脱穀収納	圃場作業 足踏脱穀	(一)屋内作業 (二)動力脱穀（石油、電動）	電動機移動化 動力及自働脱穀機	足踏、動力、自働脱穀機ノ能率ノ比ハ夫々一〇。対三〇対六五〇（実験例）
調整	動力籾摺			

（観察）

一、農業機械化ノ発展ハ極メテ跛行的ニシテ農作業全般ニ亘ル機械体系ハ完成セラレアラズ調整加工部門ト耕作部門トニ於ケル技術ノ発展ニハ著シキギヤツプアリ

二、調整加工部門（脱穀、籾摺、精米）……速ニ機械化セラレアリ（但シ脱穀作業ハ後進的ナリ）

農耕部門……「揚水過程」ガ機械化セラレタルニ過ギズ「耕耘砕土過程」ハ機械化ノ萠芽ヲ摘ミタルニ止リ「挿秧ト刈取」ニ至ツテハ機械化ノ見透シニ立タズ。

三、「直播法」……内地ニ於テモ未ダ試験研究ノ範囲ヲ出デズ

四、総ジテ我邦稲作農業技術ハ畜耕ノ段階ニ在リ、事変以来急速ニ籾摺ノ機械化ヨリ脱穀ノ機械化ニ進ミツツアリ。

二二

第3表

稲作技術段階ノ地方的差異
（地方別反当収量及ビ反当労働量）

	反当収量(A) 昭和八—一四年平均	反当収量(A) 近畿基準ノ指数	反当労働量(B) 昭和13、14年平均	反当労働量(B) 近畿基準ノ指数	A/B
北海道	1.494 石	64.3	11.8 人	57.0	0.1266
東北	1.915	82.4	21.9	105.8	0.0875
関東	2.009	86.4	19.9	96.2	0.1020
北陸	2.196	94.5	20.0	96.6	0.1098
東山	2.284	98.3	20.4	98.6	0.1120
東海	2.128	91.6	19.8	95.7	0.1075
近畿	2.324	100.0	20.7	100.0	0.1123
中国	2.000	86.1	21.6	104.3	0.0926
四国	1.998	86.0	20.6	99.5	0.0970
九州	2.136	91.9	19.8	95.7	0.1079
沖縄	1.313	56.5	17.8	86.0	0.07380
全国	2.048		19.7		0.1040

（観察）農業技術ノ段階ヲ最モ端的ニ標示スルモノハ単位労働当生産高ナリ——西南日本ト東北日本ノ差異ヲ見ルベシ（詳細ハ更ニ各地区内部ニ於テ検討スルヲ要ス）

第4表

東北ト中国ノ稲作技術構造トソノ段階的差異（反当収量及反当労働量）

作業別	A 山形県北手田村	B 岡山県興除村	差	B（Aヲ100トス）
苗代	1.70 人	1.32 人	−0.38	78
耕耘整地	3.00	0.36	−2.64	12
施肥	2.20	0.40	−1.80	18
挿秧	1.15	1.25	−0.25	83
除草	3.80	3.21	−0.59	84
稲刈乾燥	4.00	1.11	−2.39	32
脱穀調整	2.30	2.59	−1.41	65
其他		1.92	−0.38	83
計	22.00	11.45	−10.55	52
反当収量（石）	2.780	−3.080	+0.300	111
労働1人当生産高（石）	0.127	0.269	+0.142	212

（備考）両者ノ差異ヲ生ズル原因

1．Aハ畜耕　Bハ機械耕ノ段階ニ在リ。
2．Aハ化学肥料ヲBハ自給肥料ヲ主トス。

第5表

農業技術ノ発展段階（岡山）

年代	(1)明治21年（1888）	(2)明治37年（1904）	(3)大正9年（1920）	(4)昭和11年（1936）
耕耘整地	人耕 } 5.00 人	人畜耕 3.00 人	畜耕 1.20 人	トラクター耕 0.36 人
挿秧	乱植 }	乱植	正條植 1.50	正條植 1.25
施肥	堆肥 2.00	堆厩肥 1.00	粕類、化学肥 0.40	化学肥 0.40
除草	雁爪手取 7.00	雁爪手取 8.33	田打車手取 5.00	二連田打車（手取） 3.21
灌排水	（河川） 2.00	（溜池） 1.00	足踏水車 5.50	揚水ポンプ 0.10
稲刈	草刈鎌 } 5.00	草刈鎌 } 2.55	鋸鎌 2.00	鋸鎌 1.11
脱穀	千歯手扱 }	千歯手扱 }	足踏脱穀機 2.00	動力脱穀機 1.39
調整	人力土臼 4.00	人力土臼 2.55	畜力原動土臼 2.50	動力ロール籾摺機 1.20
其他	—	2.00	3.00	1.11
反当所要労力計（人）	25.00	20.33	23.10	10.13
反当収量（石）	1.640	1.900	2.400	3.080
労働1人当生産高（石）	0.066	0.095	0.104	0.304
比較指数	1.00	144	157	461

（備考）各年度共苗代ヲ除ク

（観察）最モ進歩セル技術ニヨレバ単位労働生産量0.304石ニ達シ得ル
（平均　岡山、収量 2.155、労働量 19.7
　　　　全国、収量 2.048、労働量 19.7）

第6表

耕耘機耕畜耕人耕反当所要時間比較（岡山）

試験区別（作業條件）	耕耘時間	砕土時間	耕耘砕土合計時間	比較指数
耕耘機耕（スピークランク 2.5馬力）	1時 14分 30秒	時 分 秒 —	1時 14分 30秒	1.00
牛耕（六才ノ雌牛体重100貫以上）	2. 15. 00	2. 15. 00	4. 30. 00	3.60
人耕（23才ノ强壮男子）	10. 35. 00	10. 35. 00	21. 05. 00	17.00

（観察）機械耕ニ比シ畜耕ハ3.6倍ノ人耕ハ17倍ノ時間ヲ要ス——即チ機械耕耘ニ依レバ一定期間ニ大量ノ耕耘整地作業ヲ為シ得。

（備考）耕耘機ニ依ル耕耘整地ハ作業ノ質ニ於テモ人、畜耕ニ優ル。

三六

第7表

稲作ノ生産労働量実験成績(昭14新潟農試)

作業別	作業細別	A区(人力)	B区(畜力)	C区(機械)	(備考)
整地	畦塗	11.00 時分	11.00 時分	11.00 時分	本作業ハ凡テ人力ニテ行ヒタリ。
〃	耕耘	8.30	3.30	1.10	C区ハ「ホ」(?)式自働耕耘機、B区ハ横山犂ニテ耕起セリ
〃	砕土	10.50	1.40	—	
〃	荒代	2.35	1.10	1.05	BCノ二区ハ牛ニテ車鍬ヲ掛ケタリ
〃	代掻	5.00	1.05	1.05	同
	計	37.55	18.25	14.10	
施肥	運搬	9.20	9.20	9.20	堆肥、人糞尿等ヲ凡ソ2キロ米運搬セリ
〃	撒布	12.10	12.10	12.10	各区共人力ニテ行ヒタリ。
〃	追肥	0.47	0.47	0.47	同
	計	24.17	24.17	24.17	
挿秧	苗取	4.55	4.55	4.55	各区共凡テ人力ニテ行ヒタリ
〃	挿秧	8.20	8.20	8.20	同
	計	13.15	13.15	13.15	
除草	一番除草	7.10	0.35	0.28	BCノ二区ハ畜力除草機ヲ使用セリ
〃	二番 〃	7.04	0.35	0.28	同
〃	三番 〃	8.30	0.29	0.29	同
〃	四番 〃	8.10	8.30	8.30	各区共手取
〃	畦畔 〃	5.40	5.40	5.40	同
	計	36.34	16.45	15.25	
刈取	刈取	15.30	14.20	14.20	BCノ二区ハ12株1把、A区ハ8株1把トシ結束シ稲架ハ高17尺6段掛延長60間ノモヲ使用セリ圃場ヨリノ運搬ヲモ含ム
稲乾燥	稲架組立	7.40	7.40	7.40	
〃	稲把掛ケ	10.50	10.50	10.50	
〃	稲架除去	3.20	3.20	3.20	
	計	21.50	21.50	21.50	
収納	稲把卸シ	3.04	3.04	—	C区ハ稲架ノ場所ニテ直チニ井関式自働脱穀機ニテ脱穀セリ
〃	荷積運搬	2.08	2.08	—	
〃	収納	1.08	1.08	—	
	計	6.20	6.20	—	
脱穀	脱穀選別	17.45	14.20	3.36	A区ハ足踏、B区ハ畜力ニテ夫々脱穀セリ
調製俵装	籾摺調製俵装	27.34	13.12	1.21	A区ハ人力、B区ハ畜力、C区ハ石油発動機ニテ夫々調整セリ
合計	所要延時間数	201.05	141.52	108.04	
	所要人夫延数	25.10	17.70 牛1.00	13.50 牛0.38	
Aヲ100トセル指数		100.00	70.40	54.00	

三七

三七

第8表

農業用動力機ノ普及状況

	石油発動機	電動機	水力電動機
大正九年	1,785 (1) 台	683 (1) 台	— 台
一二年	9,265	2,033	—
一四年	24,849	4,690	—
昭和二年	39,406	11,603	37,354 (1)
六年	63,459	28,306	47,022
八年	80,491	37,861	45,885
一〇年	96,353	47,138	51,217
一二年	125,583	66,718	55,422
一四年	197,068	86,599	56,530
一七年	316,544 (177)	144,649 (211)	73,160 (1)

(観察) 動力原動機1台当ノ田面積ハ全国平均10.3町
農家戸数ハ19戸ナリ(昭和14)―農業機械化ノ
技術的基礎

三八

第9表

動力作業機ノ普及状況

	耕耘機	脱穀機	籾摺機	精米機
昭和二年	— 台	29,820 台	39,089 台	25,153 台
六年	—	55,954	76,744	35,970
八年	—	67,259	94,482	41,375
十年	222 (100)	91,735 (100)	104,498 (100)	52,259 (100)
十二年	569 (256)	128,620 (140)	107,778 (103)	63,465
十四年	2,971 (1,331)	210,579 (229)	132,701 (127)	72,597
十七年	7,438 (3,300)	357,[illegible] ([illegible])	180,278 (172)	155,523

(観察) 需要ヲ契機トスル農業機械化ノ発展ハ顕著ナリ特ニ耕耘機ニ於テ然リ
脱穀機之ニ次グ

(備考)(1) 1人扱動力脱穀機(1馬力電動機)――――1日5町歩脱穀
2人扱動力脱穀機(2―3馬力石油発動機)―――1日10町歩脱穀
(2) 自動耕耘機――――――――1作業期間10町歩以上耕耘整地。

三九

第10表

農事用電気機ノ増減(全国)

年次	電動機 K.W	電動機 指数	電熱機 K.W	電熱機 指数	電燈 K.W	電燈 指数	電気扇 K.W	電気扇 指数
昭和1年	39,143	100	1,816	100	2,297	100	—	—
3年	55,174	141	2,860	158	1,661	72	97	100
5年	67,557	170	4,012	221	15,956	695	181	187
6年	67,377	169	4,491	247	13,040	568	70	72
7年	75,843	194	1,908	105	10,080	440	76	79
8年	77,953	198	2,089	115	11,938	520	71	74
9年	84,673	216	2,462	136	10,513	456	67	69
10年	95,218	243	1,646	91	8,912	388	44	45
11年	98,225	251	1,606	88	9,644	420	47	48
12年	115,927	296	1,832	101	10,805	473	34	35
13年	124,603	318	2,430	134	10,796	471	30	31
%	90.38		1.76		7.83		0.03	

(観察) 1. 農業電化ノ部面ハ電動機ヲ主トス。
2. 昭和5年ノ恐慌ヲ契機トシテ電燈、電熱器、電気扇ハ急激ニ増大シ其後減退ス)
(過剰電力)

第11表

電動機ノ用途別動向(全国)

年次	灌漑用 個数	灌漑用 K.W	排水用 個数	排水用 K.W	穀物調整加工用 個数	穀物調整加工用 K.W	製茶用 個数	製茶用 K.W	其他 個数	其他 K.W
昭和1年	3,321	19,487	254	5,926	6,381	9,040	2,003	2,468	1,003	2,222
3	4,738	26,058	274	11,060	9,790	11,775	3,556	3,504	2,135	2,777
5	6,228	34,526	374	12,174	18,034	12,281	5,515	5,091	3,030	3,485
6	6,560	36,465	503	13,091	19,498	9,555	5,551	5,044	3,185	3,222
7	6,336	38,040	415	16,334	22,167	12,497	5,501	6,311	3,353	2,661
8	7,075	40,636	375	18,574	26,949	13,117	5,195	4,107	2,286	1,499
9	7,868	43,549	335	19,793	30,921	15,376	4,873	3,602	3,702	2,303
10	7,702	40,281	474	21,948	37,978	24,312	5,874	4,844	6,265	3,831
11	8,366	43,342	371	19,536	45,662	27,448	5,723	4,620	6,406	4,278
12	8,779	43,258	700	22,915	64,722	39,421	5,648	4,892	7,353	5,441
13	9,178	44,850	469	23,810	70,217	43,382	6,303	5,302	7,973	7,260
%	9.8	36.0	0.5	19.1	74.6	34.8	6.7	4.3	8.4	5.8

(観察) 水田農業部面(灌排水.調整加工)ハ電動機ノ主要部門ヲ含ム(89.9%)。

第12表

反当収量ノ増加率

	明治18-20年 反当収量 A	明治41-大正元年 反当収量 B	昭和12-14年 反当収量 C	増加率 A=対スル B,増加率	増加率 B=対スル C,増加率
北海道	1石.158	1石.281	1石.494	10.6	16.6
東北	1.148	1.485	1.915	29.4	29.0
関東	1.207	1.446	2.009	19.8	38.9
北陸	1.401	1.789	2.196	27.7	22.8
東山	1.332	1.834	2.284	37.6	24.5
東海	1.338	1.760	2.128	31.5	20.9
近畿	1.522	2.091	2.324	34.7	11.1
中国	1.254	1.742	2.000	38.9	14.8
四国	1.260	1.872	1.998	48.6	6.7
九州	1.240	1.774	2.136	43.1	20.6
沖縄	0.800	0.709	1.313	−24.1	85.2
全国平均	1.290	1.711	2.048	32.6	19.7

(備考) 1. 米ノ反当収量ガ明治初年以来現在迄増加シタ事由ヲ原因別ニ考フルト肥料ニ依ル効果78.5%品種ノ改良、栽培法ノ改善、病虫害ノ防除ニ依ル効果21.5%ニ当ル(推定)

第三表

農業機械化ノ困難

自然條件ニ依ル技術的困難
- 土地 ― 機械ノ土地ニ対スル適應ヲ必要トス
- 植物 ― 機械使用ノ時期短ク償却費ヲ大ナラシメ且操作ノ熟練速ナルコトヲ得ズ
- 場所 ― 機械ノ輸送及修繕困難ナリ。
- 水田 ― 機械耕作困難ナリ。
- 土地区劃 ― 狭小ナリ。

社會経済的困難
- 資本 ― 旧来ノ土地制度ハ農業ニ於ケル資本ノ蓄積ヲ阻害ス
- 経済規模 ― 相当程度ノ経営規模ヲ必要トス（土地所有関係ニ依リ制約セラル）
- 労働力過剰 ― 過剰及低労賃ハ機械ノ導入ヲ阻害ス。

（備考）農業技術ノ特殊性

一、労働力ト労働手段ノ未分化（例　田植労働）

二、土地（農業生産ニ於ケル最モ重大ナル生産手段）ハ労働対象ナルト共ニ労働手段ナリ。

三、農業生産過程ノ大部ハ生物ノ生長過程ナリ。

第三　労務能率向上ノ問題

小島研究生

概説

生産力拡充ノ為、労務ノ分野ニ於テ果スベキ責務ハ労務能率ノ向上維持ナリ。労務能率ノ向上ノ為ニハ各種ノ科学技術ヲ利用スルコト必要ニシテ同時ニ其ノ利用ノ可能性亦頗ル大ナリ。

科学技術ヲ労務能率ノ向上対策トシテ採用スル形態ニ二種別アリ。其ノ一ハ作業ノ機械化ヲ中心トスル形態ニシテ、作業工程ニ科学的技術ヲ採用シ以テ能率向上ヲ図ラントスルモノニシテ、労務自体ノ改善ニハ非ザルモノナリ。其ノ二ハ労務自体ニ科学的検討ヲ加ヘテ労務ノ最高能率発揮原則ヲ抽出セントスル形態ニシテ所謂「科学的労務管理」之ナリ。右二種別ハ之ヲ截然ト区分スルコト困難ナルモ、科学的手段ヲ主トシテ労務自体ノ外ニ用フルヤ或ハ内ニ用フルヤニ依リ便宜上之ヲ類別セルニ止マル。本研究ニ於テハ後者、即チ労務ノ科学的管理問題ヲ対象トスベシ。

科学的労務管理ノ内容ハ、労働時間、作業、賃金、保健等ニ関スル科学的検討ニシテ、従来ノ所謂「経験主義」「営利主義」ニ基キタル経営ニ於テハ殆ド等閑ニ附セラレタル事項ニ属シ、生産力拡充ナル国策下ノ要請ニ対シテハ、当然関心ナカルベカラザル所ナリ。右ハ「科学主義」「能率主義」ノ至当ナリト称シ得ベク、健全ナル生産力拡充方式トシテ且最モ効果的ノモノタルベシ。

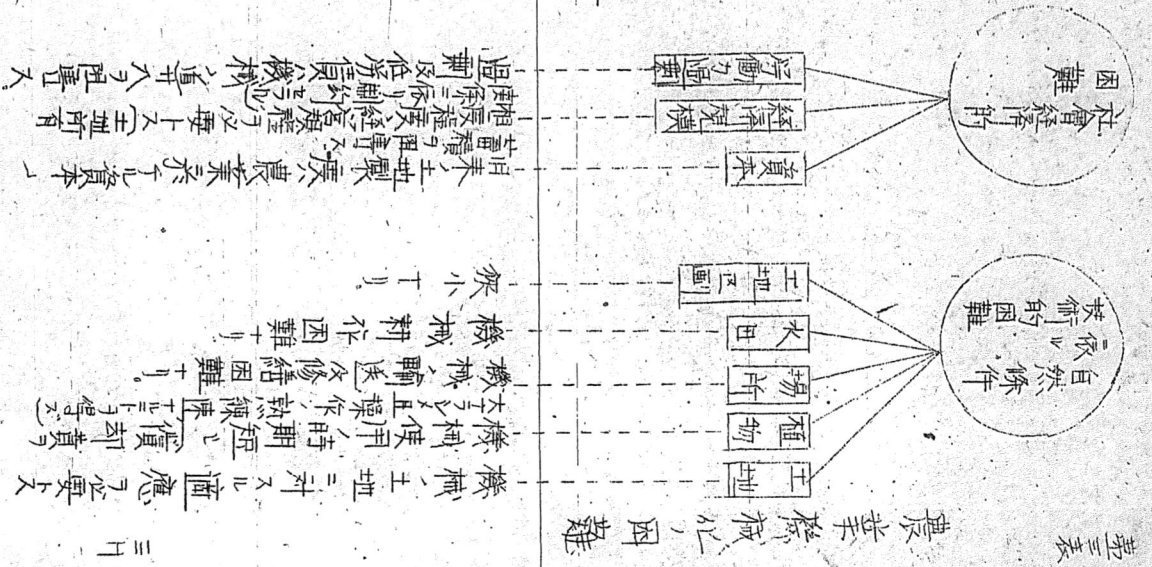

二、労働時間

一日ノ労働時間ヲ何時間ト決定スベキヤノ問題ニ関シテハ、能率ノ見地ヨリスル科学的検討ガ殊ニ必要ナリ。ソノ然ル所以ハ、従来長時間勤務ヲ以テ励精ナリトナス一般的観念アリ。更ニ最近戦局ノ推移ニ鑑ミ生産力拡充ノ絶対的必要ヨリシテ労働時間ノ延長ハ当然ノコトトシテ実施セラレツツアルニ因ルナリ。長時間労働ハ果シテ能率的ナリヤ、科学的検討ノ成果ヲ以テ之ヲ示スベシ。

(1)作業能率ノ逐時的変化。各種作業場ニ於ケル実測ノ結果ハ才一表及才二表ノ如ク勤務時間八時間以後ハ作業ノ態度ニ変化ガ生ジ残業ノ場合ニハ其ノ傾向ハ殊ニ甚ダシトス。斯クテ一日ノ労働時間ヲ八時間以上トスル場合ハ時間当リ生産高ノミナラズ一日ノ総生産高ヲモ低下セシムルニ至ル。才一次世界大戦当時欧州諸国ニ於テ行ハレタル労働時間短縮ノ三百余例ニ就キテ観ルニ、其ノ過半数ハ一週ノ労働時間ヲ五十時間以下トスルコトニヨリ生産高ノ増加ヲ齎シタリト謂ハル。英国戦争当初英国共一時労働時間ノ延長ヲ行ヘルモ後ニ至リテ何レモ其ノ短縮ヲ行ヒタルハ故ナシトセズ。

以上ヨリシテ成年男子ノ最モ有効ナル労働時間ハ実働八時間、最大限一日十時間以下ナリ。就労時間ヲ以テ原則トシ、二十歳未満ノ青年女子婦人ノ労働時間ハ一日八時間ヲ以テ原則トスルコト生産能率上最モ重要ナリト称シ得ベシ。

尤モ労働時間ノ短縮ニヨリ生産能率ヲ向上セシムル為ニハ、併行的措置トシテ他ノ諸条件ノ合理化ヲ必要トスベシ。即チ労務者ノ作業能力ト機械ノ運転効率ヲ極力増進セシムルト共ニ、仕事ノ設計ト段取リ、資材ノ配給、工具ノ整備ニ関シテ遺漏ナキ用意ヲ要シ、以テ所謂手待時間ヲ極力減少

三五

セシムルコト緊要ナリ。手待時間ガ実働時間ニ比シテ占ムル割合ノ如何ニ大ナルカハ才三表ノ示ス如クナリ。

労働時間ヲ短縮スル事ノ効果ハ、更ニ欠勤率、罹病率ノ減少並ニ災害率ノ減少ニモ現ハルル所ナリ。才四表ハ労働時間ト罹病率トノ関係ヲ示スモノナリ。即チ労働時間ノ最モ長カリシ昭和十二年ト次第ニ短縮サレタル昭和十五年ノ結核罹病状況ヲ比較スルニ業種ニヨリテハ著シク改善サレタル事ヲ知リ得ベシ。但機械金属工場ニ在リテハ労働時間ノ短縮サレタルモ又青少年従業員ノ急激増加アリシニ不拘衛生設備不完全ナリシ為大ナル罹病率ノ増加アリタル事ハ注目ヲ要スベシ。

(四)残業ノ低能率 左ニ引用セル一文ハ残業ノ能率低キ理由ヲ示シテ足ルベシ。

「残業時ノ能率ハ半分以下ノコトモアル。定時間デヤルトコロヲ十二時間又ハ十三時間ニ平均ニ伸バシテヤッテ居ル。従業員ハ時間ニヨリ適応シテ、ウマク仕事ヲスルモノデアル。今日ハ残業ガアルト思ヘバ朝カラソノヤウニ意識シテ働イテ居ルコトモ見逃セナイ事実デアル」（労働科学19、暉峻義等）

「昨年ノ技能錬成大会デ夕張炭坑ガ一等ヲ取ッタ。ソノ時ノ実績ハ八時間デヤルベキ工程ヲ二時間半デヤッテ居ル。右ハ精神ノ持チ様デ如何ニ相当時間ヲ短縮シテモ与ヘラレタル過程ヲヤリ遂ゲルコトガ出来ルト云フ事ヲ物語ッテ居ル」

（産業能率増進ニ関スル諸問題、前田一）

残業ノ能率低下ノ上ニ損失ハ単ニ残業時間ノミニ限ラズ、一日ノ労働時間全般ヲ通ジテ粗笨ナル仕事振リヲ存ガシムルニ至ル。更ニ翌日以後ノ能率ニマデ悪影響ヲ及ボス。実測ノ結果ニヨレバ、残業時ノ実働時間ハ二分ノ一以下ノ事ナシトセズ（才一表参照）更ニ此ノ低能率ナ労働ニ対シテ割増賃金ガ支払ハレ

三六

三H

労務者ノ罹病、缺勤ガ増加スルニ於テハ其ノ生産能率上ノ不利ハ三章四章ノ如シ。労働時間ノ延長ガ生産高ノ増加ニ貢献ストシテモ、之ガ果シテ持続可能ナリヤ否ヤニ就キ長キ眼ヲ以テスル観察ガ必要ニシテ所定ノ労働時間以外ニ唯長ク作業台ノ傍ニツキ居ルヲ以テ勤勉トナシ、割増手当ヲ与フルガ如キ慣習ハ再考慮検討ノ結果ト逆行スルモノナルヲ知ルベキナリ。

ハ、交替制ト休憩制。上述ノ原則ヨリシテ、交替制労働時間ノ決定ハ停止可能ナル業務ニ在リテハ、八時間実労働、九時間勤務ノ二交替トシ、停止不可能ナ業務ニ在リテハ八時間三交替制トスルコト生産能率維持上必要ナリ。十二時間二交替制ハ其缺勤率、罹病率ヨリ見テ、能率上適当ナル方法トハ称シ難シ。

作業ニヨル疲労ト休憩トノ関係ニ付テハ左ノ原則アリトセラル。

即チ労働ノ継続時間ガ算術級数ニテ増セバ、之ヲ快復スルニ要スル休憩時間ハ幾何級数的ニ増加セザル限リ完全ニ疲労ヲ快復スルコトハ出来ズ。此ノ事ハ一日ニ同一ノ長サノ休憩時間ヲ与フルナラ之ヲ一度ニ与フルヨリモ数度ニ区分シテ与フル方ガ効果ノ大ナルヲ示ス。但シ頻繁ナル休憩ニ中断セシメテ作業ニ油乗リノ出ルヲ妨害スルガ如キ結果トナツテハナラヌ。休憩ノ効果ハソレニヨル時間ノ損失ト作業ノ慣レト油乗リノ亡失トヲ補償シテ余リアル所ニ期セラルルナリ。休憩ヲ適度ニ与ヘタ場合ノ一日ノ能率ノ増高量ハ低下スベキ午後ノ能率ヲ高ク保ツコトニヨリテ得ラル。且ツ一日ノ能率ヲ高ク保ツ為ニハ、作業ノ初メノ頃ノ高能率ヲ更ニ高クスルヨリモ、疲労シキラヌ前ニ休憩ヲ入レテ終末ノ疲労ヲ極力避クルコト必要ナリ。疲労ノ結果ハ単ニ作業量ノ低下ノミナラズ作業ノ過誤ヤ不良化、又ハ災害ヲ誘ケトナリテ現ハレ来ル。

休憩ト能率トノ関係ハ更ニ休日ト能率トノ関係ニ迄推シ進メ得ル。

三ニ

三H

労働時間ガ延長セシモ、週休ガ旬休トナリ更ニ月二回ノ休暇ニ減ゼシムルコトアラバ、労務者ハ漸次過労ニ陥リ能率ノ減退ヲ来スコトモ避ケ難キ所ナリ。

以上ハ労働時間ト能率トノ関係ヲ分析シテ得タル結果ナルガ、ソレニ依レバ一般ニ生産高ノ増加ハ寧ロ労働時間ノ短縮ニヨリテ得ラルルコトガ明カトナレル次第ナリ。此ノ事実ハ従来ノ慣習的勤労観、乃至時局ニ立脚スル臨戦的勤労精神ニ再検討ヲ求ムル余地頗ル大ナルヲ信ズルモノナリ。第五表ハ実働十一時間ト九時間ノ作業成績ヲ比較セルモノナリ。

三、作業
四、賃金
五、保健
} 口述

三八

第一表　旋盤作業ニ於ケル作業態度ノ逐時的変化（成人工）

	経過時間	7	8	9	10	11	12	1	2	3	4	5	残業 6	7	8
旋盤作業	実働時間(%)	30	70	85	90	83	10	50	70	85	80	50	50	30	10
	作業能率(%)	70	70	70	100	100	60	66	80	85	90	80	60	50	50
	作業量(%)	21	49	56	90	83	6	30	56	72	73	40	30	15	5
手仕上作業	実働時間	60	70	85	90	90	10	60	80	85	80	80	30	30	10
	作業能率	80	80	90	100	100	80	70	80	80	70	70	50	50	50
	作業量	48	56	75	90	90	8	42	64	70	56	56	15	15	5
煉鉄作業	実働時間	10	30	40	60	60	0	20	50	50	60	50	30	10	0
	作業能率	50	70	90	100	90	—	80	80	90	90	70	70	70	—
	作業量	5	21	36	60	54	0	16	40	45	54	35	21	7	0

第二表　成人、少年及婦人ノ作業能率ノ逐時的変化
（熟練工一日ノ平均ヲ100トス）

	経過時間	熟練工	養成少年工	一般少年工	女子
旋盤	0—2	99	94	89	96
	—4	104	99	91	94
	—6	101	99	89	90
	—8	104	94	79	89
	—10	99	91	84	81
	平均	100トス	96	87	89
製品検査	0—2	99	100	87	91
	—4	103	101	76	100
	—6	99	94	93	94
	—8	99	92	89	86
	—10	99	89	89	95
	平均	100トス	96	92	94
手仕上	0—2	103	94	89	90
	—4	103	99	90	94
	—6	100	95	84	90
	—8	99	94	82	88
	—10	99	89	78	85
	平均	100トス	95	85	87

第三表　業種別実働時間ノ割合

業種	本労働	附帯労働	計	手持及休憩	総計
精密工業	61	10	71	29	100
機械工業	59	12	71	29	100
化学工業	58	11	69	31	100
重工業	42	15	57	43	100
鉱炭業	42	15	57	43	100

第四表　機械下ニ於ケル工場労務者ノ結核罹病状況

業種	昭和十二年 延病人数	昭和十二年 病人率‰	昭和十五年 延病人数	昭和十五年 病人率‰
紡織工業	2980	31.95	932	16.12
金属機械器具工業	2392	38.91	2524	61.43
化学工業	1161	42.68	840	34.00
其他ノ工業	845	42.80	600	35.83
計（平均）	7356	39.39	9996	46.66

本資料ハ常時五十人以上ヲ使用スル工場ニ於テ療養ノ為メ休業三日以上ノ者ニシテ工場法ニ依ル届出ノ数字ナリ

三工

第五表　十二時間交替制ト十時間交替制作業生産高比較表

	昭和十六年一月十一日〜二十一日		十七年一月十八日〜廿三日		十七年一月廿五日〜二十日		十七年二月一日〜六日	
	十二時間晝夜交替		十時間二交替（1）		十時間二交替（2）		十時間二交替（3）	
	7.30〜7.30	7.30〜7.30	7.30〜5.30	7.30〜5.30	7.30〜5.30	7.30〜5.30	7.30〜5.30	7.30〜5.30
実働時間	11時間	11時間	9	9	9	9	9	9
	22時間		18		18		18	
A部品	4414ヶ	100	4011	91	4583	104	4326	98
B	5407ヶ	100	4734	88	5448	101	5127	95
C	5819ヶ	100	5061	87	4633	80	5219	90
総合計	4918ヶ	100	4602	93.5	4888	99.4	4891	99.4
一時間當リ生産高								
A部品	201ヶ	100	223	111	255	126.1	240	120
B	246ヶ	100	263	100.7	303	123	285	116
C	245ヶ	100	251	100.7	257	97	290	110
総合計	224ヶ	100	256	114	272	122	272	122

田川(影)

機密

昭和十八年度綜合研究記事

文書番號	總研乙第五號
一連番號	第12號
調製年月日	昭和十九年一月十日
調製部數	二〇部
頁數又ハ紙數附表附圖	三四〇枚
處理	所内ハ用済後直ニ返却 所外ハ指定期間以内ニ返却

總力戰研究所謄寫

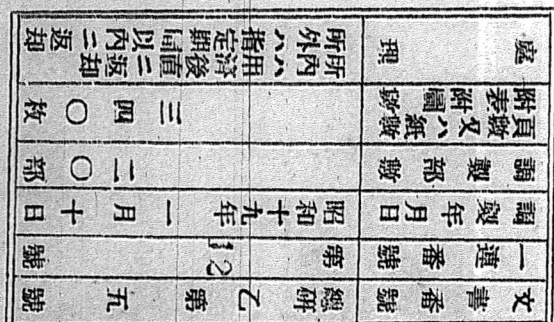

昭和十八年度綜合研究記事目次

第三　海運　……………………　二八九
第四　空運　……………………　二九九
第五　通信　……………………　三〇九
第十章　人的資源ノ研究　……………………　三一二
第廿七節　昭和廿三年度ニ於ケル人員動員計畫ノ綱要（未定稿）
（未定稿）　……………………　三一二
第廿八節　家族制度ト女子勞務トノ關係　……………………　三二一

附錄　修業論文集（別冊）
總力戰ノ見地ヨリ我國ノ現狀ヲ論ズ

（目次終）

目　六

本記事ハ研究生教育ヲ主眼トシテ行ヒタル昭和十八年度綜合研究ニ於ケル作業ヲ收錄シタルモノトス

本作業ハ僅々三週間余ノ短時日ニ於テ概ネ主任研究生案ヲ骨子トシ之ニ所員及他ノ研究生ノ意見ヲ若干加味補訂シタルニ過キサルモノトス從ツテ其內容ハ尚推敲檢討ノ余地尠ナカラス就中（未定稿）ノ推定アル章節ハ重要ナル事項ニ付研究不十分又ハ意見不一致等ノ點アルモノトス然レトモ一面直接又ハ間接ニ事務ノ參考タルヘキモノ亦無シトセサルト共ニ特ニ今後ニ於ケル此種研究ニ對シテハ有益ナル資料タルヘキヲ確信ス仍テ未完成ノマヽ取リ敢ヘス整理收錄スルコトヽセリ

第一編　昭和十八年度綜合研究計畫實施要領

第一　昭和十八年度綜合研究實施要綱

綜研第一號（第　三　頁）ノ如シ

第二章　綜合研究開始ニ際スル所長訓示要旨

綜研第二號（第　一四頁）ノ如シ

第三章　修業論文課題

綜研第三號（第　一六頁）ノ如シ

第四章　十二月七日―十日綜合研究實施要綱

綜研第四號（第　一七頁）ノ如シ

第五章　綜合研究關係書類交付ニ際シ機密保持ニ關シ注意事項

綜研第五號（第　一八頁）ノ如シ

第六章　綜合研究ノ基礎諸元

綜研第六號（第　二〇頁）ノ如シ

（本諸元ハ本篇第一章實施要綱第二ノ「二」ニ據リ概ネ昭和十八年度第二次机上演習ニ於ケル情勢判斷戰爭指導方針（略）ニ基キ假ニ研究ノ基礎トシテ採用シタル數字ニシテ機密保持ノ見地ヨリ口達ニ止メタルモノトス）

綜研第一號

昭和十八年度綜合研究實施要綱

昭和一八・一一・一三

總力戰研究所

三

昭和十八年度綜合研究實施要綱

第一　要旨

一、從來ニ於ケル基礎研究ノ上ニ立チ机上演習ト連繋ヲ保チ所員指導ノ下研究生ヲシテ大東亜建設及大東亜戰爭遂行ニ關スル方策計畫中主トシテ思想政治經濟上ノ緊要ナル事項ヲ選ヒ研究立案セシメ研究生ノ教育ト實證スルト共ニ成シ得レハ關係當局ノ參考ニ資ス

第二　要領

二、研究ハ昭和十八年十一月ノ現實ノ情勢ニ立チ概ネ机上演習ニ於ケル情勢判斷戰爭指導方針ヲ基礎トシ擧國眞ニ總力戰ニ徹シ各種超非常的施策ヲ講シ以テアクマテ大東亜建設乃至戰爭遂行ニ積極果敢ニ邁進スル方策ニ付キ研究ス

三、期日ハ十一月十五日ヨリ十二月十日ニ至ル二十六日間トス

四、研究問題ハ綜合的研究問題ヲ課スルモ問題ノ範圍ハ必スシモ實況等

ニ臨セス研究ヲシテ淺薄不徹底ニ陥ラシメサル爲研究日時等ニ應シ適宜限定選擇シ深刻具體的ナル研究ヲ遂ケシメ以テ總力戰諸原則乃至ハ準繩ノ信念的把握ニ努メシム

五、研究ハ結論ニ到達スルヲ理想トスルモ問題ノ性質、資料ノ有無寡多等ニ因リテハ自ラ數案ニ歸結シ更ニ爾後ノ研究ヲ待ツテ始メテ完成スルニ至ルヘキモノナシトセサルヘシ但シ此ノ場合ニアリテモ各案ノ利害得失ニ關シテハ成シ得ル限リ深ク研究ヲ遂ケオクヘキモノトス

六、研究ハ各課題毎ニ全所員研究生ノ合同研究ヲ俟ツテ完成スヘキモノトス但シ研究生ハ適性ニ應シ先ツ研究課題ヲ分擔スルモノトシ各分課毎ノ一應ノ成案ニ基キ主事統裁ノ下全所員研究生ノ合同研究ヲ行ヒ以テ研究ノ完成ヲ圖ルモノトス

七、以上ノ外最後ニ總力戰全般ニ關スル總括的論文ヲ作爲セシム

八、研究成果ノ發表ニ關シテハ別ニ定ム

九、研究課題及分擔豫定並研究實施豫定別紙第一、第二ノ如シ

五

一〇、本綜合研究ノ內容ハ研究ノ性質上高度ノ機密保持ヲ要スルヲ以テ特ニ此ノ點ニ關シ遺漏ナキヲ期スルモノトシ一切ノ關係書類ハ軍極秘ノ取扱ヲナスモノトス

六

別紙第一

綜合研究課題及分擔設定

第一 課題

世界新秩序、大東亜新秩序ニ關スル研究

1 廣域圏體制ノ必然性

民族自決主義等ニヨル既往ノ群小國家ノ對立抗爭ノ體制ヲ排シ所謂國家集團トテモ稱スヘキ廣域圏體制ノ必然性ヲ論ス

2 廣域體制内國家民族ノ結合原則

廣域圏内秩序維持ノタメ所謂中核（指導）國家民族ト其他ノ國家民族トノ結合ニ關スル根本原則ヲ明確ニシ特ニ大東亜共榮圏ニ於ケル日本ノ支那指導理念ヲ論ス

分擔區分	
（主）	今泉　小島　澤邊
（參）	久武　岩田　宮田

七

3 大東亜共榮圏内ノ民族政策

干渉主義政策カ放任主義民族政策カ同化主義カ自決主義カ各國家民族ノ政治形態、思想等ノ指導ヲ如何ニスヘキカヲ論ス

第二 課題

國内政治整備ニ關スル研究

4 總力戰ノ見地ニ基ク理想的政治體制及所要ニ應シ之ニ到達スルニ至ル間ニ於ケル過渡的政治體制

5 官公吏及之ニ準スル總力戰指導層ノ資質心構等ノ急速向上刷新ニ關スル具體的方策

6 國民總力結集ノ具體的方策

（主）	足立　佐藤（忠）　日向　佐藤（朝）
（參）	中村（雅）　今泉　澤邊

八

國民教育ニ關スル研究

第三　課題

7　男子學校教育制度ノ根本的改善方策

8　大東亞指導民族トシテノ教養ヲ急速ニ向上セシムル爲ノ國民成人教育方策

9　海外在留同胞ノ資質急速向上方策

防空ニ關スル研究

第四　課題

10　軍官民ヲ通スル理想的防空組織

11　東京ノ消極防空ニ關スル具體的計畫要綱

戰時國民生活ニ關スル研究

第五　課題

12　總力戰意識、決戰體制思想ノ徹底化ニ關スル

增田　宮田　久武　中村（雅）　中村（宏）

大久保　稻垣　寺中　佐藤（忠）　山本　小島　公文　青木　川淵

九

[illegible]的方策

13　鬪機械ノ具體的方策

14　主要食糧ノ日滿自給方策ノ確立

15　東京都民戰爭生活基準ノ設定

衣・住・娯樂（興業ノ整理）

16　[illegible]民手牒乃至之ニ準スル制度ノ設定

17　科學技術動員方策

新經濟理念、企業新體制ノ研究

第六　課題

18　總力戰ノ見地ニ基ク經濟理念及企業體制ヲ論シ所要ニ應シ之ニ到達スルニ至ル間ニ於ケル過渡的體制ニ及フ

19　新財政金融體制並方策

稻垣　飯田　石井　青木　金坂　寺中　岩田　北澤　吉澤

越村　入江　中村（宏）　古宇田　增田　村田（榮）　飯田　熊野

一〇

課題		
第七　課題 20　大東亞國土計畫ノ研究 共榮圈內各國家經濟自主性保有ニ關スル根本方針 21　重工業立地計畫 22　東亞交易統制	大久保 鎌村 山本 吉武	森本 石井 植田 吉澤
第八　課題 23　生產擴充、物資動員ニ關スル研究 昭和十九年度物動計畫ノ概要 24　昭和十九年度乃至昭和二十二年度生擴四年計畫ノ概要	今井 森本 村田(繁) 入江 藤原 古宇田	吉武 北澤 掛川 日向 熊野
第九　課題 運輸ニ關スル研究	公文	今井

課題		
25　船舶ノ管理運營方策 26　大東亞交通計畫要綱	川淵 熊野	三渡 藤原
第十　課題 人的資源ノ研究 27　昭和二十三年度ニ於ケル人員動員計畫ノ概要 28　家族制度ト女子勞務トノ關係	掛川 三枝 植田	足立 金坂

別紙第二

綜合研究実施予定

月日	曜	午前	午後	作業提出期日	摘要
二月一五日	月	所長訓示、課題交付○	○		
一六日	火	○	○		(1)(2)(3)(18)ノ個人作業提出
一七日	水	○	○		
一八日	木	○	○		
一九日	金	研	○		
二〇日	土	研	○	(4)(7)(13)(20)	
二一日	日				
二二日	月	研	○	(10)(25)(24)	
二三日	火				
二四日	水	研	○	(16)(23)	
二五日	木	研	○	(5)(18)(22)	
二六日	金	研	○	(9)(17)	
二七日	土	研	○	(12)(19)	
二八日	日				
二九日	月	研	○	(3)(11)(26)	
三〇日	火	研	○	(6)(14)(8)	
三月一日	水	研	○	(2)(24)	
二日	木	研	○	(20)(15)	
三日	金	研	○	(1)(23)	
四日	土	研	○		
五日	日				
六日	月	研	○		
七日	火	研	○		修業論文提出
八日	水	休憩			
九日	木	研究會			
一〇日	金	研究會			

備考

一、研ハ研究會ヲ○ハ作業時間ヲ示シ研究會當日ハ午前八時三〇分ヨリ開始ス
二、十一月一九、二〇日ノ研究會ハ一六日提出ノ(1)(2)(3)(18)課題ノ個人作業ニ付研究シ十二月九、一〇日ノ研究會ハ机上演習ヲモ含ム全般ニ付研究シ其他ノ研究會ハ當日ヨリ概ネ二乃至四日前ニ提出セラレタル課題作業ニ付研究スルモノトシ之等ノ細部ハ別ニ定ム
三、作業提出期日ハ同一課題内ニアリテハ前後融通変更スルコトアリ
四、其他本表ハ状況ニヨリ変更スルコトアリ

一三

綜合研究開始ニ際スル所長訓示要旨

本日ヨリ行フ綜合研究ハ其名ノ示ス如ク今日マテ諸子ノ遂ケ來レル諸研究ノ上ニ立ツ綜合的研究ニシテ所員指導ノ下研究生チシテ現實ノ情況ニ基キ皇國總力戰ニ關スル具體的重要諸問題チ研究セシメ以テ研究生ノ教育チ完成スルト共ニ成シ得レハ其研究成果チ關係當局ノ參考ニ資センコトチ目的トスルモノナリ

即チ本研究ハ實ニ諸子ノ當研究所ニ於ケル最後ノ總仕上ケ的研究ニシテ今日マテノ諸研究ニ畫龍點睛スルモノナルト共ニ諸子カ近ク當所退所後直ニ直面スヘキ諸問題ニ關スル有用ナル事前研究トモ考フルチ得ヘク本研究ノ價値效果ノ極メテ大ナルヘキチ期待シアリ

本研究ハ行政機構改變ノ結果當初ノ計畫ニ比シ研究內容チ相當整理割愛スルノ已ムナキニ至リ且ツ研究日時ニ著シク制約チ受クルニ至リタルモ又之カ爲此種研究ハ國家トシテ當分其跡チ絕ツヘキ貴重ナル最後ノ研究

トナリタルニ想チ致シ特ニ机上演習ニ於テ得タル貴重ナル教訓等チ活用シ掉尾ノ努力チ拂ヒ以テ有終ノ美チ收メンコトチ望ム

綜研第三號

卒業論文課題（十一月十五日交附）

總力戰ノ見地ヨリ我國ノ現狀ヲ論ス

但シ作業ハ概ネ二千字以內トシ十二月七日提出

一六

綜研第四號

十二月七日－十日綜合研究實施要領

日	曜	午前	午後	摘要
七日	火	研究（14 21 15）		研究ハ要スレハ午後ニ及フコトアリ
八日	水	研究（12 8 27）		
九日	木	研究（1 2 3 18）		
一〇日	金	卒業論文作業ノ説明及机上演習、綜合研究全般ニ關スル所見開陳		
備考	一、研究ハ午前ハ〇八三〇ヨリ午後ハ一三〇〇ヨリ開始ス 二、本表ハ狀況ニヨリ變更スルコトアリ			

一七

綜研第五號

、綜合研究關係書類交付ニ際シ機密保持上ノ注意事項

一、綜合研究ノ內容ハ申スマデモナク高度ノ機密ニ觸レアリ然ルニ研究關係者ハ連日之ニ觸レ稍々鈍感トナリアル虞レアルヲ以テ文書ノ取扱ハ固ヨリ日常ノ言動ニ於テモ一段ノ注意ヲ拂ヒ機密保持上些ノ遺漏ナキヲ期スルモノトス

二、綜合研究關係書類ハ原則トシテ全部返納スルモノトス。但シ直接機密ニ觸レアラザル左記課題作業ニ限リ希望者ニ交付ス此ノ場合ニ於テモ當研究所及綜合研究ノ本質ヲ理解シアラザル向ヨリノ誤解ヲ避クル類屬上國策ニ對スル責任アル作業ニアラザル旨ヲ明ニスル爲「軍極秘ノ指定」及「研究生ノ氏名」ヲ削除シ本文ノミトナスモノトス

1、2、3、5、6、7、8、9、12、15、16、17、18、（除附表試案）28、

（イ）○支那的性格ノ諸特徵　○「東亞聯盟建設要綱」ノ概要

○磐石必勝ノ信念

作業原稿ハ希望ニ從ヒ差支ナキ限リ起案者ニ返戻ス此場合ニアリテハ前項ノ注意ノ外「內閣」又ハ「總力戰研究所」ニ於ケル作業タルコトヲ判別シ得サル如キ處置ヲ講スルモノトス

三、交付書類中各自ニ於テ秘密事項ヲ記入シタル向アラハ責任ヲ以テ之ヲ抹殺スルモノトス又交付書類ハ個人限リノ參考トシテ交付セルモノナルヲ以テ之ヲ他人ニ披露又ハ複寫配布スル等ヲ固ク戒メ且ツ用濟後燒却スルモノトス

綜研第六號

綜合研究ノ基礎諸元

年度	鋼	船舶	飛行機	人員
一九	〇〇〇	〇〇〇	〇〇	〇〇〇
二〇	〇〇〇	〇〇〇	〇〇	〇〇〇
二一	四〇〇	三〇〇	八	五〇〇
二二	五〇〇	三〇〇	一〇	六五〇
二三	六〇〇	六〇〇	一〇	八〇〇

備考
一、本表ハＡＢノ所要ヲ示ス
二、單位ハ万屯（人）トス
三、船舶ハ油槽船ヲ含マス
四、喪失船舶量ハ一九―二二年毎月〇〇屯トス

二〇

第二篇　綜合研究合同作業

第一章　世界新秩序、大東亜新秩序ニ關スル研究

第一節　廣域圏體制ノ必然性（未定稿）

一　廣域圏體制ノ必然性

近代世界史ノ特徴ハ急速ナル機械文明ノ發展ニアリ。コノ歸結トシテ世界ノ諸國家ハソノ生活空間ノ擴大化ヲ必至トセリ。カカル客觀的狀勢ニアツテ國家生命ノ保持（防衛）ト平和及繁榮ノ確保トハ諸國家ガ緊密ナル相互依存關係ヲ維持シ生活空間擴大化ノ要請ヲ廣ク組織化スルコトニヨリテノミ達成シ得ルモノナルコトハ明ラカナリ。然レドモ現實ノ世界ハ夫々固有ノ歴史ト文化ヲ内容トシ相異リ、相隔タル地理的基盤ニタツ多數ノ國家ヲ以テ構成サレアルガ爲、コノ事實ヲ無視シテ直チニ世界的規模ニ於テカカル要請ヲ實現シ得ザルハ又論ヲ俟タザルベシ。現實ノ世界ハコレヲ證シテ余リアリ。

二一

カクテ歴史的、民族的、地理諸條件ニ制約サレタル一定ノ國家群ガ各々ノ生活空間擴大化ノ要求シ集約的共同生活體制ヲ以テ組織化（廣域圈ノ確立）セント企圖スルハ極メテ客觀的妥當性ヲ有スルモノト言ハザルベカラズ。然シナガラ廣域圈體制ハ單ニカカル客觀的條件ニヨツテノミ成立スルモノニ非ズ。圈內諸國家諸民族ノ地緣的、血緣的、文化緣的理由ニ基ク運命一體感、ソノ根基トシ、主體的中核民族ニヨル組織化ノ强力ナル推進ヲ俟ツ、ハジメテ可能ナリトス。廣域圈ハ調和的全體ナル世界秩序ノ部分トシテ存在意義ヲ有ス。部分ノ生々發展ハ全體ノ繁榮ト福祉トテ約束ス。廣域圈體制ハ全體トシテノ有機的世界ヲ否定セントスルモノニ非ズシテ寧ロ調和的全體世界ヲ具現セントスルモノナリ。

二二

大東亜共榮圈ノ特殊性

翻ツテ建設途上ニアル大東亞共榮圈ヲ按ズルニ東亞ニ於ケル自然ノ具體的所與、固有ノ歴史ト文化、民族的連帶ノ諸條件ハソノ客觀的妥當性ヲ明示スルモノナルモ、東亞ハ久シク米英先進資本主義國家ノ制壓下ニアリ、米英ノ東亞支配ノ拂拭ナクシテハ東亞永遠ノ安定ハ保シ難ク、東亞諸民族ノ最低生存權ノ確保モ亦望ムヲ得ズ。カカル狀勢ニアリテ帝國ガ主體的中核國家トシテ東亞ノ諸國家諸民族ト相携ヘテ共榮圈建設ニ邁進シツツアル所以ハ、上述ノ客觀的條件ニ由來スル東亞諸民族ノ運命一體感ノ上ニ

(1) 米英ノ世界的規模ニ於ケル帝國主義的發展ニ對抗スルガ爲ニハ少ナクトモ廣域圈體制ヲ以テスルノ外ナキコト

(2) 近代ニ於ケル戰爭ノ樣相規模ノ變化擴大特ニ戰爭ノ總力戰化ハ國家防衞圈ノ擴大及ビ殆ンド無限ノ人的物的資源ノ集中戰力化ヲ要請シ、之ニ應ズルガ爲ニハ共榮圈體制ニ依ル東亞諸國家諸民族ノ强キ結合

二三

ヲ以テスルノ外ナキコトヲ確信スルガ故ナリ。
更ニ帝國ガ大東亞共榮圏建設ニ勇奮スルハ、コレニ依テ齎サルベキ東亞復興ノ持ツ世界史的意義ニアリ。卽チ東亞ガソノ自主性ヲ確立シ、ソノ傳統文化ヲ發揚シ、進ンデ世界ノ安定ト繁榮トニ寄與シ得テ始メテ世界ノ調和的大和ハ完璧タルヲ得ベケレバナリ。

二四

第二節　廣域圏（大東亞共榮圏）內國家民族ノ結合原則（未定稿）

一、結合原則

大東亞共榮圏ハ一ノ完全ナル國家組織ニ非ズ。多數國家ノ聯邦ニモ非ズ。又單ナル國家群ノ併立ニモ非ズ。而モ秩序アリ紐帶アリテ他圏ト區別セラレザルベカラズ。カカル政治型態ハ人類史上未曾有ノ事實ニシテ、採リテ以テ範トスベキ體制ハ古往今來之ヲ求ムベカラズ。

(1) 圏內諸國ハ、ソノ建設ノ主體タル中核國家ガ他國トノ間ニ死生ヲ賭セル戰爭ヲ行ヒツツアル現實ニ對シテ、傍觀者タルヲ得ズ。中核國家ニ對シテ軍事上、經濟上ノ協力ヲ惜シムベカラズ。カカル協力ナクシテ共榮圏ハ成立セズ。又カカル協力ヲ通シテ建設セラレテコソ始メテ共榮圏ハソノ理念ヲ中核國ト共通ニシ、防衛ヲ全ウシテ以テ世界ノ新秩序、新文化ノ昂揚ニ貢獻シ得ベシ。

(2) 共榮圏ガ、ソノ秩序ト安全トヲ創造シ、以テ他圏ニ對スル際ニハ、中核國家ノ優秀ナル武力、經濟力、思想力ヲ以テ率キラレ、對外政

二五

築ニ於イテ一致セル方向ヲトラザルベカラズ。

(3) 圏内諸國ハ、ソノ血縁、地縁、文化縁ノ紐帯ヲ强化シテ圏内民族トシテノ運命共同感ヲ有シ、共榮圏建設理念ヲ同ジクスルニ至ルガ如ク指導セラルベシ。

(4) 中核國家ノ圏内諸國ニ對スル態度ハ德ヲ以テ率キ、自ヅカラ諸國ノ信頼ト悅服トヲ得テ以テ共榮圏建設ヲ推進スベク、單ナル强權ノミヲ以テ臨ム覇道タルベカラズ。諸國ヲ植民地視スベカラズ。即チ共榮圏内ノ國家民族ハ道義ニ基ヅク左ノ二原則ノ上ニ結合セラルベシ。

（結合原則第一）自主獨立ノ尊重ト互助親和

圏内諸國ハ共榮圏建設ニ對スル志向ヲ同ジクスルモ、政治的、經濟的、歷史的、文化的相違アリテ一律平等ナラズ。中核國家ト圏内諸國トノ關係ハ、父子兄弟ヲ以テ譬フベシ。父ノ子ニ對スル、兄ノ弟ニ對スル、ソノ人格ヲ認ム。圏内諸國家ノ主權、固有ノ傳統ノ相互尊重ヲ第一要諦トスル所以ナリ。サレドモ相互尊重互助親和ノ中ニ

ハ先後輕重ヲ含ム。文化ノ高低、土地ノ大小、人口ノ多少、ソノ素質將來性、而シテ又、中核國家ノ教導ニ對スル遵奉背馳ノ如何ニヨリテハ、慈悲ノ强權發動ヲ否定スベカラズ。蓋シコレナクシテハ圏内ノ秩序得テ望ムベカラズ。況ンヤ互惠ノ下、共存共榮ノ實ヲ擧グルニ於テヲヤ。

（結合原則第二）指導ト育成

共榮圏ハ一個ノ家族的體制ナリ。中核國家ノ卓越セル道義、武力ノ綜合力ハ圏内諸國ニ及ボサルベシ。之ヲ以テ始メテ共同ノ秩序ヲ保チ、外部ヨリノ脅威ヲ防ギ得ベキナリ。圏内ノ育成指導亦之ニヨリテ可能ナリ。育成指導ハ諸國ヲ中核國家ノ實力ニ迄高ムルヲ究極目標トス。弱小ハ之ヲ愛養保育スベク、驕慢ハ之ヲ矯ムベク、相互ニ有無相通ジ、啓發指導シテ、以テ圏ノ安定ト繁榮ヲ圖リ、延イテ世界ノ進運ニ貢獻スベキナリ。

(一) 支那指導理念

東亞共榮圏ニ於イテハ、圏内諸國家諸民族ガ大東亞建設ノ理念ヲ我ト同ジクシ、大東亞ヲ打ツテ一丸トスル強固ナル家族的結合ヲ實現シテヨソ眞ニ世界新秩序ノ一環トシテ世界ヲ救フベキ新文化發祥地トシテノ大東亞共榮圏ノ實ヲ擧ゲ得ベシ。而シテ今ヤ建設途上ニアリ、加之他國トノ長期抗爭ヲ通ジテノミソノ成果ヲ期待シ得ルガ如キ現状ニアリテハ、特ニ古來ノ歴史ニ基ヅク紐帯ヲ強靱ニシ、米英ノ侵略ニヨリテ壓迫セラレタル悲慘ナル境遇ヲ轉ジ、光榮アル東洋ノ復興ヲ理想トシテ我ガ國之ヲ率キテ諸國諸民族ノ奮起ヲ促スベキコト喫緊ノ大事ナリトス。

共榮圏ハ皇國ヲ中核トシ、皇國ニヨリテ推進セラル。皇國ノ意圖スル所ハ大御稜威ヲ大東亞ニ光被シ、搾取ニ非ズシテ共榮互惠、形式的悪平等ニ非ズシテ名分ヲ基調トスル秩序道義、對立相剋ニ非ズシテ共助融和ノ實現タル大東亞新秩序ノ建設ニシテ、ソハ東亞ヲ歐米ノ桎梏ヨリ解放シ、共榮ノ實ヲ擧ゲントスルモノナルヲ以テ、協力ニ日支提携

二八

ノ實ヲ擧グベキナリ。蓋シ支那ハ共榮圏内最古ノ文化ヲ有シ、最大ノ土地ト人口トヲ有ス。日滿ノ一體不可分ナルガ如ク、日滿支ノ提携強化ヲ圖ルニ非ズンバ大東亞ノ共榮ハ到底之ヲ實現シ得ザルガ故ナリ。我ガ國ノ支那指導ハ前ニ述ブル所ト軌ヲ一ニスレドモ支那ノ特殊性ニ鑑ミ左ノ諸點ニ着眼スルヲ要ス。

(1) 「中華」ナル獨善意識ヲ改メシムルコト
(2) 日支間ノ極メテ密接ナル親縁關係ヲ相互ニ深ク理解スルコト
(3) 國語ノ普及ヲ強化スルト共ニ支那文化ヲ尊重スルコト
(4) 大東亞民族トシテノ一體感ヲ培養スルコト
(5) 王道主義ヲ以テ支那ニ臨ムコト。三民主義ノ是正ト指導トヲ爲スベキコト

二九

第二節　大東亞共榮圏内ノ民族政策（未定稿）

（一）根本方針

大東亞民族ナル廣民族ノ創成ヲ目標トシ協力善導政策ヲ採用ス但シ我ガ帝國ノ領土タルベキ地域ニ付テハ皇民化政策ヲ以テ臨ム

（説明）

我ガ肇國ノ精神ニ淵源スル民族政策ハ圏内諸民族ヲシテ其ノ分ニ應ジ其ノ所ヲ得シメ其ノ特性ニ從ツテ之等ヲ善導シ大東亞共榮圏建設ニ欣然參與セシムルニアルヲ以テ日本民族ハ圏内諸民族ノ信頼ヲ把持スルト共ニ能ク其ノ個性、及ビ自主性ヲ尊重シ其ノ創意ノ發動ニ因ル協力ヲ確保スベキモノナリ、但シ我ガ帝國ノ領土タルベキ地域ニ於ケル諸民族ハ帝國ノ臣民タルベキニ鑑ミ外地統治ノ根本政策ニ準ヘ皇民化ヲ終局ノ目的トシテ進ムベキモノトス

（二）各國家民族ノ政治形態

圏内各國家各民族ノ政治形態ハ民生ノ安定ヲ第一義トシ大東亞共榮圏

全體ト調和シ大東亞民族ナル廣民族ノ理想ニ相反セザル限リ其ノ好ム所ニ從ハシム

（三）思想

圏内各民族ヲシテ東亞新秩序建設ノ世界史的意義ヲ把握セシメ協同シテ大東亞ノ安定ヲ確保シ道義ニ基ク共存共榮ノ秩序ヲ建設セントスル共通ノ信念ヲ確立セシムル如ク思想ノ善導ヲ行フ之ガ爲

(1) 我ガ肇國ノ精神ヲ闡明シ大東亞建設ノ理念ヲ會得セシム

(2) 大東亞諸民族ヲシテ從來抱懷セシガ如キ歐米崇拜ノ思想ヲ打破シ大東亞民族タルノ自覺ト矜持ヲ得タシム

(3) 大東亞ノ復興ト興隆トハ總ユル困難ヲ克復シ米英撃滅ノ共同使命ヲ達成スルコトニヨリ始テ可能ナル所以ヲ深ク信ゼシム

(4) 思想文化ノ結合ヲ期スル爲日本語ヲ共榮圏ノ共通語タラシム。

第二章　國內政治整備ニ關スル研究

第四節　總力戰ノ見地ニ基ク理想的政治體制及所要ニ應ジ之ニ到達スルニ至ル間ニ於ケル過渡的政治體制（未定稿）

(一) 研究目標

總力戰的見地ニ基ク高度國防國家確立ノ爲ノ理想的政治體制ヲ研究ス

(二) 皇國政治理念ノ確立

民主主義ノ弊ニナラハズ、又獨裁的強權支配ヲ廢シ、皇國傳統ノ君民一體ノ精神ニ基キ、天皇御親政、萬民輔翼ノ皇國政治觀ヲ確立ス。

根本方針

(1) 權力牽制勢力均衡ノ政治體制ヲ脫却シ簡素強力ナル政治組織タラシム。

(2) 歐米的權利思想ヲ排シ、家族國家タルノ實ヲ政治組織及運營ニ生カシム。

三二

(3) 國民ノ總力ヲ結集スル爲ノ國民組織ヲ重視ス。

(三) 具體的政治體制（第三八頁附表參照）

(1) 統帥制度

(イ) 統帥ハ一般國務ト獨立シ　天皇ヲ輔弼スルモノトス。

(ロ) 統帥ノ最高輔弼機關トシテ陸海軍ヲ統一セル統帥機關ヲ設ク。

(2) 內閣制度

(イ) 內閣總理大臣ノ權限ヲ擴大強化ス。

(ロ) 國務大臣ハ少數トシ（總理ノ外陸、海、外、軍需、內務ソノ他無任所大臣）他ハ行政長官トス。

(ハ) 陸海軍ヲ統一セル軍政省ヲ設ク。

(ニ) 內閣ニ人事局（文官高等官以上ノ人事）主計局（主計、主稅兩局統合）ヲ置ク。

(3) 統帥ト國務トノ關係

統帥ト國務ノ事務連絡ノ爲事務局ヲ常置ス。

三三

(4) 内閣參議院

(イ) 官制上ノ機關トス。

(ロ) 内閣參議院ハ國務ニ關スル所要ノ建議並審議ヲ行フ。

(ハ) 參議官ハ各階層ヨリノ有識精鋭ナル人材ヲ以テシ、概ネ二十名以内トシ、親任官トス。

(ニ) 參議院總裁ハ參議官中ヨリ任命ス。

(ホ) 參議院ニ幹事會ヲ置キ調査研究立案ヲ爲サシム。

(5) 監察院

(イ) 監察院ハ憲法上ノ機關トス。

(ロ) 監察院ハ勅命ヲ奉ジ國政各般ノ監査ヲ行フ。

(ハ) 監察官ヲ置キ親任官トス。

(6) 議會制度ノ廢止

帝國議會、地方議會、市町村會ハ之ヲ廢止ス。

(7) 國民輔翼會

(イ) 國民總力動員ニ關スル包括的實踐團體ニシテ上意下達下意上通ノ機能ヲ有ス。

(ロ) 總裁ハ總理大臣トス。

(ハ) 協議會（輔翼會）ヲ設置ス。（說明）

(ニ) 地方支部（輔翼會）ヲ設置ス。（說明）

(ホ) 縣及市町村ニ審議會ヲ設置ス。（說明）

表

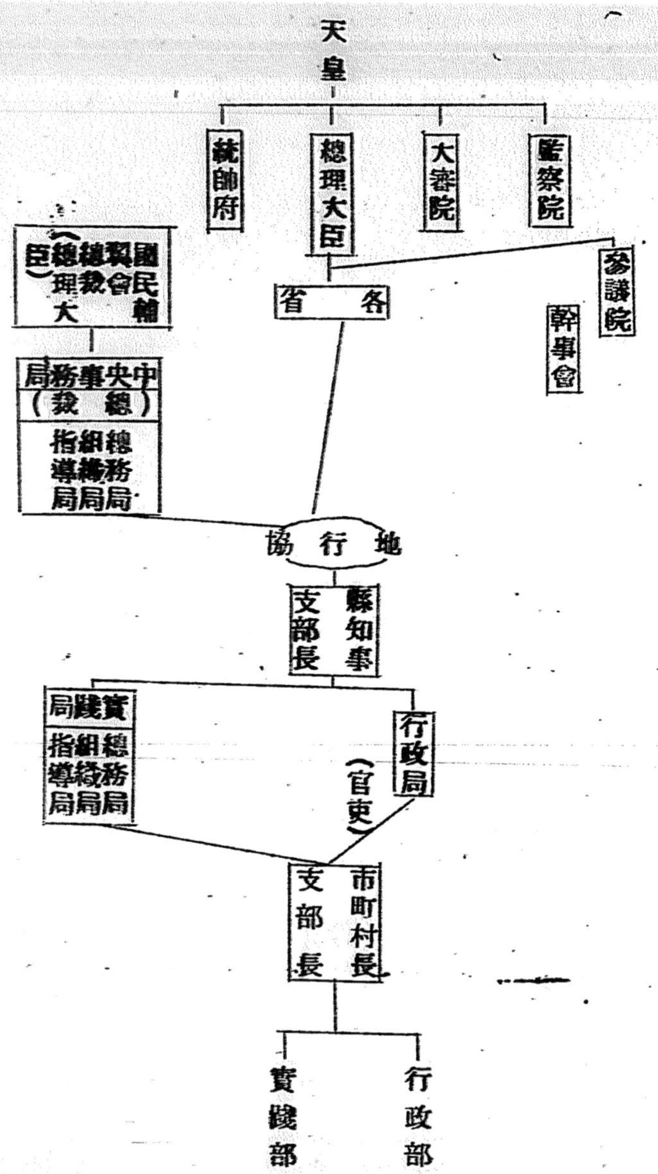

四 理想的體制ニ到達スル間ニ於ケル過渡的政治體制

(1) 統帥ト國務トノ關係

國務ト統帥トノ連絡會議ノ爲常設事務局ヲ設置ス。

(2) 内閣制度

(イ) 内閣總理大臣ノ權限ヲ擴大強化ス。

(ロ) 國務大臣ヲ少數ナラシム。（例ヘバ陸、海、外務、内務軍需各大臣）他ハ行政大臣トス。

(ハ) 各省統制機構ヲ内閣ニ置ク。

（人事局、主計局ノ包括及參事官案ノ強化）

(ニ) 内閣顧問制ヲ・擴充活用シ、監査的機能ヲ持タシム。

(3) 議會制度

(イ) 貴族院ハ勅選議員ノミトシ職能代表制ヲ加味シ人員ヲ1/2ニ減ス。

(ロ) 衆議院議員選擧ハ徹底的推薦制ヲ實施ス。

(4) 行政制度
(イ) 地方行政協議會ノ强化
(一) 中央ノ權限委讓
(二) 事務局ヲ置キ極メテ簡素ナル精鋭組織トス。
(ロ) 地方自治制度ノ改革
(一) 市町村長任命方式ノ改正
(二) 市町村長ノ權限ヲ强化シ地方議會ヲ諮問機關化ス。
(5) 國民組織
翼政會、翼贊會ヲ解消シ新ナル國民組織ヲ結成シ（輔翼會）强力ナル中核推進隊（翼壯ノ如キモノ）ヲ包括ス。輔翼會ニ議會部ヲ設ク。

第五節 官公吏及之ニ準スル總力戰指導層ノ資質心構等ノ急速向上刷新ニ關スル具體的方策

(一) 方針

總力戰運營ノ中核指導的地位ニ立ツベキ官公吏等ヲシテ眞ニ國家總力戰ノ本義ニ徹シ大東亞戰爭ノ完遂ト大東亞共榮圈ノ確立ニ挺身スルノ崇高ナル義務觀ト旺盛ナル責任觀念ヲ堅持セシムルヲ目標トシ之ガ資質心構ノ向上刷新ヲ圖ル爲概ネ左ノ方策ヲ採ルモノトス

(二) 要領

(1) 總力戰指導者練成制度ノ確立

資質ノ向上ハ不斷ノ研究ヲ基礎トシテ始メテ達成シ得ベキモノナルニ鑑ミ清新ナル識見ト手腕トヲ練磨セシムル爲概ネ左ニ依リ練成制度ヲ確立ス

(イ) 内閣ニ總力戰指導者練成所ヲ設置ス

(ロ) 養成

將來中堅タルベキ新規採用者ハ總テ一定期間前記練成所ニ入所中堅幹部タルベキ精神的訓練ヲ受ケシム（民間ハ入レズ）

(ハ) 再敎育

任用後一定期間經過後前記練成所ニ於テ專門的研究訓練ヲ受ケシメ新智識ノ硏鑽攝取ニ依リ新ナル見解ヲ開カシメ頭腦的停滯ヲ防止シ不斷ノ素質向上ヲ圖ルモノトス（民間ヲ含ム）

(ニ) 右ノ外上官卽敎官ノ趣旨ヲ以テ隨時隨所ニ於テ上官ニ依ル下僚ノ敎育的指導訓練ヲ爲スモノトス

(ホ) 實務訓練ニ付テハ各省各機關ニ於テ訓練制度ヲ整備充實スルモノトス

(2) 官吏敎範（假稱）ノ制定

官吏ノ心構ノ典據ニシテ行政運營ノ根本規範タルベキモノヲ制定スルモノトス

(3) 任用

(イ) 中央幹部タルベキモノノ任用ハ内閣ニ設置サルベキ統一的人事行政機關ニ於テ銓衡採用ノ上各機關ニ配屬スルモノトス

(ロ) 任用ニ當リテハ學歷ニ拘泥セズ廣ク人材ヲ得ルヲ目途トシ適材適所主義ニ依リ其ノ配置ヲ決スベキモノトス

(ハ) 見習期間ヲ延長シ相當程度事務ニ精通セル後責任アル地位ニ就カシムルガ如ク措置スルモノトス

(ニ) 技術者ノ優遇ヲ圖リ優秀人材ノ要職簡拔ヲ徹底化スルモノトス

(ホ) 民間有識人材ノ登用

(4) 統一的人事行政機關ノ設置

強力ナル統一的人事行政機關ヲ内閣ニ設置シ各省間人事交流ヲ圓滑化シ以テ割據主義ノ弊風ヲ打破スルト共ニ行政能率ノ向上促進ヲ圖ルモノトス

(5) 頻繁ナル更迭ノ防止

病ナル更迭ハ事務能率ノ低下責任觀念ノ稀薄化ヲ招來スベキヲ以テ極力之ヲ最少限度ニ止ムルモノトシ之ガ爲現官現職ニ於ケル昇進制度確立ノ措置ヲ講スルモノトス

(6) 拔擢制度ノ確立

(7) 責任觀念ノ徹底

總力戰運營ノ指導的地位ニ立ツベキ官公吏ノ旺盛ナル責任觀念ハ最モ緊スベキモノナルヲ以テ左ノ措置ニ依リ之ガ昂揚徹底ヲ期スルモノトス

(イ) 任官時ニ於テ拜謁ノ恩澤ニ浴セシムルコト

(ロ) 信賞、必罰制度ノ確立

（一）職務上ノ非違怠慢ニ對シテハ單ニ地位ノ移動等ニ依リ其ノ責任ヲ免ルル如キ從來ノ弊風ヲ一掃シ斷乎其ノ責任ヲ追求スベキコト

（二）右ノ爲要スレバ強力ナル監察制度ヲ確立スルコト

四二

六節　國民總力結集ノ具体的方策

(一) 方　針

(1) 國民組織ノ整備強化ニ依ル翼賛運動ノ推進

(2) 國民組織ヲ通ジ臣道實踐ノ徹底ニ依ル總力ノ結集

(二) 要　領

(1) 國民組織ノ整備強化—翼賛會（假稱）ノ結成

(イ) 翼賛會ノ組織（第四五頁附表參照）

(一) 行政機關トノ緊密ナル連絡保持竝ニ行政ノ一部擔當—啓發、指導、國民運動

(二) 實踐部面ノ重點化

(三) 協議會運營ニ依ル政治性ノ發揮

(ロ) 翼賛會ハ單行法令ニ依ル新團體トシ之ニ政治性ヲ付與ス

(ハ) 翼賛會ハ全國民ヲ以テ構成ス

(ニ) 翼賛會職員ハ廣ク人材ヲ簡拔ス

四三

(ホ) 翼賛會ノ中核體トシテ國民各層ノ中堅分子ヲ以テ推進隊ヲ組織ス

(ヘ) 推進隊ハ同志精鋭組織トシ峻嚴ノ規律ト嚴タル訓練ニ基キ強固ナル團結ヲ計リ翼賛會ノ使命達成ニ挺身ス

(ト) 推進隊員ハ道支部長之ヲ指名ス

(チ) 協議會ノ構成ノ綱要及機能

眞ニ國民ノ聲ヲ聞キ總力ノ結集ニ資ス

(リ) 既存各職能團體中產報、農報、商報ニ付テハ郡以下ノ下部組織海報、青少年團、婦人會等ハ全組織ヲ翼賛會ニ吸收ス、但シ在鄕軍人會ハ外郭團體トス

(ヌ) 現役軍人ハ翼賛會ニハ入ラザルモノトス。

(2)

右ノ外總力結集ノ具體的方策

(イ) 指導者、有識者層ノ率先垂範及陣頭指揮。

口頭禪ニ非ズ實踐躬行スルコト緊要ナリ

(ロ) 國民ノ時局認識ヲ深メル爲ノ啓發、宣導ノ普遍化、擴充。

國内及國際情勢ノ眞相ヲ極力承知セシム

(ハ) 軍、官、民ノ連絡強化

(ニ) 官僚政治ノ廢止及有能官吏ノ地方在勤

(ホ) 心、物奉還思想ノ徹底

附表

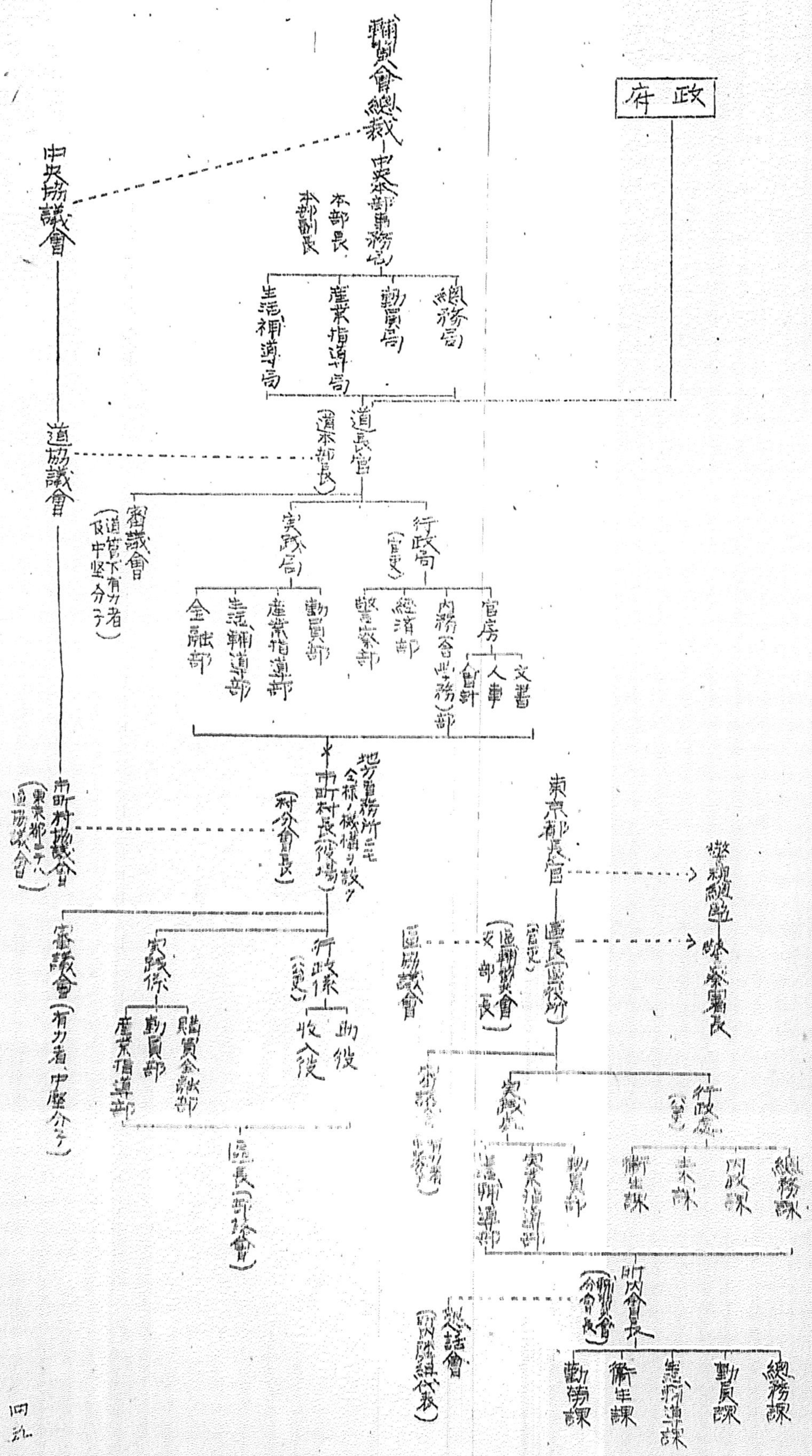

政府
翼賛會總裁
中央本部事務局
本部長
本部副長
總務局
動員局
産業指導局
生活輔導局
中央協議會
道長官
(道本部長)
道協議會
行政局
(官吏)
實踐局
審議會
(道管下有力者
及中堅分子)
官房
文書
人事
會計
内務(含出務)部
總通部
警察部
動員部
産業指導部
生活輔導部
金融部
地方事務所ヲ
全様ノ機構ヲ設ク
市町村長(役場)
(村分會長)
市町村協議會
(東京都ニ於テハ
區協議會)
行政係
(吏)
助役
收入役
實踐係
購買金融部
動員部
産業指導部
審議會(有力者、中堅分子)
區長(部落會)
東京都長官
警視總監
警察署長
區長(區役所)
(官吏)
(區翼賛會
支部長)
區協議會
行政系
(官吏)
總務課
内政課
土木課
衛生課
實踐系
動員部
實業指導部
生活輔導部
町内會長
(町内會
分會長)
懇談會
(町内隣組代表)
總務課
動員課
生活輔導課
衛生課
勤勞課

四九

第三章　國民教育ニ關スル研究

第七節　男子學校教育制度ノ根本的改善方策

第一　制　度

(一) 方　針

皇國ノ悠遠ナル生成發展ニ稱エ天祖ノ皇謨ヲ奉ジ身ヲ高度國防國家建設ニ追進スベキ人物ヲ育成スルヲ目的トス之ガ要綱左ノ如シ

(1) 高度國防國家建設（大東亞建設）計畫ノ一環トシテ國家人材育成計畫（國民動員計畫ノ一部）ヲ樹立ス

(イ) 建設ニ必要ナル人材ヲ先行的ニ育成ス

(ロ) 全般的ニ國民教育水準ノ向上ヲ圖ルト共ニ國家ノ有機的構成ニ卽應シ人材計畫ヲ樹立ス

(2) 右ノ計畫ニ基キ學校教育制度ヲ確立ス

(3) 文武不岐（一學、兵、業ノ一致、軍官民ノ一體化）ヲ目標トス

四六

(4) 育成機關ト研究機關トヲ分離ス

(5) 教育陣營ヲ革新充實ス

(6) 教育ノ責任ハ主トシテ國家之ヲ負擔スルモ家庭及職場亦分擔ス

(7) 國防教育ヲ特ニ重視ス

(二) 要　領（第五五一〇頁附表其一、其二參照）

(1) 國民學校ハ八年義務制トス

(2) 實業教育ヲ擴充整備ス特ニ青年學校ノ程度ヲ向上スルト共ニ産業組織系統ノ進學制ヲ確立ス

(3) 中等學校、專門學校、及大學ハ夫々國家ノ下級、中級及上級幹部ヲ育成スルヲ目的トス

(4) 中等學校、及高等專門學校ニ於ケル教練ハ夫々兵及下士官ノ養成ニ資スルヲ目的トシ大學ノ其ハ主トシテ予備役將校ノ學識技能ノ向上ヲ目的トス

(5) 商業系統ノ學校ヲ發展的ニ解消シ經濟指導者特ニ工場經營者ノ養成

四七

ヲ目的トスル學校ヲ創設ス

(6) 外國語學校ヲ發展的ニ解消シ主トシテ異民族指導者ノ養成ヲ目的トスル學校ヲ創設ス

(7) 國防大學ハ國政ノ綜合運營ニ任ズル國家ノ最高幹部ヲ養成スルヲ目的トス

(8) 教育陣營ノ革新充實ヲ期シ

(イ) 教官制度及研究官制度ヲ確立ス

(ロ) 最優秀ナル人物ヲ教官タラシムル如クス

(9) 大學院及大學附屬研究所ヲ以テ研究機關ニ充ツ

(10) 進學

(イ) 進學ニ關シテハ適性檢査ニ依リ之ヲ決定ス

(ロ) 大學ノ進學ニ關シテハ軍務ノ成績ヲ以テ重要ナル入學要素トナス

(11) 教育費ハ國家之ヲ負擔ス

(12) 學校ハ官公立トス但シ特別ノ場合私學ヲ許可ス

(13) 教育方式

(イ) 日本民族ノ傳統ノ維持培養ニ特ニ留意ス

(ロ) 全寮制度

(ハ) 軍隊教育トノ聯繫確保

(ニ) 勤勞修錬

(14) 教官、研究官及實務者ノ交流ヲ行ヒ學理ト實際トノ統一發展ヲ圖ル

附表其一

一般學校系統圖

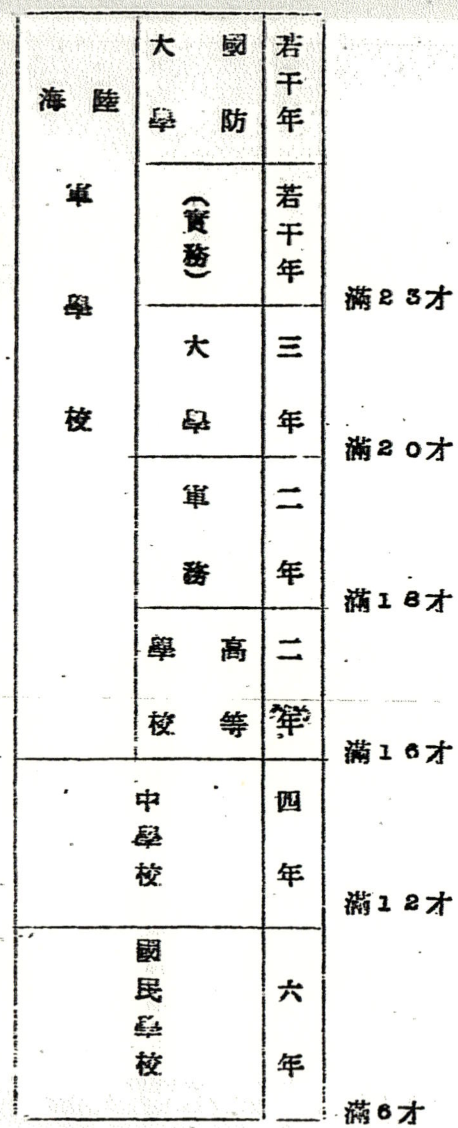

備考

一、大學醫學部ハ四年トス
二、軍務ニハ錬備士官學校（海軍ハ之ニ類スルモノ）ノ過程ヲ含ム
三、實業學校ヨリ高等學校及専門學校ヨリ大學ヘノ進學ヲ一部認ム

五〇

附表其二

產業學校系統圖

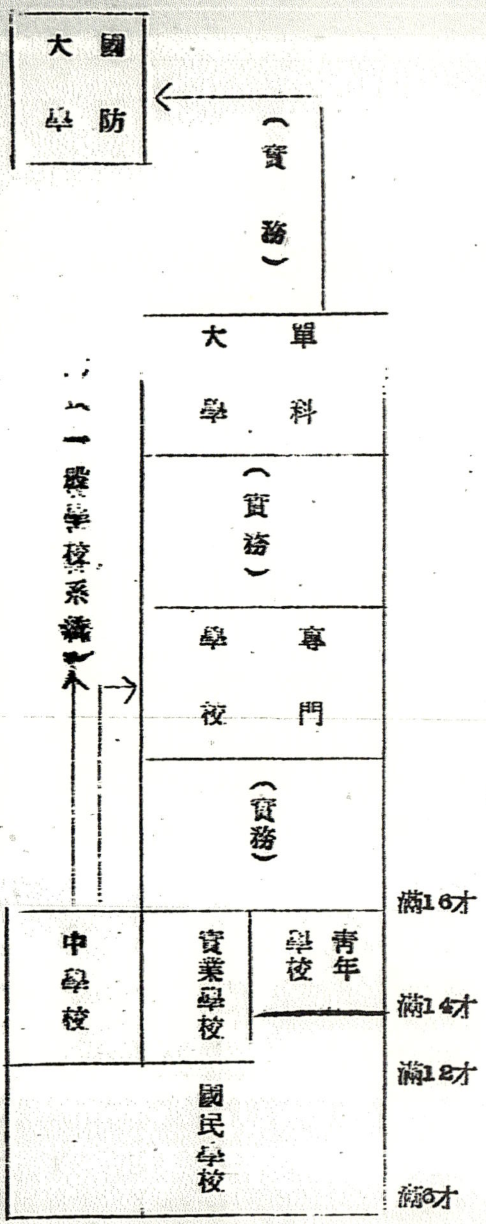

備考

學校ノ年限ニ關シテハ専門學校ノ中理工科系ノ者ハ三年、醫科系ノ者ハ五年爾餘ハ二年、又單科大學ノ中醫科系ノ者ハ五年爾餘ハ三年トス

五一

第二 教學

(一) 方針

學問教育ヲシテ眞ニ天業恢弘ノ源泉タラシムルガ如クス

(二) 要領

(1) 教學ノ最高方針ヲ決定スルト共ニ文部行政並ニ軍政及産業行政ニ於ケル教育關係事項ノ連絡統一ヲ圖ル爲內閣ニ教學審議室ヲ設置ス

(2) 中等學校及上級學校ニ於ケル教科目ハ皇國學及實學ヲ主體トシ專門外ノ一般教養事項ハ極力壓縮シ之ガ涵養ハ職場ニ於テ爲サシムルガ如キ措置ヲ講スルト共ニ外國ノ學問及學術ノ基礎理論ハ必要ナル限度ニ止メシメ之カ研究ハ主トシテ研究機關ヲシテ爲サシム

(3) 外國語ノ教育ハ實益ニ應ズルヲ旨トス上級學校ノ入學試驗ニハ原則トシテ外國語ノ試驗ヲ課セサルモノトス

第八節 大東亞指導民族トシテノ教養ヲ急速ニ向上セシムル爲ノ國民成人教育方策

(一) 要旨

皇國ノ道ニヨリテ貫カレ、皇國ノ實ヲ擧グルヲ根幹トシ、大東亞諸民族ヲ指導スルニ足ル博大ナル教養ト高潔ナル品格トヲ陶冶シテ大東亞共榮圈建設ニ資セントス。

(二) 方針

大東亞共榮圈建設ノ聖業ヲ翼賛シ奉ランガタメニ、我ガ國民ハ圈內諸國諸民族ヲ率キ、コレラヨリ信頼ト悅服トヲ獲チ得ルガ如キ、高キ道義ノ實踐者、圈內諸民族ニ卓越セル優秀ナル文化ノ保持者タラザルベカラズ。學校教育ガカカル目的ニ向ツテ促進セラルルハ勿論ナリト雖モ、差當リ共榮圈指導ノ任ニ當ルベキハ成人ナリ。急速ニコレガ教養ノ向上ヲ企圖スルニハ、特ニ指導者層ノ奮起ヲ求メザルベカラズ。成人教育ハ、日常生活卽教育ナルヲ以テ、隨時隨所ニ相互ノ指導啓發ヲ

通ジテ行ハルベク、
(1) 官吏軍人等之ガ中心トナリ、學者、教育家、宗教家等ヲシテ率先セシメ
(2) 軍隊教育ニソノ範ヲ取リ
(3) 言論、出版界ト警察ナル聯絡ヲ保ツコト
等緊要ナリトス。
而シテ從來我ガ國民ガ、國體ヨリ發スル忠孝一本ノ名教ヲ遵守シ、國家的・家族的道德ニ於イテ東西古今ニソノ比ヲ見ザル美點ヲ有スルニ拘ラズ、
(イ) 公衆道德・社會道德ニ遺憾ノ點鮮カラズ
(ロ) 團體行動ニ缺ケタル點アリ
(ハ) 氣宇狹小ニシテ大國民タルノ雅量ニ缺ケタルモノ往々アリ
(ニ) 科學技術ニ關スル知識一般ニ不十分
ナル實情ニ鑑ミ、國民ヲ先ヅ道德的、文化的ニ啓發教導シ、而シテ

部　制度ノ効果ニ及ブベキナリ。

(ハ) 要

(1) 一般（國民啓發）策
(イ) 言論機關、大衆娯樂ヲ動員シテ、平易懇切且ツ興味深ク啓發ス
(ロ) 放送、新聞等ヲシテ之ニ對應セシム
(ハ) 隣組ヲ活用シ、隣組長、町村會長等ヲシテ直接隣保事、町村内ノ指導ニ當ラシム。例ヘバ、週報・紙芝居等ヲ利用シテ闇行爲・奢侈生活等ニ反省ヲ加ヘシメ、且ツ戰局、並ニ日本精神ニ對スル理解ヲ深カラシムルガ如シ。女子ニ對シテハ特ニコノ方法ヲ强化シテ適切ナル效果ヲ收メ得ベシト思料セラル。
(ニ) 翼壯ヲ中心トシテ生活刷新（決戰體制ノ徹底化）自粛自戒運動ヲ行ハシム
(ホ) 官廳・會社・工場等各職場ヲシテ、從來ヨリモ更ニ教化的性格ヲ强カラシメ、日常勤務ニ精勵スルコトガ直接御奉公ノ道タル所以

ヲ給ヘ、且ツ生活指導ニ及バシム。

(ヘ) 常識的ニ平易ナル入門書出版ヲ圖ル。（惡書ノ出版禁止ヲ含ム）

(ト) 圖書館ノ擴充、ソノ利用擴大ヲ圖ル

(チ) 良書ノ普及ニ留意スルト共ニ、貸本屋・劇團組織ヲ活用ス。

(2) 高級（指導者層ニ對スル）方策

(イ) 圖書推薦制度ヲ確立ス。（各學科別ニ、入門、中級、專門ニ分類ス）

(ロ) 錬民錬成所其ノ他ノ錬成道場ノ擴充強化ヲ圖リ、コレラノ修了者ヲシテ各職場ノ戰力增強ヘノ挺身ノ中心タラシム。

(ハ) 官吏並ニ各種企業組織ヨリ大學・研究機關等ヘ留學生（研究生）ヲ派遣シ、專門事項ニツキテノ蘊蓄ヲ深カラシムルト共ニ、ソノ識見、人格ヲ長ゼシム

(ニ) 各種講座・講演會ヲ一元的綜合的ニ運營シテ國民ニ聽講ヲ勸誘ス

(ホ) 從來ノ成人講座ヲ改善シ、國民成人講座（假稱）、夜間成人學校（假稱）ヲ常設ス

第九節　海外在留同胞ノ資質急速向上方策

一　方針

海外ニ在留スル同胞ハ大東亞共榮圏建設ノ第一線ニ在リテ率先垂範亞細亞諸民族ノ指導ニ任ジ之ガ完成ニ邁進スベキ重大責務ヲ有スルヲ以テ其ノ資質ノ急速ナル向上ヲ圖リ之ガ使命達成ニ遺憾ナカラシムルハ刻下喫緊ノ要務ナリ

(1) 達成スベキ最少限度ノ目標

(イ) 大東亞共榮圏建設理念ノ體得

(ロ) 當該地域ニ對スル我ガ施策ノ根本方針ノ理解

(ハ) 當該地域民ノ民族性ノ認識

(ニ) 出稼ギ根性ノ清算

(ホ) 營利追求觀念ノ是正

(ヘ) 指導民族タルニ相應シキ態度ノ堅持

(2) 滿洲國及支那ニ對シテハ既ニ相當數ノ進出ヲ見、南方諸地域ハ處女地トモ稱スベキニ鑑ミ、前者ニ於テハ既成事實ノ建直シ後者ニ於テハ新建設ノ意圖ヲ以テ方策ヲ樹立スルヲ要ス

(3) 大公使館其ノ他ノ出先機關ト現地軍トノ連繋ヲ密ニシ現在ノ情勢下ニ於テ其ノ基礎ヲ確立スルヲ要ス

(4) 海外在留同胞ノ資質向上ハ即チ日本人ノ資質向上ノ問題ナレバ日本ニ於ケル成人教育ノ徹底ヲ必須トス

㈢ 要領

(1) 國民運動組織ノ整備、強化

(イ) 滿洲國ニ於テハ協和會ノ一層ノ活動ヲ圖ル

(ロ) 支那ニ於テハ北支、中支、南支、蒙疆ノ各地域ニ翼賛會ヲ設置ス

北支ハ北京、中支ハ南京、南支ハ廣東、蒙疆ハ張家口ニ本部ヲ置キ各領事館所在地ニ支部ヲ設ケ各在留地域ニ支會ヲ置ク

五八

(ハ) 南方諸地域ニ於テモ(イ)ニ準ジ組織ヲ整備ス

(ニ) 會長ハ公使又ハ之ニ準ズル者ヲ以テ充ツ

團體理事者ト官吏トノ交流ヲ行フ

要スレバ内地ヨリ適當ナル人物ヲ理事者又ハ指導者トシテ派遣ス

(ホ) 日本内地ノ大政翼贊會ト緊密ナル聯繫等ヲ保タシム

(ヘ) 政府ヨリ相當額ノ補助ヲナス

(ト) 半島人、臺灣人ハ之ヲ内地人同樣ニ取扱フベキモ要スレバ一部門ヲ設ケシム

(2) 錬成指導

(イ) 官公吏ノ錬成指導ヲ第一義トス、之ガ爲官廳側ニ於テ十分ナル方策ヲ講ズルト共ニ其ノ選任ニ當ツテハ優秀ナル人材ヲ以テ之ニ充ツ

(ロ) 一般在留者ノ錬成ハ專ラ前記國民運動組織ヲ通ジテ之ヲ行フ

五九

(一) 活動目標

(1) 精神錬成

(イ) 敬神信仰ノ普及徹底

(ロ) 尽忠報国、滅私奉公精神ノ振作昂揚

(ハ) 決戦意識、必勝信念ノ昂揚

(ニ) 日本人的生活規律ノ訓育

(ホ) 勤労精神ノ啓培

(2) 知能錬成

(イ) 國體観念ノ體得

(ロ) 大東亜共栄圏建設理念ノ體得

(ハ) 當該國ニ対スル我ガ施策ノ根本方針ノ理解

(ニ) 當該國民ノ民族性ノ認識

(ホ) 異民族ニ対スル認識

(ヘ) 内外時局情勢ノ認識

六〇

(ト) 旺盛ナル創生力ノ啓培

(3) 意志錬成

(イ) 鞏固ナル意志ノ鍛錬

(ロ) 敢闘的実践力ノ養成

(4) 肉体錬成

(イ) 各種武道及体育ニ依ル身体ノ鍛錬

(ロ) 各種勤労作業ニ依ル身体ノ錬磨

(二) 錬成対象並方法

(1) 中堅幹部ノ錬成

現地錬成所ニテ錬成ス

(2) 一般人ノ錬成

各種勤労奉仕及短期講習、講演又ハ座談会等ノ方法ニ依リ精神的、肉体的、智能的錬成ヲ図ル

(三) 錬成指導員

六一

日本ヨリモ思想家、精神家、翼壯團員等各方面ヨリノ人材ヲ選定シ巡回錬成員ヲ派遣ス

（四）日本内地ニ於ケル錬成

在留邦人中ヨリ選定シ内地ニ於テ相當期間之ヲ行フ

(ハ) 其ノ他職場組合、町内會隣組、婦人團體等ヲ通ジ生産、配給、消費、防空等ニ關スル指導ノ徹底ヲ期ス

(3) 語學習得ノ義務制

日常會話ニ不自由ナキ程度ノ語學習得ヲ目標トス之ガ爲

(イ) 滿二〇才以上五〇才以下ノ在留者並ニ新規渡來者ニ語學檢定試驗ヲ施行ス

(ロ) 合格者ニハ合格章ヲ授與ス

(ハ) 不合格者ノ爲ニ毎週一回六ケ月以内ノ期間ニテ講習會ヲ開催シ終了ノ際再試驗ヲ行フ

(ニ) 檢定試驗ニ合格スル見込ナキ者ハ現地人相手ノ職業ニ就クヲ得ザ

ラシムルカ或ハ日本ニ送還スルモノトス

(4) 環境ノ整備

建設ノ使命完遂ノ爲ニハ在留邦人ハ全テ永住又ハ長期勤務ノ覺悟ヲ要スルヲ以テ其ノ環境ヲ整備シテ心身ヲ安定セシメ海外ニ在ルコトノ不便不利益ヲ努メテ解消セシムルコト肝要ナリ之ガ爲

(イ) 神社ノ建立

簡素森嚴ナル神社ヲ建立シ邦人精神生活ノ中心タラシム

(ロ) 集團生活ノ形成

能フ限リ一定地區ニ集團シテ居住セシメ日本的生活ノ維持協同精神、責任觀念ノ培養ヲ圖ル

(ハ) 大公使館其ノ他出先機關ヲシテ邦人團結ノ中心タラシムコト

(ニ) 家族同伴ノ獎勵

家庭ハ心身ノ安息所ナル所海外生活ニ於テ殊ニ然リトナスヲ以テ

務メテ家族携行ヲ奬勵ス
(ホ) 學校教育ノ整備ト内地留學
在留邦人子弟ノ教育ニ適應ナカラシメンガ爲設備ノ充實、優良教員ノ派遣ヲ圖ルト共ニ内地留學ニ就キ便宜ヲ與フル如ク考慮ス
(ヘ) 給與ノ改善
健全ナル家庭生活ヲ營ミ且指導民族トシテノ體面ヲ保ツニ十分ナル給與ヲ支給ス
(ト) 醫療機關ノ整備
(チ) 慰安娯樂設備ノ充實
俱樂部組織等ニ依リ慰安娯樂設備ヲ充實シ家族的ニモ之ヲ利用シ得ル如クス
之ガ經費ニ關シテハ政府ニ於テ十分ナル補助ヲ爲ス
(リ) 不健全享樂機關ノ整理
( ) 小商人階級ノ整理

海外進出ノ小商人階級ハ一攫千金ヲ夢見ル出稼根性ノ者多ク指導者トシテ不適當ナルノミカ現地ニ於テ小數ノ邦人目當ニ共喰ヲナシ又現地人ト競爭者ノ地位ニ立ツ場合多キヲ以テ一般經濟組織ノ整備ト相俟ツテ嚴重ニ之ヲ整理シ必要ノ最少限度ニ止メ新規渡來ヲ制限ス殊ニ醜業不正業者ニ對シテハ嚴重ナル取締ヲ行フ
(6) 資本家ノ營利追及觀念ノ是正
現地進出ノ商社々員ノ反國家的營利追及行爲ガ本社重役ノ誤レル經濟觀念ニ基クコト多キヲ以テ嚴ニ内地資本家ノ覺醒ヲ促スト共ニ現地社員ノ指導ニ遺憾ナキヲ期ス
(7) 現地除隊ノ奬勵
現地除隊ハ努メテ之ヲ奬勵シ適當ナル職業ニ就カシムル如ク軍及出先官憲ニ於テ十分ナル配慮ヲ爲ス
(8) 不良邦人取締ノ強化
國民運動組織殊ニ職場及隣組組織ヲ通ジ自治的ニ不良邦人ノ根絶ヲ

刻セシム

非行甚シク改悛ノ情無キ者ハ内地ニ送還シ適當ナル錬成所ニ於テ訓錬シ其ノ結果ニ依リ處置ス

四章　防空ニ關スル研究

第十節　軍官民ヲ通ズル理想的防空組織（未定稿）

第一　要旨

今次防空法改正ニ伴ヒ防空組織ハ相當ノ改善進歩ヲ見タリト雖モ未ダ不十分ノ點鮮シトセズ特ニ左ノ諸點ノ急速實現ヲ要ス

一　官民防空ニ於ケル戦力ノ重點集中ヲ更ニ有效ナラシメ得ル如ク所要ノ措置ヲナスコト

二　非常ノ際ニ於ケル防空ヲ一元的ニ運營シ得ル如ク措置スルコト

第二　現下防空組織上主要缺陷

現下ニ於ケル防空組織上ノ重大ナル缺陷左ノ如シ

(一) 空襲判斷及防空戰闘等ニ關シ陸海軍ガ協力關係ニアリテ特ニ防空戰闘ニ關シ臨機[illegible]上必ズシモ適當ナラザル實情ニアルコト
又右ニ關聯シ陸海軍ノ一體的防空指揮機關ナキコト

(二) 內閣ニ於テハ各大臣分立シ防空ニ關スル計畫並實施上動々モスレバ各省ノ缺陷チ生ズル虞アルコト

(三) 軍防空ト官民防空トノ關聯ニ關シ必ズシモ十分ナラサル實情ニアルコト

(四) 防空總本部ノ各省ニ對スル權限少ク必要事項ニ關スル強制力ニ缺クルコト

(五) 國土組織上重要工業地帶密集シ又大都市ノ存在スルコト

(六) 非常ノ際現場ニ於テ全責任チ以テ相當地域ニ亘ル官民防空業務チ一元的ニ遂行シ得ル組織ニ缺クルコト

六八

例ヘバ東京都　長官ガ警視總監チ平素ヨリ指揮シ得ザルコト又地方協議會長ノ權限ノ手緩キ點等之ナリ

(七) 大都市ニ於ケル末梢組織ニ左ノ缺陷アルコト

(1) 市町村、警察、消防署ノ分立ハ防空活動ニ動々モスレバ不統一チ露呈スルコト
(2) 隣組ニ於ケル防空群長ノ群員ニ對スル指揮權ニ缺ケルコト
(3) 警防團ガ其素質、裝備、組織等ニ於テ弱體ナルコト
(4) 特設防護團、警防團、隣組防空群ノ間ニ人員ノ適切ナル配置行ハレザルコト
(5) 移動救護隊ノ組織不十分ナルコト
(6) 避難等ニ關シ都市ト近縣近郊農村トノ連鎖組織ニ缺クルコト

(八) 防空特ニ防火資材ガ重要地方ニ重點配置セラレアラザルコト
（資材ノ貧弱ナルハ論チ俟タズ）

(九) 防空通信組織不十分ナルコト

六九

第三　現下防空組織ニ對スル考察

第二、ニ於テ既述セル諸缺陷中主トシテ末梢ノ防空業務系統ニ關シ研究チ進ムルコトトス

防空組織チ第一、第二案（第一七四・一七五頁別紙第一第二参照）ノ如ク研究ス

〔一〕第一、第二案共通ニテ現制ニ改正チ加ヘタル點左ノ如シ

(1) 海軍ニ陸軍防衛總司令部ニ相當スル官衙チ設置シ兩者チ不二一體關係ニアラシム

(2) 府縣チ廢止シ道廳（其下ニ府縣事務所）チ設置シ一元的ニ地方行政チ運營セシメ特ニ防空ニ關スル業務チ平素並非常時チ通ジ強力一元的ニ運營セシム

(3) 警視廳チ平素ヨリ東京都長官ニ隸屬セシム

(4) 各省下部官廳ト道廳以下ノ行政組織トノ間ニ平素ヨリ連絡機關チ常設シ防空ノ地域的一元化チ圖ル

(5) 隣組ニ於ケル防空群長ハ防空業務ニ關シ群員チ指揮シ得ル如クス

一七〇

(6) 警防團チ現制趣旨ニ基キ更ニ強化擴充（特ニ素質チ向上スルト共ニ破壞消防、清掃、能力附與等）スルト共ニ團員ノ非常ノ際ニ於ケル傷痍、死亡等ニ對シ充分ナル救恤チナシ得ル如クス

(7) 各種特設防護團チ前號警防團ノ趣旨ニ準ジ強化シ以テ特ニ重要工場其他ノ防空チ強化ス

(8) 特設防護團（官民チ通ジ）、警防團、隣組防空群チ通ジ人員ノ調節チ圖リ以テ官民防空ニ遺憾ナキ如ク措置ス

(9) 大都市ニ移動救護隊チ整備ス

(10) 防空通信網ハ鐵道通信網チ併用、無線裝備ノ強化、特殊通信網ノ整備等ニヨリ之チ強化ス

〔二〕第一案ノ主トスル處ハ左ノ如シ

(1) 現內務省チ改組シ治安防空省トナシ治安行政ノ外官民防空業務チ一元的ニ把握處理セシム

(2) 陸海軍防衛總司令官チシテ防空業務ニ關シ平素ヨリ治安防空大臣チ

一七一

區處セシム（爲シ得レバ司令官ガ大臣ヲ兼任ス。此場合ニ治安業務ノ爲内務省ヲ存置スルヲ要シ單ニ防空大臣ノ兼任トナルベシ。一要研究）

(3) 軍司令官、師團長（海軍ハ之ニ相當スルモノ）ヲシテ防空業務ニ關シ平素ヨリ道府縣長官及府縣事務所長等ヲ區處セシム

(4) 大都市ニ於ケル市區町長以下ヲ官吏トナシ之ニ警察權ヲ附與シ以テ末梢ニ於ケル防空業務ヲ一元化ス

(二) 第二案ノ主トスル處ハ左ノ如シ

(1) 防空總本部ノ機構ヲ强化シ所要ニ應ジ各省大臣ヲ區處シ得ル如クス

又ハ總理大臣直屬ノ防空企畫院（軍、官、民ヨリ委員ヲ差出シ構成）ヲ設置シ防空ニ關スル企畫及各省ノ統制指導ヲ行ハシム

（註）本趣旨ハ各省主管事項ニ關スル防空業務ハ各省大臣ノ責任ニ於テ行ヒ所要事項ニ關シ調整統一ヲ行フ現制趣旨ヲ强化セルモノナリ。

七二

(2) 各省主管事項ニ對スル防空業務ニ關スル地方官廳ヘノ指示ハ道府縣長官ヲ通ジテ之ヲ行フ如クス

(3) 末梢ニ於テハ概ネ一警察區ヲ單位トシ非常ノ際ハ警察署長ニ一元的ニ防空業務ヲ指揮セシム

之ガ爲平素ヨリ市町村長ノ隣組員ニ對スル防空業務ノ範圍ヲ設備配給業務等ニ限定ス

（註）警察區ヲ以テ防空區トナシ一元的ニ活動セシムル趣旨ナリ

(4) 軍官民防空ノ運營ハ平素ハ概ネ規制ニヨリ非常ニ當リテハ軍司令官師團長（海軍ハ之ニ相當スルモノ）ハ道府縣長官又ハ府縣事務所長等ヲ區處シ得ル如クス

七三

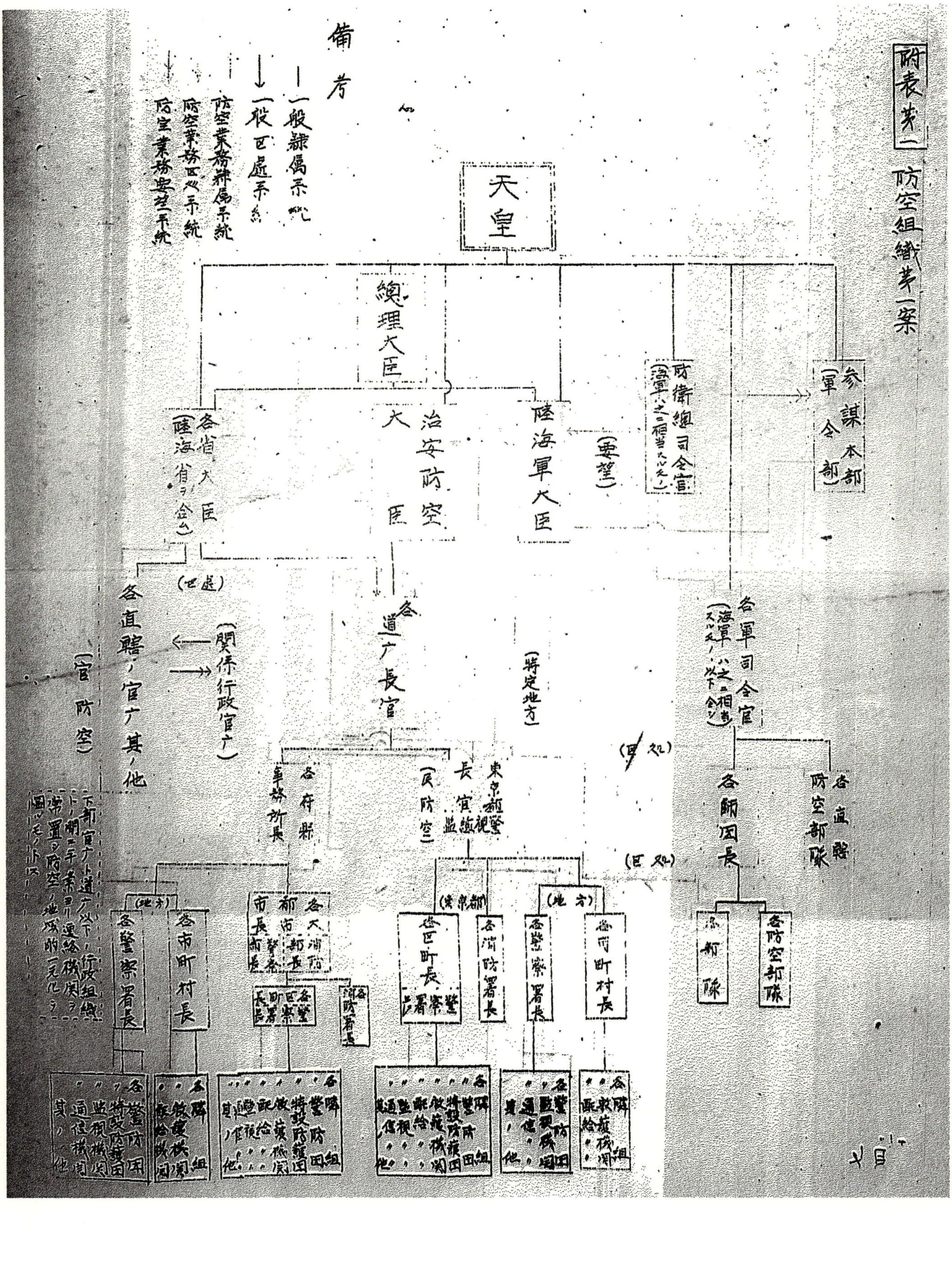
附表第一
防空組織第一案
備考
一般隷属系統
一般区処系統
防空業務隷属系統
防空業務区処系統
防空業務要望系統
天皇
總理大臣
各省大臣
(陸海省ヲ含ム)
治安防空大臣
陸海軍大臣
(要望)
防衛總司令官
(海軍ハ之ニ相当スルモノ)
参謀本部
(軍令部)
(監督)
各直轄ノ官庁其ノ他
(官防空)
(関係行政官庁)
各道庁長官
(特定地方)
各軍司令官
(海軍ハ之ニ相当スルモノ以下全シ)
(区処)
各府県事務所長
東京都警視総監長官
(民防空)
各師団長
各直轄防空部隊
(地方)
各警察署長
各市町村長
各大都市防空
各消防署長
(東京都)
各区町長
(地方)
各部隊
各防空部隊
各警防団
特設防護団
監視機関
通信機関
其ノ他
各隣組
救護機関
配給機関
下部官庁ト道庁以下ノ行政組織トノ間ニ平素ヨリ連絡機関ヲ常置シ防空ノ地域的一元化ヲ図ルモノトス

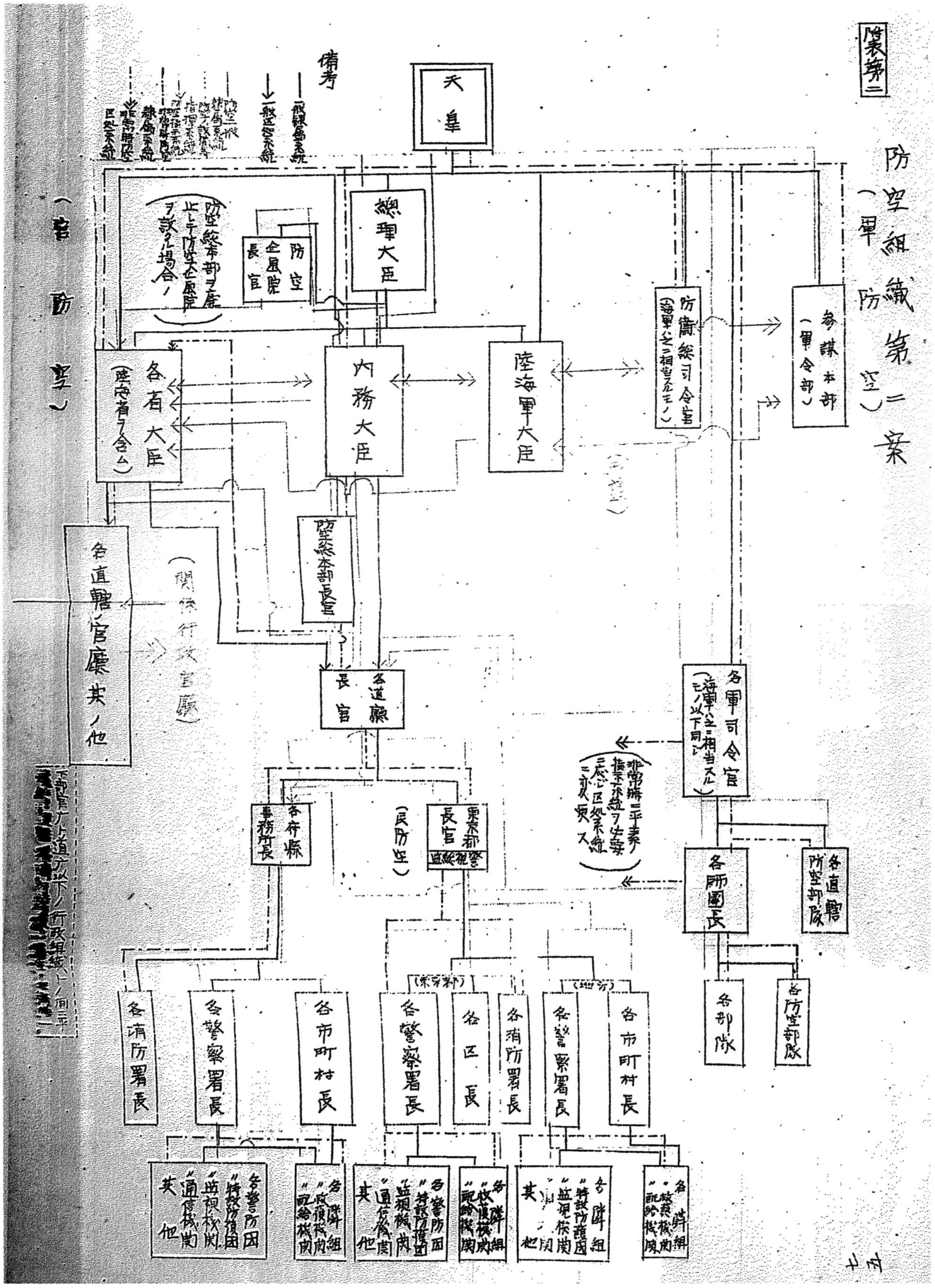
附表第二
防空組織第二案
（軍防空）
（官防空）
備考
天皇
總理大臣
防空企画院長官
各省大臣
（陸海軍省ヲ含ム）
内務大臣
陸海軍大臣
防衛総司令官
（海軍之ニ相当スルモノ）
参謀本部
（軍令部）
防空総本部長官
各直轄官庁其ノ他
（関係行政官庁）
各道庁長官
各府県事務庁長
東京都長官
（民防空）
各軍司令官
各師団長
各直轄防空部隊
各部隊
各防空部隊
各消防署長
各警察署長
各市町村長
各区長
各警防団
特設防護団
監視機関
通信機関
其他
各隣組
救護機関
配給機関

第十一節　東京ノ消極防空ニ關スル具體的計畫要綱

第一　恒久對策

將來戰ニ備ヘ理想的帝都改造計畫案ヲ早急樹立確定シ、永年計畫ヲ以テ漸次之ガ改造ヲ企圖スルト共ニ、他方將來生ズルコトアルベキ災害ニ際シテハ本計畫ニ即應シテ都市ノ再築ニ力ムルモノトス

本計畫ノ要領左ノ如シ

(一)帝都ハ主トシテ政治都市トシテノ機能ヲ保タシムルモノトシ、重要工場ハ設置セズ。人口密度ヲ可及的減少セシムルコト

(二)内外線地帶ヲ以テ區劃セラレタル田園帶狀都市ヲ構築シ、都心部ハ設定セザルコト

(三)長幅員ノ道路、河川、運河、池等ヲ以テ區劃セラレタル防火「ブロツク」ヲ構築シ之ニ公園、廣場等ヲ適宜配置シ建築物ノ徹底的疎開ヲ行フコト

七六

(四)都市構築ニ當リ地下部ノ利用ヲ考ヘ、交通路、地下鐵道ノ建設ヲ考慮スルコト

(五)飛行場ノ建設、高射砲陣地ノ配備等都市要塞化ノ軍事的構想ヲ加フルコト

(六)建築物ハ耐火構造トシ完全不燃帝都市ヲ實現スルト共ニ、重要施設ハ耐彈耐爆構造トスルコト。高層建築物ノ建設ハ之ヲ認メザルコト

(七)防護室、防空壕、防毒施設ヲ完備スルコト

(八)通信施設、運輸施設等ハ凡テ地下式トスルコト

(九)倉庫、冷藏庫、其他食糧貯藏施設ヲ完備スルト共ニ、之ガ分散配置ヲ行フコト

(十)病院、養院ヲ都市周邊ニ分散配置スルコト

(十一)住宅竝土地ハ可及的[illegible]ノ方針ヲ採ルコト

七七

第二　緊急對策

現下ノ緊迫セル實情ニ鑑ミ、強力ナル政治力ヲ以テ左記計畫ノ急速實現ヲ圖ルモノトス

㈠ 組織及訓練（省略）

㈡ 膨脹抑制竝疎開計畫

(1) 膨脹抑制方策

(イ) 工場新設ノ徹底的抑制

(ロ) 人口ノ轉入ニ付テハ部長官ノ許可ヲ要スルモノトシ、原則トシテ之ヲ認メズ

(2) 疎開方策

(イ) 施設ノ分散

(一) 官廳。多少ノ摩擦不便アルモ強力ニ之ガ實現ヲ圖リ、次イデ都内ニ存置ヲ必要トスル官廳ノ地域内分散ヲ實施ス

(二) 學校學藝施設。高等專門學校以上ノ整理統合ニ即應シ速カニ之

七八

ガ分散ヲ實施ス

(三) 會社、事務所、工場等。重要工場ニ付テハ生産増強竝疎開能力ノ要請ト調和セル一部地方分散ノ方針ヲ採ルト共ニ、尚將來不測ノ情勢ノ變化ニ即應シ得ルヤウ大分散計畫ヲ樹立シ置クモノトス

(ロ) 人口ノ分散

徹底セル行政指導ニ依リ左記ノモノニ付退去ヲ求ムルモ、場合ニヨリテハ退去命令ヲ發動スルモノトス（但シ（三）（六）ヲ除ク）

(一) 分散施設ノ職員及學生々徒

(二) 戰力增強ニ直接關係ナキモノ（恩給生活者、留守宅、子弟教育ノ爲メノ在住者、企業整備ニ依ル余剩人口等）

(三) 區部外ニ職場ヲ有スルモノ

(四) 右三項ノ家族ニシテ戰力增強ニ關係ナキモノ

(五) 老幼不具癈疾者ニシテ地方（疎開都市ヲ除ク）ニ緣故アルモノ

(六) 生徒兒童ニシテ地方（疎開都市ヲ除ク）ニ緣故アルモノ

七九

企業整備ハ既定計畫ニ再検討ヲ加ヘ、徹底的整理ヲ促進スル
ノトシ、デパート、待合、高級料理店等ハ即時閉鎖ス
本項實施ニ當リ必要トスル措置左ノ如シ

(一)全國地方廳市町村ト緊密ナル連絡ヲ保チ、退去先住宅ノ供與ニ付テハ萬全ノ策ヲ講ズルコト

(二)都内ニ殘留スル單身者ノ爲、都營寄宿舎アパートヲ増設スルコト

(三)退去者住宅ハ都ニ於テ買收若ハ借上管理ヲ爲スコト

(四)退去者財産ノ管理、賣買斡旋ヲ爲スコト(退去者ノ財産輸送ハ最少必要限度ニ止ム)

(五)退去者ニ轉入學ノ便宜ヲ供與スルコト

(六)移轉ニ伴フ經費、要スレバ生計費ノ援助ヲ爲スコト

(七)官廳、會社等ニ於テハ、退去者ノ家族分割ニ依ル負擔増ニ付分散手當ノ支給ヲ考慮スルコト

八〇

(八)退去先ニ於ケル職業ノ斡旋ヲ爲スコト

(九)退去ニ伴フ隣組防衞力ノ低下ニ付對策ヲ講ズルコト

(ハ)住宅對策

住宅問題ハ疎開對策、防空對策ト密接不離ノ關係ニアリ、便宜本項ニ於テ述ブルニ

(一)空襲激化ノ情勢ニ應ジ、都内疎開區内必要地區ニ住宅ノ割當制ヲ實施ス

(二)之ニ至ル前提トシテ、都内借家ノ借上管理ヲ行フト共ニ、寺院教會等ノ「スペース」待合、高級料理店大邸宅ノ供出ヲ慫慂シ都ニ於テ都下住宅ヲ一元的ニ把握ス

(三)都市疎開ニ依ル空住宅及前項ノ住宅ヲ運用シ(二)ノ計畫ト睨合セ住宅交換ヲ指導シ都民ハ可及的職場附近ニ居住セシムルコトトス以テ職場ノ防衞ト交通ノ緩和ニ資ス

(四)不良住宅ヲ整理ス

八一

(ニ) 防空々地、防火帯、消防通路、広場等ノ構築

防火並防護計画

(1) 広幅員道路、河川、濠渠、公園、緑地等ヲ以テ圍繞セラレタル防火「ブロック」ノ構築

(2) 一般建築物ノ防火改修促進

(イ) 重要施設並危険施設周辺

(ロ) 防火「ブロック」内ヲ防火改修家屋帯ヲ以テ縦横ニ截リ防火区劃ヲ細分ス

(3) 消防施設ノ徹底的充実

(イ) 消防自動車ヲ急速ニ増備ス、尚全國不急地区ヨリ消防自動車ヲ引上ゲ帝都ニ重点配備ヲ行フ

(ロ) 消防手ノ増員、要スレバ徴用ニ依ル

(ハ) 戦車、トラクター、クレーン等ヲ装備セル機械化破壊消防隊ヲ組織ス

(ニ) 警防團、隣組用小火ポンプヲ充実ス

(4) 消火ニ供用シ得ル施設ノ整備

(イ) 上水道ヲ隣接都市ニ連絡スルノ他、消火栓、防火水道、井戸、貯水施設ノ増設等水利施設ヲ充備ス

(ロ) 河川、用水ノ堰止ニ依ル水位上昇、呼水施設等自然水利々用施設ヲ充備ス

(ハ) 河岸地ヲ疎開ス

(ニ) 消防道路、防空々地、公園、緑地、広場ヲ増設ス

(5) 重要施設ノ防護

左記重要施設ニ付周囲ノ状況並其ノ緊急度ニ即應シテ適宜分散、耐弾、耐火、偽装ノ措置ヲ講ズ。其ノ他特ニ實施スベキ事項左ノ如シ。

(イ) 交通施設

(一) 渉線ヲ増設スルト共ニ、交通施設相互間ニ連絡線ヲ設備ス

(二) 地下鐵水面下ノ防護

(ロ)通信報道施設

(一)警察電話、遞信電話、鐵道軌道ノ軍用通信施設等ニ付綜合的利用ノ方途ヲ講ズ

(二)無線裝置ニ依リ連絡シ得ルヤウ區役所、警察署、派出所ニ蓄電池式ラヂオ若ハ鑛石ラヂオヲ配備ス

(三)新聞社ノ分散

(ハ)電氣、水道、瓦斯供給施設

村山山口貯水池堰堤ノ補強

(ニ)醫療施設

(ホ)官公衙

(ヘ)重要工場及危險工場

重要工場ニハ專任ノ工場防空長ヲ置キ、組織、施設、資材、待避所等ヲ徹底的ニ完備セシムルト共ニ之ガ訓練ヲ強化ス

(6)防毒對策

防毒施設資材ノ整備ヲ急グト共ニ、都市ノ特性ニ適應セル瓦斯對策ヲ樹立シ都民防毒知識ノ普及ニ力ム

避難計畫

(1)小避難

(イ)防空「ブロック」内ニ公園、空地ヲ適宜ニ配置ス

(ロ)避難道路ヲ整備ス

(ハ)防空壕、小隧道ヲ増設ス

(2)大避難

(イ)空襲激化ノ情勢ヲ認ムルトキハ、左記ノモノヲ退去セシムルモノトス。退去者ニハ證明書ヲ交付スルモノトシ、右以外ノモノ退去ハ原則トシテ認メズ

(一)老幼不具癈疾者

(二)姙產婦

(三)國民學校兒童

包容保護者
(ロ)右ノ中地方ニ縁故ナキモノハ集團移轉ヲ行フモノトス
(ハ)之ガ爲、附近農村及周邊中小都市ニ於ケル收容計畫及輸送計畫ヲ樹立シ置クモノトス

㈣食糧補給計畫

(1)豫メ五日分ノ食糧ヲ隣組ニ配給シ共同保管セシム
(2)常時一ケ月ヲ支フルニ足ル食糧（米、乾パン、梅干、澤庵、罐詰、鹽干魚等）及乳幼兒用調製粉乳ノ確保ニ力メ、都內及周邊ノ倉庫、學校、寺院等ニ分散貯藏ス
(3)鐵道破壞ノ際ニ於ケル入荷確保ノ爲、豫メ之ガ搬入系統及經路ヲ計畫化ス
(4)非常時ニ於ケル都內輸送力確保ノ爲、トラック、リヤカー等ノ運搬具ヲ充備スルト共ニ、非常時ニ於ケル都市輸送力ノ引上配置計畫ヲ設定シ尙近縣ヨリノ應援ヲ求ムルコトトス

(5)配給機構ハ必ズシモ平素ノ區別ニ依ラズ、綜合的ニ運用シ得ルヤウ措置ス
(6)飲料水ノ非常配給施設ヲ充備ス
(7)井戸ヲ增設スルト共ニ、必要ナルモノニ付、濾過裝置ヲ整備ス

㈥救護計畫

(1)醫療
(イ)各救護所間ノ連絡ヲ密ニシ、災害ヲ蒙ラザル地域ノ救護所ハ被害地帶ニ應援ノ爲急行スルヤウ計畫的ニ措置ス
(ロ)近縣ト連絡ヲ保チ、必要ニ應ジ醫師看護婦ヲ增援セシム
(ハ)都市周邊ノ大規模建物ヲ應用シ病院產院ヲ增設ス
(ニ)電氣、瓦斯、水道ノ杜絕ニ備ヘ手術用照明裝置、消毒方法ニ付必要ナル措置ヲ講ズ
(2)食糧及衣料
(イ)罹災者ニ對スル食糧ノ給與ハ敏速且簡易ナル手續ヲ以テ行フコト

トス

(ロ) 貯藏衣料、寢具等ノ不足スル場合ハ都民ノ供出（又ハ借上）ヲ求ム

(3) 住居

(イ) 簡易組立バラツク、其他災害用建築資材ノ整備ヲ促進ス

(ロ) 罹災者ニシテ都内ニ緣故ナキモノハ旅館、料理店、國民學校、バラツク等ニ收容シ、尚收容不能ナルトキハ町會ニ割當テ一般住宅ニ收容セシムルコトトス

(4) 埋葬

屍體ハ衆目ニ觸レザル樣敏速ニ收容シ、被害者多キトキハ一應土葬トス

(5) 生計扶助

(ハ) 復舊計畫

(1) 災害地跡ノ取片附ハ破壞消防除害防圍等ヲ動員シ迅速ニ處理ス

(2) 具體的復舊計畫ハ恒久計畫ノ線ニ沿ヒ進行セシムルモノトス

第十二節 總力戰意識、決戰思想ノ徹底化ニ關スル具體的方策

(一) 目標

(1) 天皇信仰ノ生活實踐化徹底

(2) 國體ノ明徵（防共ノ實踐）

(3) 總力戰理念ノ確立

(4) 決戰ノ意義闡明

(5) 時局認識ノ徹底ト士氣昂揚

(二) 具體方策

(1) 一般的指導方法

(イ) 天皇信仰ノ生活實踐化徹底

國民儀禮ヲ朝夕勵行セシムル如ク指導ス

祭日ノ意義及行事等再檢討ノ上之ヲ決定（將來ハ日曜休日全廢ノ

再檢討迄進ム）
勅語奉讀ノ基準決定
天皇ヲ國民各自ノ身近ニ感ゼシムル如ク國民ヲ指導ス
家、特ニ古來ノ家長ノ觀念ヲ强調徹底セシム

(ロ)國體ノ明徵（防共ノ實體）

（一）一君萬民ノ思想徹底
皇國ニ於ケル平等ト共産主義トノ區別究明徹底

（二）家、特ニ家族相互關係ニ關スル傳統的觀念ヲ强調徹底
（共産主義ト皇國ノ家族制度ノ觀念ノ區別徹底）

（三）皇道ノ特異性ノ强調徹底（國體ノ明徵、個人主義、自由主義ノ發展的修正トシテノ全體主義ノ理解把握）

（四）率先垂範
上流階級、指導者等ノ嚴肅ナル反省
親睦會等ニヨル道德律ノ設定

(ハ)總力戰理念ノ徹底、決戰ノ意義闡明

（一）近代戰爭ノ様相總力戰形態ノ認識
皇國總力戰理念ノ確立、徹底（特ニソノ戰爭目的八紘爲宇（世界新秩序）認識徹底）

（二）現代戰爭（總力戰）ノ性質ニ基ク決戰ノ意義闡明
決戰連續ノ現代總力戰ノ特異性ナル所以ノ事情闡明徹底

(ニ)時局認識ノ徹底
時局ノ解說、敎導

（一）皇國精神（戰爭觀、經濟觀勤勞觀）ニ基ク戰爭ト國民生活トノ聯繫ノ平明、具體的解說
單ナル思想、理念ノ媒介ニ止マル指導ヲ排ス
抽象的說明ヲ排ス

（二）內外事情ノ解說ト、吾國國民生活ヘノ關係ノ具體的卑近ナル說明、敎導。

（三）戰爭實情ノ卒直説明

吾ガ不利ナル點モ能フ限リ國民ニ提示、場合ニヨリ緊迫悲壯ノ感ヲ與フル如クス

特ニ樂觀的氣分ノ醸成、戰爭トノ疎遠感發生ヲ警戒ス

（四）發表、假設技術上ノ注意

發表ノ客觀的態度

一定期間同一事項ノ繰返シ

國民ニ懐疑ヲ發スル事ナキコト

(ハ)實行ニヨル國民訓育

（一）指導者ノ率先垂範

（二）勤勞奉仕ニヨル訓育

（三）集團訓練

（四）錬成道場

（五）民衆大會、各種集會ニヨル指導

（六）職場ニ於ケル訓育

(2)皇國精神昂揚ノ障害トナルベキ條件除去及精神昂揚ノ爲ノ温床條件醸成

(イ)精神的方面

（一）個人主義、自由主義的傾向ノ抑壓、排除

一般國民生活、職場、教場、政治活動其ノ他ノ實際部面ニ於テ社會道德的實踐ヲ以テ左記傾向ヲ排擊ス

(1)偏狹、頑固、我々的主張

(2)派閥的權勢

(3)利己的利益追求

享樂主義等

（二）天皇歸一、皇國精神ニ基ク實踐道德ノ確立

(1)奉公、犧牲精神ヲ根底トスル商人道、職員道、勤勞道、吏道ノ確立

(2) 信賞必罰

特ニ皇國精神ノ體得者、實踐者ノ褒賞、社會的優遇

(ロ) 物的方面

人間ノ本性ヲ卒直ニ認識シ、利己的衝動ヲ誘發シ易キ條件ヲ除去ス

(一) 國民生活ノ安定、確保

(二) 勞務管理ノ徹底、勤勞環境ノ整備

衣食住ノ適正考慮、休養慰安娯樂ノ配慮、溫情抱容、教導、下意上達ノ徹底。等

(8) 國民各層別ノ具體的指導

(イ) 生産部面ト消費部面

(一) 生産部面ノ指導

(1) 皇國勤勞觀ノ徹底

(2) 生産ノ本義解明

戰爭ト生産トノ關係徹底……生産報國ノ實踐

(3) 世界生産戰ノ現狀解說、認識徹底

(4) 責任感ノ徹底……生産責任制

(5) 服務規律ノ確立……命令系統ノ明確化

生産現場ノ强化

事務ノ簡素强化

(6) 指導組織ノ普及徹底

社長、工場長ヲ最高指導者トスル生産組織ト合致セル從貫的精神指導調育組織（國民指導者トシテノ社長、工場長ノ人選考慮）

(7) 勤勞指導者ノ錬成（指導ノコツ、技術體得）

(二) 消費部面ノ指導

(1) 消費ノ本義認識徹底

大衆興覺ノ僞ノ補給タル事ノ認識

アメリカ的消費觀念ノ精算
節約ノ意義ノ具體的解明
問ニ合ハセル。辛抱スル。勿體ナイ。ノ概念
(2)家庭消費生活ノ刷新
戰爭生活基準ノ設定ト之ヲ目標トスル生活指導
協同炊事ノ普及(協同生活ノ奬勵、協同生活ノ限度ノ研究)
闇ノ撲滅
(3)隣組組織ノ全面的活動ヘノ指導
配給機能ノ擴大强化
行政簡素化。闇ノ撲滅。協同生活促進ニヨル國民生活ノ簡素强化。期待ス。
隣組道德ノ確立
上層階級、中層階級、下層階級

九六

(一)上層階級ノ指導
(1)率先垂範實行セシム
(2)上層階級目標トスル練成
(3)勤勞報國ノ徹底
(4)犧牲精神ノ昂揚

身體的條件ニ付テハ
特別考慮ヲ拂フ

消費生活ノ規正……生活費ノ公開ヲ奬ム
(5)特ニ上流婦人ノ言動ニ注意ス
娯樂面ヘノ進出制限
練成ノ强化(婦人會ノ活潑ナル活動期待)
(6)懇話會等ニヨル道德律設定(謹慎、閉門等古來慣習ノ意義ノ再檢討)
(二)中層階級ノ指導
(1)農村中層階級ノ再教育
(2)都市……智識階級指導方策ニヨル

九七

（三）下層階級ノ指導

(1) 皇民タルノ自覺ト責任觀ノ昂揚

(2) 惡平等思想ノ拂拭

(3) 服從觀念ノ徹底

(4) 下層階級指導ノ爲ノ良キ指導者養成

古ノ良キ地主、良キ家主的性質ノモノ

(ハ) 智識階級ト勞働者階級

（一）智識階級ノ指導

(1) 特ニ個人主義的、自由主義的傾向ノ抑壓ニ務ム

(2) 各層ヲ網羅スル同年配、同程度者ノ懇談會

(3) 反省ヘノ機會附與

錬成會……行ノ勵行

(4) 讀書指導（特ニ古典、歷史、科學モノ獎勵）

(5) 良書推薦制度ノ統合確立

九八

（二）勞働者階級ノ指導

(1) 勞働者ノ實踐性尊重指導（良指導者ノ養成）

(2) 家族制度ノ觀念ヨリ勞働管理ノ改善強化

(3) 其他生産部面、下層階級指導方法ニヨル

(ニ) 地域別指導

朝鮮、臺灣、北海道、樺太、或ハ都市等地方別ノ現戰爭ニ對スル機微ナル關係ヲ洞察シ、ソノ民情ヲ勘案シテ特別施策ヲナス

(ホ) 國民生活改善ニヨル指導

(イ) 娯樂、慰安ノ積極的指導強化

要スレバ演藝場、映畫館等ノ國家管理迄進ム

(ロ) 厚生設備ノ積極的指導強化要スレバ温泉、温泉旅館ノ國家管理迄進ム

(ハ) 私有文化財ノ公開利用、要スレバ國家管理迄進ム

(ニ) 協同生活ノ促進強化ニヨル國民一體化ノ實踐（協同生活限度ノ研

九九

究）

(ホ)戰時生活基準要綱ノ急速決定實行

（衣食住冠婚葬祭等ノ適正簡素化）

第十三節　闇撲滅ノ具體的方策

(一)闇取引ノ現状

闇行爲ノ現状ハ其ノ質量共ニ悪化ノ傾向ニアリテ毎月其ノ検擧セラルルモノ四万乃至五万件、送局セラルルモノ一万件前後ニシテ、其ノ犯罪態容ヲ見ルニ對象物資ニ於テハ食糧品關係、犯罪原因ニ於テハ利慾ノ爲、統制法令別ニ於テハ價格統制法令違反ガ第一位ヲ占メ居ル状況ナリ而シテ闇行爲ノ傾向トシテ特ニ注目スベキ點ハ

(1)闇相場ノ一定セルコト

(2)闇相場ハ奢侈品ニ多ク、主要必需物資ニ低キコト

(3)闇相場ガ漸次高騰シツツアルコト等

(二)闇行爲ノ原因及其ノ對策

闇行爲ノ現状ニ付其ノ原因ヲ大別スレバ

(1)軍需ノ爲

(2)生活ノ爲

(3) 利益ノ管

ノ三種ニ分ツコトヲ得ベシ、之ヲ其ノ對象ヨリ分類スレバ

(1) 軍需品ニ關スル闇

(2) 民需品ニ關スル闇

(3) 勞務管理ニ關スル闇

ニ大別スルコトヲ得ベキモ之等ノ原因及對象ハ相互ニ關聯錯綜シテ複雑ナル闇機構ヲ現出ス

(1) 軍需品ニ關スルモノ

軍需品ニ關スル闇ハ通常左ノルートヲ取ル場合多シ

目的	條件	結果
軍需品生産增强	(イ)割當過少ナル爲軍需資材入手難	闇價格ヲ呈示シテ獲得
軍需資源開發增强	(ロ)割當過大ナル爲軍需資材餘剩ヲ生ズ	餘剩品ノ闇流出
軍需施設築造	(ハ)公定賃金ニテハ軍需勞務者募集難	闇賃金ニテ雇人

一〇二

(イ)ノ場合ニ於テハ、官衙局ニ於テ其ノ割當額ヲ以テ責任量達成ノ無理ナルヲ知リ乍ラ官公吏ニ於テ闇ヲ默認セル場合アリ、又當事者ニ於テ更ニ增産ノ熱意ニ駆ラレテ闇ヲ爲スコトガムシロ國家ニ貢獻スル所以ナルベキヲ確信シテ進ンデ闇ヲ爲ス場合アリ、(ロ)ノ場合ニ在リテハ監督官吏ガ資材ノ細部ニ通ゼザルニ依ル場合、當事者ガ自己ノ利欲ノ爲初ヨリ過大見積ヲ請求セル場合、餘剩ヲ生ジタルモノヲ返却又ハ次期事業ニ繰越スノ誠意ヲ有セザル場合等アリ、而シテ之等ノ場合ヲ通ジ中間ニ悪質ブローカーノ介在アルコト言ヲ俟タズ

(イ)(ハ)ノ場合ニ於テ軍需會社法ニ必要アル場合統制法規適用ノ特例ヲ認メ之ヲ救濟スル規定アルモ軍需會社ニ非ザル軍需又官需關係事業ニ於テハ依然其ノ救濟ナク、假ニ之ヲ容認スルハ弊害ヲ生ズベク、茲ニ於テ軍需生産能率ヲ擧グルカ、統制ヲ維持スルカノ「デレンマ」ニ陥ル結果トナルベシ、依ツテ之ガ救濟策トシテハ

(三)軍官方面ニ於テ其ノ實情ニ應ジ適正價格並ニ適正數量ノ決定ニ付

一〇三

慎重ナル考慮ヲ以テ正確個別ニ之ヲ認定スルコト

(二)商業ノ全面的監督ヲ強化シ、營業ノ監理ノミナラズ物ノ面ニ對スル監察ヲ強化スルコト

(三)監督官ニ於テ商業ノ細部ニ對スル深甚ナル技術的認識ヲ持ツ様常ニ努力研鑽スルコト

(四)前記(ロ)ノ場合最少ノ配置資材ヲ以テ最大能率ヲ擧ゲタル企業者ニ對スル褒賞ヲ侯スコト等ナリ。

尚軍需關係ノ闇行為ニ關シテ戰時經濟ノ攪亂、冒名義詐稱又ハ軍利用ニ依ル悪質犯ノ存在ヲ注意スベシ

(8) 民需品ニ關スルモノ

民需品ノ經濟機構ハ尋常左ノ如キ因果關係ニ於テ循環移行シツツアリ

一〇四

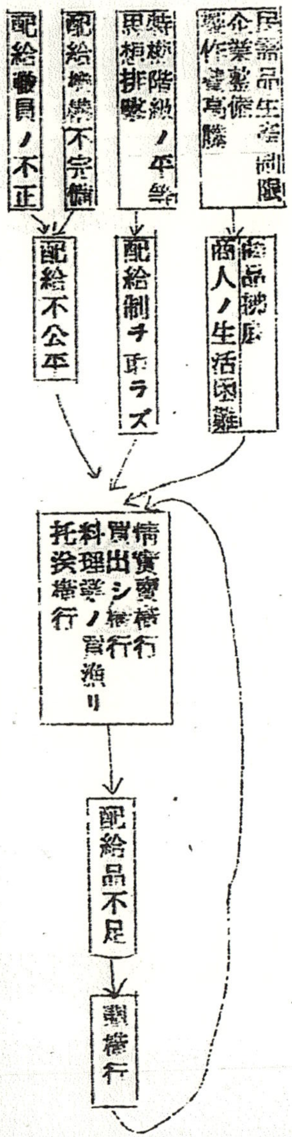

而シテ之ガ原因ハ配給機構ノ不整備ト一般遵法觀念ノ弛緩ニ帰スベキ點多キモ、其ノ根源タル最深原因トシテハ所謂特權階級ノ悪平等排撃思想ニ基因スルモノト思考サル、卽チ現下社會構成ヲ特權階級、中堅階級、新興勤勞階級ノ三階級ニ區別セバ左表ノ如ク、中堅階級ガ生活的困窮ヨリ公平配給制度ノ確立嚴励ヲ主張スルモ、之ヲ解決スベキ特權階級ニ於テ、「生活必需品ヲ除テ一律公平ニ配給スルハ悪平等ニシテ、共産主義ノ實行ト擇ブ所ナシ」ト云フガ如キ觀念ヨリ、極力公平配給ノ實現ヲ阻止シツツアリ、一方新興勤勞階級ニ於テハ全ク他ノ階級ト無関心ニ配給制度ニ服セズシテ公然闇行爲ニ走レル

一〇五

實情ニシテ、之等三階級ハ全ク社會的ニ對立排擠セル狀況ナリ、之國民思想統一上憂慮スベキ現象ニシテ、カカル特權階級ノ專恣等排除思想ニ關シテハ充分再檢討ノ余地アルモノト認メラル

	特權階級	中產階級	新興勤勞階級
生活條件	金アリ、暇アリ	金ナク、暇ナシ	金アリ、暇ナシ
生活狀態	物資豐富 生活不安ナシ	生活物資窮乏 生活不安	生活不安ナシ
心情	中間階級ノ實際生活ニ關スル認識ナシ	特權階級ヲ羨望	上二階級ト對蹠
配給統制ニ對スル考ヘ	不平等配給制度ヲ排擊	公平配給制度ヲ要望	配給制度ニ關セズ
闇行爲	背後闇入常習	闇ヲシタクモ金ナシ	闇ヲ當然ト心得

依ツテ民需品購買取引ノ具體的對策トシテハ(イ)行政措置(ロ)國民ノ協力(ハ)產業ノ三點ヨリ考察スルヲ要ス

(イ)行政措置

(一)強力ナル統制機構ヲ再編成シ、政府ニ於テ不斷ニ監督、強力業

務ヲ遂ルコト、之ニ依リテハ

(1)統制物資ハ民需品ノアラユル物資ニ及ビ其ノ統制範圍ハ出來得ル限リ全部官營トシテ其ノ運營ニ當ラシムルコト

(2)日常ノ必需品ニ付テハ全部配給制度トシ自由販賣ノ分野ヲ絶無タラシムルコト

(3)配給ハ全部公平一律ヲ原則トシ、產業戰士優遇ノ意味ヲ以テスル多少ノ特例以外ヲ認メザルコト

(4)政府各機關ニ於テ常ニ有機的協力ナル連繋ヲ取リツツ統制ノ完徹及國民指導ニ任ジ、要スレバ内閣ニ書記官長ヲ委員長トスル闇撲滅委員會ノ如キモノヲ設置スルコト

(5)統制機關役職員ガ同時ニ自己ノ營業ヲ營シ居ル現狀ヲ改メ、其ノ兼務ヲ絶對禁止スルコト、統制機關ノ最高役タル會長、統制會長ト日發社長ノ兼務ヲ禁ズルコト

(二)統制機構從業員服務規律(瀆職規定ノ強化、不正配給ノ處罰、其

制經濟ノ保證ヲ立案シ其ノ強力實施ヲ爲スコト
(三)食糧品ノ縣外持出ヲ嚴禁シ、殊ニ贅澤品托送ヲ全禁スルコト
(四)商店ノ賣惜シミ商品ヲ供出セシメ政府ニ於テ公價買上ヲ爲スコト
（之ニ關スル立法的措置ヲ講ズルコト）
(五)一般大衆食堂以外ノ料理店、飲食店等ヲ全廢スルコト
(ロ)國民ノ協力
(一)隣組組織ニ依リ不斷ニ違法行爲ノ徹底強化ヲ圖ルコト
(二)特權階級（軍官公吏、會社重役、大地主其ノ他ノ上層階級）ノ徹
底的自覺ニ依リ、率先最低簡素生活ヲ實踐スルコト
之ガ爲ノ警察機關ヲ作ルコト
(三)全般的ノ國民生活管理或ハ生活規制ヲ實施シ眞ニ一億ガ擧テ兵士
ノ生活ヲ實踐スルコト
(ハ)檢斷
(一)物資運輸機關ニ混ヒテ物資移動ルートニ付嚴重監視シ、不斷ニ檢
索スルコト

(二)政府ノ[illegible]タル全面的檢擧方針ヲ明ニシ強力實施スルト、之ニ
先チ國民ニ對スル戒告ヲ要ス
(三)警察官ノ素質向上ノ爲強力ナル教育ヲ爲スコト
(四)闇行爲ノ處罰ニ臨ミテハ單ニ刑罰ヲ以テスルノミナラズ營業ノ停
止、財産沒收等ヲ考慮シ、場合ニ依リ連帶責任制ヲ考慮スルコ
ト
(五)檢擧ノ結果ヲ公表シ一罰百戒ノ趣旨ヲ明ニスルコト
以上ヲ要スルニ闇撲滅ニ付テハ國民ノ一大自覺コソ其ノ根柢ニシテ單
ニ闇ヲ爲サザレバ可ナリトノ觀念ニ滿足スルコトナク、國民一人一人ヲ
シテ、假令闇ヲ爲サズト雖モ不相應ナル生活ノ擴張ハ軍需ノ壓迫トナリ
戰力ノ弱體化ナル所以ヲ自覺セシメ國民生活ノ軍需ヘノ奉仕ノ思想ヲ徹
底スルコソ闇撲滅ノ根源ナルベシ

第十四節　主要食糧ノ日滿自給方策ノ確立

(一) 現状

對象各地域ノ中、主要食糧自給不可能ナルハ大體內地ノミニシテ、尋從前ハ外地米、尋雜穀ハ之ニ外米ヲ加ヘ、需給ヲ保テリ。外米ハ今後原則トシテ輸入ヲ取リ止メ、外地米（及ビ雜穀等）モ、外地及滿洲ニ於ケル消費增加ニヨリ、差當リ大ヲ期待シ得ズ。結局、本課題ハ內地自給度ヲ高ムベキ方策ノ考究ナリ。ナホ北支ハ蒙疆ヨリノ雜穀輸入ノ減少、第三國ヨリノ小麥粉杜絕及治安關係ニヨリ、日滿ニ相當負擔ヲカケル現狀ニアリ、之ガ自給度ノ向上ハ重要問題タルベシ

(二) 對策

趣旨、今明年中、內地ノ外地及滿洲依存性ヲ極力制限ス

(1) 積極的方策

(イ) 昭和十九米穀年度

(一) 需要		八二〇〇萬石
(二) 供給		
(1) 米	先年度ヨリ持越	二五〇萬石
	內地產米	六〇五〇〃
	朝鮮ヨリ輸入	三〇〇〃
	臺灣ヨリ輸入	二五〇〃
	十九年內地產米	二五〇〃
	計	七一〇〇〃
(2) 麥	供出量（米換算）	四三〇〃
(3) 藷類	供出量（米換算）	三三〇〃
(4) 雜穀	滿洲ヨリ輸入（米換算）	四三〇〃
計		八二九〇萬石

(ロ) 昭和二十六年度

(一) 需要		八三〇〇萬石
(二) 供給		
(1) 米	持越	三〇〇萬石
	内地産米	六三〇〇〃
	朝鮮ヨリ輸入	三五〇〃
	臺灣ヨリ輸入	二〇〇〃
	二十年産米	一五〇〃
	計	七二〇〇〃
(2) 麥	供出量(米換算)	四八〇〃
(3) 藷薯	供出量(米換算)	三四〇〃
(4) 雜穀	滿洲ヨリ輸入(米換算)	三八〇〃
計		八四〇〇萬石

(ハ) 昭和二十一年度以降ニ於テハ、消費増年約一〇〇萬石ニ對シ、内、外地第二次増産計畫ノ完成、滿洲國食糧増産計畫ノ成果ヲ期待ス

(ニ) 右ニ要スル諸方策

(一) 甘藷一反當四〇〇貫ヲ目標トスル適品種ノ急速普及及耕種改善

之ヲ補充スル爲、蔬菜、花卉、薬煙草栽培地ノ一部甘藷作付ヘノ轉換(約三萬町歩)作付増加及切干ヲ剩餘スル場ノ切干價格ノ引上ゲ

地方、小、中、女學生ヲ切干ニ動員ス

(二) 第二次増産(土地改良計畫)ノ遂行

(三) 滿洲國農地開發計畫ノ强力援助

(1) 必要ナル鋼材及機械ノ供與—今後ノ土地開發及食糧増産ハ可能ナル限リ大機械ヲ以テ行ハシム。之ニ要スルトラクター農具、ポンプ、發動機、燃料ノ供與ヲ確實ニナスコト

（所要鐵鋼ハ滿洲國ノ對日寄與中ヨリ一部ヲ引キ當テ、猶、現在ノ如ク、機械ノ製作修理ガ殆ドハルビンニノミ限ラレ居ル事實ニ鑑ミ、必要地點ニ、內地工場ヲ移駐セシム。）

（２）大機械農業ニ必要ナル經營管理者、技術者ノ急速ナル養成

（四）北支、蒙疆ノ治安確保。配給機構ノ整備―闇取引ノ根絕

(2) 消極的方策

現在、日滿各地域ノ需給ハ頗ル窮屈ニシテ一地域ノ豐凶ハ直チニ他地域ニ影響ス。之ニ備フル爲、必要ノ際左ノ措置ヲ講ズ

(イ) 內食外食ノ統一（無切符外食ノ廢止）　約七〇萬石

(ロ) 酒造米全廢　約八五萬石

右ニ伴ヒ相當量ノ醸造酒ヲ酒造用ニ轉ズ。ソノ額ハ需ノ豐凶ニヨリ定ム

(ハ) 万已ムヲ得ザル場合、夏季二ヶ月間割當量ノ三勺引キ下ゲ　約一六〇萬石

但シ右ハ一律ニ行ハズ、出來得レバ魚獲期ニ於ケル沿岸地附近消費地ニ於ケル魚トノ綜合配給制、北海道ノ如ク優秀ナル馬鈴薯、南瓜等ノ産出地附近都市ニ於ケル之等蔬菜類ノ主食量中ヘ繰入レ、（米配給ノ差引）等ノ措置ヲ講ジ、人心ヲ動揺セシメザル如クス

(ニ) 生鮮食糧等配給機構ノ徹底的合理化。食堂ヲ一切公營トシ合理的ニ配給スルコト

(ホ) 大都市內休閑地綠地、防火帶、大庭園等。蔬菜ノ栽培。

（食糧不安感ヲ輕減セシム。）右ニハ遊閑婦女子ヲ徵用シ農業報國隊ヲ組織シ勞働力トナス

(ヘ) 雜穀栽培ノ獎勵

第十二節　東京都民戰爭生活基準ノ設定

一　研究目標

人口配置上ノ比重、國民生活其ノ他國民活動上ヘノ影響力、戰時生活徹底ノ必要度ヨリシテ國民生活對策ト最モ緊要ナル都市（特ニ東京都）ニ於ケル戰爭生活基準（娯樂ニ關スルモノヲ含ミ食生活ニ關スルモノヲ除ク）ノ設定ヲ爲スヲ目途トシ都市ニ於ケル生活樣式ノ戰時化徹底ニ必要ナル諸方策ヲ考究スルヲ以テ目標トス

二　衣生活ノ戰時化

(1) 國民衣料ノ單純簡素化

(イ) 衣料品ニ關スル規格ノ單純化ノ徹底

（一）性別、年齡別、季節別ニ最少必要限度ノ種類ニ規格ノ單純化ヲ斷行ス

性別 ― 男性用及女性用ノ二種

年齡別 ― 幼年用、少年用及青壯年用ノ三種

一一六

季節別 ― 夏季用及冬季用ノ二種

（二）禮服、式服及通常服等ノ區別ハ之ヲ撤廢シ襟章、腕章等ノ簡易ナル標識ニ依リ識別ヲ爲スモノトス

（三）一般服及各種制服ヲ通ジ其ノ材料、型式其ノ他ヲ可及的近似的ナラシメ相互ニ高度ノ代替性ヲ保有セシムルニ留意ス

（四）一般行政官制服ノ制定

官吏タルノ身分、階級等ヲ明示シ官吏精神ノ昂揚、識別ノ明確化ニ資スルト共ニ國民衣料單純簡素化ノ先驅タラシムルモノトス尚實施ニ當リテハ必要ナル經過的措置ヲ考慮スルト共ニ（三）ノ趣旨ニ基キ一般服其ノ他トノ代替輪環ニ留意ス

(ロ) 規格外衣料品ノ製造販賣禁止勵行

(ハ) 右ニ伴ヒ衣料附屬用品、服飾品、身廻用細貨類、化粧用品等ノ單純簡素化並ニ規格外品製造販賣禁止勵行

(ニ) 衣料品關係生産、加工及配給機構ノ整理統制強化

(2) 不用化乃至退藏衣料品等ノ更生活用

(イ) 不用衣料品等ノ供出ヲ以テ新品購入ノ必要條件ト爲スヲ考慮ス

(ロ) 公共施設等ニ依ル不用衣料品ノ適正價格買上並ニ其ノ再生活用ヲ行ハシム

一一七

ト、住生活ノ戰時化

(1) 住生活觀念ノ轉換是正

既成觀念―即チ居住用建築及其ノ附屬建築設備、同敷地、裝飾、調度等ノ豪奢（特ニ其ノ施設者、購入者ノ高價）ヲ以テ其ノ優秀性ヲ誇示スルガ如キ非戰時的乃至非文化的觀念、風潮ヲ排拭シ透徹セル戰時意識ノ徹底トシテ徒ラニ乏シキヲ憂ヘズ最少ノ資材、土地、資金等ヲ以テ個人的創意ニ基ク住生活内容ノ實質的豐富性（安全性、合理性、保健性、生活適合性）ヲ最大ナラシムルヲ以テ戰時住生活ノ本義ト爲スモノトス

(2) 戰時適正住宅

(イ) 個人住宅新築ノ制限強化並ニ其ノ戰時規格化徹底

現行ノ建築制限（内閣告示「臨時日本標準規格」及工作物築造統制規則）ヲ強化スルノ外建築資金、資材、使用宅地等ニ付テモ其ノ戰時規格化ヲ擴張之ヲ制限ス（但シ建築樣式ノ形式的統一ハ之

一一八

ヲ避ケ個人ノ創意ニ委ヌルモノトス）

(ロ) 下級官公吏其ノ他ノ俸給生活者（特ニ獨身生活者）ニ對スル公營共同住居施設ノ擴充（勞務者共同住宿施設ニ付亦同ジ）

(3) 遊休及不要化家屋ノ轉用又ハ撤去

(イ) 遊休及不要化家屋ノ轉換活用

特ニ接客設營業用其ノ他閉廢業用家屋ニ付之ガ宿舍、共同宿舍等ヘノ轉用ヲ目途トス

(ロ) 遊休及不要化家屋（他ニ轉用不能ナルモノ）ノ撤去並ニ戰時規格住宅資材ヘノ轉用

(4) 家屋收容餘力ノ活用

(イ) 生活ノ本據又ハ營業ノ用ニ供セザル居住用家屋（別莊、控家屋、倶樂部等）ノ開放

別莊所有者ニ對スル特別高率課税ヲ斷行セシム

(ハ) 家屋收容餘力ノ提供慫慂

一一九

（一）居住人數ニ對比シ一定限度（例ヘバ一人當疊數五疊以上）ヲ超ユル余剰空間ノ提供ヲ要請ス
（二）居住専用家屋ニハ非ザルモ容易ニ之ヲ轉用シ得ルモノ（例ヘバ寺院、教會、佛堂等）亦右ニ準ズ
（三）余剰空間ヲ對象トセル住宅税ヲ創設シ家屋占有者ニ對シ之ヲ課シ（一）ノ施策ニ即應セシム
(ハ)日本家族制度ノ本義ニ顧ミ已ムヲ得ザル事由アル場合ヲ除クノ外同一戸籍内家族及之ニ準ズベキ者ノ同一世帯ニ於ケル共同生活ヲ促進勵行セシム
時ニ前項（一）及（三）ノ措置ヲ以テ本目的達成ノ促進策トスルモノトス

一二〇

(ヘ)娛樂（興業、接客業及一部ノ奢侈的物品關係營業ヲ含ム）ノ戰時化
戰時下國民ノ活動力ノ兵站トシテ其ノ厚生對策ノ一環タルノ重要性ニ顧ミ強度ノ國家統制ノ下ニ之ヲ整備活用スルモノトシ、其ノ不健全乃至不適格性ノ排除竝ニ緊急部門ヘノ轉換ニ留意シツツ或ハ(1)整理又ハ禁止ヲ斷行シ、或ハ(2)統制ヲ強化シツツ存續活用スルト共ニ(3)都民娛樂慰安方式ニ付必要ナル改善ヲ行フモノトス
(1)要整理（禁止）娛樂業
(イ)待合、料理店等主トシテ婦女ノ接待ヲ伴フ奢侈的接客業
(ロ)麻雀場、撞球場、ゴルフ場、スケート場等不急不要施設
(ハ)職業的競技（野球、拳闘等）興業
(ニ)盆栽類、愛玩用動物及同用品、生花造花其ノ他ノ奢侈的物品等製造販賣業
(2)過度ノ統制下ニ維持又ハ存續活用スベキ娛樂業
左ニ掲グル娛樂業ハ戰時下都民ノ厚生施設トシテ強度ノ統制下ニ積

一二一

極的ニ之ヲ、用シ又ハ其ノ不健全性乃至不適格性ヲ排除匡導シツツ存續活用スルモノトス（資材、寄金、勞力等ノ消費ハ極度ニ壓縮スルヲ前提トシ必要アルトキハ之ガ公營化ヲモ考慮ス）

尚映畫、演劇、大衆演藝等ニ關シテハ國民教育乃至指導上高度ニ活用スベキ分野多キモ、其ノ娛樂面ニ關スル限リ該目的ノ露骨ナル人爲的導入ヲ排シ（不健全性ノ除去ニ止ム）純娛樂トシテノ内容ヲ保有セシムルニ留意スルモノトス

(イ)映畫、演劇、大衆演藝興業

(ロ)角力興業（但シ時局ニ即應セル縮少改善ヲ條件）

(ハ)圍碁、將棋指南業

(ニ)喫茶店及婦女ノ接待ヲ伴ハザル酒類販賣店

(B)娛樂慰安方式ノ改善

(イ)隣保組織其ノ他ノ公共組織ノ娛樂慰安面ヘノ活用强化

國體的乃至共同的娛樂ノ普遍化—市民生活ノ閉鎖性打開ニ資スル

ヲ目途トス

(ロ)公共的娛樂慰安施設ノ擴充

(ハ)娛樂慰安施設ノ配置ノ分散化

其ノ局部的集中偏在ヲ是正シ之ガ分散化ヲ促進スルモノトス

（備考）以上ハ國民生活ノ戰時化徹底特ニ其ノ合理的壓縮ニ關シ專ラ消極ノ對策ヲ統制限定セントスルモノニシテ性質上個別的ニシテ綜合性ニ於テ缺クル處ナシトセズ

之ニ對シ國民生活ノ戰時化、其ノ合理的壓縮ヲ綜合的ニ國民所得ヨリノ支出面ニ於テ捕捉統制シ國民消費資金ノ壓縮ノ計畫的實現ノ具體的基準ヲ設定（之ガ實施ニ當リテハ例ヘバ最低限度ニ於ケル綜合切符制ノ如キモノヲ考慮ス）セントスルノ企圖アルモ目下ノ處之ガ急速ナル具體化ハ困難ナリ

第十六節　國民手帳乃至之ニ準ズベキ制度ノ制定

(一) 研究目標

國民生活ノ決戰化ハ生活ノ簡素化ト道義心ノ昂揚ガ其ノ一要諦タルベク之ガ促進ノ爲メニ制度上ノ刷新改善ニ關スル具體的事例ヲ研究ス

(二) 國民手帳ノ制定

(1) 目的

國民各自ヲシテ不斷ニ國家ノ一成員タルノ矜持ト自覺ヲ持タシメ其ノ道義的自覺ヲ促スヲ主タル目的トスルモ併セテ戰時下國民生活ノ可及的簡素化ヲ圖ルト共ニ視面治安取締ニ資スルノ外非常ノ事態ニ對處セントスルニアリ

即チ之ヲ通ジテ國民ノ生活態度ノ刷新ヘヲ促進シ以テ戰時國民生活ノ確立ヲ期スルモノナレバ單ニ取締ノ見地ノミヨリ之ヲ制定セントスル趣旨ニ非ズ從テ之ヲ以テ直ニ個人ノ人格ヲ蔑視スルガ如ク非難スルハ當ヲ得ザルモノトス左レバ此ノ制度ノ活用ハ一ニ國民ノ積極

的理解ト協力ニ俟ツベキモノ至大ナルヲ以ツテ之ガ實施ニ當リテハ先ヅ其ノ趣旨ノ周知徹底ヲ期スベキハ勿論ナリ

(2) 要領

(イ) 國民全部ニ對シ後記様式ニ基キ編製交付ス新ニ出生シタル者ニハ出生屆ノ受理ト共ニ交付シ死亡ノ際ノ回收ハ其ノ屆出ニ添附セシムルカ又ハ之ニ代ヘテ返納セシム

(ロ) 國民各自ヲシテ常時之ヲ保持セシメ各種屆出其ノ他所定ノ場合ニ提示スルノ義務ヲ負ハシム

(ハ) 手帳ハ縱三寸横二寸約五十頁ヲ以テ足ルベシ

(ニ) 記入事項及記入者ハ之ヲ限定ス其ノ主タル事項中ニ之ガ改用ハ左ノ如シ

(三) 番號

個別的ニ番號ヲ附シ民籍簿等ニ之ヲ準ヘテ諸臺帳ノ目的ニ利用ス

(四) 寫眞

一定ノ年齢以上ノ者ニハ寫眞ヲ貼布セシメテ治安維持等ニ資ス

(三)身分關係

本籍住所生年月日戸主及世帶主トノ續柄其ノ他身分關係ヲ國家ニ於テ記入又ハ認證シテ證明ノ用ニ供シ戸籍抄本等ハ總テ之ヲ以テ代用ス

記載事項ニ變更アリタル際ハ其ノ屆出等ニ添附セシメテ之ヲ訂正シ常ニ臺帳ト一致セシムル將ニ住所變更ノ屆出ハ新住所地ニ於ケル移動申告ノ記入アルヲ要スルモノトス

(四)兵役關係

徴集、召集、點呼等ニ關シ所要ノ事項ヲ記載シ更ニ進ンデ軍隊手帳ノ統合ヲモ考慮サルベシ

(五)職業及在學關係

使用者學校等ヲシテ記入セシメ證明其ノ他諸般ノ利用ニ供ス

(六)諸般ノ資格

公ノ調査員其ノ他ノ資格免許等ノ事項ヲ記入セシメ尚特定ノ爵位タルノ記載ヲ許ス

(七)勞務關係

勞務手帳ヲ之ニ統合シ移動防止其ノ他ノ目的ニ利用ス

(八)保健關係

現存ノ體力手帳ト同様ノ役割ヲ果シムルト共ニ一般ニ豫防接種健康及疾病診斷ノ都度之ニ記載セシメテ證明ノ利便ニ供シ併セテ血液型其ノ他ヲ記入シテ非常ノ際ニ備フ

(九)褒賞表彰關係

常時手帳ヲ保持セシムルコトニ依リ其ノ效果ヲ昂ムベシ

(十)配給關係

住所變更等移動申告ノ際ハ前記ノ如ク總テ此ノ手帳ヲ利用シテ配給關係ノ基礎タラシムベク旅行等一時的移動ニ付テハ之ヲ記入シテ配給ノ授受ニ便ナラシム亦震災等非常ノ際ノ證明ニ利用ス

(三) 其ノ他出鑛必要ト認ムル事項

(附) 紛失滅失等ニ依ル再調製手續ハ相當煩雜ナルモ其ノ間一時的ニ證明書ヲ交付シテ之ニ代用セシム

(四) 寄留簿ト世帶臺帳ノ統合整備

都市ニ於ケル世帶臺帳ヲ全國的ニ完備シ之ト寄留簿ヲ統一併合シテ同様ノ法的效果ヲ有スル即チ現存ノ寄留簿ガ必ズシモ國民ノ實態ヲ把握シ居ラザルノ弊ヲ除去スルト共ニ世帶臺帳ノ戸籍簿ト聯繫ナカリシ點ヲ改善セントスルモノニシテ之ヲ以テ行衛不明者、幽靈人口等ヲ一掃シ徴兵、配給、收容等ニ的確ヲ期シ得ベシ而シテ右ノ整備ハ國民手帳ノ發行ノ先決條件タルノミナラズ亦國民ノ二重屆出ノ負擔ヲ輕減ス

(五) 民法等ノ全面的改正

現行民法ハ現實ノ國民生活ヨリ遊離セル點多ク亦家族制度等ニ付古來ノ淳風美俗ノ觀點ヨリ再檢討ヲ要スベキモノ多々アリ國民手帳ノ發行ニ即應シ速ニ之ガ全面的改正ヲ斷行シテ國民ノ道義心昂揚ト法律生

一二八

活ノ簡素化ヲ期ス

(六) 許可認可事項及各種屆出ノ徹底的整理ト其ノ簡略化

之ガ徹底的遂行ノ爲ノ途ニ全面的再檢討ノ要アリ同屆出書類ノ用紙及雛形ヲ窓口ニ備フルト共ニ可及的ニ口頭ニ依ル交付ヲ勵行ス

(七) 配給機構ノ整備

物資ノ配給ハ國民手帳及世帶臺帳ヲ基礎トスルコト勿論ナルモ他面配給者ノ的確ヲ期シ得ルハ配給制度ニ依存スルコト大ナリ

而シテ戰時國民生活ノ確立ノ爲ニハ凡ユル食料品其ノ他ノ生必物資ニ關スル配給制度ヲ完備シ之ガ配給方法ハ原則トシテ隣組單位トスル外可及的ニ配給業者ヲシテ配達セシム

一二九

第十七節　科學技術動員方策（本節ハ戰時國民生活ニ洵ハラス作業セルモノトス）

一、方針

(1) 科學技術動員ノ隘路

既往ニオケル科學技術研究ノ低調動員ノ不振ハ左記ニ基因スルモノト認ム

(イ) 研究用資材ノ不足、豫算ノ過少

(ロ) 科學ト技術トノ分離ニヨル技術ノ推進交流ノ困難

(ハ) 科學研究力ノ質的量的劣弱

(ニ) 科學技術者ノ薄遇

(ホ) 國民科學水準ノ低位

(2) 對策

(イ) 科學技術研究用資材ヲ優先的ニ確保ス

(ロ) 科學ノ技術化、技術ノ科學化ヲ圖ルタメ科學院ヲ創設シ國家ノ科學技術力ヲ綜合能率的ニ結集統一運用シ研究成果ヲ神速ニ戰力化ス

(ハ) 科學研究力ノ飛躍的強化ヲ圖ル

(一) 中堅指導者ノ養成

(二) 研究指導者ノ兼務命制定科學指導専門家ノ養成

(三) 日本人ノ科學的思考力ノ不足ヲ補フタメ外國學者ノ利用

(ニ) 科學技術研究者待遇ノ向上ヲ圖リ優遇制ヲ徹底強化ス

(ホ) 一般國民科學水準ノ向上ヲ圖ル

二、

(1) 科學技術動員態勢機構（第一四〇頁附表第一、第二、第三參照）

(イ) 科學技術動員ノ中樞機構トシテ内閣總理大臣管理ノ下ニ少數ノ專任官民委員ヨリナル科學技術會議ヲ設ケ國策（戰爭）遂行上國家總力ヲ傾注シテ急速ナル成果ノ達成ヲ要スル科學技術上ノ重要研究課題並ニ之ガ解決ニ必要ナル措置方針等ノ決定ニ關スル處理機關タラシム

(ロ) 科學技術行政ノ最高機關トシテ内閣ニ科學院ヲオキ　總テノ研究機關（民間研究所ハ特ニ國家ノ指定セルモノ）ヲ統轄シ科學技術

ノ神速ナル戰力化ニ任ズルト共ニ國民科學精神作興ノ衝ヲ擔ゼシム

(ハ) 科學院ハ企劃力指導力アル學界各方面中堅人物ヲ幹部トス又學士院ヲ改組シテ科學技術界耆宿ハ之ヲ本院顧問トス

科學技術ニ關スル諸團體ヲ統合シ科學技術聯盟ニ結集セシメ科學院ヲシテ指導セシム。

(2) 運用

(イ) 重要研究課題ハ軍官民各方面ヨリ提出セルモノヲ科學技術會議ノ審議ヲ經タル上科學院ニ於テ命令ス

(ロ) 研究者ノ人事ハスベテ科學院ニ於テ取扱ヒ、研究ノ統制ヲ行ヒソノ重複ヲ極力回避スルタメ研究所運營、研究員配置ニ關シ必要ナル措置ヲ行フ

(ハ) 長期ニ亘ル研究ニ關シテハ科學院ノ決定ニヨルモノトシ基礎科學研究ノ必要ヲ考慮ス

(ニ) 研究費予算ヲ豐富潤澤ナラシメ研究用資材ハ科學院ニ於テ優先確保(物動ニ編入)シ各研究所ニ對シテ統制配給ス

(ホ) 重要研究課題ニシテ研究ヲ完結シ(若クハ完結ノ見込ツキ)タルモノニシテ神速ニ戰力化ヲ必要トスルモノハ要スレバ政府ノ負擔ニ於テ之ヲ實用化シ研究ト生産トノ一體的促進完成ヲ圖ル(㊙之ヲ擔任ス)

國民生活ニ關スル重要施策ニ關シテモ右ニ準シ研究調査機關ヲ活用ス

(3) 審査並ニ指導

(イ) 生産第一主義ニ徹底セシムルタメ科學技術ノ審査並ニ指導組織ヲ確立シ優秀技術ノ公開交流ヲ實施セシメ能率ノ向上規格ノ普及ヲ生産現場ニ於テ審査指導ス(㊙之ヲ擔任ス)

要スレバ技術者ノ交流ニ關シテモ發言權ヲ有ス

(ロ) 皇國科學技術ノ現況並ニ方向ヲ把握シ之ガ動員ヲ最モ效果アラシムベク調査機關ヲ設置ス。主要任務左ノ如シ

(一) 皇國科學技術指導方針ニ對スル企劃

(二) 外國科學技術ノ批判導入

(三) 研究指導要務令ノ制定

(四) 業績審査其他科學技術ニ關スル情報ノ蒐集

(五) 科學技術教育方針ニ關スル研究

(六) 科學關係單行本ノ事前檢閲

(七) 研究用資材ニ關スル研究

（註）統計科學研究所ヲ新設ス

(ハ) 當面科學技術中堅指導者養成ノタメノ短期教育機關ヲ設置ス

(一) 内容ハ總力戰研究所ノ夫レニ準ズ

(二) 臨場研究任務ヲ實施ス

(ニ) 研究機關及研究員ニ對シ適當ナル任務ヲ賦與スルト共ニ優秀ナル業績ニ對シテハ褒賞ノ制ヲ設ク

(4) 科學技術者ノ結成

(イ) 科學技術動員ノ根幹トシテ我國現有ノ科學技術者ノ能力適應研究状態等ノ實状ヲ動態的ニ把握明確ナラシムベキ科學技術者ノ登録制ヲ實施ス

(ロ) 科學技術協會ハ科學院ノ指導ヲ受ケ科學技術者相互ノ連絡及切磋琢磨ニ資スベク專門科別地方別ニ結成ス

(5) 科學技術者ノ急速大量養成

高度國防國家ノ要請ニ即應シ科學技術者ノ大量急速養成ノタメ教育施設ヲ擴張スル他既設學園ヲ動員シ成人再教育機關（産業企業体研究所員、軍技術下士官兵ニシテ召集解除トナリシモノ正規教育ヲ經ザル町ノ發明家等ヲ再教育ス）ヲ設置シ職種轉換ニ便ナラシム

又女子技術員ヲ大量養成ス

(6) 研究者ノ待遇改善

(イ) 科學技術研究員ニ關シテハ官吏ノ俸給令ニ拘ハラザルモノトシ其ノ待遇ノ改善ヲ圖ル

(ロ) 研究費ヲ潤澤ナラシム

(ハ) 褒賞制度（叙勲、勳賞、賞金）ヲ強化ス

（備）退官科學技術者ノ取扱ヲ適切ニシ現職研究機關ノ活用ヲ圖ル

(三) 外人科學者ノ利用

(1) 目　的

(イ) 廣ク外國ノ優秀科學技術ヲ輸入包括シテ世界ニ冠絶スル我國科學技術ノ建設ニ資ス

(ロ) 國民性ニ基ク思考研究態度ノ相違ヲ活用シ我國科學的ノ高格化ヲ圖ル

(2) 借用

主トシテ物理化學關係ノ科學技術者ヲ招聘利用ス

不取敢利用スベキモノ左ノ如シ

(イ) 獨乙及ソノ勢力下ニアル諸國（佛、伊、和、瑞、丁、諾、蘇等）ノ學者

(ロ) 支那人學者

(ハ) 外人俘虜

(3) 注意事項

(イ) 我國科學技術政策ノ自主性ヲ確立スルヲ要ス

(ロ) 防諜ヲ徹底シ運用ノ巧妙ヲ期ス

(ハ) 優遇方策ヲ慎重考慮シ相當ニ膨大ナル豫算ヲ確保ス

四 國民科學教育

(1) 指導者ノ教育

從來ノ形式的、記載的科學教育ヲ排シ科學的思惟能力涵養ノタメ教育環境ノ變革ヲ行フベク先ヅ之ガ中核タル指導者ノ再訓練ヲ行フ

(イ) 教師ノ再教育ヲ頻回實施シ且ツ地方毎ニ國民科學教育ニ關スル研究機關ヲ設置ス

(ロ) 教師ノ待遇ヲ改善シ時間的經濟的餘裕ヲ與ヘ教育界ニ人材ヲ吸收ス且ツ獎勵制ヲ設ク

(ハ) 優秀教育者ノ偏在ヲ避ク

(2) 兒童教育

科學心啓培ニ重點ヲオキ各級學校ニ於ケル完成教育ヲ目標トセズ、特ニ形式的ナル科學教育ニ墮セザル樣注意ス

(イ) 科學教育ニ關スル教科目ヲ根本的ニ刷新スル他、兒童ノ使用スル

養成的玩具ノ通俗化ヲ図リ図書ノ愛閲指導ヲ強化ス
(ロ) 科学教育ハ実物教育ヲ本位トシ機会ヲ求メテ自然観察、機械組成ニ指導ス。又勤労修練モ単ナル労役タラシメズ之ヲ教育ノ一要トシテ活用ス
(ハ) [illegible]ホル経験主義直観教育ニ従ハル、コトナク常ニ科学的思考力ノ養成ニ心掛ケ且ツ目的研究心ヲ醸成スルガ如キ指導器械施設ヲ実施ス
(3) 国民科学教育ノ振興
国民勤労面ニ於ケル専門的科学水産農場ノ為必要ナル指導訓練ヲ行フ
(イ) 国民科学教育乃至生活指導ハ科学院ノ指導ヲ受ケ科学技術聯盟地域（或ハ地方）支部ニ於テ計画実施ス
(ロ) 文科教育ヲ科学教育ノ角度ヨリ再編成シ現在ノ行政官ニモ之ヲ普及ス

(ハ) 学徒勤労奉仕モ力メテ専門智識ヲ活用スル如ク按排直シ例ヘバ生物学関係学徒ニアリテハ国民生活、食糧増産指導等ヲ行フ
(ニ) 其ノ他
(一) 科学博物館、技術館、図書館（移動図書ノモノヲ含ム）等ノ一般科学技術講演施設ヲ設ケ又科学パンフレットヲ普及活用ス
ル通俗学術講演ノ公開等ヲ行フ
(二) 玩具ヲ通俗化ス
(三) 大東亜共栄圏一般ニ度量衡ヲ統合一定ス
等

附表第一

科學技術動員態勢案（第一案）

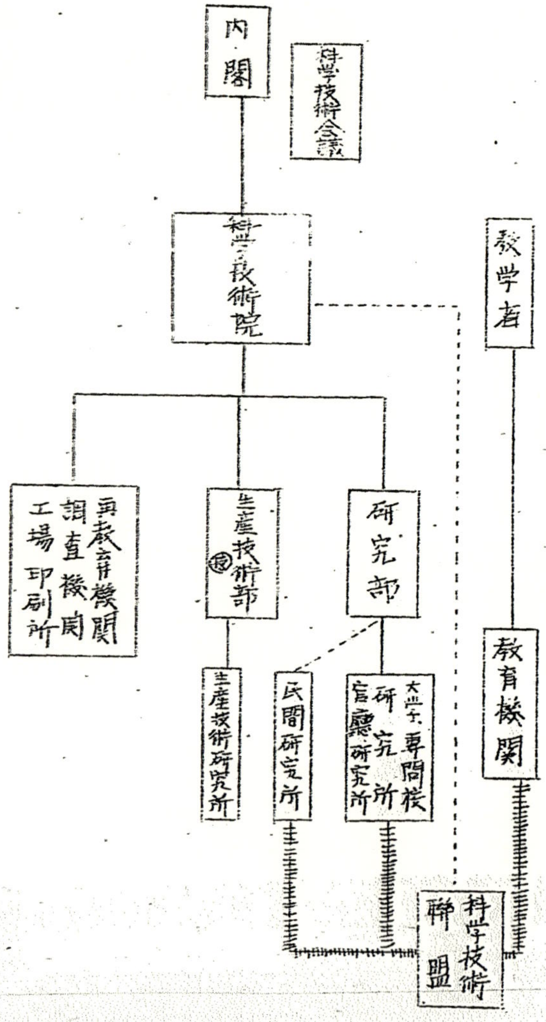

（註）

一 軍関係研究ニ関シテハ別ニ考慮ス

二 名稱ハスベテ假稱トス

三 ━ 隷属 ┆ 指導 ≡ 結合

一四〇

附表第二

科學技術動員態勢案（参考第二案）

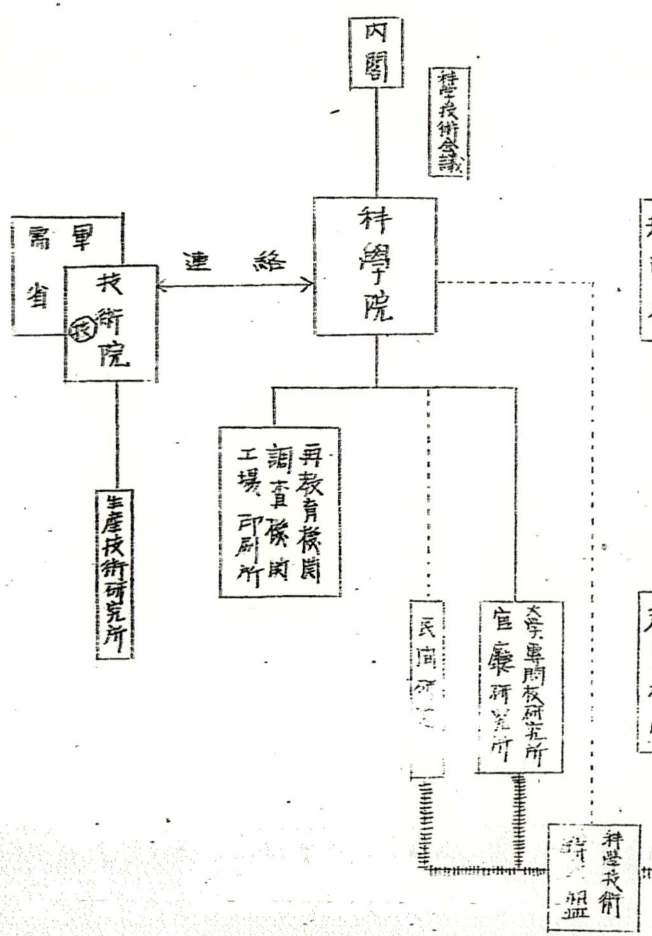

（註）前表ニ同ジ

一四一

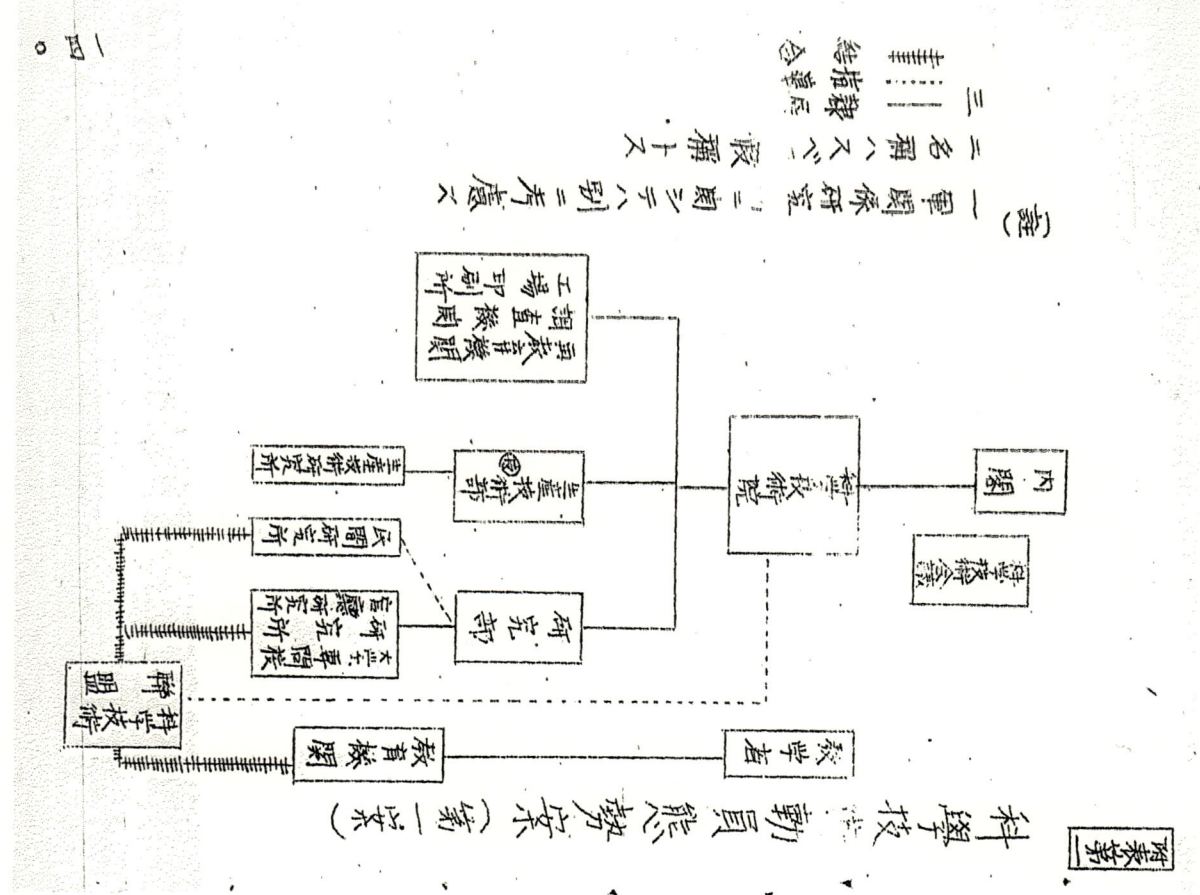

附表第三

科學技術研究現況要圖（參考）

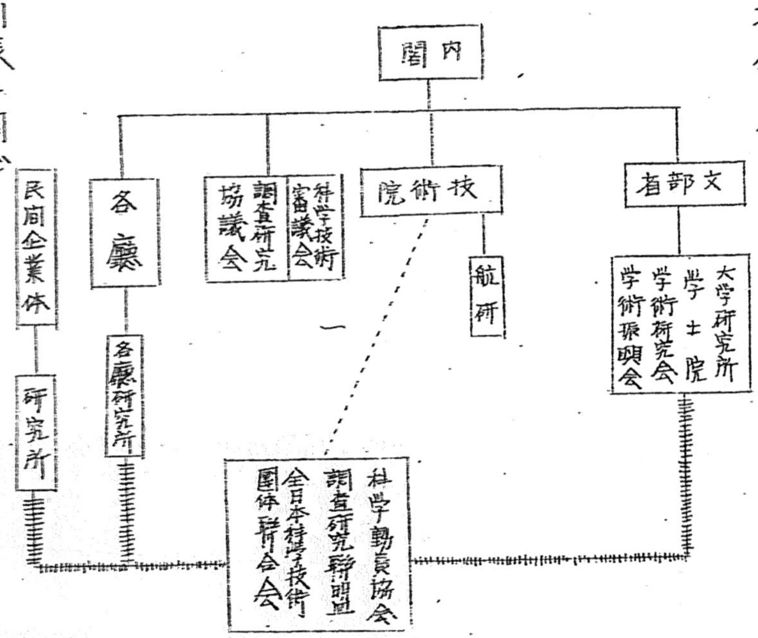

（註）前表ニ同ジ

第六章　新經濟理念、企業新體制ノ研究

第十八節　總力戰ノ見地ニ基ク經濟理念及企業新體制ヲ論シ所要ニ應ジ之ニ到達スルニ至ル間ニ於ケル過渡的體制ニ及ブ（未定稿）

(一) 皇國經濟理念

從來ノ經濟理念ハ利潤獲得ヲ軸心トシ、且コレヲ當然ノ權利トシタルモ、皇國經濟理念ハ利潤ニ替フルニ「奉仕」ノ觀念ヲ以テシ、經濟活動ノ最高目標ヲ「國體ニ則シ總力戰的見地ニ基ク國力增進」ニ置ク。

(二) 企業體制（第一四六頁附表參照）

(1) 皇國經濟理念ヲ國民ニ徹セシムルト共ニ、「奉仕」自體ニ國民ガ光榮ト喜悅ヲ感ズル如キ政治體制ヲ確立スルト同時ニ「奉仕」ニ對シ物心兩面ノ「報償」ヲ實行ス

斯ル政治體制ノ確立ト相俟チ皇國政治理念ニ則リ總力戰的見地ニ基

ヲ實施スルコト

(ハ) 官吏制度並ソノ運營ヲ改革スル事

（一）民ノ現人的構成ヲ破壞セザル事

（二）監督指導官吏ノ交替ヲ制限スル事

（三）諸法規簡素化ヲハカル事

等ヲ充分考慮スルヲ要ス

(8) 利益ノ分配ノ重點ヲ生擴準備金（社内留保）及從業員ニ指向シ（但シ過度ノ消費資金ニナラザル樣考慮ヲ要ス）資本ニ對スル分配ヲ相當程度抑壓ス。

附表

新企業形態試案

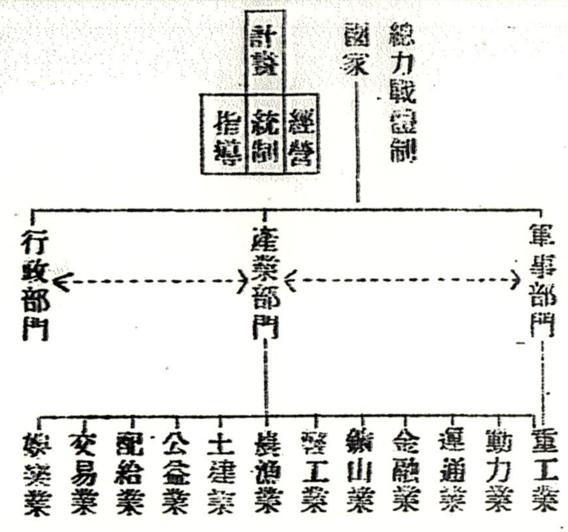

		重工業	動力業	運通業	金融業	鑛山業	輕工業	農漁業	土建業	公益業	配給業	交易業	娯楽業
經營	純國營	○	○	○	○								
統制	統制民營	○	○	○	○	○	○	○	○	○	○	○	
指導	純民營					○	○	○	○		○		○

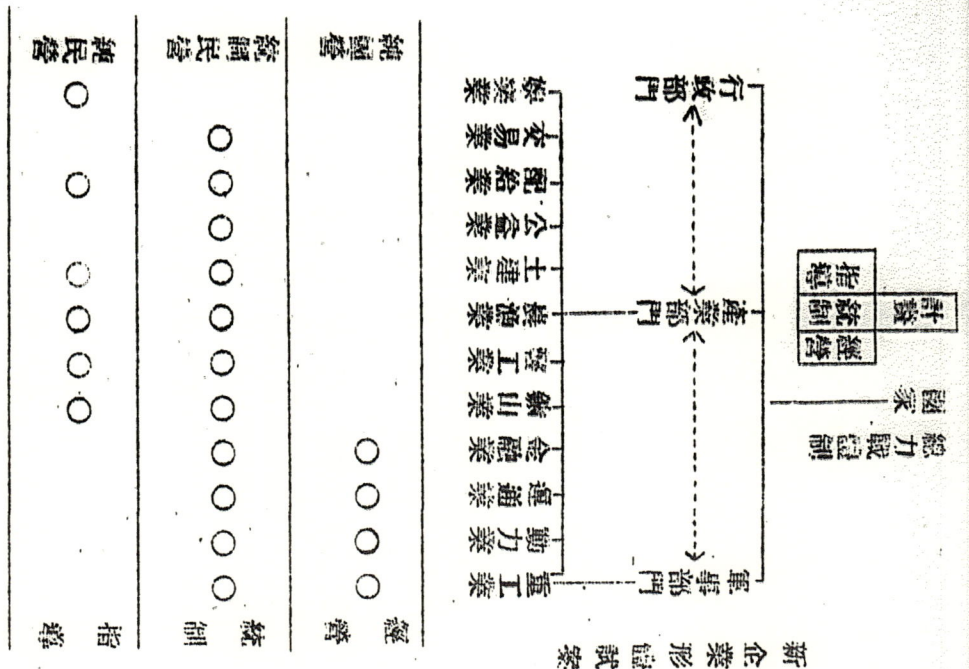

第十九節　新財政金融諸制並方策

第一　財政

一、國內新財政諸制

(1) 方針

財政運用ヲシテ國策遂行トノ關聯ヲ一層明確且緊密ナラシムル如キ諸制ヲ確立ス

(2) 要綱

(イ) 會計制度ヲ簡捷ナラシメ且純粹性ノ保持ヲナサシムルコト

(ロ) 豫算ノ形式ヲ簡素化スルト共ニ審議主義ヲ徹底セシムルコト、尙要スレバ帝國議會ノ豫算協定權ヲ一定ノ範圍內ニ於テ政府ニ委任セシムルコト

(ハ) 重要國策ニ關スル豫算ノ國費先議制度ヲ確立スルコト

(ニ) 豫備金制度ヲ一層徹底的ニ擴充スルコト

一四七

(ホ) 租税[illegible]ヲ合理的ニ改革スルト共ニ税法中税率ニ[illegible]シ決定權ヲ相當大[illegible]ノ範圍政府ニ委任スルコト

(ヘ) 中央、地方財政ノ有機的一體化ヲ急速實現スルコト

二、國內財政新方策

(1) 財政新諸制ノ確立ニ即應シ、簡素、敏活、且强力ナル財政方策實行シ得ベキモ、此際特ニ注意スベキ方策左ノ如シ

(イ) 既定費ノ徹底的再檢討竝一般經費ノ節約方策

(ロ) 豫算上ノ制約ノ改廢ニ基ク資金ノ非效率的使用ノ制限方策

(2) 決戰下差當リ採ルベキ方策左ノ如シ

(イ) 增税―（一）總括引上（二）新税創設、但シ生產力ニ影響ヲ與ヘザルガ如キ措置ヲ要ス

(ロ) 官業收入及專賣益金ノ增加政策

三、大東亞新財政諸制並方策

(1) 方針

一四八

將來ニ於ケル大東亞[illegible]制度ノ帶定ヲ目途トシ、目下ノ處各地域ノ經濟力ニ應ジタル健全財政主義ヲ採ラシムルト共ニ大東亞戰費並建設費ヲ應能分擔主義ニ應ジ分擔セシムルガ如ク指導ス

(2) 要領

(イ) 歲入源泉タル租稅制度ヲ確立セシム、占領地ニ於テハ以テ我臨軍會計ヘノ依存度ヲ減少セシム

(ロ) 經費ヲ徹底的ニ節約セシム

(ハ) 經濟開發ニ伴ヒ各地域共中央銀行乃至南方開發金庫ヨリノ我借入金ヲ增大セシム

第二　金融

一、國內新金融體制

(1) 方針

金融及資金ニ最高度ノ計畫性ト同時ニ機動性ヲ附與シ決戰下國家ノ要請ニ即應スル體制ヲ採ルト共ニ金融ノ有スル公共性並ニ受動性ニ鑑ミ金融機關ノ國有化ヲ斷行シ、日本銀行ヲ中心トセル單一個ノ强力ナル機關ニ統合ス

(2) 要領並措置

(イ) 株式會社組織ノモノハ之ヲ國家ニ於テ買收シ（株式ノ時價ヲ標準トス）金庫ニアリテハ民間出資ヲ政府ニ肩替セシム

(ロ) 買收ハ交付公債又ハ特種債務證書ノ交付ヲ以テ之ヲ行フモノトス

(ハ) 經營ノ切替ニ當リテハ一切ノ債權、債務ハ其儘繼承セラルルモノトス

(ニ)買收後ニ於ケル役員ハ特殊法人トシ、從業員ハ公[illegible]タル身分ヲ取得スルモノトス

(ホ)買收後ニ於ケル金融組織ハ概ネ左ノ如キモノトス

(一)日本銀行ノ國家性ヲ一層明確ナラシム(民間出資買替等)

(二)普通銀行(貯蓄業務兼營)全國一行

(三)特殊銀行及金庫

(1)對外國業務銀行　一行(正金、南發ノ統合)

(2)長期金融銀行　一行(興銀、勸銀、朝鮮殖産、戰時金庫、北拓、農行銀行ノ統合)

(3)庶民金庫　一行(恩給、庶民、商工中金ノ統合)

尙勞銀及農銀ハ通貨發行權ヲ停止(日銀券ニ統一)スルト共ニ普通銀行業務(一)ニ移讓解消スルモノトス

(四)信託、生保、損保、證券各會社ニ付キテモ各全國一社ニ統合ス

(五)信用組合ハ其ノ有スル特殊性ニ鑑ミ末端組織タル單位組合ハ現行通リノ組織トシ(國有トセズ)道府縣信用聯合會並中央金庫ヲ國有化シ聯合會ハ道廳別ノ中金ノ支金庫ニ統合セシム

(ヘ)從業員及店舖ハ大局的見地ヨリ大巾ノ整理ヲ行フト同時ニ幹部ニ少壯中堅級ヲ簡拔シ空氣ヲ刷新スルモノトス

(ト)金融統制會ハ右措置ニ伴ヒ廢止スルモノトシ、國内金融ハ日銀ト各機關トノ強力ナル聯繋ニ於テ運營サルベキモノトス、尙此際預金部等官廳側金融機關ト密接ナル連絡ヲトルモノトス

(チ)金融統制法令ハ全面的ニ改訂サルベキモノトス

(三)國内新金融方策

(1)右新金融組織ノ整備ニ伴ヒ

(イ)不急不用資金ノ貸出ノ根絶ト資金ノ國家的效率化

(ロ)重要産業ノ資金面ヨリスル制約廢除

(ハ)無用競爭排除並ニ規模擴大ニヨル資金原價ノ低下

(ニ) 二重、三重統制ニヨル非能率ノ是正
(ホ) 資金偏在ノ矯正
(ヘ) 國家意思ノ全面的浸透
(ト) 利益金ノ國庫納付
等從來ノ營利的企業體制下ニ於テ癌トサレシ懸案ハ一擧ニ解決シ得ベキヲ以テ、向後主タル金融方策ハ財政及産業トノ關聯ニ於テ考究セラルレバ足ルベシ

(2) 新方策トシテ重要ナルモノ左ノ如シ

(イ) 低金利政策

（一）資金原價ノ低下ニ伴ヒ第一段トシテ、國民貯蓄心ニ影響ヲ與ヘザル貸出金利ノ低下ヲ實行シ得ベシ

（二）貸出金利水準ノ低下ハ必然的且合理的ニ一般金利水準ノ低下ヲ齎致スベシ

（三）統制經濟體制下ニ於テハ金利低下ヲ見ルモ、之ガ爲資金ノ

放漫的使用惹起ノ虞ナク、産業界ニ負擔ヲ輕減セシムルノミナラズ、國家財政負擔ヲモ輕減スルコト大ナルベシ

(ロ) 法人ヘノ強制的國債割當制度實施

利益金ノ一定割合ヲシテ國債ニ強制的投資ヲナサシメ以テ浮動購買力ノ吸收ニ資セシム、但此ノ場合生産力ヲ阻害セザル樣深甚ナル注意ヲ要ス

(三) 大東亞新金融體制並方策

(1) 方　針

皇國ヲ核心トスル大東亞金融圏ヲ確立シ、各地域ノ資力ヲ綜合的且效率的運營ヲナサシム

(2) 要　領

(イ) 日本銀行中心ノ金融連繋ヲ一層緊密ナラシムル如ク人的、資金的ノ援助、指導ヲ強化セシム

(ロ) 特別圓契約限度ヲ擴張シ、計畫交易ニ便ナラシムルト共ニ、金約

定ヲ廢棄セシメ要スレバ本邦ノ準備超過ヲシテ我公社債等ニ運用セシム

(ハ) 各地通貨ノ基準ヲ日本圓ニ於キ其交換比率ニ付キテハ各地ノ經濟力ヲ勘案シ公正妥當ニ定メ之ガ維持ニ努力ス

第七章 大東亞國土計畫ノ研究

第二十節 共榮圈內各國家經濟自主性保有ニ關スル根本方針（未定稿）

第一 大東亞國土計畫ノ理念及構想

一 指導理念

(1) 道義的新經濟秩序ノ建設

(イ) 大東亞國土計畫ハ皇國ヲ中核トシテ必然的ニ建設セラルル大東亞共榮圈內ニ於テ其ノ産業配置、人口配置、交通、交易等ノ諸計畫ヲ策定シ以テ眞ノ大東亞新經濟秩序ノ據ツテ立ツベキ基盤ヲ建設シ、圈內各國各民族各々其ノ處ヲ得テ有無相通互惠ノ實ヲ擧グルヲ得シムルヲ以テ指導理念トスベシ

(ロ) 然シテ本計畫策定ニ當リテハ道義ニ基ク新經濟秩序ニ合致スル計畫タルヲ要シ、東亞經濟廣域圈ガ其ノ資源ノ分布狀況ヨリ見テ各地域ガ適地適業主義ニ則リ其ノ開發ヲ促進スルニ依ツテノミ完全

ナル自給自足態勢ヲ確立シ得ルモノナルコトハ勿論ナリト雖モ過去ノ英、蘭ノ諸國ガ東亞植民地ニ對シテ取リタル如ク其ノ地域ノ産業ノ開發ヲ阻止シ或ハ故意ニ食糧自給ヲ阻害スルガ如キ搾取政策ハ道義建設ヲ目標トスル皇國ノ根本方針ニ背馳スルノミナラズ結局ニ於テ永遠ニ諸國民ノ民心ヲ把握スル所以ニ非ザルコトヲ思ヒ中核體タル皇國ノ執ルベカラザルモノト信ズ

(ニ) 大東亞防衛體制ノ確立

大東亞ノ國土計畫ノ策定ニ當リテハ我國ヲ中核トスル大東亞防衛ノ自主的國防體制ヲ確立スベキコト即チ必要ナル資材ヲ大東亞ニ於テ自給自足スルト共ニ國防上ノ經濟基地ヲ建設シ以テ大東亞戰爭ヲ戰ヒ抜クト共ニ戰後ハ新ナル外敵ニ對スル防衛體制ノ完璧ヲ期スルヲ目標トシ總力ヲ結集スルコト緊要ナリ、更ニ進ンデハ特ニ資源ヲ活用シテ大東亞ノ世界經濟ニ對スル優位ヲ確保スルノ要アリ

(3) 戰力ノ增强

然レドモ現戰局下ニ於テハ當分ノ間何ヨリモ先ヅ戰力急速增强ノ一途ニ邁進スルコト最モ肝要ナルコトハ言ヲ俟タザル處ニシテ急速ニ圏内諸地域ノ戰力ヲ綜合スルガ爲ニハ從上ノ理念ニ合致セザル場合アリ得ベキモ機ヲ見テ上記方針ヲ推進スルト共ニ恒久的大建設ノ基礎ヲ確立スル如ク措置スルヲ要ス

(ロ) 基本方針及要綱

大東亞國土計畫ヲ策定スルニ當リテ問題トナルハ中核タルベキ皇國ノ在リ方ニシテ大陸ヲ中心トスベキカ海洋ヲ主トスベキカ、南主北從カ、北主南從カナリ、此ノ點ニ付テハ長期ニハ大陸、海洋兩面ヲ併攝把持スベキ性質ヲ有スルモノナルコト勿論ナルモ大量的資源トシテハ大陸ヲ主トシ、工業的資源ニ依リ海洋島嶼ヲ把握スベキモノナルベシ

次ニ對象タルベキ地域ハ概ネ現在把握セル地域トシ印度、濠洲、ニュージーランドヲ除外シテ考察セリ

(1) 食糧及生必需物資ノ自給態勢

前述セル如ク戰時經濟ハ之ヲ採ラズ、食糧ニ付テハ特ニ可能ナル限リ各國別又ハ近隣數國ト合シテ自給自足體制ヲ確立スルハ國防上及民心安定上緊要ナリ就中日滿ヲ通ズル食糧自給體制ノ確立ハ最モ急務ナルベシ但シ閉鎖經濟主義ニ陷リ大東亞ニ要スル必需物資及食糧トノ交易上必要トスル物資ハ之ヲ確實ニ把握スルノ要アルヲ以テ不必要ナル作物轉換ニ依リ徒ニ小地域別ノ食糧自給ヲ圖ルガ如キコトナキヲ要ス

生必物資ニ付テモ各國ノ工業發展ノ段階ニ應ジ夫々工業ノ特長及建設ヲ促進スベク之ニヨリ圏內自給ノ促進ト民族資本ノ要求ニ即應スルノ要アリ

之ガ爲ニハ資力並ニ我國ノ科學技術ノ強化擴充ヲ資シ特ニ對シテモ援助指導性ヲ發揮スルヲ要ス

(2) 產業配置ニ關聯セル地域產業主義

各地域ノ立地條件ニ基キ且現住ノ事情ト產業發達ノ段階ニ顧慮シ、

ル適地適業ノ產業配置ヲ行フト共ニ常ニ資源ノ積極的開發ヲ策シ圏內各國ノ繁榮ト共ニ共榮圏ヲ固カラシムル如ク措置スルヲ要ス

然シテ特ニゴム、規那、錫、コプラ、マニラ麻（世界ニ對スル生產比率各九〇%、九五%、七〇%、八五%及九〇%）ハ圏外生產必需物資ノ交易用トシテ確保スルノ要アルベシ

(3) 國防的見地ヨリノ規整

(イ) 重要工場地帯ノ分散配置

然レドモ圏內ヲ數區ニ分チ完全ナル國防的自給自足體制ヲ樹立セントスルガ如キ極端ナル分散配置ハ共榮圏ノ本旨ヲ沒却スルモノニシテ妥當ナラザルベシ

(ロ) 防衛上ノ見地

空襲ニ際シテハ航空機ノ發達ニ依リ特ニ防衛上ノ見地ヨリ大ナル顧慮ヲ爲スノ要ナキニ至ルベキモ海陸ヨリノ攻擊ニ對シ防衛上ノ適地ヲ選ブノ要アリ

(ハ) 國防上ノ經濟基地據點ノ設定

東亞共榮圈ノ防衛的據點トシテ香港、新嘉坡、及ビマニラ、マライ、ボルネオ等ヲ設定ノ要アリ

朝鮮、臺灣、北支ノ資源蘭海地區ハ立地條件ヨリスルモ又將來ノ兵站基地的見地、交通及監視ヨリノ防衛的見地ヨリスルモ島嶼及北樺太ハ國防ノ重要經濟據點トシテ速カニ開發ノ要アリ殊ニ、アルミニウム、人石、纖維等ノ諸工業ニ付テハ其ノ國所要量ノ自給分チ防フニ至ルベキ設備條件ヲ有スルモノト認メラル

スマトラ、マライ、ボルネオ地域モ又石油、錫、電力、ボーキサイト等ノ重要資源ヲ有スルヲ以テ可及的速カニ建設ニ着手スルノ要アルベシ

(4) 立地條件ヨリノ想定

以上ノ外産業配置ニ當リテハ其ノ立地條件ヲ充分考究決定スベキコト勿論ナルベシ然レドモ單ナル經濟的見地ノミナラズ、特ニ國防的

一六一

見地、交通條件、勞務條件、人口配置ノ見地ヨリ之ガ合理的建設ニ遺憾ナキヲ要ス

一六二

第二　大東亞國土計畫ノ實施方略

一、人口配分計畫

大東亞ノ人的資源ヲ強度ニ結集動員シ其ノ資質能力ヲ高メ、配置ヲ適正ニシ、民族ノ提携ヲ緊メ、以テ東亞ノ自主防衛ノ國防計畫ニ副ヒタル廣域國防體制ヲ確立スルモノトス

而シテ之ガ目途達成ノ爲左ノ諸方策ヲ實施スルモノトス

(1) 國內人口ノ質的及量的増強方策

(イ) 職能別、地域別人口配分計畫ヲ設定シ殊ニ大都市疎開ヲ徹底的ニ行フコト

(ロ) 農村保有人口（四割）ノ確保ヲ期スルコト（之ガ爲工業用地ト農耕地、工業勞働力ト農業勞働力トノ調整、農地制度ノ改革、農村厚生施設ノ充實ヲ行フコト）

(ハ) 商企業及事務要員ヲ徹底的ニ整理シ勤勞生產事務ニ動員スルト共ニ女子勤勞ノ動員ヲ強化スルコト

(ニ) 工鑛業ニ於ケル勞務管理ヲ徹底的改善ヲ圖リ特ニ技術習得ノ組織化ト熟練工養成ノ方途ヲ講究スルコト

(ホ) 朝鮮及臺灣ヨリ青壯年ヲ組織的ニ內地ニ配置シ皇民化實際ノ前衛タラシムルト共ニ勞務給源ノ強化ニ資スルコト

(ヘ) 日本民族ノ增強ヲ目途トスル醫療厚生施設ヲ合理的ニ配置スルコト

(2) 日本民族ノ對外配置計畫

(イ) 滿支ヘ日本民族發展ノ培養地トシテ之ガ所要ノ人員ヲ組織的ニ送出スルコト（滿洲開拓民ヘ重點トシテ行フ）

(ロ) 南方諸地域ニ於テハ帝國ノ國防上竝ニ產業上ノ指導的役割ヲ果スベキ少壯有爲ノ人材ヲ送出スルコト

(ハ) 共榮圏ニ送出スベキ要員ハ現地民族ヲ悅服セシムルニ足ル人格、[illegible]、資質、技能ヲ保持セシムルニ努メ所要ノ錬成ヲ組織的ニ行フコト

(ニ) 特ニ技術員ノ送出ヲ強化スルコト

(ホ)共榮圏内出者ニ對シテハ指導國民タル生活ヲ保障シ得ルニ足ル物心兩面ニ亘ル國家的施設ヲ充實スルコト

(ヘ)日本民族ノ養成訓練力ヲ損耗セシメザル爲厚生及教育施設ヲ充實スルコト

(5)民族政策的方策

(イ)共榮圏内各民族ノ少壯有爲ノ人材ヲ多數帝國ニ留學セシムルト共ニ軍事及工藝ニ關スル勤勞技術ノ習得ニ努メシムル

(ロ)圏内青少年ノ綜合訓練ヲ促進スル組織ヲ設クルコト

(ハ)圏内各地域ニ國防（警備）軍ヲ編成シ帝國指導ノ下ニ之ガ育成强化ヲ圖ルコト

(ニ)相互ニ文化ヲ交流シ東洋文化ノ發揚ニ努メ東亞民族結合ノ紐帶ヲ闡明確立スルコト

(ホ)各地域ハ其民族ニ對スル一切ノ差別的待遇ヲ撤廢シ責任ト權利ヲ自覺尊重スルコト

(ヘ)保健衛生施設ヲ充實スルト共ニ初等教育ヲ普及シ東亞民族ノ資質ノ向上ヲ圖ルコト

(ト)以上各項ニ付テハ常ニ政治外交的協議ノ下ニ行ヒ苟モ帝國獨善ノ措置ト看做サルルガ如キ擧措ニ出デザルコト

(4)共榮圏勞務配置計畫

(イ)帝國ニ於テハ(1)ニ於テ說述セル方策ヲ徹底シ勤勞能力ノ增强及勤勞能率ノ增大ニ依リ勞務員ノ對外依存ヲ採ラザルコト但シ鑛山其ノ他止ムヲ得ザル部門ニ付テハ華人勞務者ヲ最低限度ヲ移入スルコト

(ロ)滿洲國ニ於テハ國內勞務ノ再配置ヲ行ヒ不足勞務ニ充實スベク華人勞務員ハ之ヲ計畫的組織的ニ移入スル方途ヲ講ズルコト

(ハ)中華民國ニ於テハ治安ノ確立ト農地制度ノ改革竝ニ資源開發ノ計畫化ニ相應シ定着勞務員ノ安定ヲ期シ中南支ノ餘剩人員ハ計畫的ニ南方諸地域ニ送出シ資源開發ノ勞務員トシテ利用スルコト

(ニ) 南方各地域ノ華僑及印度人ハ漸次之ヲ縮少シ且鑛工業要員ニ充足スルコト

(ホ) ジャワノ人口ハ相當部分之ヲ舊外領ニ移民セシメ農業開發ヲ促進スルコト

(ヘ) 圏内各地域ノ産業轉換ヲ容易ナラシムル爲努メテ各地域内勞務給源ニ對シ轉換業種ニ關スル技能習熟ノ措置ヲ採ルコト

(ホ) 國防上特ニ必要ナル地域ニ於テハ原民族ノ全部又ハ一部居住制限ヲ行フコト

産業配置計畫

(1) 共榮圏内民生安定ノ爲ニスル産業再配置ノ基本方策

(イ) 廣域圏自主經濟確立ノ中核體タル日滿支ヲ通ズル綜合食糧ノ自給ヲ完遂スルコト

(ロ) 南方諸地域ニ在リテハ單一栽植企業ヲ是正シ食糧並ニ棉作ノ自給ノ方途ニ轉換スルコト

一六七

(ハ) 滿支南方諸地域ヲ通ジ生活必需物資ノ最低限確保ニ要スベキ輕工業ヲ起スコト

(ニ) 之ガ所要資金ハ可及的ニ各地民族資本ヲ動員活用シ技術指導ハ帝國積極的ニ之ヲ行フコト

(ホ) 南方諸地域ニ於ケル單一栽植企業ノ轉換ハ漸ヲ追ッテ之ヲ行ヒ原住民族ノ生活ニ支障ナカラシムル措置ヲ採ルコト

(ヘ) 共榮圏各地域ハ可及的ニ地域別食糧及生必物資ノ自給方策ヲ樹立スルト共ニ共榮圏一體ノ綜合ヲ所期シ得ル如ク措置スルコト

(2) 東亞國防力強化ノ見地ヨリスル産業配置ノ基本方策

(イ) 東亞ニ於ケル國防體制強化ヲ目途トシ自然條件勞働力ノ外諸般ノ國防目的ヲ考案シ帝國ニ於テ積極的ニ立地條件ヲ造成スルコト

(ロ) 國防基幹産業ニ付テハ殊ニ民族政策トノ關聯ヲ考慮スルコト

(ハ) 國防ノ基幹タルベキ重要物資ニ就テハ直接帝國ガ把握スルカ又ハ之ヲ安固ニ確保シ得ル如ク措置スルコト

一六八

(ニ) 共榮圏ガ大陸及海洋ニ亘ル生存圏ナルニ鑑ミ國防産業ノ立地ハ之ヲ併行勘案シ決定スルコト

(ホ) 南方過剰物資中國防産業トシテ重要ナルモノニ付テハ努ニ之ヲ縮少轉換スルコトナク對蘇戰爭經濟能力ノ優位性ヲ保續スル如キ措置ヲ講ズルコト

(ヘ) 動力計畫及交通計畫ト照應シ殊ニ戰爭ノ經過ニ合致シ得ベキ期間計畫ヲ周密ナラシメ計畫ノ意義ヲ徹底スルコト

(3) 産業別配置計畫要領

(イ) 工鑛業

（一）製鐵事業

（1）帝國ニ於テハ非常緊急ノ事情ニ依リ既設生産設備ノ擴充ヲ止メ專ラ現有設備ノ高率運轉ヲ進ムルニ止ムルコト

（2）滿洲國ニ於テハ石炭輸送ノ合理化ヲ圖リ逐次擴張ヲ圖ルコト

一六九

（3）北支ニ於テハ工業用水及港灣ニ關スル施設ノ整備ヲ行ヒ積極的ニ新規擴充ヲ行フコト

（4）南方産出鐵鑛石ニ就テハ電力開發計畫ト併行シ電氣製鐵ヲ行フノ外小型熔鑛爐設置ニ依ル銑鐵生産ヲ增强スルコト

（二）石炭礦業

（1）石炭ヲ基礎トスル工業ノ配置計畫ニ照應シ重點的開發ヲ行フコト

（2）港灣及輸送能力ノ整備擴充ヲ併進スルコト

（3）帝國ニ於テハ優良炭質ノ重點的增强ヲ圖ルコト

（4）北支及蒙疆地區ニ於テハ之ガ劃期的增産ニ努メ所要ノ港灣施設及輸送ノ擴充ヲ行フコト

（5）滿洲國ニ就テハ粘結性原料炭ノ重點的開發ヲ行フト共ニ液化用出炭ノ增强ヲ圖ルコト

（6）佛印、スマトラ、ボルネオ、マライ等南方諸地域ノ急速

一七〇

開發ヲ行ヒ南方圏自給體制ヲ確立スルコト

（三）石油及人造石油事業

（1）内地ニ於ケル石油開發ハ之ヲ保續スルコト

（2）スマトラ、ボルネオ、ビルマ、ジャワ、セラムノ油田資源ノ開發ニ主力ヲ傾注スルト共ニ精製、貯藏施設ヲ擴充シ油槽船ノ建造ヲ促進スルコト

（3）日滿ニ於ケル精製施設ヲ擴充スルコト

（4）人造石油事業ハ之ヲ日（北海道、樺太、北九州）滿北支ニ擴充シ相互ニ技術交流ヲ行フコト

（四）輕金屬工業

（1）アルミニユームハ電力需給ノ現況ニ鑑ミ内地ノ擴充ヲ抑ヘ朝鮮、臺灣、滿洲國及北支ニ之ヲ擴充スルコト

（2）スマトラノ資源開發ヲ促進シテアルミニウム工業ノ確立ヲ期スルコト

一七一

（3）マグネシウム工業ハ朝鮮、臺灣及滿洲國ニ之ヲ擴充スルコト

（五）非鐵金屬及非金屬鑛業

（1）日滿、比島、ビルマ其他南方圏ニ於ケル既開發鑛山ノ併進増産ヲ圖ルト共ニ共榮圏内未開發鑛山ノ調査開發ヲ促進スルコト

（2）國内製錬所ノ整備合理化ヲ徹底スルコト

（3）鉛、亞鉛鑛ハビルマノ重點開發ヲ促進スル外日滿及南方諸地域ノ開發ヲ行フコト

（4）クロームハ比島ニ、滿俺ハ比島マライ及佛印ニ重點的開發ヲ進ムルノ外日滿支ノ施設ヲ増強スルコト

（5）ニツケル、モリブデン、タングステン、螢石、水銀等重要稀産資源ニ就テハ極力圏内ノ調査開發ヲ進メ之ガ確保ヲ期スルコト

一七二

（六）機械工業

（1）航空機、工作機械、精密機械、電氣機械、重輛等ノ機材工業ハ如何ナル犠牲ヲ致テスルモ之ガ飛躍的擴充ヲ圖ルコト

（2）右ハ差當リ帝國內ニノミ擴充ヲ行フコト

（3）關聯產業及下請工業ノ整備ヲ行ヒ技術能率ノ劃期的向上ヲ圖ルコト

（七）造船事業

（六）ニ準ズルコト

（八）化學工業

（1）アンモニア合成工業ハ石炭及電力トノ需給ヲ勘案シ日滿ノ既存施設ヲ確保スルノ外北支ニ之ヲ擴充スルコト

（2）カーバイト誘導工業ハ其ノ多面的重要用途ノ展開ニ鑑ミ臺灣、朝鮮、滿洲國ニ急速建設ヲ行フコト

（3）セメント工業ハ日滿北支ノ補充ヲ圖ルト共ニ南方地域ニ

一七三

ケル施設ノ新增設ヲ圖ルコト

（九）纖維工業

（1）棉花、麻ノ一大增產ヲ圖リ圈內各地域ニ所要ノ纖維工業ヲ確立スルコト

（2）帝國ニ於ケル纖維工業ハ化學纖維工業ヲ除キ相當程度圈內ニ計畫的ニ移設スルコト

（3）パルプ工業ハ圈內適地ニ之ヲ起スコト

（一〇）電力事業

（1）國防計畫ニ基ク配置計畫ニ即應シ之ガ重點的開發計畫ヲ先行確立シ工業立地ノ造成ヲ行フコト

（2）內地ニ於テハ電氣冶金・窒素化學工業ヲ抑制シ工場運轉動力ニ集中利用スルコト

（3）火力發電ハ各地粗惡炭ノ利用並ニ電力需給ノ調整上必要トスルモノニ止メ且石炭消費並ニ水力及火力ノ綜合運營ニ關

一七四

スル迄ヲ進ムルコト
（4）朝鮮、臺灣、滿洲國及北支ニ大規模ナル擴充ヲ行フコト
（5）スマトラ、セレベス、佛印等南方地域ニ於テハ資源開發ノ段階ニ照應シ水力資源ノ開發ヲ爲スコト
（6）海水及風力ニ依ル發電技術ヲ急速ニ進ムルコト

農林畜水産業

（一）日滿支ヲ通ズル食糧自給達成ノ爲所要ノ勞務、資材ノ確保ヲ圖リ他産業トノ合理的調整ヲ圖ルコト
（二）帝國ニ於テハ耕地、山林、漁場等ノ潰滅ヲ極力防止シ農林畜水産資源ノ確保增産ヲ圖ルコト
（三）滿洲國ニ於テハ土地制度ノ改革、水利施設ノ擴充及農村勞務ノ定着ヲ圖リ食糧及其ノ他農林資源ノ增殖ヲ圖ルコト
（四）中華民國ニ於テハ治安ノ確立、物價ノ調整ヲ行ヒ食糧及棉作ノ併耕增産ヲ圖ルコト

（五）南方各地域ハ食糧ノ確保並ニ單一種栽作物ノ處理トモ睨合セ適地ニ極力棉花ヲ增産スルコト
（六）日滿蒙ヲ通ジ羊毛ノ增産ヲ圖ルト共ニ國內滿洲ニ於テ增産ヲ圖ルコト

第二十一節　重工業立地計畫（未定稿）

(一) 方針

大東亜ノ重工業立地計畫ハ防衛條件並ニ立地條件ヲ勘案シ大東亜廣域國防ニ必要ナル國防經濟ノ完成ト各産業ノ有機的連繋ニヨル廣域國防經濟ノ飛躍的發展トヲ目途トシ且ツ戰力増強化ヲソノ必須條件トシテ策定ス

(二) 遂行方策

(1) 戰力増強ニ必須ナルモノハ第一次着手トス

(2) 重要産業ノ飛躍的擴充計畫ハ戰爭遂行ノ實績ニ照應シ、漸進的ニ之ガ實現ヲ圖ルモノトス

(3) 適當ナル設營ニ内外地重要産業ニ關スル資本ト經營トノ分離ヲ策定ス

(三) 立地計畫

大東亜共榮圏内ノ重工業立地ハ原則トシテ日本本土ヲ中核トスルモ日本内地區、滿洲北支區、南方圏ニ分立策定ス

(1) 製鐵事業

製鐵事業ハ國防的觀點並ニ石炭、鐵鑛石ノ賦存状況ニヨリ新規製鐵ノ重點ヲ滿洲及ビ北支ニオク、南方圏ハボルネオ、スマトラニ立地ス

(イ) 内地ニ於テハ可及的ニ既存製鐵事業ノ擴充ヲハカル

將來北海道ニ特殊製鋼ノ確立ヲ圖ル

(ロ) 滿洲ノ製鐵事業ハ防衛上ノ觀點ヲ充分ニ考慮シテ擴充ヲナス

滿洲ハ鞍山重工業地帶並ニ本溪湖製鐵地區ノ育成ニ留意シ、之ガタメ北支ノ鐵鑛石、石炭ノ輸入ヲ増進ス

北支ハ塘沽沿岸ニ新規重工業地帶ヲ建設ス

(ハ) 中部スマトラニ於テハロガス[illegible]トマレー地區トヲ結合セシメテ新規

鐵鋼事業ヲ起ス南ボルネオニ於テハ鐵石、石炭ノ現地自給ヲ基礎
ニ鐵鋼事業ヲ起ス

(2) アルミニユウム

アルミ工業ハ、南滿、臺灣ニ之ガ飛躍的增强ヲハカリ、且、北支、
スマトラ、ビンタンニモ立地ス

(イ) 臺灣ハ大甲溪其他ノ電源開發ニ卽應シアルミ工業ノ飛躍的增强ヲ
ハカル

(ロ) 南滿ハ鴨綠江ノ電源ト大東港ノ築港トニヨリ
主トシテ大規模ナルアルミノ電解作業ヲ起ス
北支ハ礬土頁岩ヲ利用スルアルミナノ生産ヲ重點トス(灌漑用水
力及黄河ニヨル發電)

(ハ) スマトラニ於テハウイルヘルミナ瀑ダンガー瀑其他ノ電源開發ニ
卽應シ、アサハン河流域地帶、ローカン地帶ニアルミナ生産並ビ
ニアルミ電解作業ヲ起ス

ビンタン島、ジヨホールニハ大規模ナルアルミナ生産ヲ圖ル

(3) 石炭開發

内地圏ニ於テハ北海道、樺太、北支滿鮮圏ニ於テハ南滿、東邊道、
北支蒙疆、南方圏ニ於テハスマトラ、ボルネオ、マレーニ於テ石炭
ノ飛躍的增産ヲハカル、卽チコレガ需要計畫ハ石炭ヲ基礎トスル工
業生産力ノ擴充計畫ニ卽應ス

(4) 石油事業

(イ) 天然石油ハ南方資源ノ開發ニ當リ、之ガ精油ハスマトラ、ボルネ
オニ重點的ニ施策ス、但シ消費地點ノ精油事業ハ日本本土ニ保持
ス

(ロ) 人造石油事業ハ内地圏(北海道、樺太、北九州)並ビニ滿洲、北
支ニ設定ス

(5) 兵器工業、精密工業、機械工業等ノ高度工業ハ原則トシテ日本本土
ニ之ガ確立ヲハカル

(6) 車輛工業、造船ハ原則トシテ日本本土ニ之ガ施設ヲハカルモ、車輛工業ニ付テハ滿洲、造船ニ付テハ南方圈ニモ施設ヲナシ、且、之ガ修理竝ビニ部分品工業ハ適宜各地ニ分散施設ス

一八一

二十二章 東亞交易體制

(一) 根本方針

東亞交易體制樹立ノ根本方針ハ、大東亞建設審議會答申中ニ示サレタル如ク

(1) 大東亞自給自足體制ヲ確立シ大東亞全域ヲ通ズル國防力ノ增強、國內諸地ノ開發促進、民生ノ安定ヲ圖ルコトヲ目途トスルコト

(2) 之ガ爲皇國ヲ核心トシ圈內各地域ニ亘リ恒久的ナル産業建設計畫ト照應シ物資交易ニ關スル綜合的基本計畫ヲ設定シ之ガ實施ヲ確保スル爲高度ノ計畫交易ヲ行フコト

(3) 計畫交易ノ實施ハ皇國ノ指導乃至把握ノ下ニ之ガ迅速且ツ適正ナル遂行ヲ期スルコト

ニアルハ異論ナキトコロナリ

(二) 具體的方策

而シテ此ノ方針ヲ實施スル爲ニ採用スベキ具體的方策槪ネ左ノ如シ

一八二

(1) 滿關支トノ交易ニ就テハ從來ノ分散的輸出入ヲ綜合シ、一元的交易機構ヲシテ計畫的ニ之ヲ遂行セシムルト共ニ、交易適格業者ヲ總動員シ、以テ我國軍需及生活必需物資ノ獲得ニ努力ヲ傾中スベシ

(2) 泰、佛印トノ交易ニ就テハ現在輸出ニ就テ代行輸出制乃至申請割當制等ノ方式ヲ採用シアルモ、將來滿關支ト同様ノ交易方式ニ移行セシムベシ

(3) 南方占領諸地域トノ交易ニ就テハ、目下軍政下諸種ノ處置ヲ採ラレツツアルモ、將來之ヲ一元的交易機構ノ運營ニ移管スル要アリ

(4) 國内各地域相互間ノ交易ニ就テハ各地域ノ餘剰物資ヲ相互ニ交流セシメ、以テ國防資源ノ確立ト民生ノ安定ニ資スルト共ニ、敵性國ヘノ物資流失ヲ極力阻止スベシ

(5) 國外貿易、特ニ對友邦交易ニ就テハ續テ日本ノ計畫ト指導ノ下ニ契約ノ取極メ及ビ運營ヲ圖ルベシ

(6) 圏内各地ノ物價ノ高低ヲ平準化スル爲、統一原價計算制度ヲ普及徹

底シ、國内價格、輸出價格、輸入價格ノ跛行性ヲ修正シテ東亞綜合物價體系ヲ整備スベシ

(7) 東亞共榮圏各地相互間ノ決濟及ビ圏外交易ノ清算ニ就テハ原則トシテ圓ニ依ル綜合決濟ノ方式ヲ確立スルト共ニ、圏内各地域ニ於ケル通貨ノ圓ニ對スル換算率ハ圏内物資交流ノ促進ヲ目途トシテ設定シ日本ノ指導ノ下ニ高度ノ爲替管理ヲ實施スベシ

(8) 共榮圏各地ノ關税制度ハ、各地ヨリノ我國ニ對スル重要物資ノ供出ト我國ノ各地域ニ對スル開發資材竝ビニ生活必需品ノ供給ノ圓滑化ヲ目途トシテ之ヲ行ヒ、從來ノ多元的關税關係ヲ整理シテ、特惠關税主義ニ基ク單一關税ヲ樹立シ、又將來行ハルベキ圏外交易ニ就テハ保護關税主義ヲ採用スベシ

(9) 現地ニ於ケル物資ノ集荷及ビ配給ニ就テハ極力現地商人及ビ華僑等ノ組織ト信用ヲ活用スルト共ニ、將來之等ヲ高度ノ統制機關ノ指導下ニ置キ、大東亞綜合物資交易體系ノ組織的ナル一環ニ編入スベシ

㈢ 東亞交易ノ安定化及ビ東亞綜合的[illegible]系ノ基本方程式

(1) 東亞交易ノ安定化

大東亞戰爭以來日本ノ貿易差額ハ軍需資材ノ確保上著シキ逆調ヲ呈シツツアリ、本年度ノ交易計畫ニ於テハ輸出ハ十六億圓ニシテ、輸入ハ二十七億圓ニ上リ、入超ハ實ニ十一億圓ニ達セリ。（第一八六頁附表第一參照）コノ狀態ニシテ繼續センカ、貿易外收支ニ依リテ相殺サレザル限リ、日本ハ國內諸國ニ對シテ債務者ノ立場ニ立チ財政的破綻ヲ來ス虞レナシトセズ

之ガ打開策トシテハ

(イ) 將來精密機械工業ヲ振興シテ、低廉ナル原料ヲ輸入シ、極メテ高價ナル製品ヲ輸出スルコト

(ロ) 海運ヲ獨占的ニ運營シテ貿易外收入ヲ增スコト

(ハ) 圏外各地ヘノ投資ヲ整備シテ其收益ヲ增大スルコト

(ニ) 各地ヨリ國防分擔金ヲ增徴スルコト等ナリ。

一八五

附圖第一

昭和十八年度大東亜各地域相互交易計畫圖解

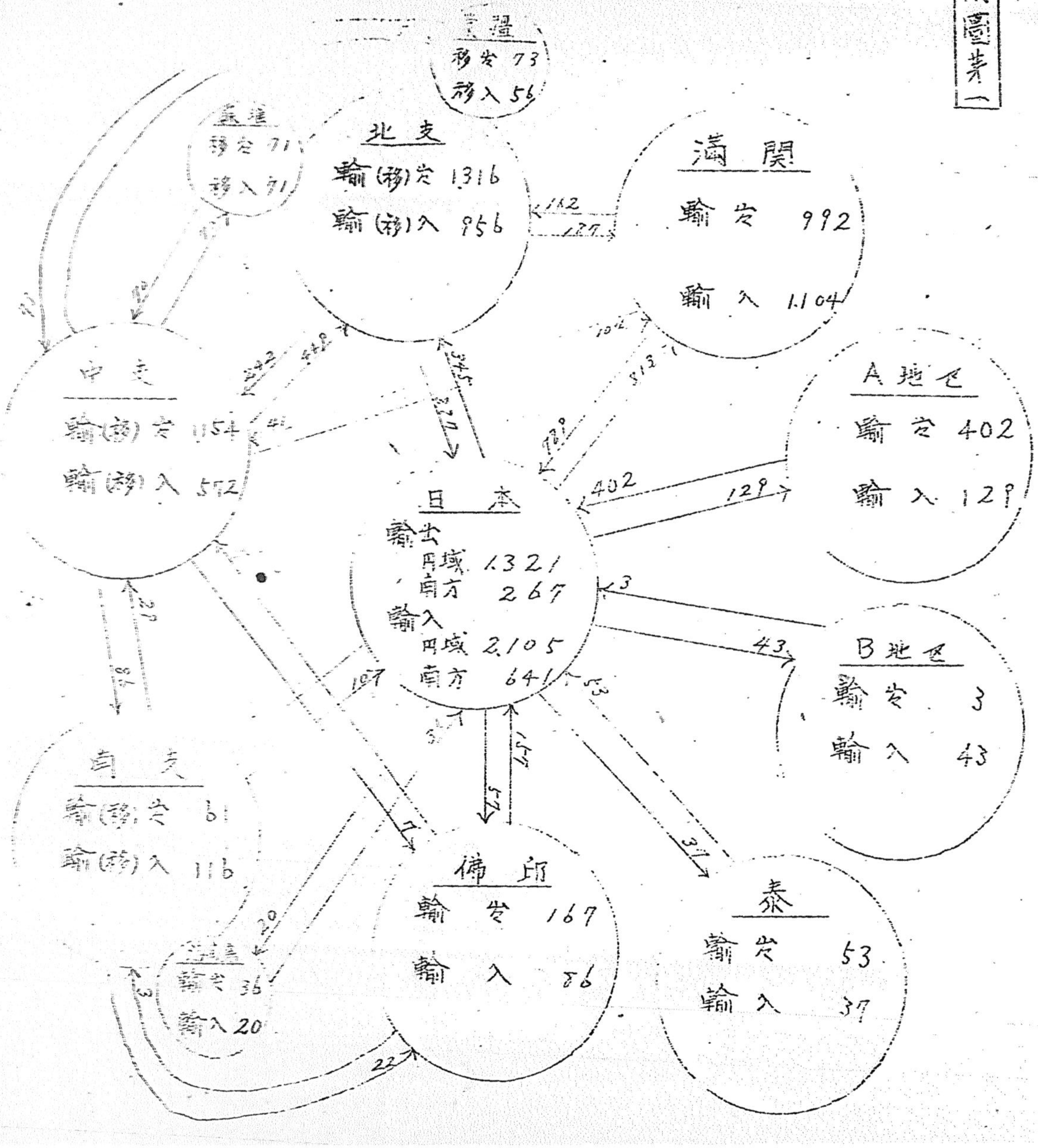

備考

(1) 金額單位百萬円（百萬円以下ハ切捨）

(2) 中、南支、佛印ヨリ輸入ニハ佛印ノ米ヲ含マズ

(3) 北支ニハ蒙疆及蘇淮ヲ含ミ、南支ニハ海南島ヲ含ム

甲地域　A地区　比島、スマトラ、爪哇、北ボルネオ、緬甸

　　　　B地区　セレベス、ボルネオ、セラム、其他

乙地域　泰、佛印

一八六

(2) 東亜綜合物資流通系ノ基本方程式

東亜交易ニ於ケル輸出入ノ安定的均衡ヲ保持シツツ、各地相互間ノ物資交流ヲ圓滑ニ促進スル為ニハ、圏内各地ノ物價ノ高低ヲ平準化シ圏内價格、輸出價格、輸入價格ノ跛行性ヲ修正シテ東亜綜合物價體系ヲ樹立スルノ要アリ／

東亜綜合物價體系ヲ表示スベキ基本方程式ハ交易圏ノ數ト交易體系ノ如何ニ依リテ種々相異ル

(イ) 先ヅ問題ノ考察ヲ單純化スルタメ、日、滿、支ノ三國ヲ採リ、ソノ中央ニ一個ノ交易機關存在シテ三國ノ物資交流ヲ媒介スル市場體系ヲ考ヘ、ソレヲ圖示スレバ左ノ如シ

一八七

附圖第二

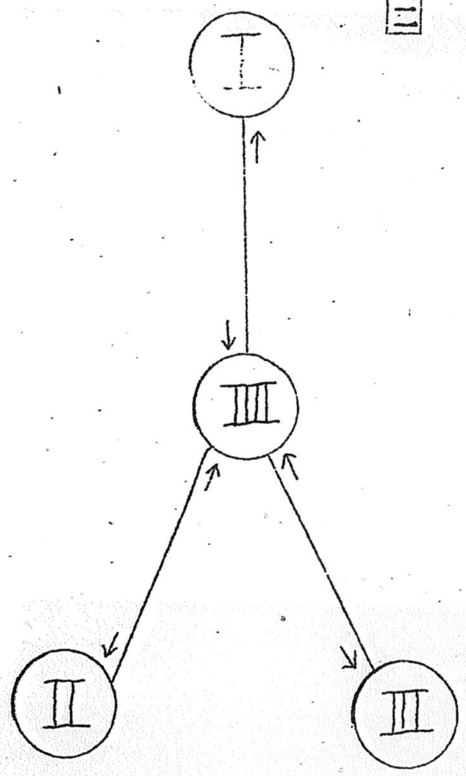

茲ニIハ日本、IIハ滿洲、IIIハ支那、IIIIハ交易機關ナリトス

而シテ之ヨリ想定ル、輸出價格、輸入價格及ビ三國間ニ交流スベキ物資數量ノ均衡方程式左ノ如シ。(第1方程式參照)

一八八

第 1 方程式

$$p_1' = \frac{\begin{vmatrix} q_{22} & q_{32} \\ q_{23} & q_{33} \end{vmatrix} \sum_{i=1}^{4} q_{1i}}{\begin{vmatrix} q_{11} & q_{21} & q_{31} \\ q_{12} & q_{22} & q_{32} \\ q_{13} & q_{23} & q_{33} \end{vmatrix}} p_1 - \frac{\begin{vmatrix} q_{21} & q_{31} \\ q_{23} & q_{33} \end{vmatrix} \sum_{i=1}^{4} q_{2i}}{\begin{vmatrix} q_{11} & q_{21} & q_{31} \\ q_{12} & q_{22} & q_{32} \\ q_{13} & q_{23} & q_{33} \end{vmatrix}} p_2 + \frac{\begin{vmatrix} q_{21} & q_{31} \\ q_{22} & q_{32} \end{vmatrix} \sum_{i=1}^{4} q_{3i}}{\begin{vmatrix} q_{11} & q_{21} & q_{31} \\ q_{12} & q_{22} & q_{32} \\ q_{13} & q_{23} & q_{33} \end{vmatrix}} p_3$$

$$p_2' = -\frac{\begin{vmatrix} q_{12} & q_{32} \\ q_{13} & q_{33} \end{vmatrix} \sum_{i=1}^{4} q_{1i}}{\begin{vmatrix} q_{11} & q_{21} & q_{31} \\ q_{12} & q_{22} & q_{32} \\ q_{13} & q_{23} & q_{33} \end{vmatrix}} p_1 + \frac{\begin{vmatrix} q_{11} & q_{31} \\ q_{13} & q_{33} \end{vmatrix} \sum_{i=1}^{4} q_{2i}}{\begin{vmatrix} q_{11} & q_{21} & q_{31} \\ q_{12} & q_{22} & q_{32} \\ q_{13} & q_{23} & q_{33} \end{vmatrix}} p_2 - \frac{\begin{vmatrix} q_{11} & q_{31} \\ q_{12} & q_{32} \end{vmatrix} \sum_{i=1}^{4} q_{3i}}{\begin{vmatrix} q_{11} & q_{21} & q_{31} \\ q_{12} & q_{22} & q_{32} \\ q_{13} & q_{23} & q_{33} \end{vmatrix}} p_3$$

$$p_3' = \frac{\begin{vmatrix} q_{12} & q_{22} \\ q_{13} & q_{23} \end{vmatrix} \sum_{i=1}^{4} q_{1i}}{\begin{vmatrix} q_{11} & q_{21} & q_{31} \\ q_{12} & q_{22} & q_{32} \\ q_{13} & q_{23} & q_{33} \end{vmatrix}} - \frac{\begin{vmatrix} q_{11} & q_{21} \\ q_{13} & q_{23} \end{vmatrix} \sum_{i=1}^{4} q_{2i}}{\begin{vmatrix} q_{11} & q_{21} & q_{31} \\ q_{12} & q_{22} & q_{32} \\ q_{13} & q_{23} & q_{33} \end{vmatrix}} p_2 + \frac{\begin{vmatrix} q_{11} & q_{21} \\ q_{12} & q_{22} \end{vmatrix} \sum_{i=1}^{4} q_{3i}}{\begin{vmatrix} q_{11} & q_{21} & q_{31} \\ q_{12} & q_{22} & q_{32} \\ q_{13} & q_{23} & q_{33} \end{vmatrix}} p_3$$

均衡條件

$$\Psi(\xi) = \begin{vmatrix} q_{11}\xi - \sum_{i=1}^{4} q_{1i} & q_{21}\xi & q_{31}\xi \\ q_{12}\xi & q_{22}\xi - \sum_{i=1}^{4} q_{2i} & q_{32}\xi \\ q_{13}\xi & q_{23}\xi & q_{33}\xi - \sum_{i=1}^{4} q_{3i} \end{vmatrix} = \begin{vmatrix} q_{11} & q_{21} & q_{31} \\ q_{12} & q_{22} & q_{32} \\ q_{13} & q_{23} & q_{33} \end{vmatrix} \xi^3 - \left(\begin{vmatrix} q_{22} & q_{32} \\ q_{23} & q_{33} \end{vmatrix} \sum_{i=1}^{4} q_{1i} \right.$$

$$\left. + \begin{vmatrix} q_{11} & q_{31} \\ q_{13} & q_{33} \end{vmatrix} \sum_{i=1}^{4} q_{2i} + \begin{vmatrix} q_{11} & \cdot \\ q_{12} & \cdot \end{vmatrix} \sum_{i=1}^{4} q_{3i} \right) \xi^2 + \left(q_{33} \sum_{i=1}^{4} q_{1i} \cdot \sum_{i=1}^{4} q_{2i} + q_{22} \sum_{i=1}^{4} q_{1i} \cdot \sum_{i=1}^{4} q_{3i} \right.$$

$$\left. + q_{11} \sum_{i=1}^{4} q_{2i} \cdot \sum_{i=1}^{4} q_{3i} \right) \xi - \sum_{i=1}^{4} q_{1i} \cdot \sum_{i=1}^{4} q_{2i} \cdot \sum_{i=1}^{4} q_{3i} = 0$$

（p…… 輸出價格，p'…… 輸入價格，添数、國ヲ表ハス．q…… 交易数量，第一添数ハ輸出國
第二添数ハ輸入國ヲ表ハス　ξハ1，pニ対スル比率ナリ

(ロ)次ニ三國ガ各々一個ノ交易機關ヲ有シ、三國間ノ勞資交流ガ之等ノ機關ヲ通ジテ行ハルルガ如キ市場體系ヲ想定シ、之ヲ圖示スレバ左ノ如シ。

附圖第三

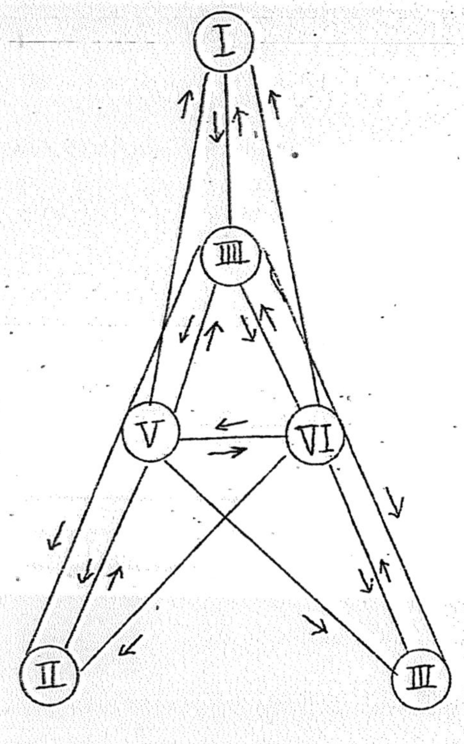

茲ニI、II、IIIハ日滿支ニシテ、IV、V、VIハ夫々日滿支ノ交易機關トス

コノ體系ヨリ得ラルル各國ノ輸出入價格ト數量ノ均衡關係式左ノ如シ。（第2方程式參照）

第2方程式

$$
\overset{P_1}{\begin{vmatrix}
0 & 0 & q_{11} & q_{21} & q_{31} \\
\sum_{i=1}^{6} q_{2i} & 0 & q_{12} & q_{22} & q_{32} \\
0 & \sum_{i=1}^{6} q_{3i} & q_{13} & q_{23} & q_{33} \\
0 & 0 & q_{11}+q_{14}-\sum_{i=1}^{6} q_{1i} & q_{21}+q_{24} & q_{31}+q_{34} \\
0 & 0 & q_{12}+q_{15} & q_{22}+q_{25}-\sum_{i=1}^{6} q_{2i} & q_{32}+q_{35}
\end{vmatrix}}
=
\overset{P_2}{\begin{vmatrix}
\sum_{i=1}^{6} q_{1i} & 0 & q_{11} & q_{21} & q_{31} \\
0 & 0 & q_{12} & q_{22} & q_{32} \\
0 & \sum_{i=1}^{6} q_{3i} & q_{13} & q_{23} & q_{33} \\
0 & 0 & q_{11}+q_{14}-\sum_{i=1}^{6} q_{1i} & q_{21}+q_{24} & q_{31}+q_{34} \\
0 & 0 & q_{12}+q_{15} & q_{22}+q_{25}-\sum_{i=1}^{6} q_{2i} & q_{32}+q_{35}
\end{vmatrix}}
$$

$$
=
\overset{P_3}{\begin{vmatrix}
\sum_{i=1}^{6} q_{1i} & 0 & q_{11} & q_{21} & q_{31} \\
0 & \sum_{i=1}^{6} q_{2i} & q_{12} & q_{22} & q_{32} \\
0 & 0 & q_{13} & q_{23} & q_{33} \\
0 & 0 & q_{11}+q_{14}-\sum_{i=1}^{6} q_{1i} & q_{21}+q_{24} & q_{31}+q_{34} \\
0 & 0 & q_{12}+q_{15} & q_{22}+q_{25}-\sum_{i=1}^{6} q_{2i} & q_{32}+q_{35}
\end{vmatrix}}
=
\overset{P_1'}{\begin{vmatrix}
\sum_{i=1}^{6} q_{1i} & 0 & 0 & q_{21} & q_{31} \\
0 & \sum_{i=1}^{6} q_{2i} & 0 & q_{22} & q_{32} \\
0 & 0 & \sum_{i=1}^{6} q_{3i} & q_{23} & q_{33} \\
0 & 0 & 0 & q_{21}+q_{24} & q_{31}+q_{34} \\
0 & 0 & 0 & q_{22}+q_{25}-\sum_{i=1}^{6} q_{2i} & q_{32}+q_{35}
\end{vmatrix}}
$$

$$
\overset{P_2'}{\begin{vmatrix}
\sum_{i=1}^{6} q_{1i} & 0 & 0 & q_{11} & q_{31} \\
0 & \sum_{i=1}^{6} q_{2i} & 0 & q_{12} & q_{32} \\
0 & 0 & \sum_{i=1}^{6} q_{3i} & q_{13} & q_{33} \\
0 & 0 & 0 & q_{11}+q_{14}-\sum_{i=1}^{6} q_{1i} & q_{31}+q_{34} \\
0 & 0 & 0 & q_{12}+q_{15} & q_{32}+q_{35}
\end{vmatrix}}
=
\overset{P_3'}{\begin{vmatrix}
\sum_{i=1}^{6} q_{1i} & 0 & 0 & q_{11} & q_{21} \\
0 & \sum_{i=1}^{6} q_{2i} & 0 & q_{12} & q_{22} \\
0 & 0 & \sum_{i=1}^{6} q_{3i} & q_{13} & q_{23} \\
0 & 0 & 0 & q_{11}+q_{14}-\sum_{i=1}^{6} q_{1i} & q_{21}+q_{24} \\
0 & 0 & 0 & q_{12}+q_{15} & q_{22}+q_{25}-\sum_{i=1}^{6} q_{2i}
\end{vmatrix}}
$$

(ハ)更ニ三國ガ各一個宛ノ交易機關ヲ有スルト共ニ、其中央ニ一個ノ中央交易機關ヲ有シ、三國間ノ交易ガ凡テ之ヲ通ジテ行ハルル如キ市場體系ヲ圖示スレバ左ノ如シ。

附圖第四

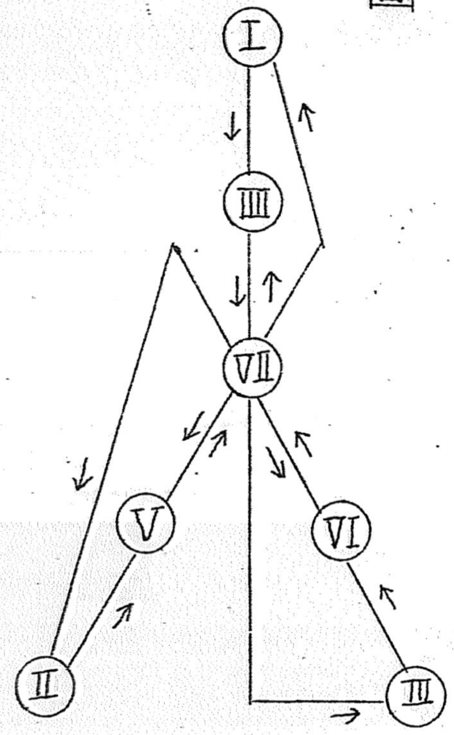

一九三

茲ニVIIハ中央貿易機關ニシテ、他ハ凡テ前ニ同ジ。コノ交易體系ヨリ得ラルル均衡方程式左ノ如シ。

（第5方程式參照）

一九四

第 3 方 程 式（其一）

$$p_1'' = -\frac{\begin{vmatrix} q_{22}+q_{25} & q_{32}+q_{35} \\ q_{23}+q_{26} & q_{33}+q_{36} \end{vmatrix} \sum_{i=1}^{6} q_{1i}}{\begin{vmatrix} q_{11}+q_{14} & q_{21}+q_{24} & q_{31}+q_{34} \\ q_{12}+q_{15} & q_{22}+q_{25} & q_{32}+q_{35} \\ q_{13}+q_{16} & q_{23}+q_{26} & q_{33}+q_{36} \end{vmatrix}} p_1' - \frac{\begin{vmatrix} q_{21}+q_{24} & q_{31}+q_{34} \\ q_{23}+q_{26} & q_{33}+q_{36} \end{vmatrix} \sum_{i=1}^{7} q_{2i}}{\begin{vmatrix} q_{11}+q_{14} & q_{21}+q_{24} & q_{31}+q_{34} \\ q_{12}+q_{15} & q_{22}+q_{25} & q_{32}+q_{35} \\ q_{13}+q_{16} & q_{23}+q_{26} & q_{33}+q_{36} \end{vmatrix}} p_2' + \frac{\begin{vmatrix} q_{21}+q_{24} & q_{31}+q_{34} \\ q_{22}+q_{25} & q_{32}+q_{35} \end{vmatrix} \sum_{i=1}^{7} q_{3i}}{\begin{vmatrix} q_{11}+q_{14} & q_{21}+q_{24} & q_{31}+q_{34} \\ q_{12}+q_{15} & q_{22}+q_{25} & q_{32}+q_{35} \\ q_{13}+q_{16} & q_{23}+q_{26} & q_{33}+q_{36} \end{vmatrix}}$$

$$p_2'' = -\frac{\begin{vmatrix} q_{12}+q_{15} & q_{32}+q_{35} \\ q_{13}+q_{16} & q_{33}+q_{36} \end{vmatrix} \sum_{i=1}^{7} q_{1i}}{\begin{vmatrix} q_{11}+q_{14} & q_{21}+q_{24} & q_{31}+q_{34} \\ q_{12}+q_{15} & q_{22}+q_{25} & q_{32}+q_{35} \\ q_{13}+q_{16} & q_{23}+q_{26} & q_{33}+q_{36} \end{vmatrix}} p_1' + \frac{\begin{vmatrix} q_{11}+q_{14} & q_{31}+q_{34} \\ q_{13}+q_{16} & q_{33}+q_{36} \end{vmatrix} \sum_{i=1}^{7} q_{2i}}{\begin{vmatrix} q_{11}+q_{14} & q_{21}+q_{24} & q_{31}+q_{34} \\ q_{12}+q_{15} & q_{22}+q_{25} & q_{32}+q_{35} \\ q_{13}+q_{16} & q_{23}+q_{26} & q_{33}+q_{36} \end{vmatrix}} p_2' - \frac{\begin{vmatrix} q_{11}+q_{14} & q_{31}+q_{34} \\ q_{12}+q_{15} & q_{32}+q_{35} \end{vmatrix} \sum_{i=1}^{7} q_{3i}}{\begin{vmatrix} q_{11}+q_{14} & q_{21}+q_{24} & q_{31}+q_{34} \\ q_{12}+q_{15} & q_{22}+q_{25} & q_{32}+q_{35} \\ q_{13}+q_{16} & q_{23}+q_{26} & q_{33}+q_{36} \end{vmatrix}}$$

$$p_3'' = \frac{\begin{vmatrix} q_{12}+q_{15} & q_{22}+q_{25} \\ q_{13}+q_{16} & q_{23}+q_{26} \end{vmatrix} \sum_{i=1}^{7} q_{1i}}{\begin{vmatrix} q_{11}+q_{14} & q_{21}+q_{24} & q_{31}+q_{34} \\ q_{12}+q_{15} & q_{22}+q_{25} & q_{32}+q_{35} \\ q_{13}+q_{16} & q_{23}+q_{26} & q_{33}+q_{36} \end{vmatrix}} p_1' - \frac{\begin{vmatrix} q_{11}+q_{14} & q_{21}+q_{24} \\ q_{13}+q_{16} & q_{23}+q_{26} \end{vmatrix} \sum_{i=1}^{7} q_{2i}}{\begin{vmatrix} q_{11}+q_{14} & q_{21}+q_{24} & q_{31}+q_{34} \\ q_{12}+q_{15} & q_{22}+q_{25} & q_{32}+q_{35} \\ q_{13}+q_{16} & q_{23}+q_{26} & q_{33}+q_{36} \end{vmatrix}} p_2' + \frac{\begin{vmatrix} q_{11}+q_{14} & q_{21}+q_{24} \\ q_{12}+q_{15} & q_{22}+q_{25} \end{vmatrix} \sum_{i=1}^{7} q_{3i}}{\begin{vmatrix} q_{11}+q_{14} & q_{21}+q_{24} & q_{31}+q_{34} \\ q_{12}+q_{15} & q_{22}+q_{25} & q_{32}+q_{35} \\ q_{13}+q_{16} & q_{23}+q_{26} & q_{33}+q_{36} \end{vmatrix}}$$

略式

$$p'' = (\Theta_1 + \Theta_2)^{-1} \Lambda p'$$

但し

$$\Theta_1 = \begin{pmatrix} q_{11} & q_{21} & q_{31} \\ q_{12} & q_{22} & q_{32} \\ q_{13} & q_{23} & q_{33} \end{pmatrix},\ \Theta_2 = \begin{pmatrix} q_{14} & q_{24} & q_{34} \\ q_{15} & q_{25} & q_{35} \\ q_{16} & q_{26} & q_{36} \end{pmatrix},\ \Lambda = \begin{pmatrix} \sum_{i=1}^{7} q_{1i} & 0 & 0 \\ 0 & \sum_{i=1}^{7} q_{2i} & 0 \\ 0 & 0 & \sum_{i=1}^{7} q_{3i} \end{pmatrix},\ p'' = \begin{pmatrix} p_1'' \\ p_2'' \\ p_3'' \end{pmatrix},\ p' = \begin{pmatrix} p_1' \\ p_2' \\ p_3' \end{pmatrix}$$

p'' ……輸入価格，p' ……仲介価格

一九五

第3方程式(其二)

$$p_1' = \left(1 + \frac{\begin{vmatrix} q_{14} & q_{24} & q_{34} \\ q_{12} & q_{22} & q_{32} \\ q_{13} & q_{23} & q_{33} \end{vmatrix}}{\begin{vmatrix} q_{11} & q_{21} & q_{31} \\ q_{12} & q_{22} & q_{32} \\ q_{13} & q_{23} & q_{33} \end{vmatrix}}\right) p_1 + \frac{\begin{vmatrix} q_{11} & q_{21} & q_{31} \\ q_{14} & q_{24} & q_{34} \\ q_{13} & q_{23} & q_{33} \end{vmatrix} \sum_{i=1}^{7} q_{2i}}{\begin{vmatrix} q_{11} & q_{21} & q_{31} \\ q_{12} & q_{22} & q_{32} \\ q_{13} & q_{23} & q_{33} \end{vmatrix} \sum_{i=1}^{7} q_{1i}} p_2 + \frac{\begin{vmatrix} q_{11} & q_{21} & q_{31} \\ q_{12} & q_{22} & q_{32} \\ q_{14} & q_{24} & q_{34} \end{vmatrix} \sum_{i=1}^{7} q_{3i}}{\begin{vmatrix} q_{11} & q_{21} & q_{31} \\ q_{12} & q_{22} & q_{32} \\ q_{13} & q_{23} & q_{33} \end{vmatrix} \sum_{i=1}^{7} q_{1i}} p_3$$

$$p_2' = \frac{\begin{vmatrix} q_{15} & q_{25} & q_{35} \\ q_{12} & q_{22} & q_{32} \\ q_{13} & q_{23} & q_{33} \end{vmatrix} \sum_{i=1}^{7} q_{1i}}{\begin{vmatrix} q_{11} & q_{21} & q_{31} \\ q_{12} & q_{22} & q_{32} \\ q_{13} & q_{23} & q_{33} \end{vmatrix} \sum_{i=1}^{7} q_{2i}} p_1 + \left(1 + \frac{\begin{vmatrix} q_{11} & q_{21} & q_{31} \\ q_{15} & q_{25} & q_{35} \\ q_{13} & q_{23} & q_{33} \end{vmatrix}}{\begin{vmatrix} q_{11} & q_{21} & q_{31} \\ q_{12} & q_{22} & q_{32} \\ q_{13} & q_{23} & q_{33} \end{vmatrix}}\right) p_2 + \frac{\begin{vmatrix} q_{11} & q_{21} & q_{31} \\ q_{12} & q_{22} & q_{32} \\ q_{15} & q_{25} & q_{35} \end{vmatrix} \sum_{i=1}^{7} q_{3i}}{\begin{vmatrix} q_{11} & q_{21} & q_{31} \\ q_{12} & q_{22} & q_{32} \\ q_{13} & q_{23} & q_{33} \end{vmatrix} \sum_{i=1}^{7}} p_3$$

$$p_3' = \frac{\begin{vmatrix} q_{16} & q_{26} & q_{36} \\ q_{12} & q_{22} & q_{32} \\ q_{13} & q_{23} & q_{33} \end{vmatrix} q_{1i}}{\begin{vmatrix} q_{11} & q_{21} & q_{31} \\ q_{12} & q_{22} & q_{32} \\ q_{13} & q_{23} & q_{33} \end{vmatrix} \sum_{i=1}^{7} q_{3i}} p_1 + \frac{\begin{vmatrix} q_{11} & q_{21} & q_{31} \\ q_{16} & q_{26} & q_{36} \\ q_{13} & q_{23} & q_{33} \end{vmatrix} \sum_{i=1}^{7} q_{2i}}{\begin{vmatrix} q_{11} & q_{21} & q_{31} \\ q_{12} & q_{22} & q_{32} \\ q_{13} & q_{23} & q_{33} \end{vmatrix} \sum_{i=1}^{7} q_{3i}} p_2 + \left(1 + \frac{\begin{vmatrix} q_{11} & q_{21} & q_{31} \\ q_{12} & q_{22} & q_{32} \\ q_{16} & q_{26} & q_{36} \end{vmatrix}}{\begin{vmatrix} q_{11} & q_{21} & q_{31} \\ q_{12} & q_{22} & q_{32} \\ q_{13} & q_{23} & q_{33} \end{vmatrix}}\right) p_3$$

略式

$$p' = (E + \Lambda^{-1}\,\Theta_2\,\Theta_1'\,\Lambda)\,p \qquad 但し\ p = \begin{pmatrix} p_1 \\ p_2 \\ p_3 \end{pmatrix}$$

前川二八格

1丸K

〔4〕 問[illegible]ノ考察ヲ單純化シテ日滿支三國間ノ物資交流ノミヲ問題トシタルモ、共榮圏ノ剰餘ノ諸國ヲ市場體系ニ導入セル場合ハ、前記ノ諸方程式ヲ之等ノ諸國ニ擴張スルコトニ依リテ容易ニ其ノ均衡體系ヲ樹立シ得ルナリ

例ヘバ附圖第3ノ交易體系ヲN個ノ共榮圏諸國ニ擴張スレバ左ノ方程式ヲ得。(第4方程式參照)

第4方程式

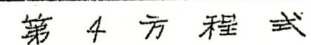

$$
\left(\begin{array}{ccc|ccc}
-\sum_{i=1}^{2n} q_{1i} & & 0 & q_{11} & \cdots & q_{n1} \\
 & \ddots & & \vdots & & \vdots \\
0 & & -\sum_{i=1}^{2n} q_{ni} & q_{1n} & \cdots & q_{nn} \\
\hline
0 & \cdots & 0 & q_{11}+q_{1,n+1}-\sum_{i=1}^{2n} q_{1i} & q_{21}+q_{2,n+1} \cdots & q_{n1}+q_{n,n+1} \\
\vdots & & \vdots & q_{12}+q_{1,n+2} & \ddots & \vdots \\
 & & & \vdots & & q_{n,n-1}+q_{n,2n-1} \\
0 & \cdots & 0 & q_{1n}+q_{1,2n} \cdots & q_{n-1,n}+q_{n-1,2n} \cdots & q_{nn}+q_{n,2n}-\sum_{i=1}^{2n} q_{ni}
\end{array}\right)
\begin{pmatrix} p_1 \\ \vdots \\ p_n \\ p'_1 \\ \vdots \\ p'_n \end{pmatrix}
=
\begin{pmatrix} 0 \\ \vdots \\ \\ \\ \vdots \\ 0 \end{pmatrix}
$$

略式

$$
\begin{pmatrix} \Theta_1 \\ \Theta_1+\Theta_2-\Lambda \end{pmatrix}
\begin{pmatrix} p \\ p' \end{pmatrix} = 0
$$

、但シ $\Theta_1 = \begin{pmatrix} q_{11} & \cdots & q_{n1} \\ \vdots & & \vdots \\ q_{1n} & \cdots & q_{nn} \end{pmatrix}$、$\Theta_2 = \begin{pmatrix} q_{1,n+1} & \cdots & q_{1,2n} \\ \vdots & & \vdots \\ q_{n,2n} & \cdots & q_{n,2n} \end{pmatrix}$

$\Lambda = \begin{pmatrix} \sum_{i=1}^{2n} q_{1i} & & 0 \\ & \ddots & \\ 0 & & \sum_{i=1}^{2n} q_{ni} \end{pmatrix}$、$p = \begin{pmatrix} p_1 \\ \vdots \\ p_n \end{pmatrix}$、$p' = \begin{pmatrix} p'_1 \\ \vdots \\ p'_n \end{pmatrix}$、$p' = \begin{pmatrix} p' \\ \vdots \\ p'_n \end{pmatrix}$

輸出入價格ノ比例式

$$
\frac{p_1}{\Delta_{1,2n}} = \frac{p_2}{\Delta_{2,2n}} = \cdots\cdots = \frac{p_n}{\Delta_{n,2n}} = \frac{p'_1}{\Delta_{n+1,2n}} = \frac{p'_2}{\Delta_{n+2,2n}} = \cdots\cdots = \frac{p'_n}{\Delta_{2n,2n}}
$$

但シ Δ ハ上記ノ式ノ左辺ノ数量係数ヨリ成ル $(2n, 2n)$ 行列ノ行列式ニ等シ、

$\Delta_{j,2n}$ ハ第 $2n$ 行、第 j 列 $(j=1,2,\cdots\cdots,2n)$ ノ[illegible]

四 東亞資源ノ自給性

東亞交易ノ現狀、特ニ輸出入額ノ變遷ニ就キテハ、述條研究タル前報告ニ於テ詳說シタルヲ以テ、本報告ニ於テハ東亞資源ノ自給度ニ就テ述ベン。

(一) 食糧資源

食糧資源ノ世界生産高ト東亞共榮圏生産高及ビソノ比率ヲ表示スレバ左ノ如シ。（昭和十三―十四年ノ資料ニ據ル）

品目	世界生産高（千噸）	共榮圏生産高（千噸）	割合（百分率）
小麥	一八八、〇〇〇	二四、八〇〇	一三、二
米	一三六、八〇〇	九三、一〇〇	六八、一
玉蜀黍	一二二、四〇〇	一一、六〇〇	九、五
大麥	五一、六〇〇	一〇、四〇〇	二〇、二
甘蔗糖	一七、四二〇	四、〇七一	二三、四
大豆	一三、五七一	一一、六八八	八六、一

一九九

品目	世界生産高（千噸）	共榮圏生産高（千噸）	割合（百分率）
落花生	八、六七四	三、四〇七	三九、三
菜種	三、三二二	二、一〇八	六三、五
コプラ	一、八五七	一、五六一	八四、一
煙草	三、〇九九	一、〇三〇	三三、二
酒精	三六、四五〇	一、〇六〇	二、九
棉實子	一二、六四〇	一、六一七	一二、八
胡麻子	一、五一九	九四七	六二、三
珈琲	二、二四〇	一一四	五、一
茶	五三四	二〇二	三七、八

東亞共榮圏ノ對世界人口割合ハ三一・四%ナルヲ以テ右ノ資源中コノ比率ヲ超ユルモノハ過剩物資ニシテ、コノ比率ニ達セザルモノハ不足物資ナリ。

サレド右ノ比率ハ單ニ人口ノ割合ヨリ判定セル過不足狀況ヲ示スニ止マリ、眞實ノ需給狀態ヨリ見タル自給度ヲ表ハスモノニ非ズ。今

二〇〇

食糧中ノ主要ナルモノニ就テハ需給狀態ヨリ見タル自給率ヲ計算スレバ左ノ如シ。

共榮圏ノ主要食糧需給表

（昭和一〇－一一年平均・單位千瓲）

	米	小麥	砂糖	鹽
生産量	九二、三〇〇	二三、一〇〇	三、三二〇	五、三〇〇
圏外輸入	一一二	九四一	五五	七一三
合計	九二、四一二	二四、〇四一	三、三七五	六、〇一三
圏外輸出	四、〇二〇	六	一、二三六	七
差引需要量	八八、三九二	二四、〇三五	二、一三九	六、〇〇六
自給率	一〇四・四％	九六・一％	一五五・二％	八八・二％

之ニ依リテ觀レバ、食料資源ニ就テハ東亞共榮圏ハ略ホ自給狀態ヲ保持シ、且ツ豐富ナル過剰資源ヲ有スト云フヲ得ベシ。

(2) 衣料資源

次ニ衣料及ゴム資源ノ世界生産高ト東亞共榮圏生産高及ビソノ比率ヲ表示スレバ左ノ如シ。（昭和一三－一四年ノ資料ニ依ル）

品目	世界生産高（千瓲）	共榮圏生産高（千瓲）	割合（百分率）
棉花	六、二一〇	六〇〇	九・七
羊毛	一、八一一	五五	三・〇
亞麻	八〇三	八八	一一・〇
大麻	四三五	四二	九・七
マニラ麻	一六五	一六五	一〇〇・〇
生絲	五〇	四五	九〇・〇
人絹	五一四	一〇九	二一・一
スフ	四九一	一四〇	二八・六
ゴム	一、〇二〇	九一四	八九・六

右ノ内マニラ麻、生絲、ゴムノ生産高ハ世界生産高ニ對シ一〇〇％

乃至九〇%ノ高率ヲ示セルモ、重要資源タル棉花、羊毛ノ如キハ極メテ低率ナルハ衆心ニ堪ヘズ。今棉花、羊毛及ビ生絲ニ就テ自給率ヲ算定スレバ左ノ如シ。

共榮圏ノ纖維需給表

（昭一〇―一二年平均・單位千瓲）

	棉花	羊毛	生絲	パルプ	ゴム
生産量	七五〇	五四	六八	八四三	九四四
圏外輸入	八六一	一一四	一	三七七	六
合計	一、六一一	一六八	六八	一、二二〇	九五〇
圏外輸出	一九	一八	三四	一	八四〇
差引需要量	一、五九二	一五〇	三四	一、二二〇	一一〇
自給率	四七・一%	三六・〇%	二〇〇・〇%	六九・一%	八五八・二%

(3) 鑛物資源

最後ニ鑛物資源ノ世界生産高ト共榮圏生産高及ビソノ比率ヲ表

示スレバ左ノ如シ。（昭和一三―一四年ノ資料ニ依ル）

品目	世界生産高（千瓲）	共榮圏生産高（千瓲）	割合（百分率）
鐵鑛	七五、五〇〇	四、二八三	五・七
銑鐵	一〇四、一〇〇	五、三六一	五・一
鋼	一三五、〇〇〇	六、二〇六	四・六
銅鑛	二、〇三一	九二	四・五
錫鑛	一八〇	一一八	六五・六
鉛鑛	一、七九二	一一五	六・四
亞鉛鑛	一、八六七	五八〇	三一・一
マンガン鑛	三、〇二〇	七七	二・五
クローム鑛	五二〇	六一	一一・七
タングステン鑛	二一	一四	六五・六
アンチモニー鑛	三六・五	八・五	二三・三

ボーキサイト	四一三〇	三〇七	七・三
燐鑛石	一四六〇〇	一、二六五	八・七
硫化鑛	一、四七八	一、八二九	一五・九
硫黄	三、一五七	二一八	六・九
硫酸	一六二三二	二、五一五	一五・五
金	一・一	〇・一	九・一
銀	八	〇・六五	八・一
原油	二八四八〇〇	一〇・四	三・七
石炭	一、三二〇、〇〇〇	九三、一〇〇	六・四

昭和一一ー一二年度ニ於ケル重要鑛物資源ノ自給率左ノ如シ

品目	國內自給率	品目	國內自給率
鐵鋼	九四・五%	燐	八〇・五%
銅	六二・一%	鉛	六九・二%
亜鉛	九九・七%	ニッケル	二九・二%

錫	二五〇〇・〇%	タングステン	四七七・八%
マンガン	一一六・〇%	クローム	一五五・四%
アルミニウム	三六・八%		

（註）本章ニ掲示セル数字中国力ノ現状ヲ表示セル数字ハ機密保持上実数字ニ若干ノ改訂ヲ加ヘアリ

第二十三節　昭和十九年度物資動員計画ノ概要　（未定稿）

(一) 目標

昭和十九年度物動計画ハ戦力ノ中枢タル航空機ノ飛躍的増強並ニ生産力確保ノ中核タル船舶殊ニ甲造船ノ画期的増産（約一八〇万屯）ニ其ノ最高目標ヲ置キ右目標達成ニ必要ナル軽金属、鉄鋼、石炭ノ確保ニ輸送力、生産力ヲ集中スルコトセリ

(二) 輸送力（第二一六頁附録参照）

一九年度物動物資輸送力ハ一八年度ニ対比シ最小限一割増強ヲ目標トシテ之ガ実現ヲ図ラントス

一八年度計画　六一二〇万瓲

一九年度計画　六七三五万瓲　㊉六一五万瓲

但汽船輸送力ハC船ヲ基本トスル輸送力ノ減少並ニ喪失量ノ増加ヲ見込ム要

二〇七

アル為三四五万瓲減少ス

即チ増減ノ主ナルモノ左ノ如シ

機帆船輸送力増（四〇万屯新造及一般機帆船動員）　五三〇万屯

帝鉄完全転移増　三〇〇万屯

全中継強化其他増　一三〇万屯

従而物資動員ハ極力日満支ノ範囲ニ局限スルヲ要ス

(三) 供給力ノ概況

供給力ニ付テハ海上輸送力ノ極度ノ逼迫ノ状況ニ鑑ミ之ガ一層高度ノ合理化ヲ図ル目的ヲ以テ

(1) 国内資源ヘノ依存度ヲ更ニ高度ナラシムルコトトシ、之ガ為資源ノ緊急開発、所要設備ノ確保ニ特段ノ考慮ヲ払フコト

(2) 海外依存ノ物資ニ付テハ従来ノ南方依存ヲ大陸依存ヘト指向シ、南方期待ハ必要ナル最小限度ノモノタラシムルコト

(3) 食糧ニ付テハ内地、朝鮮、台湾ノ生産ヲ以テ賄フコトトシ、南方ヨ

二〇八

リノ輸入ハ一ヽ行ハザルコト

等ノ諸考慮ノ下ニ戰力物資ノ供給力ヲ設定スルコトトセリ

(四) 配當計畫

配當ニ付テハ戰局ノ要請ニ即應スル爲

(1) 軍需中ノ航空機關係資材ノ配當ヲ最優先トシ

(2) 來ルベキ一大決戰ニ備フルタメ戰力培養ノ中核タル甲造船關係及生産力擴充關係就中鐵鋼・輕金屬關係資材ノ配當ヲ次トシ

之等ノ增强充足ヲ期スル爲絕對不可缺ナル民需ヲ除キ極力削減スルコトトセリ

(五) 各物資別供給力及配當計畫

(1) 普通鋼鋼材

(イ) 供給力

		昭和十八年度
國內生産		
內地及朝鮮	五〇二萬（軍管理工場供出分ヲ含ム）	四一八萬

二〇九

（A B時 [illegible]法）	二二萬	二二萬
對滿取得	一〇萬	七八萬
其ノ他	〇	六二萬

（備考、昭和十八年度ノ「其ノ他」トハ沈船引揚八萬、非常回收ニヨル素材活用一二萬、設備轉用二〇萬、管理營團上二二萬ヲ含ム）

（一）鐵鑛石　一五〇〇萬トン

內地四五〇萬、朝鮮五五〇萬、北支・中支・海南島三七五萬殘部ハ其他ヨリ供給

（二）屑鐵ハ本年度特別回收分三〇萬（但シ軍供出二〇萬ヲ含ム）ニシテ之ニ付テハ新供給源ヲ考慮スルト共ニ家庭回收ノ强化ヲ圖ルモノトス

（三）砂鐵ハ國內八〇萬トンヲ目標トシ、之ガ處理ノタメ燒結設備ノ擴充ヲ行フモノトス

二一〇

（四）熔鑛爐ハ全面的稼働ヲ行フモノトス
（五）製鋼能率向上ノタメ重油ノ供給ヲ確保スルモノトス

(ロ) 配當計畫　（Dハ航空機關係トス）

	A+B	D	B_X	C_2 固有	C_2 乙造船	C_2以外ノ民需
昭和十九年	一、三五万	八七万	一一〇万	一〇八万	一三万	八一万
（A+B、D 計）	二二二万					
昭和十八年度ニ對スル百分比	八五％（昭和十八年度一五九万トン）	一九〇％（昭和十八年度四五万トン）	一一二％	一一八％	一三七％	八三％
（A+B、D 計）	一〇八％					

（一）軍需中航空機ノ增産ニ伴フ鋼材ノ一部ハ他ノ軍需ノ犧牲ニ於テ補塡スルコトハ總供給力トノ關係ヨリ亦已ムヲ得ザルモノトス
（二）來ルベキ戰力增强ニ備ヘC_2固有ハ更ニ相當ノ增加ヲ要スベ

キモC_2固有ノ中ノ鐵・軽金屬部門ノ所要ノ擴充ハ他計畫部門ノ犧牲ニ於テ或ル程度行フコトトナルベシ
（三）一般民需ノ中C_Xハ特ニ重大ナル影響アルヲ以テ前年度ニ近キモノヲ確保スルコトヲ要スベク、結局民需ノ壓縮ハC_4 C_5特ニ國民生活部門ノ一部ノ減少ニヨリ行フノ外ナシ

アルミニウム

(イ) 供給力（地）

	高級アルミニウム	普通アルミニウム
總供給力	二二〇、〇〇〇	二三、五〇〇
内地	一五五、〇〇〇	一六、〇〇〇
朝鮮	三八、〇〇〇	五、〇〇〇
臺灣	二一、五〇〇	二、五〇〇
滿洲	五、五〇〇	

所要原材料
ボーキサイド　甲　七〇〇、〇〇〇

佛印	一〇、〇〇〇
南洋	一二〇、〇〇〇
礬土頁岩	五〇〇、〇〇〇
螢石	一七〇、〇〇〇
ピッチコークス	一七〇、〇〇〇
石炭	一、一〇〇、〇〇〇

(ロ) 配當計畫（瓲）

全串B	二一五、〇〇〇
BX	一、〇〇〇
C2	六、〇〇〇
C3	五、〇〇〇
CX	一、五〇〇
C4	一、〇〇〇
C5	四、〇〇〇
保留	一〇、〇〇〇

(3) 石炭

(イ) 供給力（單位千瓲） （括弧内ハ十八年度計畫）

内地	五九、〇〇〇	（五五、〇〇〇）
樺太	七、〇〇〇	（五、〇〇〇）
臺灣	二、六〇〇	（二、六〇〇）
朝鮮	七、七〇〇	（七、一〇〇）
國内計	七六、三〇〇	（六九、〇〇〇）
滿關	二、四二〇	
蒙疆	四〇〇	
北支	五、三五〇	
中南支	〇	
圓域計	八、一七〇	（六、三〇〇）
其他地域	〇	（五九〇）
總計	八四、四七〇	（七五、八九〇）

(ロ) 配当計画（単位　千瓲）　（括弧内十八年度計画）

（朝鮮台湾ヲ除ク）

特殊需用	二〇〇〇〇	（一八八七四）
軍需	七〇〇〇	（六一三四）
官需	六〇〇〇	（六六九〇）
其他	六〇〇〇	（六〇五〇）
一般民需	四七一〇〇	（四一〇四九）
鉄鋼	一六〇〇〇	（一一八三四）
軽金属	一一〇〇	（八七九）
其他	三〇〇〇〇	（二八三三六）
総計	六七一〇〇	（六〇九二三）

附録

輸送力ニ関スル参考

〔一九年度「物動物資」海上輸送力明細及十八年度計画トノ対比（物量）

年度		昭和十九年度計画	昭和十八年度計画
C船基本輸送力		三、一五三萬瓲	三、四九八萬瓲
A船支援		一三〇（甲六四）	一六五（甲四六）
B船支援		五五（甲一六）	五五（甲一六）
機帆船	迴航機帆船	五五七	二六〇
	九州山口炭用	一、一九四	一、一九四
	全帆船被曳船	二〇四	二〇四
	北海道炭用	[illegible]五九	一五一
	朝鮮機帆船支援	六〇	三六
鉄道完全転移（含関釜）		八八四（内関釜二四）	五八四（内関釜二四）
特殊手段捻出輸送力		一三九	七三
計		六、七三五	六、一二〇

（註）一、数量ハＡＢ船支援量ヲ二十九年度八〇萬屯十八年度六二萬屯ノ
甲地域輸送力ヲ含ムノ外総テ日満支推算数量ナリ
二、特殊手段搬出輸送力ハ往航利用強化及ヒ裏日本輸送強化ニヨル
搬出輸送力ナリ

(三) 十九年度海上輸送力計出基礎條件

(1) 〇航基本輸送力（油槽船ヲ不含）

(イ) 喪失量　年間〇〇萬総噸

内訳			
貨物船	〇〇	九〇％	推定量
貨客船	〇〇	六・七％	
油槽船	〇〇	三・三％	

(ロ) 新造量　年間一八〇萬総噸

内訳		
貨物船	一四〇	（内一三八稼働ト推定）
輸送船雑船	四〇	

(ハ) 沈船引上量　年間　六萬総噸

内訳	
貨物船	五
貨客船	一

(ニ) 総噸／重量噸換算比率

貨物船　一・五
貨客船　〇・九五

(ホ) 稼行率（重量噸一噸当リ一ケ月輸送力計出比率—範囲日満支）

貨物船　一・四〇
貨客船　〇・八〇

(ヘ) 稼働船腹（入渠修理船差引船腹）

総船腹量ノ八九％

(ト) 輸送力計出ハ年間平均船腹法ニヨル

即チ新造、喪失等ノ量ハ各月同量ト推定ス（一ケ年分ヲ十二ニテ除シタルモノヲ一ケ月分ノ量トス）

(イ) 年度初船腹

貨物船〇〇〇萬屯總ホタンカー復歸四〇萬屯、機帆船〇〇萬屯

差引〇〇〇萬屯、貨客船〇〇萬屯

(ロ) 輸送力計算例（單位萬噸）

貨物船　年始〇〇〇－喪〇〇＋沈揚5＋新造138＝年末〇〇〇　年間平均船腹〇〇〇

$$\frac{\text{年間平均船腹} \times 1.5 \times 1.4 \times \frac{89}{100} \times 12}{\text{一ヶ月間輸送力}} = 0000 \text{ 年間輸送力}$$

(2) 機帆船輸送力

(イ) 新造船（貨物船ノミ）年間四〇萬總噸、稼働三七・三萬總噸

但新造船ハ均分選擇及北海道炭輸送用ニ充當ス

(ロ) 總屯／積屯比率一・五

(ハ) 一月當回轉率

	四月／十月	十一月／十二月	一月／三月
重要物資（運航機帆船）	一・三	一・〇	一・〇
北海道炭	一・六	一・〇	一・〇

九州山口炭	二・〇	一・六	一・四
動員一般機帆船			
重要物資	〇・九	〇・七	〇・七
北海道炭	一・一	〇・七	〇・七

(ニ) 稼動船腹（事故、修理船差引船腹量）

總船腹量ノ八〇%

十九年度海上輸送力配分計畫（單位萬瓲）

地域	配分（物量）	引當船腹
甲地域	ボーキサイト 90 其他非鐵 52 其他 30 計 172	AB船支援 80 C船 92（日滿支換算322）
乙地域	ボーキサイト 1 其他 9 計 10	C船 10（日滿支換算28）
日滿支	石炭 1700 鐵鑛石 590 銑鋼 520 鹽 140 非鐵 390 紙パルプ 20 木材 12 穀類 80 肥料飼料 115 砂糖 30 其他 91 （内ボーキ 12） 計 3・688	AB船支援 105 C船 2803 朝機支援 60 關釜連絡 24 運機 557 特殊手段 139 計 3・688
北海道・九州本州	石炭 1757 鐵道轉移石炭 860 計 2617	九州山口機帆 1194 帆船機帆船 1204 計 2・617 北海道機 359 青函連絡 210 關門隧道 650 （内鐵道轉移 860）
		計 6・735萬瓲 但AB船支援中甲地域分ヲ日滿支ニ換算スレバ6936萬瓲トナル

第二十四節　昭和十九－二十二年度生産四年計畫ノ概要（未定稿）

第一　鐵鋼（普通鋼鋼材）

（一）供給目標

昭和十九年度　五三四萬トン
昭和二十年度　六二〇萬トン
昭和二十一年度　七五〇萬トン
昭和二十二年度　八五〇萬トン

（二）方針

（1）生産目標達成ノ爲現有設備ノ合理的利用ヲ圖ルト共ニ、昭和十九年度ニ八〇萬トン、昭和二十年度ニ一二五萬トン、昭和二十一年度ニ一〇〇萬トン、昭和二十二年度ニ一〇〇萬トンノ鋼材増産能力ヲ確保スル爲、製銑、製鋼各設備ノ擴充ヲ行フモノトス

（ロ）所要ノ擴充ハ原料資源ノ賦存狀況其ノ他ノ立地條件ニ鑑ミ主朝

鋼、満洲、北支ニ於テ之ヲ行フモノトス

(ロ) 近年ニ於ケル小型熔鉱炉主義ヨリ大型熔鉱炉主義ニ復元スルモノトス

(2) 朝鮮、満洲、北支ニ於テハ現地ニ於ケル所要ノ鋼材ノ増産ト内地資源ノ減少ニ伴フ対内地供給ノ増加ニ鑑ミ、鉄鉱石其ノ他製鉄原料ノ飛躍的増産ヲ期スル為ノ万全ノ措置ヲ講ズルモノトス

銑鉄ニ付テハ内地製鉄、満洲ニ於ケル緊急増産ヲ行フト共ニ、不足分ニ付テハ比島其ノ他南方ノ良質鉱ニ期待スルモノトス

(3) 内地現存設備ニ付テハ各年度ニ於ケル設備拡充ノ進捗状況ニ鑑ミ一層ノ作業能率ノ向上ヲ図ルタメ高炉ニ際シテハ酸素吹込装置ノ設置、平炉ニ付テハ重油ノ利用ヲ特ニ考慮スルモノトス

(4) AB特殊製鉄法ニ付テハ之ガ技術向上ニ付特段ノ考慮ヲ払ヒ昭和二十年度以降ハ年間三〇万トンヲ確保スルモノトス

二二三

(ロ) 各地域別生産内訳

年度	内地生産 内地	内地生産 朝鮮	満洲ヨリノ期待	北支ヨリノ期待	合計
昭和十九年度	五一二万	一二万	一〇万	―	五三四万
昭和二十年度	五二〇万	五〇万	五〇万	―	六二〇万
昭和二十一年度	五二〇万	七〇万	一〇〇万	六〇万	七五〇万
昭和二十二年度	五二〇万	一〇〇万	一四〇万	九〇万	八五〇万

（註）満洲及北支ニ付テハブロバー生産拡充ハ一応除外スルコトトセリ

（参考）鉄鉱石ノ賦存状況

(1) 満洲関係

(イ) 満洲

	埋蔵量	含有量	鉱種
弓長嶺	三千万	六〇―六三%	磁鉄鉱
本渓湖	三百万	六〇―六四%	

二二四

(ロ)北支

東邊道	一千[illegible]	四八—六八%	赤鐵鑛
煙筒山	一億五千萬	四八—五〇%	赤鐵鑛
龍家堡	二億五千萬	五〇—六〇%	〃
金嶺鎭	二千五百萬	五五—五八%	〃

(ハ)中支

大冶	五千	六〇—六二%	磁鐵鑛
馬鞍山	四千萬	五九—六二%	赤鐵鑛
象鼻山	一千萬	六〇—六五%	磁鐵鑛

(ニ)南支

石碌	三億	六〇—六八%	磁鐵鑛

(ホ)内地

釜石	三千五百萬	五五—六〇%	磁鐵鑛
俱知安	三百萬	四五—五二%	褐鐵鑛

赤谷	百萬	五五%	赤鐵鑛

(2)含鐵硅岩

(イ)滿洲

大孤山	一億	三五—三八%	赤鐵鑛
東西鞍山	一億五千萬	三二—三六%	赤鐵鑛及磁鐵鑛
弓張嶺	二億五千萬	三六—四一%	〃
本溪湖	二億	三五—三九%	磁鐵鑛

(ロ)朝鮮

茂山	四億—十四億	三八—四四%	磁鐵鑛

四 所要原料概算

(1)國内生産關係

(イ)鐵鑛石	昭和十九年度	昭和二十年度	昭和二十一年度	昭和二十二年度
内地	四五〇萬	三〇〇萬	二五〇萬	二五〇萬
朝鮮	五四〇萬	六四〇萬	六九〇萬	七五八萬

（鮮內使用）	三三〇萬	四三〇萬、	四八〇萬	五四八萬
（內地移出）	二一〇萬	二一〇萬	二一〇萬	二一〇萬
滿洲	三萬	三〇萬	三〇萬	三〇萬
北支	一五萬	三〇萬	四〇萬	四〇萬
中支	二二〇萬	二七〇萬	二七〇萬	二七〇萬
海南島	一四〇萬	一九五萬	二二〇萬	二二〇萬
(ロ)砂鐵 內地	八〇萬	八〇萬	八〇萬	八〇萬
(ハ)硫酸滓 內地	六二萬	八〇萬	八〇萬	八〇萬
合計	約一五一〇萬	約一六二五萬	約一六六〇萬	約一七一八萬
其他		一二〇萬	一五〇萬	一四〇萬

(2) 滿洲ニ於ケル擴充關係（新設ノ普通鋼增産分ノミトス）

鐵鑛石　　　　昭和十九年度ニ比シ

昭和二十年度　⊕　約九〇萬トン

昭和二十一年度　⊕　約二〇〇萬トン

昭和二十二年度　⊕　約二八五萬トン

(3) 北支ニ於ケル擴充關係（普通鋼增産分ノミトス）

鐵鑛石

昭和二十年度　⊕　ー

昭和二十一年度　⊕　一三〇萬トン

昭和二十二年度　⊕　一八五萬トン

（註）(2)(3)ノ鐵鑛石ノ中ニハ從來ノ滿洲、北支ニ於ケル銑鐵、鋼材生産ニ要スル鐵鑛石ハ含マズ

(ロ) 充用資材

	普通鋼材 萬トン	特殊鋼 瓩	銑鉄 萬トン	銅 瓩	耐火煉瓦 萬トン	セメント 萬トン
昭和十九年度	四一、二	三〇七二	九八九	六二八八	二〇、八	四〇、八九
昭和二十年度	六一、二	四四四八	一五、八八	九四一四	二五、一	五九、二一
昭和二十一年度	四九、八	三二〇〇	一三、三四	七五九〇	二一、七	四九、〇四
昭和二十二年度	四九、八	三二〇〇	一三、三四	七五九〇	二一、七	四九、〇四

（一）鋼材一瓩當ニ付

鋼材〇、四三瓩、特殊鋼三、二瓩、銑鉄〇、一一五瓩、銅六、五五瓩、耐火煉瓦〇、二一七瓩、セメント〇、四二六瓩ヲ要スルモノトシ算定ス

(ハ) 各年度ニ於ケル鋼材ノ配當概案

	A＋B	B×	C2	C3以下	合計
昭和十九年度	二二二萬（a八七萬）	一一〇萬（船一八〇萬）	一〇八萬	八一萬	五三八萬
昭和二十年度	二五四萬（a七八萬）	一四五萬（船二二〇萬）	一三六萬	九〇萬	六二〇萬
昭和二十一年度	三四〇萬（a一〇八萬）	一六八萬（船二六〇萬）	一四六萬	九五萬	七五〇萬
昭和二十二年度	四〇六萬（a三九萬）	一九一萬（船三〇〇萬）	一四三萬	一一〇萬	八五〇萬

（註）（a）トハ航空機關係ナリ

(ニ) 各年度ニ於ケル生産擴充部門ニ對スル鋼材割當

内譯	昭和十八年度	昭和十九年度	昭和二十年度	昭和二十一年度	昭和二十二年度
鐵	一五萬（擴三三万 其他一一六万）	五〇萬（擴三四万 其他一〇万 特六万）	七〇萬（擴五三万 其他一〇万 特七万）	六〇萬（擴四三万 其他一〇万 特六万）	六〇萬（擴四三万 其他一〇万 特六万）
石炭	一八、五萬	二〇萬	二〇萬	二〇萬	二〇萬
輕金屬	八萬	八萬	一〇萬	七萬	七萬
電力	一、五萬	一三萬	二五萬	二五萬	二五萬
其ノ他	三一萬	一一萬	一一萬	三四萬	三一萬
合計	八四萬	一〇二萬	一三六萬	一四六萬	一四三萬

（註）

(1) 昭和十九年、二十年度ハ其ノ他ノ部ハ極度ノ壓縮ヲ受ケ大體補修用ノミトナルモノトス

(2) 「擴」トハ擴充用「其ノ他」ハ補修用、運轉用「特」トハ特殊鋼擴充用トス

第二　アルミニウム

(一) 供給目標　（單位千瓲）

年度	アルミニウム	アルミナ
一九	二六〇	五七〇
二〇	三一〇	六八〇
二一	三六〇	七八〇
二二	四一〇	八七〇

(二) 方針

戰爭ノ規模樣相ニ鑑ミ「アルミニウム」需要量ハ飛躍的增加ノ一途ヲ辿ル可キヲ以テ之ガ生產力擴充ニ當ツテハ萬難ヲ排シ急速ニ新規工場ノ建設ヲ行フコト、シ之ガタメ資材立地條件ヲ考慮シ且建設資材ノ供給、必要機械設備ノ調達ニ萬全ヲ期シ計畫ニ齟齬ヲ來スコトナカラシムル樣充分留意スルモノトス

(1) 電力需給計畫ニ應ジ爾後ノ擴充ハ主トシテ「アルミニウム」ニ付テハ朝鮮、臺灣、滿洲及南方ニ於テ之ヲ行フコト、シ「アルミナ」ニ付テハ臺灣、滿洲、北支及南方ニ於テ之ヲ行フモノトス

(2) 海上輸送力ノ逼迫ニ鑑ミ原材料ヲ主トシテ日滿支ニ求ムルコト、シ礬土頁岩ノ大量使用及國產原料ノ有效利用ヲ圖リ之ガタメ技術ノ向上竝ニ採算性ニ對スル補償ニ關シ特別ノ措置ヲ講ズルモノトス

(3) 原材料消費節約、收率向上ヲ目標トシテ技術ノ向上ヲ圖リ之ガ公開ヲナシ且新工場建設ニ當リテハ最優秀設備ト技術ヲ之ニ附與スルモノトス

(4) 急速擴張ニ應ズルタメ新規工場ノ建設ニ當ツテハ之ニ必要ナル機械設備ヲ既設不急產業ヨリ流用シ得ルノ措置ヲ講ズルモノトス

(5) 海上輸送力節約ノタメ臺灣、北支及南方ニ於テ「アルミナ」ノ生產ヲ行ヒ又事變ニ於テ「ボーキサイト」ヲ使用スルモノトス

(6) 「アルミナ」ノ新規增加及高級「アルミニウム」ノ生産歩率ヲアゲルト共ニ飛行機製作ニ伴フ金屬屑回收再生ニ付遺憾ナキヲ期スルモノトス

(7) 礬土頁岩曹達石灰法ヲ採用シ又將來ハ電爐法ヲモ併セ行フモノトス

(8) ピッチコークス增産ヲ圖ルタメタールノ强制蒸溜ヲ行フト共ニ南方ニ於ケル石油系ピッチコークスノ增産ヲ圖ルモノトス

(三) 實施要領

(1) 擴充計畫　（年度末能力、單位千瓲）

	地區＼年度	一八	一九	二〇	二一	二二
アルミナ	內地	三八五	五〇〇	五〇〇	五〇〇	四〇〇
	朝鮮	九	三〇	四〇	四〇	四〇
	臺灣	三二	五〇	八〇	一〇〇	一二〇
	滿洲	二〇	四五	八〇	一〇〇	一八〇
	北支	—	三〇	五〇	五〇	一〇〇
	南方	—	—	—	三〇	九〇
	計	四一四	六五五	七五〇	八二〇	九三〇
アルミニウム	內地	一三〇	一七〇	一七五	一七五	一七五
	朝鮮	二六	五〇	一〇〇	一二〇	一二〇
	臺灣	二五	三〇	四〇	四五	五五
	滿洲（對日供給）	一〇（一）	二〇（一五）	四〇（三〇）	六〇（四〇）	八〇（六〇）
	南方	—	—	—	—	二五
	計	一九一	二七〇	三五五	四〇〇	四五五

(2) 所要原料 （単位 千瓲）

原料	一九	二〇	二一	二二
ボーキサイト	一、〇〇〇	一、〇五〇	一、二〇〇	一、三〇〇
礬土頁岩	五〇〇	七〇〇	八〇〇	九〇〇
其ノ他原料	二〇〇	二〇〇	二〇〇	二〇〇
螢石	二〇〇	二三五	二七〇	三〇〇
ピッチコークス	二〇〇	二五〇	二九〇	三三〇
苛性ソーダ	一一〇	一三五	一六〇	一八〇
合計	二、〇〇〇	二、四〇〇	二、七〇〇	三、〇〇〇

(3) 拡充用資材概算 （単位 千瓲）

年度	アルミナ 要手配設備能力	アルミナ 普通鋼々材	アルミナ 普通鋳物	アルミナ 電気銅	アルミニウム 要手配設備能力	アルミニウム 普通鋼々材	アルミニウム 普通鋳物	アルミニウム 電気銅
一九	一五〇	四〇	一八	一・〇	六五	四〇	四	二・〇
二〇	一一五	四〇	一三	〇・八	一〇〇	六〇	六	三・〇
二一	八〇	三五	九	〇・五	五五	三五	三・五	一・五
二二	十X五〇	十X二〇	十X六	十X〇・三	十X五五	十X一	十X一	十X〇・五

（註）
(イ) 一九年度拡充ニ当ツテ極力既設々備ノ転用ヲ図ルモノトス
(ロ) 一八年度後半期特給普通鋼々材一一〇千瓲

第三 電力

(一) 電力生產擴充四ケ年計畫ノ基本方針

(1) 航空機關係電力ノ確保ニ最重點ヲ置クコト

(2) 電源ノ開發ハ水力ヲ主トスルモ電力需要ノ緊急性ニ鑑ミ必要ニ應ジ火力發電ノ建設ヲ行フコト

(3) 既余剩所産用需給ノ調整ハ主トシテ朝鮮、臺灣、滿洲ニ於テ之ヲ施スルモノトシ逐次內地方ニ於ケル電源開發ヲ考慮スルコト

(4) 水力ノ開發ハ建設速度ノ飛躍的增進ヲ期スル爲、內地ニ於テハ中流域水路式發電地點ノ開發ニ主力ヲ集中スルコト

(5) 航空機ノ劃期的增産ニ伴フ電力需要ノ急激ナル增大ニ對シテハ昭和十九・二十年度ニ於テ確固タル方針ノ下ニ斷乎非常對策ヲ實施スルノ要アルコト

之ガ爲昭和十八年度ニ於テ之ガ對策ヲ徹底的ニ考究スルコト

二三七

(二) 四ケ年電力需要推定

（單位萬KW）

年度	航空機關係	航空機以外	計
一九	一一六、五	一五九	一七五、五
二〇	六〇	八五	一四五
二一	七〇	九五	一六五
二〇	七⊖	一〇五	一七五

（註）本表ノ基礎ハ次頁以下附錄第一ー第四ノ如シ

二三八

附表二

(1) 航空機一臺當リ電力所要[illegible]

品目	所要瓩數		屯當リ[illegible] (KWH)	電力消費量 (KWH)	負荷率	所要電力 (KW)
アルミニウム	5.5	2.7(ボーキサイト)	27.000	44.900		
		1.8(礬土頁岩)	50.000	40.000		
			計	184.900	40%	24
マグネシウム	0.5		50.000	30.000	40%	4.2
ジュラルミン	6		5.000	30.000	65%	5.2
特殊鋼々材	6		2.400	14.000	70%	2.3
フエロアロイ	0.5		7.500	4.500	80%	0.6
機　　体(一臺分)				10.000	80%	4.3
發動機(〃)				16.000	80%	
プロペラ(〃)				5.000	80%	
兵器、部品一般機械(一臺分)				36.000	75%	6
計						46.6 KW

(註)

(1)所要瓩數ハ昭19年度初頭ノ推定歩留リ

(2)19年度以降ノアルミノ增産用アルミノ原料ハボーキサイト2礬土頁岩1.ノ比率ト想定ス

(3)組立工場ニ於ケル二交代實施ニ依リ負荷率ハ現在ノ2倍ニ向上スルモノト想定ス

(4)所要電力 $= \frac{\text{電力消費量}}{\text{1年ノ時間數} \times \text{負荷率}}$

附表二

(2) 航空機一台當リ年次別所要電力推定

昭19年	46.6	KW
20	40	
21	35	
22	35	

(註)

(1)所要瓩數ノ歩留向上單位當リ電力消費量負荷率ノ向上所要電力ハ逐次減少スルモノトス

(2)アルミニウムノ歩留向上ニ依リ1瓩ノ所要電力ハ次ノ如ク減少ス

昭19(アルミニウム)	5.5	24 KW
20	4.5	19 KW
21	4.0	17 KW
22	4.0	17 KW

(3)二交代實施ニ依ル現在(昭19初頭)需要電力ノ負荷ノ向上ニ基ク所要電力ノ減少ヲ含ム

附録第三

(3) 航空機増産用需要電力ノ概定

昭19年度　1165.000KW
　(466.6×2.5 万KW)
　内地　715.000 KW
　外地　450.000 〃

昭20年度　600.000 KW
　(40×15 万)
　内地　300.000 KW
　外地 満洲 300.000 〃

昭21年度　700.000 KW
　(35×2 万)
　内地　350.000 KW
　外地 満洲南方 350.000 〃

昭22年度　700.000 KW
　(35×2 万)
　内地　300.000 KW
　外地 満洲南方 400.000 〃

附録第四

(4) 航空機関係外需要電力ノ概定

		単位當所要電力量	負荷率	1瓲ノ所要電力
1.普通鋼	114万瓲	550KW	65%	0.1
所要電力	114.000KW			
2.特殊鋼	175万瓲			
(航空機用除外)		2.400瓩	70%	0.4
所要電力	70.000 KW			
3.船舶	80万噸	500瓩	90%	0.07
所要電力	56.000 KW			

4.兵器　100.000 KW 推定

5.液体燃料
　50.000 〃

6. AB　100.000 〃

7.其他　100.000 〃

合計 590000 KW

昭19年度	590000	推定	内地	550.000
			外地	40.000
昭20年度	850.000	推定	内地	700.000
			外地	150.000
昭21年度	950.000	(〃)	内地	650.000
			外地	300.000
昭22年度	1050.000	(〃)	内地	650.000
			外地	400.000

㈢四ヶ年地域別電力需給推定

（単位万KW）

地域＼年度	19	20	21	22
内地	126.5 {71.5 / 55} (42.59)	100 {30 / 70} (59.82)	100 {25 / 75} (85)	95 {30 / 65} (100)
朝鮮	20 (15)	5 (4)	20 (20)	20 (20)
台湾	6 (5.5)	10 (8.5)	10 (10)	20 (20)
満洲	23 (19)	30 (24)	30 (30)	25 (25)
南方			5 (5)	15 (15)
計	175.5 (82.39)	145 (101.47)	165 (150)	175 (180)

（註）(1) 数字ハ年度別ノ増加需要電力トス。
（　）内ハ増加供給力トス。

(2) 電力需給ノ推定ニ際シテハ山元地點、需要[illegible]點、消費地點ニ於テ相違スルモ茲ニハ一般需要地點ヲ標準トシテ考察スルモノトス。従ッテ（　）内ノ増加供給力ハ實際ニ於テハ若干減少スルモノトス。

二四三

(四) 昭和十九、二十年度ニ於ケル電力需給對策（内地）

需給區分		一九年度	二十年度
(1) 増加豫定需要電力		一、三六五、〇〇〇KW	一、〇〇〇、〇〇〇
(イ) 航空機増産用電力		八一五、〇〇〇	三〇〇、〇〇〇
(ロ) 其他増加電力		五五〇、〇〇〇	七〇〇、〇〇〇
(2) 既定増加豫定供給電力		四二五、九〇〇	五九八、二〇〇
(3) 不足電力		八三九、一〇〇	四〇一、八〇〇
(4) 非常對策ニ依ル捻出電力	(イ) 火力供給力非常動員	一六〇、〇〇〇	四〇、〇〇〇
	(ロ) 負荷ノ調節調整ニ依ル捻出電力	一〇〇、〇〇〇	五〇、〇〇〇
	(ハ) 操業時間ノ深夜間ヘノ移行	一五〇、〇〇〇	五〇、〇〇〇
	(ニ) 電力使用合理化	一〇〇、〇〇〇	五〇、〇〇〇
	(ホ) 消費規正	八〇、〇〇〇	三〇、〇〇〇
	(ヘ) 企業整備		五〇、〇〇〇（新規）
	(ト) 航空機以外ノ増加電力抑制	二四九、一〇〇	一三一、八〇〇
	合計	八三九、一〇〇	四〇一、八〇〇

（註）

(1) 火力供給力非常動員一六〇、〇〇〇KWニ對シテハ昭和十九年度ニ石炭一三〇万瓲ノ增配ヲ行フモノトス

(2) 負荷ノ調節調整ハ主トシテ豐水期ニ生産ヲ集中セシムルモノトス

(3) 操業時間ノ深夜間移行ハ主トシテ機械工業ヲ目標トス

(4) 消費規正ハ既存ノ需要ヲ徹底的ニ分析スルモノトス

(5) 既定計畫ニ基ク企業整備ニ依ル需要減ハ既定供給力中ニ含ム

(6) 航空機以外増加電力中抑制サルルモノハ兵器、A、B其ノ他ニシテ合計三〇万キロ中ヨリ二四九、一〇〇ヲ抑制ス、但昭和十九年度ハ鐵鋼生産ノ現狀ニ鑑ミサシタル影響ハナキモノト認メラルルモ昭和二十年度ニ於テハ鐵鋼生産六二〇万瓲ノ達成セラルル場合ハ相當ノ電力ノ隘行難ヲ招來ス

二四四

所要[illegible]

(1) 計算ノ基礎（試案）

水力	一KW	内地	〇、二三五〃
		外地	〇、一三四〃
火力	一KW		〇、二八九〃
平均（昭一九年以降推定）			〇、二〇〇〃

(2) 所要量

年度	所要量（但シ満洲ヲ含ム）	送電ヲ一割増トシ及補修用ヲ計算ス
一九	三五一、〇〇〇	三八九、〇〇〇（昭一八、[illegible]）
二〇	二九〇、〇〇〇	三一九、〇〇〇（昭一九、一三〇、〇〇〇）
二一	三三〇、〇〇〇	三六三、〇〇〇（昭二〇、二五〇、〇〇〇）
二二	三五〇、〇〇〇	三八五、〇〇〇（昭二一、二五〇、〇〇〇）

（註）括弧内ハ参考ノ為現在迄ノ実績及現実ニ基ク将来ノ予想ヲ示ス

二四五

[illegible] 電力確保上留意スベキ事項（口述）

(1) 新[illegible]ノ重大ナル隘路

(2) 電源開発ノ長期性ト跛行性

(3) 内地ニ於ケル電源開発ノ緊急性

(4) 発電用炭ノ確保

(5) 豊水期電力利用ノ徹底化

(6) 電力使用合理化ノ徹底化 ⎫
(7) 電力消費規正ノ強化 ⎭ 国民運動化

(8) 電力ノ見地ヨリスル企業整備ノ断行

(9) 電力建設上ノ隘路タル地方問題解決ノ迅速化

(10) 電力機器ノ製作順位ノ決定

(11) 土木請負業ノ統制ノ強化

(12) 資材

(イ) 鉄鋼

二四六

(ロ)セメント
(ハ)木材
(ニ)銅
(ホ)發電工事能力ノ強化擴充

(7) 結語

生産擴充、特ニ航空機ノ劃期的增産ヲ完遂スルタメニハ電力ハアルミ、工作機械、勞務ト共ニ重大隘路ノ一タルベシ

特ニ昭和十九、二十年度ニ於ケル急激ナル需要增加ニ對處スル爲ニハ電發開發促進ニ國家ノ總力ヲ集中スルト共ニ需給對策ノ確立ノタメ、強力ナル政策ヲ迅速、果敢且綜合的ニ實施ノ要アルベシ

第四 石炭

一 國內需要增加見込(單位一、〇〇〇瓲)

昭和十七年配當實績	六一、九二五
仝 十八年配當計畫	六三、〇〇〇
仝 十九年 〃	八四、四七〇
一ケ年需要增加	一一、二二三
昭和二十二年需要見込	一一八、一三三
國內產額目標	九七、二〇〇
滿支ヨリ輸入	一六、〇〇〇
設備現地移設ニ依ル減少	五、〇〇〇

(ハ) 石炭埋藏量對生産額比較表

（單位1.000瓲）

	埋藏量	19年度		22年度		增産額	增産率	備考
		生産額	對埋藏量比	生産額	對埋藏量比			
本州四國	790,000	9,700	1.23%	11,700	1.48%	2,000	20.6%	
九州	3,530,000	32,200	0.91	38,200	1.08	6,000	18.6	
北海道	3,960,000	17,100	0.43	24,100	0.61	7,000	40.9	
內地計	8,280,000	59,000	0.71	74,000	0.89	15,000	25.4	
樺太	1,000,000	7,000	0.70	10,000	1.00	3,000	42.9	
朝鮮	1,100,000	7,700	0.65	10,000	0.91	2,300	29.9	
臺灣	400,000	2,600	0.65	3,200	0.80	600	23.1	
日本計	10,780,000	76,300	0.01	97,200	0.90	20,900	27.4	
滿洲	4,486,000	28,000	0.63	40,000	0.89	12,000	42.9	輸出 22年度 5000
北支	110,000,000	21,849	0.02	37,000	0.03	15,000	69.6	仝上 10000
蒙疆	30,000,000	2,924	0.01	7,500	0.03	4,500	153.9	〃 1000
中南支	60,000,000	932	0.002	4,000	0.007	3,000	321.9	
支那計	200,000,000	25,705	0.01	48,500	0.02	22,500	87.5	
圖域計	215,260,000	130,005	0.06	185,700	0.09	49,500	38.0	

（註）(1) 19年度生産額中　日本ハ19年度計畫量，滿洲ハ18年度計畫量
北支蒙疆ノ中南支ハ17年度實績トス

(2) 22年度埋藏量ハ頭記埋藏量ト同一トセリ

二三〇

(ニ) 昭和一九―二二年度石炭生産計畫表

（單位1000瓲）

	19年	20年	21年	22年
本州四國	9.700	10.300	10.950	11.700
九州	32.200	34.200	36.200	38.200
北海道	17.100	19.100	21.100	24.100
內地計	59.000	63.600	68.200	74.000
樺太	7.000	8.000	9.000	10.000
朝鮮	7.700	8.500	9.300	10.000
臺灣	2.600	2.800	3.000	3.200
合計	76.300	82.900	89.500	97.200
增産額	6.600	6.600	6.600	7.700
增産率	9.5 %	8.7 %	8.0 %	8.6 %

二四九

二五二

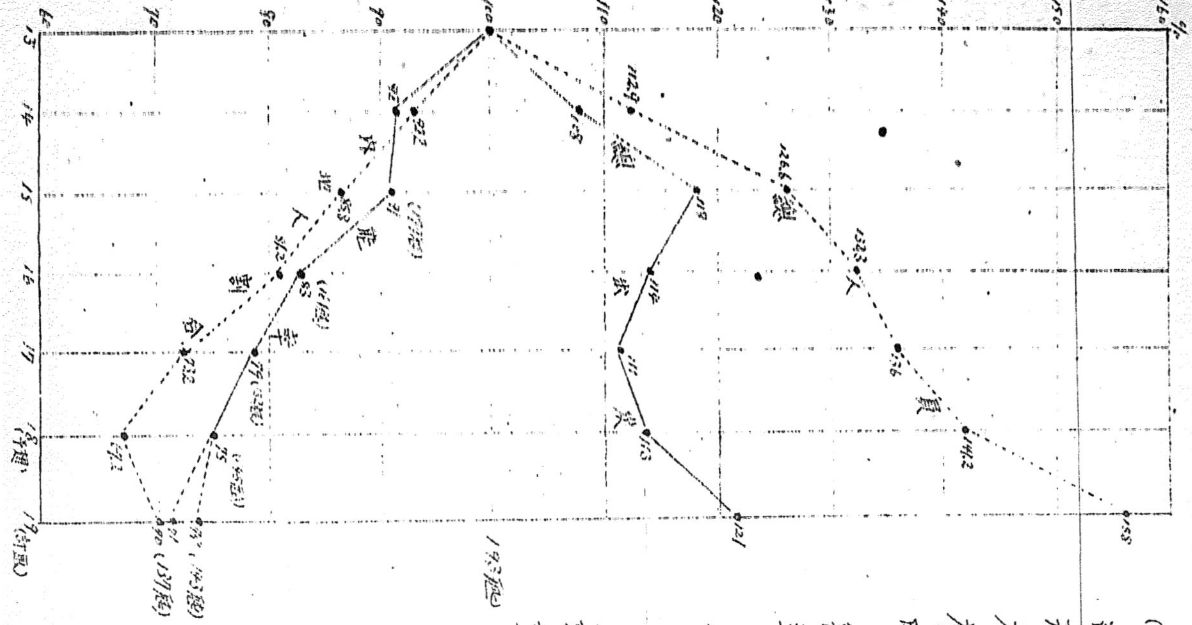

(六) 勞務關係參考

(1) 勞務者構成ノ能率ニ及ホス影響

（參考）主要國石炭埋藏量對生産額比率

（單位 1,000噸）

	米國	英國	獨國	ソ聯	佛國
埋藏量	1.975.205	200.161	288.721	1.082.532	16.611
生産額	352	232	381	123	47
比率 %	0,02	0,1	0,1	0,01	0,28

（註） (1)埋藏量ハ深サ 2,000 米迄トス（1913年萬國地質學會調査）
(2)生産額ハ1938年實績ニ依ル

(ロ) 鑛材所要量

（單位 1,000噸）

	19年	20年	21年	22年
經常用	168	182	197	214
増産用	40	40	40	40
合計	208	222	237	254

（註） 出炭趣噸ニ所要坑材 { 經常用 2,8石（經常的補修用ヲ含ム） / 増産用 6,0石 }

(ハ) 勞務者所要數

（單位 1,000人）

	19年	20年	21年	22年	備考
内地	393	424	458	495	1人1年當出炭量 150噸
樺太	49	57	64	71	〃 140噸
朝鮮	55	61	66	71	〃 140噸
臺灣	19	20	21	23	〃 140噸
合計	516	562	611	658	

二五一

第五　飛行機

(一) 生産目標

昭和一九年度　四五〇〇〇機
仝　二〇年度　六〇〇〇〇機
仝　二一年度　八〇〇〇〇機
仝　二二年度　一〇〇〇〇〇機
及右ニ對スル補用品附屬兵器及消耗兵器

(二) 生産方針

飛行機製作用原材料、副資材生産施設用資材、勞務等逼迫ノ現状ニ鑑ミ、(一)項掲記ノ生産目標ヲ達成ノ爲ニハ左記事項ニ就キ萬全ノ策ヲ講ズルモノトス

(1) 規格寸度材質ノ統合整理、屑ノ回收再生使用ノ徹底代用材研究ノ促進等ニ依ル、アルミニウム、特殊鋼其他ノ原材料ノ節約

(2) 設計ノ改善型式ノ統合、精密鑄造等ノ技術向上ヲ計リ機械加工部

二五四

(3) 昭和十八年[illegible]

出炭	4.204.928噸
勞務者數	373.259名
能率	11.3噸(年135,6噸)

勞務者構成率

內地人	66,1%
現住半島人	4,2
移入半島人	25,6
勤勞報國隊	3,3
其他	0,8
合計	100,0%

(5) 主要國坑夫一人當リ出炭量

(年間噸)

	英本國	米	獨	白	日
1912年	244	660	269	155	109
1935年	271	664	369	177	227

二五三

[illegible]ノ減少ニ依ル原材料ノ節約並ニ所要加工時間ノ短縮及所要工作機械數ノ節減

(3) 生産品種ノ整理、協力工場ノ系列的編組改善等ニ依ル生産體系ノ再編成、並ニ生産方式ノ研究改善

(4) 技術者ノ融通及下級技術者ノ養成ニ依ル生産技術陣ノ强化

(5) 生産報國意識ノ昂揚

(6) 施設擴充ニ對シテハ努メテ既存ノ不急産業、又ハ、遊休施設ノ轉用ヲ考慮シ、已ムヲ得ザル增設部分ト雖モ建築物ハ極力木造ヲ以テ代用ス

(7) 新增設ニ關シテハ、既存ノ航空機工場、協力工場、原材料工場ノ狀況等ヲ考慮シ差當リ其ノ大部ヲ内地トス

(8) 外地ニ關シテハ既存ノ官民設工場ハ之ヲ强化シ併テ協力工場ヲ急速ニ培養育成シ相當程度ノ期待ヲ持チ得ルニ至ラバ原材料關係ト睨合セノ上飛行機工場ノ新設ヲ考慮ス

四 所要資材

(1) アルミニウム

設計ノ改善、製作技術ノ向上、代用材ノ利用、屑ノ回收再用强化等ニ依リ逐年每機當リ新地金ノ所要量ヲ減ズルモノトシ各年度別所要數左ノ通。

一九年	二〇〇、〇〇〇瓲
二〇年	二五〇、〇〇〇瓲
二一年	三〇〇、〇〇〇瓲
二二年	三三五、〇〇〇瓲

(2) 普通鋼々材

諸兵器製作用ノモノハ飛行機數ト共ニ增加已ムヲ得ザルモ土木建築用資材トシテノ使用量ハ極力壓縮シ且ツ各工場ノ能率向上ヲ計リ作業所要面積ヲ縮減セシメ、新增設ヲ減少スルモノトシ各年度普通鋼々材所要見込次ノ如シ

一九年	八七万噸
二〇年	七八万噸
二一年	一〇八万噸
二二年	一二九万噸

二五七

第六　造船

(一) 建造目標

	甲造船	乙造船
昭和一九年度	一八〇万総噸	四〇万総噸
仝　二〇年度	二二〇万総噸	四〇万総噸
仝　二一年度	二六〇万総噸	四〇万総噸
仝　二二年度	三〇〇万総噸	四〇万総噸

(二) 方針

(1) 計画造船ヲ引続キ実施シ、特ニ甲造船ニ主力ヲ傾ク

(2) 所要資材ノ節減ト建造日数其他ノ関聯ヲ併セ研究ノ上二十年度ヨリ性能向上ヲ図ル

(3) 資材労務ノ節減、工場能率向上等ニ就キ採ルベキ方策ハ航空機ノ場合ト略同シ

(4) 新増設サルベキモノニ就テハ船員ノ休養施設ノ経済的見地及造船関係工場等ノ関係ヨリ之ガ大部ヲ内地トス

二五八

(5) 外地所在ノ造船關係施設ハ極力之ヲ強化シ特ニ修理能力ヲ增強シ以テ內地ノ造船量增加ニ資スルモノトス

(6) 乙造船ハ現狀ヲ續行ス

㈢ 所要資材

普通鋼材	甲造船（內修理所要用）	乙造船
昭和一九年度	一一〇万噸（二〇）	一三万噸
仝 二〇年度	一四五〃（二〇）	一三〃
仝 二一年度	一六八〃（二二）	一三〃
仝 二二年度	一九一〃（二五）	一三〃

第七　重　物資「海上」輸送力

上圖造船計畫ヲ實現セシメタル場合ニ於ケル海上輸送力ハ左ノ如シ

㈠ 汽船輸送力（單位萬噸）

年度	基本船舶輸送力	AB船支援	汽船輸送力合計	十九年度計畫對比	十九年度對比增加輸送力
一九	三、一五五	一八五（三八五）	三、五四〇	一〇〇	一
二〇	四、三二〇	仝 右	四、七〇五	一三三	一、一六五
二一	五、五三五	二〇五（四二五）	五、九六〇	一六八	二、四二〇
二二	八、一三〇	仝 右	八、五五五	二四二	五、〇一五
二三	五、三四〇	仝 右	五、七六五	一六三	二、二二五

（註）(1) 最近ニ於ケル汽船輸送力最高實績ハ一五年度ノ六七六五万噸ナリ

(2) 右表輸送力數字ハ總而日滿支換算物量ナリ、但AB船支援量ハ甲地域及日滿支量合計ニシテ括弧內ニ日滿支換算量ヲ示ス

(5) A B船支援數ハA B船腹増加ニ正比例シテ増大スルモノト推定ス但二十三年度ハ作戦ヲ考慮シ増量ヲ見込マズ.

(4) 十九年度輸送力ニ關シテハ第二十三節参照、二十年度以降ハ次頁附録参照

二六一

附録

昭和二十年度以降ノ船舶輸送力計出基礎資料（油槽船ヲ不含）（單位万瓲）

年度	年始船腹	徴傭	沈没引揚	喪失	新造	年度末船腹	年間平均船腹	輸送力
一九	〇〇〇	〇〇	六	〇〇	一三八（一八〇）	〇〇〇	〇〇〇	三一五五
二〇	〇〇〇	一	四	〇〇	一七七（二二〇）	〇〇〇	〇〇〇	四三二〇
二一	二〇九・五	二七	四	〇〇	二一六（二六〇）	三一三・五	二六一・五	五五三五
二二	三一三・五	一	二	〇〇	二五五（三〇〇）	四五四・五	三八四・〇	八一三〇
二三	一八四五	二七〇	二	〇〇	二九四（三四〇）	三六四・五	二七四・五	五三四〇

（註）(1) 年始船腹ハ新規徴傭ヲ差引キタルモノナリ

(2) 所要修繕件中二十一年度徴傭三〇萬屯二十三年度徴傭三〇〇萬屯ハ夫々油槽船一割ヲ包含スルモノトシテ前各数字ヲ計出セリ、喪失ハ各年度〇〇万屯中油槽船四万屯ト推定ス

(3) 新造船中括弧内數字ハ油槽船、雜種船ヲ含ム新造總量ナリ

二六二

(4) 稼行率ハ二〇―二二年度　一・四　二三年度　一・三（戦局熾烈化ニヨリ能率低下）トス、二〇年度以降ハ船質改善ニ伴ヒ汽船輸送距離長大化ヲ考慮シ据置トセリ

(5) 総噸對重量噸比率ハ貨客船及貨物船突込ミテ一・四トス

(6) 総船腹量對稼働船腹量（入渠修理船腹差引船腹量）比率

二〇―二二年度　〇・九〇（一九年度ニ比シ〇・〇一向上）

二三年度　〇・八九（戦局激烈化ニヨリ低下）

(二) 機帆船輸送力（十九年度基準増加輸送力）

（単位万屯）

年度	新造ニヨル輸送力	在来船腹喪失ニヨル輸送力減	差引輸送力増加
二〇	七四五	一二〇	六二五
二一	一、四五五	二三〇	一、二二五
二二	二、一二五	三四〇	一、七八五
二三	二、七六五	四四〇	二、三二五

二六三

(註) 計出基礎條件左ノ如シ

(1) 二〇年度以降新造船

新造　毎年　四〇萬総噸

喪失　五%

総噸對積屯比率　一・五

回轉率　四―十月　一・五

　　　　十一―三月　一・〇

稼働船腹　総船腹量ノ〇・八（〇・二ハ修理等ニヨリ休航トス）

(2) 在来船腹

在来船腹ハ毎年輸送力ニ於テ對前年度五%ヲ減ズルモノトス（其他條件ハ第二十三節十九年度物動計畫輸要計出條件通リ）

二六四

(ロ) 海上輸送力（単位万総噸、日満支換算ノ為）

年度	汽船輸送力	機帆船輸送力	海上輸送力計	一九年度ニ対スル増加輸送力
一九	三、五四〇	二、三七五	五、九一五	―
二〇	四、七〇五	三、〇〇〇	七、七〇五	一、七九〇
二一	五、九六〇	三、六〇〇	九、五六〇	三、六四五
二二	八、五五五	四、一六〇	一二、七一五	六、八〇〇
二三	五、七六五	四、七〇〇	一〇、四六五	四、五五〇

（註）右表ハ陸上運送数量関釜連絡船輸送量及特殊手段ニヨル搬出輸送量ヲ不含

(ハ) 輸送力配分計画

輸送力配分ハ戦力培養ヲ主眼トシ鉄、石炭、アルミ関係ニ重点ヲ指向ス

(ロ) 二〇〜二三年度ニ於ケル輸送力配分計画（単位万屯、日満支換算）

年度	一九年度ニ対スル増加輸送力	鉄関係	石炭関係	アルミ関係	ソノ他（食糧、木材、塩等）
二〇	一、七九〇（一一六五）	五五五	一、〇〇〇	四〇	一九五
二一	三、六四五（二三四〇）	七九五	二、〇〇〇	一一〇	七四〇
二二	六、八〇〇（五四一五）	五九二五 （計）五七〇	三、〇〇〇 （計）九〇〇	一三〇 （計）二三五 （甲）[illegible]	一、〇五〇
二三	四、五五〇（三一三五）	（九五〇）	（三、四五〇）	（一四〇）	―

（註）(イ) 鉄関係及アルミ関係ニハ石炭ヲ不含

(ロ) 甲地域ヨリノ輸送量ハ日満支域ニ換算シ三・五倍（14/4）ノ輸送力ヲ要スルモノトス（乙地域ハ14/5）

(ハ) 十九年度ニ対スル増加輸送力欄括弧内数字ハ汽船輸送力ノ配分（内数）ヲ示ス

(ニ) 二十三年度ノ輸送力ハ造船能力ノ関係ノタメ減少シ資源開発生産計画上ノ輸送需要増加ニ応ジ得ザルノミナラズ、戦局ノ推移ニ伴フ喪失船

ノ増加等ニヨル輸送力減退モ豫想セザルベカラズ

依テ二十二年度ニ於テ重點産業關係原料ノ見越繰上輸送ヲ實施セントス

（二十二年度補參照）

鐵關係　鐵鑛石、マンガン等　五五〇万瓲　海上輸送需要ノ半ゲ年分

アルミ關係　ボーキサイト、ピッチコークス等　七〇、（日滿支輸送二四五万瓲）仝右

石炭　粘結炭其他　九〇〇、但、鐵、アルミ關係

(ホ)其他重要物資ハ一九年度以降極度ニ壓縮セラレアリ、食料・肥料關係ノミニテモ各年日滿支輸送四〇〇万屯見當ノ輸送要請アルモ、輸送力払底ノ爲引續キ壓縮ノ外ナシ

(2)十九－二二年度海上輸送力配分計畫

汽船・機帆船總括　（日滿支輸送、單位万瓲）

年度	鐵關係	石炭關係	アルミ關係	其他重要物資	計
一九	二、四五〇	三、四五五	四四〇	五七〇	五、九一五
二〇	二、〇〇五	四四五五	四八〇	七六五	七、七〇五
二一	二、二四五	五四[illegible]	五五〇	一、三一〇	九、五六〇
二二	二、三七五（見）五五〇	五四[illegible]（見）六九[illegible]	五七〇（見）三四五	一、六二〇	一二、七一五

（註）

(イ)右表ハ海上輸送數量即釜連絡船輸送量、特殊手段ニヨル輸送力捻出量ヲ不含

(ロ)鐵關係、アルミ關係ハ石炭ヲ含マザルモ副原料等一切ヲ含ム

第九章　ニ關スル研究

第二十五節　船舶ノ管理運營方策

第一　汽船

(一) 武力戰繼續中

(1) 方針

本邦全船舶ノ輸送力ヲ極限的ニ發揮セシムル爲ＡＢＣ船舶ノ一元的管理運營ヲ行フ

(2) 要領

(イ) 準備要領（期間六ケ月乃至一ケ年）

(一) 大本營、陸、海軍省、運通省間ニ常設運輸委員會ヲ設置シ、ＡＢＣ船舶ノ輸送計畫及配船計畫ハ之ヲ一元的ニ樹立決定ス

(二) 純作戰用船舶ハ前項取扱ヨリ除外スルモ其ノ運用計畫ニ當リテハ一般計畫トノ調整ニ留意スルト共ニ復航船腹ノ利用等一般物資輸送ニ努ムルモノトス

二六九

(三) Ｃ船舶運航實施者ハ之ヲ廢止シ關係實務ハ船舶運營會ニ移行セシム（實務者技術者ノ運通省及運營會ヘノ吸收）

(ロ) 實施要領

(一) 運通省海運總局内ニ船舶運營局ヲ設置シ運通省ヲシテＡＢ船（純作戰用船舶ヲ除ク、之ガ取扱ハ準備期間中ニ準ジ）及ビＣ船舶ノ輸送配船計畫ノ一元的樹立竝ニ之ガ實施ニ當ラシム（計畫樹立竝ニソノ實施ニ當リテハ軍需輸送ヲ優先セシム）

(二) 右ニ即應スル爲陸、海軍運輸部、必要關係事務機構竝ニ軍需品ノ交替兵員輸送ニ充當セラレアルＡＢ船舶ハ運通省ニ移行乃至移管セシムルト共ニ之ガ爲必要ナル關係官ハ現役儘入ヲ以テ充當ス

(三) 船舶運營會ハ之ヲ廢止ス（關係事務ハ運通省ニ移管）ルト共ニ民間練達者ヲ船舶運營局ニ簡拔登用ス

二七〇

(四) 戰時海運總部、地方海運局並ニ船舶運營會地方機構ハ之ヲ合體シ船舶運營局地方機構トシテ地方現場事務ヲ處理セシム

（註）　純作戰用船舶ニ付キテモ地方現場事務ハ船舶運營局地方機構ヲシテ取扱ハシムルモノトス

(五) 現存船舶會社ハ極力集約シタル上船主トシテ殘存セシム、但必要ニ應シ船舶保有營團（又ハ公社）ヲ設置シ民間消化不能新造船舶ヲ保有セシム

（註）　船舶保有營團設置ニ代リ産業設備營團ヲ利用スルモ可

(六) 船員ハ船主トノ雇傭關係ヲ斷絶セシム

（註）　軍需品及重要物資輸送ハ出來得レバ之ヲ運賃取扱トシ極力事務ノ簡素化ヲ圖ルモノトス

(二) 武力戰停止後

(1) 方針

海運營團（又ハ公社）ヲ設置シ國内計畫輸送及ヒ國外トノ計畫交易ニ即應セル計畫輸送ヲ完遂セシムルト共ニ國外進出ヲ圖リ

ヲ漸次平時態勢ニ充分ナル予備船腹ヲ保有セシム

(2) 機構

(イ) 船舶ノ一元的運營並ニ保有機關トシテ海運營團ヲ設置ス

(ロ) 運輸省實務機關及ヒ船員ハ之ヲ海運營團ニ移管ス

(ハ) 海運營團ハ船舶保有營團及船主會社ヲ吸收ス

（註）　船主會社ハ事情ニヨリ存置スルモ可ナリ

(ニ) 運輸省ハ輸送計畫ヲ樹立決定シ海運營團ヲシテ配船計畫ノ樹立竝ニ實施ニ當ラシム

(ホ) 陸海軍交替兵員及ヒ軍需品輸送ハ海運營團ヲシテ行ハシム

(ヘ) 運輸省ハ國防國家體制整備ニ必要ナル船腹擴充計畫ヲ樹立シ海運營團ヲシテ之カ一元的發注竝ニ保有ヲナサシム

（註）　船主會社ヲ存置スルトキハソノ資本調達ガ可能ナル範圍ニ於テ新造船ノ拂下ヲ爲ス

(ト) 政府ノ海運計畫樹立ニ當リテハ海運營團ヲ參劃セシム

(チ) 一・計畫遂行ニ必要ナル不足船腹ノ傭入（外國[illegible]船[illegible]竝ニ余剰船腹ヲ以テスル國外進出計畫ハ海運會關ヲシテ審査セシメ遞信省ノ許可ヲ得テ實施セシム、但右許可ハ可及的ニ包括的ナラシメ海外市場ニ於ケル捕捉ニ遺憾ナカシム

(リ) 政府ハ海運會關カ政府ノ命令若クハ國家目的ニ即シタル行爲ヲ爲シタルニ因リテ蒙リタル損失其他必要ト認ムル費用ヲ補償ス

第二 機帆船

(一) 方針

汽船海運ノ補助機關トシテ機帆船ノ性能ニ即シ國家意思ノ滲透ヲ圖リ得ヘキ管理運營ヲ行フ

(二) 要領

(1) 地方別機帆船公社ヲ設立シ當該地方ニ於ケル機帆船ノ一元的保有竝ニ運營ニ當ラシム

（註） 地區別機帆船公社ハ現在設置セラレツツアル大手筋系近海機帆船會社ヲ母體トス

(2) 遞信省ハ機帆船ニヨル地區別輸送計畫ヲ樹立シ地區機帆船公社ヲシテ配船ノ計畫竝ニ實施ニ當ラシム

(3) 遞信省ハ輸送需要ニ即應シ特定地區機帆船公社所有船ノ他公社ヘノ貸船又ハ讓渡ヲ命スルコトヲ得

(4) 政府ハ機帆船公社カ政府ノ命令若クハ國家目的ニ即シタル行爲ヲ爲シタルニ因リテ蒙リタル損失其他必要ト認ムル對價ヲ補償ス

（第二十六節　大東亞交通計畫要綱（未定稿）

第一　根本方針

皇國ヲ核心トスル大東亞諸地域ノ有機的結合ヲ圖リ共同防衞體制ノ強化ト經濟建設ノ促進トヲ期シ以テ大東亞戰爭ヲ完遂シ大東亞共榮圏ノ根基ヲ確立シ進ンデ新秩序世界ニ於ケル大東亞交通ガ自主性ヲ確立セントス

之ガ爲左ノ方針ニヨリ大東亞交通體制ヲ確立ス

（一）交通施策ハ大東亞國土計畫ノ見地ニ立チ綜合的ニ計畫實施ス

（二）交通各部門ノ機能特性並ニ各地域ノ情勢ニ即應シ其運營方策ヲ樹立ス

（三）交通各部門ノ綜合能率發揮ノ爲輸送分野ノ調整ヲ圖ル

（四）國際交通計畫ノ綜合調整ハ皇國ヲ核心トセル大東亞各國ノ協議體制ヲ通ジテ之ヲ行フ

第二　陸運

（一）鐵道

(1) 要領

(イ) 皇國ニ於テハ重要幹線ノ整備ニ努メ特ニ國防及生産力擴充上必要ナル施設ノ增强ヲ圖ル

尚內鮮滿支間連絡主要幹線ノ一貫的整備ヲ促進ス

(ロ) 滿洲ニ於テハ國防線ノ整備ニ努ムルト共ニ產業建設及資源開發計畫ニ即應セル鐵道網ノ整備ヲ行フ

(ハ) 支那ニ於テハ既設線路ヲ整備シ其輸送力ノ增强ヲ圖ルト共ニ治安維持上重要資源開發上緊要ナル鐵道ノ建設ヲ促進ス

(ニ) 南方諸地域ニ於テハ速ニ鐵道ノ復舊整備ヲ行フト共ニ國防上ノ要請ニ應ジ幹線ノ一貫的連絡ヲ完成シ資源開發上必要ナル鐵道ヲ逐次建設整備ス

(ホ) 鐵道車輛ハ機關車及貨車ノ增備ニ重點ヲ置キ之ヲ整備スルト共ニ車輛工

業ノ擴充ヲ[illegible]リ特ニ大陸ニ於テハ自給自足體制ノ樹立ヲ[illegible]トシ之ガ生産ノ[illegible]礎ヲ確立ス

(ヘ) 大東亞圏内主要鐵道ノ有機的聯關ヲ强化スルト共ニ之ガ運營ノ調整ヲ圖ル爲必要ナル機構ヲ確立ス

(ト) 鐵道要員養成計畫ヲ擴充ス

(2) 戰時措置

(イ) 施設

(一) 日本内地

(1) 樺太鐵道ノ增强

東海岸線輸送力强化

西海岸線ノ國境迄ノ延長

北部横斷線ノ建設

(2) 北海道本州間輸送經路增强

青函第二航路ノ設定

汽船機帆船基地及關係線區ノ增强

(3) 九州、本州間輸送經路增强

關門隧道複線化促進

東海道、山陽、鹿兒島本線ノ補强

(4) 朝鮮本州間輸送經路增强

南鮮博多間第二航路設定

車輌航送ノ實施

(二) 朝鮮

(1) 日滿支幹線ノ增强及南鮮ニ於ケル陸海綜合計畫ノ整備

(2) 北鮮ルートノ增强

(三) 臺灣

縱貫線ノ增强

(四) 滿洲

(1) 日滿支連絡幹線及北滿、北鮮經路ノ整備

安奉線、奉山線複線化及京圖線ノ強化

(2) 南滿工業地帶建設ニ伴フ鐵道網ノ整備

(五) 北中支

(1) 滿支一貫輸送經路增强

北京―山海關一線增設

北京―大同一線增設

(2) 主要幹線ノ補强

(3) 京漢線、隴海線ハ作戰ノ進展ニ伴ヒ可及的速ニ復舊ス

(4) 資源開發線ノ建設

北京―大同（前揭）	石炭	
金華―武義	螢石	
磁山―邯鄲	鐵鑛石	

(六) 南支

(1) 作戰トノ關係大ナルモ可及的速ニ浙贛線、粤漢線ノ復舊ヲ圖

ルト共ニ湘桂線柳州ト鎭南關間ニ北部佛印ヘノ連絡輸送路ヲ建設ス

復舊區間	約八五〇粁
新設區間	約四〇〇粁

(七)緬印、泰、佛印地域

(1)泰、佛印資源ヲ開發シ一貫連絡ヲ設定ス

右ノルートトシテ左ノ四案アリ

線路	(一)ムタカナ・ヴーコン・バトビン	(二)マタザヴイ・ラボン	(三)ドンハ・ラボン	(四)[illegible]・ヴィンベン
工事延長	約四六〇粁	約三三〇粁	約三七〇粁	約二四〇粁
バンコクヨリ距離	一四一〇粁	一三一五粁	一五六七粁	二六一五粁
安南線	困難、工期二年	困難、工期二年	容易、工期一年	ナシ
メコン河架橋	七〇〇米 工容易期一年	八〇〇米 工容易期一年	六〇〇米 工容易期一年	困難工期三年以上
ムーン河架橋	ナシ	工期一年半	工期一年半	ナシ
[illegible]	三六〇粁	三〇〇粁	二六〇粁	二〇〇粁
鐵材(概算)	四〇、〇〇〇噸	三五、〇〇〇噸	三〇、〇〇〇噸	二〇、〇〇〇噸
全工期	二年以上	一年半以上	一年半以上	三年以上

ビルマニ於ケル軍用線ノ建設、泰緬及[illegible]ラ鐵道ノ貫通ヲ圖ル

其ノ他ハ消極的建設ヲ行ハズ

(六)島嶼地域

(1)現存線工中ノスマトラ横斷線、ジャワ島バーヤ線ノ他積極的建設ヲ行ハズ現有線ノ能力增加ヲ圖ル

(2)支線其他閑散線區ヨリ資材ノ大陸供出ヲ要ス

(九)以上計畫ノ實施ノ爲軌條、車輛ノ大量整備ト要員(特ニ技術部門)ノ計畫的養成ヲ必要トス

(ロ)行政機構及管理運營體制

(一)内地、朝鮮(臺灣)官有鐵道ヲ一元化シ運通省所管トスル他情況ニ應ジ私設鐵道ノ買收又ハ國家管理ヲ行フ

(二)滿洲ニ於テハ現狀ヲ保持ス

(三)支那ニ於テハ中國ノ政情ヲ勘案シ可及的速ニ華中、華北兩鐵道

ノ合體ヲ圖ル

(四)新設ノ泰印―泰線、ビルマ―泰線、クラ地峽横斷線ハ日本軍管理トス

(五)南方鐵道ハ戰後ニ付テハ現狀ヲ保持ス

(六)大東亞陸上交通ニ關スル行政ヲ大東亞省ヨリ運輸省ニ移管ス

(5)戰後措置

(イ)施設

(一)日本

(1)東京長崎間廣軌線ノ完成及逐次日本内地ノ廣軌電化ヲナス

(2)關釜海底隧道ノ實現ヲ期ス

(3)日滿支定期旅客ハ日本鐵道經營ニ於テ行フ

長崎上海間車船連絡ヲ行フ

(二)支那

(1)鐵道網ノ再建強化特ニ奥地及西支鐵道網ヲ普及ス

(2)支緬連絡鐵道ヲ建設ス

(三)スマトラ島、ボルネオ島

環狀線ヲ建設スルト共ニ奥地鐵道網ヲ普及ス

(四)比島

(1)呂宋島、カバナツアン、アパリ間ニ新幹線ヲ建設ス

(2)ミンダナオ島、ネグロス島ニ鐵道網ヲ建設ス

(五)亞歐連絡鐵道ヲ建設ス

(1)南方線

上海―河内―盤谷―ラングーン―カルカッタ―カラチ―バンダルシャップール―バグダット

(2)中央亞細亞縦斷線

京包線包頭―甘州―安西―ハミ―カシガル―タシクルガン―カブール―ヘラット―テヘラン―バクダット

包頭―バクダット間約八〇〇〇粁ノ建設ヲ要ス

(ロ)行政機構及管理　營團制

(一)適當ナル時機ニ於テ日本ニ於ケル官有鐵道ヲ營團ニ移管シ營團ヲシテ陸運事業ヲ綜合的ニ經營セシム

(二)右ノ場合交通ニ關スル獨立ノ行政機關ハ存置シ大東亞ニ於ケル交通ノ全般的計畫指導ニ任ズ

(三)各國鐵道ノ自主權ヲ認ムルモ資本的、技術的指導力ヲ把握ス
出來得レバ大東亞ゲージ制定等規格ノ統一ヲ圖ル

(三)戰後皇國ノ領土トナル可キ南方諸地域ニ於テハ鐵道及連絡航路ヲ包括シ一元的運營機構ノ樹立ヲ圖ル

(四)皇國ヲ核心トシ大東亞各國代表ヲ以テ大東亞交通會議(假稱陸海空ノ三者ヲ含ム)ヲ設置シ連帶運輸等國際事項ノ協議並ニ施設計畫ノ綜合調整ニ付協議決定ス

(ハ)自動車及道路

(1)要領

(イ)自動車ハ國防上産業開發上ノ要請大ナルニ鑑ミ其生産力及保有力ノ增大ヲ圖ル、特ニ貨物自動車ヲ重點トス

(ロ)自動車工業ニ關スル技術ノ劃期的向上、規格統一、自動車燃料政策ノ確立、國營機構ノ整備ヲ圖ル

(ハ)道路政策ヲ確立シ道路網ノ整備擴充特ニ自動車道路ノ整備ヲ圖ル

(2)戰時措置

(イ)自動車

(一)自動車工業ヘ日滿中心ニ擴充シ其生産力及保有量ハ少クトモ第一次生産力擴充計畫ノ基準ヲ確保ス

生産力目標		
日	八萬輛	一一萬輛
滿支	三萬輛	

保有量目標　日　二二萬輛　滿　五萬輛　支　三萬輛　三〇萬輛

(二)南方諸地域ニ於テハ差當リ補給ノ程度ニ止ム

特ニ貨物自動車數保有割合少ナルタメ乘合自動車等ノ轉用ヲ圖ル必要アリ

(三)車輛ハ原則トシテ代燃車トシ燃料ハ各地域ノ資源狀態等ヲ考慮シソノ事情ニ應ジ發達ヲ促進セシム

(ロ)道路

(一)日滿ニ於テハ重要道路ノ鋪裝化、橋梁強化ヲ行フ

軍用道路、原産地輸送道路等

(二)南方諸地域ニ於テハ既存道路ノ復舊ニ止ム

(ハ)機構

(一)自動車、道路、鐵道ハ密接一體化ヲ要スルヲ以テ之ニ關スル行政機構ヲ一元化ス

(二)自動車事業ハ其性質上小企業分立ノ傾向アルモ車輛整備、燃料計畫對策ヨリスルモ大企業トシテ育成セシムルヲ要シ之ガ爲ノ行政指導ヲ強化ス

(B)戰後措置

(イ)各地域ノ開發、産業振興ニ伴フ輸送ノ増大ニ處シ鐵道、自動車ノ輸送分野ヲ計畫的ニ調整シ自動車網ヲ劃期的普及ス

(ロ)日滿支ニ於テハ主要道路ノ鋪裝化、及專用自動車路ヲ建設ス

(ハ)南方地域ニ於テハ開發ノ爲貨物自動車ヲ發達セシム

(三)內河水運

(1)滿支南方諸地域內河水運輸送力ハ陸上輸送力ニ比適スルモノアルモ組織的運營統制トシテノ體制整備シオラザルニ付陸上輸送機關ト相應ジ綜合的輸送力ヲ發揮セシムル如キ體制ヲ確立セシム

(2)各地固有民船ノ増加ヲ助成ス

第三　海運

(一) 方針

海運力ガ國防經濟力充實ノ基底タルト同時ニ戰時ニ於テハ直チニ作戰力タリ得ベキ特質ニ鑑ミ、皇國海運力ヲ核心トシテソノ徹底的增充ヲ圖リ、以テ大東亞國防經濟態勢整備ニ資スルト共ニ共榮圈海運ノ自主性ヲ確保シ、皇國ヲ中核トスル共榮圈ノ結合强化及ビ資源開發、物資交流ニ其ノ計畫經濟ノ運營ニ遺憾ナカラシメ、延イテハ世界新秩序建設ニ於ケル皇國ノ主動的地位ヲ確立スルニ寄セントス

(二) 要領

(1) 海運

(イ) 船腹增充

(一) 船腹增充目標

(1) 差當リ作戰遂行ト軍需生産擴充ニ遺憾ナキヲ期スルコト
爲シ得レバ武力戰繼續中ニ圈內海上輸送力自給自足ニ必要ナ

二八九

ル船腹量ヲ確保シ置クコト

(2) 武力戰終結後ニ於テハ圈內計畫經濟ノ運營ト國防國家體制ニ必要ナル量ヲ確保シ可及的速カニ戰時需要ニ充當スベキ豫備船腹量ヲ保有シ得ルガ如ク措置スルコト

（註）戰時需要充當豫備船舶ノ一部ハ生産力トシテ保有ス

(二) 增充船腹構成

(1) 甲造船

差當リ貨物船及ビ油槽船ニ主力ヲ注ギ、漸次皇國ニ於テ確保ヲ要スベキ幹線航路用貨客船竝ニ特殊船ニ及ブコト

共榮圈諸國用船舶ノ建造ハ武力戰終結後ニナスコト

(2) 乙造船

差當リ鋼船不足補塡ノ爲沿岸用機帆船及航洋木造交通船ノ大量建造ヲナスモ甲造船能力ノ擴充ニ伴ヒ漸次之ヲ縮減スルコト

二九〇

商港ノ　　力弱化ノ爲併行的ニ其ノ整備ヲナスコト

(三)船質改善

(1)十九年度ニ於テハ改型標準船ヲ專造スルモ、二〇年度以降ニ於テハ漸次船質ノ改善殊ニ速力ノ向上ヲ圖リ、(一部ノディゼル化)國防上ノ要請ニ應ズルト共ニ將來ニ於ケル圏内海運自主性確保、圏外進出ニ備フルコト

(2)武力戰終結後ニ於ケル商船建造ハ特設空母、假裝巡洋艦、哨戒艇、驅潛艇ヘノ轉換其他國防上ノ要請ニ留意スルコト

(四)造船施設

(1)上陳要請ニ應ズル爲造船施設竝ニ技術者及ビ勞務者ノ計畫的急速擴充ト造船研究機關ノ整備ニヨル造船技術ノ劃期的向上ヲ圖ルコト

(2)造船設備

(甲)造船

主トシテ皇國舊版圖殊ニ内地ヲ中心トシテ擴充スルコト、

二九一

其ノ　地域ニ於テハ既存施設ノ活用ト船舶修　　備ノ將來　圖ルコト

(乙)修船

內地及ビ南方ニ主力ヲ注グコト、但内地設備ハ漸次木鐵交造船ニ指向セシメ將來ハ小型鋼船建造ニ轉換シ得ル如ク措置スルコト

(五)企業形態

低能率企業ノ優良企業ヘノ合併ヲ強行スルト共ニ國家管理ヲ強化シ必要ニ應ジ國家資本ノ參加竝ニ國營工場ノ建設ヲ行フコト(平時休業、生産力維持)

諸地ノ民族資本工場ニ對シテハ技術指導、資本參加等ニヨリ實質的管理ヲナスコト

(四)航路及ビ船舶運營

二、航空

二九二

差當リ重要物資（主トシテ原料資材等）ノ輸送ノ爲ニスル不定期航路ノ運營ニ重點ヲ指向シ、漸次定期航路ノ强力ナル發展ヲ圖ルコト

(三)不定期航路ト經營擔當

(1)圏內重要物資長距離輸送－皇國直營

(2)前項培養及地方沿岸線

(イ)皇國版圖

皇國直營

(ロ)其他諸地域

皇國ニ於テ擔當スルモ、實情ニ應ジ其ノ能力アルモノハ皇國指導下ニ民族海運ヲシテ經營セシム

(3)渉圏外線

皇國直營又ハ圏外國船ニ依リ輸送量及ビ分野ハ外交々渉ニヨリ協定ス

二九三

(4)純圏外線

皇國直營

（註）純圏外進出ハ純圏外國船ノ圏內侵入許容ヲ條件トセラルル虞アリ、從テ純圏外進出ハ共榮圏海運ノ自主性確立ノ上タルヲ要ス

(三)定期航路ト經營擔當

(1)圏內主要幹線航路

皇國中心放射狀線
諸地域連絡環狀又ハ三角航路
→ 皇國直營

(2)前項培養及地方沿岸線
(3)渉圏外線
→ 不定期航路取扱ニ準ズ

(4)純圏外線

(5)船舶運營企業形態及管理

(1)皇國版圖

二九四

二十五、船舶ノ管理運營方策参照

(ホ) 作業地域

(イ)國家及ビ(又ハ)民族資本ニヨル公社又ハ營團的形態ヲ執ラシメ技術指導、資本参加等ニヨリ皇國指導權ノ確立ト實質的管理ヲ圖ルコト

(ハ) 船員

船腹擴充ニ即應シ養成施設ヲ増強シ要員確保ヲ圖ルト共ニ特ニソノ素質ノ向上ヲ期スルコト

尚下級船員及ビ機帆船乘組員等ニ付キテハ可及的ニ圏内諸地域人的資源ヲ活用スルコト

(ニ) 航路標識其他航海保安施設竝ニ海運上必要ナル非常通信網ノ急速ナル整備ヲナスコト

(四) 港灣

(イ) 港灣施設

二九五

國防上ノ要請、船腹擴充ニ伴フ取扱物資量ノ増大、海陸交通力ノ一體的運用竝ニ船型變化ニ即應セシムル如ク重點的且綜合的ニ整備擴充スルコト

整備擴充ニ付重點ヲ指向スベキモノ左ノ如シ

(一)埠頭施設ノ改良、上屋、物揚場、曳船等ノ擴充、勞務者ノ確保竝ニ荷役ノ機械化ニヨル荷役能力増大

(二)海陸連絡港等ニ中繼港灣能力増强

(三)國防産業ノ擴充ニ即應セル工業地帯港灣能力擴充

(四)圏内諸地域既設港灣復舊ト國防上、資源開發利用上必要ナル新規港灣ノ急速建設

圏内諸地域港灣施設整備擴充ハ皇國之ニ當ルモ爲シ得レバ圏内諸國家及ビ(又ハ)民族資本ヲ動員スルコト

(ロ) 港灣運營

港灣能力ノ標準能率化ト圏海運ノ進展ニ寄與スルヲ目途トシ埠頭、

二九六

倉庫經營、港灣作業等ノ一貫經營ヲ行フコト

(一)皇國版圖

(イ)港灣運送會社ト港灣作業會社及特別港灣運送會社ハ之ヲ合併セシメ一港一社ノ港運公社組織トナスコト

但港灣荷役力ニ機動性ヲ保有セシムル爲荷動上及ビ(又ハ)地理的環境上密接ナル關係ヲ有スル諸港灣港運公社ハ之ヲ集約統合スルコト

例之(京濱・清水)(名古屋・四日市・半田)(阪神・尼崎・播畑)(關門・洞海・宇部・博多)(船川・土崎・酒田・新潟・直江津)(伏木・富山・七尾)(釜山・馬山・麗水木浦)等

(ロ)臨港地帶倉庫ハ港運公社ヲシテ保有經營セシムルコト

(ハ)中繼港ニ於ケル陸上小運送業ハ港運公社ニ吸收經營セシムルコト(日通關係事業部門ヲ含ム)

(ニ)海運經營側設置セラレタルトキハ資本連繫其他ノ方法ニヨリ港運公社ト密接ナル連絡ヲ保タシムルコト

(ホ)政府ハ港運公社ガ政府ノ命令若クハ國家目的ニ則シタル行爲ヲ爲シタルニ因リテ蒙リタル損失其他必要ト認ムル費用ヲ補償スルコト

(ヘ)港運公社ハ將來爲シ得レバ日通ト合體セシムルコト

(二)其他諸地域

皇國内ニ準ジ埠頭、倉庫、艀等ノ施設及港灣作業ハ適當ナル企業體ヲシテ一貫的ニ運營セシムルコト

港運企業ハ原則トシテ皇國直營又ハ皇國技術及資本參加ニヨル合辦トス(實質的管理權確保)ルコト

第四　空　運

(一)方　針

速カニ大東亜共榮圏内ノ航空網ヲ擴充強化シ皇國ヲ核心トシテ圏内諸國家諸民族トノ政治的、經済的、文化的結合ヲ強化スルト共ニ國防體制確立ノ爲之ガ人員、器材及其他諸施設ノ飛躍的發展ヲ促進セントス

(二)要　領

帝國ガ大東亜共榮圏ノ指導國家トシテ眞ニ大東亜ノ共存共榮ヲ確立スル爲ニハ圏内ノ諸國家諸民族ヲ急速ニ帝國ニ連繋シ得ル如キ大東亜航空圏ノ完成ヲ必要トス

此處ニ所謂大東亜航空路トハ東京ヲ中心トシテ概ネ六千粁ノ圏内ニ包含セラル、廣大ナル地域ヲ謂ヒ此ノ航空路ノ制空權獲得ハ又我國土防衛ノ理想的ニシテ、作戰建設両面ヨリ之ガ急速實現ヲ期セザルベカラズ

而シテ之ガ整備强化ノ爲、武力戰繼續中、昭和十九年度以降五ケ年間ヲ劃シ左ノ諸計畫ヲ實施スルモノトス

(1)人員養成計畫

(イ)初級操縦教育

一般ニ航空思想ヲ普及徹底スルト共ニ國民學校ニ於テハ主トシテ模型飛行機ノ製作、飛翔、中等學校一二三年生ニハ初級滑空訓練、三四年生ニハ中級滑空ノ操縦ヲ習得セシメ之ヲ正科教育トシテ行傍ラ發動機教育、通信教育ヲ併科ス

(ロ)乘員養成

新空軍乘員養成所ヲ急速増設シ操縦士、機關士、通信士、整備士ノ養成ヲ擴充スルト共ニ氣象觀測員及整備員ノ大量養成ヲ期ス

昭和十九年度以降概ネ左ノ目標ヲ以テ計畫實施ス

(二)乘　員

	初年度	第二年度	第三年度	第四年度	第五年度
操縦士	一〇〇〇人（二〇〇）	二〇〇〇人（四〇〇）	三〇〇〇人（六〇〇）	四〇〇〇人（八〇〇）	五〇〇〇人（一〇〇〇）

操縦士	八〇〇	一,五〇〇	二,五〇〇	三,五〇〇	四,五〇〇
通信士	八〇〇	一,五〇〇	二,五〇〇	三,五〇〇	四,五〇〇
整備士	五〇〇	七〇〇	一,〇〇〇	一,五〇〇	二,五〇〇

（備　考）

(1) 操縦士総括班内人員ハ高等教育者トス

(2) 初歩教育ハ一ケ年トシ飛行時間一二〇時間トス

(3) 初歩教育修了者ハ全部陸海軍ニ編入シ約一ケ年間、軍事飛行教育ヲ受クルモノトス

(4) 軍隊ニ於ケル飛行教育時間ハ総ネ二〇〇時間トス

(5) 軍隊ニ於ケル爆撃及偵察教練教育修了者ハ其ノ翻訳ヲ通ジ十トシテ、爆撃機ノ實務ニ從事セシメ兼テ操縦ノ訓練ヲ行フ

戦闘機操縦者ハ再ビ乗員養成ニ於テ概ネ六ケ月間輸送機ノ操縦訓練ヲ行フモノトス

飛行時間約二〇〇時間トシ教育修了後直チニ正操縦士トシテ

三〇一

實務ニ從事セシム

(6) 以上ノ教育中約十乃至十ハ水上機ノ教育ヲ行フ

二）所要機

	初年度	第二年度	第三年度	第四年度	第五年度
初歩練習機	二〇〇	四〇〇	六〇〇	八〇〇	一,〇〇〇
實用機	二〇	四〇	六〇	八〇	一〇〇

（備　考）

(1) 教育人員六人ニ付一機トシ機材ノ約二割ヲ予備機トス

(2) 初歩教育用ハ中練機（単発二〇〇馬力）トス

(3) 高等教育用ハ實用機（単発八〇〇—一〇〇〇馬力又ハ双発二〇〇〇馬力）トス

三）飛行場

(1) 乗員養成用飛行場ヲ全国ニ配置シ各年度迄ニ概ネ二〇〇箇所ニ増加ス（内三ケ所ヲ水上飛行場トス）

三〇二

(2)飛行場ハ内地ノ外[illegible]艦船方面要スレバ両方ニ配備スルモノトス

(3)一飛行場所要ノ諸判人員ハ當初概ネ二〇〇人トシ將來完成セバ概ネ二五〇人乃至三〇〇人トス

(4)器材ノ研究改善

機體ニ付テハ逐次大型化、高速化ニ重點ヲ指向スルト共ニ金屬機材ヲ可及的ニ木製化[illegible]滑空機[illegible]セテ[illegible]上[illegible]ノ[illegible]ヲ除去シ目[illegible]努力ス

(イ)航續距離ノ増大

現用機ノ航續距離ハ概ネ二〇〇〇粁ナルモ之ヲ差向キ四〇〇〇粁ニ引上ゲ將來六〇〇〇粁迄向上スルヲ目標トス

(ロ)速度ノ向上

現用機ノ巡航速度二五〇粁乃至三〇〇粁ナルモ之ヲ差向キ四〇〇粁迄向上セシム

三〇三

[illegible]離陸[illegible]飛行ヲ可及的速カニ[illegible]シ[illegible]行ノ[illegible]ヲ[illegible]ス

(ハ)搭載量ノ增加

輸送機ノ積載的容積ノ爲メ之ヲ大型化ヲ計畫シ差當リ(二〇人乘及三〇人乘)ヲ以テ人員輸送ニ充當シ(五〇人乘貨物ナラバ五屯及一〇〇人乘、貨物ナラバ一〇屯)ハ重點ヲ貨物ニ指向ス

(ニ)滑空機ノ利用

差向キ二〇人乘(全備重量二・五屯乃至三屯)程度ノ滑空機ヲ以テ專ラ陸上輸送ノ曳航ヲ行ヒ逐次大型化ス

(5)航空基地計畫

大東亞共榮圏内ノ重要飛行場ヲ夫々强大ナル航空基地タラシムル爲左記ノ諸設備ヲ急速ニ施ス

(イ)飛行場ノ擴張整備

飛行機ノ高速化、大型化及交通頻繁化ニ伴ヒ滑走路ヲ二〇〇〇米

三〇四

内ニ二、〇〇〇米ニ延長シ且飛行面ノ硬化ヲ爲スト共ニ之ガ中繼ヲ爲スル

(ロ) 氣象觀測所ノ増設
確實ナル氣象觀測員ヲ配置シ之ガ強化ヲ圖リ航空ノ安全ヲ期ス

(ハ) 無線通信施設ノ整備

(ニ) 夜間飛行設備ノ強化
航空路ノ夜間飛行實現ノ爲之ニ要スル諸施設ニ付テモ亦整備スルモノトス

(ホ) 主要航空路計畫
現行航空路ノ外重要航空路トシテ東京横濱ヲ基點トスル共榮圏内主要都市ヘノ直行線ト循環線ヲ實施ス

(イ) 陸上線（幹線）

路線	寄航地	距離粁	回數	乘員人	器材	摘要
東京豐原線	札幌	一、五六〇	週三往復	二〇	甲四	一日連絡

路線	寄航地	距離粁	回數	乘員人	器材	摘要
東京新京直通線		一、六〇〇	日一	三〇	乙八	急行便
東京、新京線	大阪、京城、奉天	二、二〇〇	日一	二〇	甲八	一日連絡
東京北京直通線		二、〇〇〇	日一	三〇	乙八	急行便
東京、北京線(一)	福岡、京城、大連	二、五一五	日一	二〇	甲一二	二日連絡
仝 上(二)	福岡、青島	二、四七五	日一	二〇	甲一二	二日連絡
東京南京直通線		二、〇〇〇	日一	三〇	乙八	急行便
東京、南京線	福岡、上海	二、一四五	日一	二〇	甲八	一日連絡
東京、廣東線	福岡、那覇、臺北	三、四五五	日一	二〇	甲一一	二日連絡
東京マニラ直通線		二、九〇〇	週三	三〇	乙八	急行便
東京、西貢線	臺北	四、九二五	週三	三〇	乙一二	急行郵便
東京盤谷蘭貢線	臺北、盤谷	六、三三五	週三	三〇	乙一二	仝上
東京、昭南Ⅰ線	香港	六、〇九五	週三	三〇	乙一二	仝上
東京スラバヤ線	マニラ	七、〇六五	週三	三〇	乙一二	仝上
東京、盤谷、ジャカルタ線	福岡上海臺北廣東河内盤谷昭南	八、〇九五	週二	二〇	甲一〇	四日連絡

路線	経由地	距離	回数	機数	備考
東京、西貢、ジヤカルタ線	福岡、上海、臺北、三亞、西貢、昭南	七〇〇五	週二	二〇甲一〇	仝上
東京サンダカンスラバヤ線	臺北、マニラ、サンダカン、タラカン、バリクパパン、バンジエルマシン	六四六五	週二	二〇甲一〇	仝上
東京、ダバオ、スラバヤ	臺北、マニラ、ダバオ、メナド、マカッサル	七一八五	週二	二〇甲一〇	仝上
(ロ) 水上線（幹線）					
横濱、曼谷線	マニラ、西貢線	五二〇〇	週二	一〇〇丁八	二日連絡主トシテ貨物輸送ニ充當ス
横濱スラバヤ線(一)	香港、昭南	七七四五	週二	一〇〇丁八	仝上
仝 上(二)	サイパン、パラオ、マノクワリ、アンボン	八〇〇〇	週二	一〇〇丁八	仝上
横濱ラバール線	サイパン	五二五〇	週二	五〇丙八	二日連絡
横濱パラオ線	サイパン	四〇五〇	週二	五〇丙八	仝上

（備考）

甲ハ陸上機 二〇人乗

乙ハ〃 三〇人乗

丙ハ水上機 六〇人乗

計 甲 一九六 乙 八〇 丙 一六 丁 二四

三〇七

[illegible]ハ水上機一〇〇人乗トス

(三) 武力戦時考慮スベキ諸問題

(1) 武力戦停止後ハ乗員、器材共相當ノ余裕ヲ生ズベキハ明カナルヲ以テ、益々航空網ヲ擴充強化シ大東亜共榮圏内ノ人員輸送ハ挙ゲテ航空輸送ニ轉化セントス

(2) 國際線ヘノ活發ナル進出ヲ企圖シ航空路トシテ

(イ) ヨーロッパ線

(ロ) アメリカ線

(ハ) 濠洲線

等ヲ開設ス

(3) 成層圏飛行ノ實施

(4) 北極圏飛行ノ開始

(5) 航空商船ノ研究

三〇八

第五 通信

(一) 大東亜通信建設ノ基本方針

通信ノ時間的特性ニ基ク軍事的、政治的、文化的意義ヲ特ニ重視シ皇國ヲ核心トシテ大東亜結合ノ強力ナル紐帯タラシムル如ク之ヲ急速ニ拡充ス

(二) 大東亜通信ノ運營形態

(1) 大東亜通信締合ノ結成

大東亜ノ各國通信代表ヨリナル大東亜通信締合ヲ結成シ大東亜ニ於ケル通信事業運營ノ重要事項ヲ協議決定ス

右通信締合ノ事務ヲ處理スルタメ常設ノ事務所ヲ東京ニ設置ス

(2) 大東亜通信營團ノ設立

(イ) 皇國ヲ中心トシ大東亜圏内各地域相互間竝ニ圏外通信ノ一元的運營ヲ圖ルタメ、大東亜通信營團ヲ設定ス

(ロ) 通信營團ノ設立ハ大東亜各國ノ協定ニ依ルモノトシ法人格ハ國

際法人又ハ各國夫々ノ法人タラシム

(ハ) 通信營團ノ監督ハ大東亜通信締合之ヲ行フ

(ニ) 本社ヲ東京ニ置キ重要ナル地域ニ支社ヲ置ク

(ホ) 通信營團ノ事業ハ圏内地域相互間竝圏外通信施設ノ建設、保守竝之ガ運營ヲ目的トス

状況ニ應ジ航空通信其他特殊通信施設ノ建設保守ヲ行フ

(3) 地方通信會社ノ設立

(イ) 大東亜圏内各地域ニ通信會社ヲ設立シ各地域内ノ通信ヲ行ハシム

(ロ) 右通信會社ニ對シテハ通信營團ヨリ資本技術ヲ提供スルト共ニ人事ノ交流ヲ行フ

(三) 通信制度ノ統一

大東亜圏内ニ於ケル各種通信制度ノ統一ヲ圖リ事務運營ノ迅速、簡易化ヲ圖ル

(四) 放送

(1) 大東亞ニ於ケル放送施設ヲ擴充シ大東亞諸民族ノ相互提携ヲ强化スルト共ニ敵性放送ノ防遏ニ努ム

(2) 短波受信器ノ取締ヲ强化ス

(3) 優秀ナル受信器ノ普及ヲ圖ル

(四) 通信機器製造能力ノ飛躍的擴充

三一一

第十章　人的資源ノ研究

第二十七節　昭和二十三年度ニ於ケル人員動員計畫ノ概要（未定稿）

（註）本節ニ揭示セル數字中國力ノ現狀ヲ表示セル數字ハ機密保持上實數字ニ若干ノ改訂ヲ加ヘアリ

(一) 方針

皇國勤勞理念ヲ確立把握、勤勞精神ヲ涵養振起シ全民一體戰時生產ニ邁進勤勞總力ノ發揮ヲ圖ル

(二) 要領

(1) 軍需其他緊要物資ノ生產竝ニ輸送增强ニ重點ヲ置ク

(2) 勞務給源ノ擴大竝ニ適時適確ナル配置ヲ期シ徵用實施ヲ强化擴充ス

(3) 企業整備ヲ急速ニ遂行シ重要企業ヘノ轉換ヲ促進ス

(4) 國民學校及中等學校卒業者ニ付就業者ノ增加ヲ圖ル

(5) 朝鮮人、華人勞務者ノ移入ヲ增强スルト共ニ併セテ俘虜ノ活用ヲ圖ル

三一二

（ハ）女子動員ノ強化ト共ニ其ノ特性ニ鑑ミ情味アル管理方策ヲ實施生活環境ノ整備ヲ圖ル

（ト）勤勞者生活ヲ安定セシムルタメ生活資金ヲ確立ス

（三）需要

（1）新規需要（括弧内ハ昭和十八年度中ノ現在數ヲ示ス）

	男	女	計
（イ）一般勞務者	二、五三五、〇〇〇（六、六九九、〇〇〇）	一、一一五、〇〇〇（一、七〇五、〇〇〇）	三、六五〇、〇〇〇（八、四〇四、〇〇〇）
（二）軍需產業	一、一〇〇、〇〇〇（四、六八〇、〇〇〇）	四〇〇、〇〇〇（六六〇、〇〇〇）	一、五〇〇、〇〇〇（五、三四〇、〇〇〇）
航空機	五二〇、〇〇〇（八一五、〇〇〇）	一八〇、〇〇〇（一八〇、〇〇〇）	七〇〇、〇〇〇（九九五、〇〇〇）
作業廳	二九〇、〇〇〇（七八〇、〇〇〇）	一一〇、〇〇〇（一二八、〇〇〇）	四〇〇、〇〇〇（九〇八、〇〇〇）
管理工場	一〇〇、〇〇〇（二五〇、〇〇〇）	五〇、〇〇〇（一一〇、〇〇〇）	一五〇、〇〇〇（三六〇、〇〇〇）
其他	一九〇、〇〇〇（八三五、〇〇〇）	六〇、〇〇〇（二三二、〇〇〇）	二五〇、〇〇〇（一、〇七七、〇〇〇）

三一三

	男	女	計
（三）生擴產業	七五五、〇〇〇（二、九〇〇、〇〇〇）	一九五、〇〇〇（三〇〇、〇〇〇）	九五〇、〇〇〇（三、二〇〇、〇〇〇）
鐵鋼	六〇、〇〇〇（二七〇、〇〇〇）	一〇、〇〇〇（二五、〇〇〇）	七〇、〇〇〇（二九五、〇〇〇）
船舶	二〇〇、〇〇〇（三四〇、〇〇〇）	一二〇、〇〇〇（二〇、〇〇〇）	三二〇、〇〇〇（三六〇、〇〇〇）
石炭	一四〇、〇〇〇（三四〇、〇〇〇）	五、〇〇〇（二〇、〇〇〇）	一四五、〇〇〇（三六〇、〇〇〇）
輕金屬	二五、〇〇〇（二四、〇〇〇）	三、〇〇〇（二、四〇〇）	二八、〇〇〇（二六、四〇〇）
其他	三三〇、〇〇〇（七一〇、〇〇〇）	五七、〇〇〇（二三二、六〇〇）	三八七、〇〇〇（九四二、六〇〇）
（三）生擴附帶產業	一三〇、〇〇〇（三七〇、〇〇〇）	一二〇、〇〇〇（二三〇、〇〇〇）	二五〇、〇〇〇（六〇〇、〇〇〇）
（四）生活必需品產業	一〇、〇〇〇（三四三、〇〇〇）	一〇、〇〇〇（二七五、〇〇〇）	二〇、〇〇〇（六一八、〇〇〇）
（五）交通業	三〇〇、〇〇〇（八〇〇、〇〇〇）	二〇〇、〇〇〇（一六〇、〇〇〇）	五〇〇、〇〇〇（九六〇、〇〇〇）
（六）國防土建	一四〇、〇〇〇（二一〇、〇〇〇）	四〇、〇〇〇（一二、〇〇〇）	一八〇、〇〇〇（二二二、〇〇〇）
（七）官廳	一〇〇、〇〇〇（三七八、〇〇〇）	一五〇、〇〇〇（六三、〇〇〇）	二五〇、〇〇〇（四四一、〇〇〇）
（八）水產其他	（一八、〇〇〇）	（五、〇〇〇）	（二三、〇〇〇）

三一四

(ロ) 官廳事務職員	(四三五,〇〇〇)	(二五八,〇〇〇 七〇,〇〇〇)	(六九三,〇〇〇 七〇,〇〇〇)
(ハ) 公務要員	(二九九,〇〇〇 一五,〇〇〇)	(二五〇,〇〇〇 一〇〇,〇〇〇)	(五四九,〇〇〇 一一五,〇〇〇)
(ニ) 外地要員	六五〇,〇〇〇	一〇〇,〇〇〇	七五〇,〇〇〇
(ホ) 農業	(五,三四〇,〇〇〇)	(六,三〇〇,〇〇〇)	(一一,六四〇,〇〇〇)
需要増加計	三,二〇〇,〇〇〇	一,三八五,〇〇〇	四,五八五,〇〇〇
(ト) 軍要員及減耗補充	三,二五〇,〇〇〇	三,二五〇,〇〇〇	六,五〇〇,〇〇〇
軍要員補充	二,〇〇〇,〇〇〇	二,〇〇〇,〇〇〇	四,〇〇〇,〇〇〇
純減耗補充	一,二五〇,〇〇〇	一,二五〇,〇〇〇	二,五〇〇,〇〇〇
(3) 需要總計	六,四五〇,〇〇〇	四,六三五,〇〇〇	一一,〇八五,〇〇〇

(四) 供給

	男	女	計
(1) 新就業人口増加	三,一五〇,〇〇〇	二,三五〇,〇〇〇	五,五〇〇,〇〇〇
新規國民學校卒	二,七五〇,〇〇〇	一,七五〇,〇〇〇	四,五〇〇,〇〇〇
新規中等學校卒	五〇〇,〇〇〇	五〇〇,〇〇〇	一,〇〇〇,〇〇〇
(一ヶ年ニ付國民學校、九〇万人、中等學校、二〇万人平均就業)			
(2) 企業整備轉業者	一,〇五〇,〇〇〇	四五〇,〇〇〇	一,五〇〇,〇〇〇
工業企業主	一五〇,〇〇〇	—	一五〇,〇〇〇
商業 〃	三〇〇,〇〇〇	—	三〇〇,〇〇〇
工業従業員	三五〇,〇〇〇	二五〇,〇〇〇	六〇〇,〇〇〇
商業 〃	二五〇,〇〇〇	二〇〇,〇〇〇	四五〇,〇〇〇
(3) 無業者	三〇〇,〇〇〇	一,九〇〇,〇〇〇	二,二〇〇,〇〇〇
(女子無業者ハ一四才－二四才一五〇万、二五才－四〇才未婚者四〇万)			
(4) 半島人	一,〇八〇,〇〇〇		一,〇八〇,〇〇〇
昭和一九年度	一五〇,〇〇〇		

	男	女	計
昭和二〇年度	一八〇、〇〇〇		
〃 二一年度	二〇〇、〇〇〇		
〃 二二年度	二五〇、〇〇〇		
〃 二三年度	三〇〇、〇〇〇		
(5) 中國人	三〇〇、〇〇〇		三〇〇、〇〇〇
昭和一九年度	四〇、〇〇〇		
〃 二〇年度	四〇、〇〇〇		
〃 二一年度	四〇、〇〇〇		
〃 二二年度	八〇、〇〇〇		
〃 二三年度	一〇〇、〇〇〇		
(6) 俘虜	一〇〇、〇〇〇		一〇〇、〇〇〇
(7) 供給總計	六、四八〇、〇〇〇	四、六〇〇、〇〇〇	一〇、六八〇、〇〇〇
(8) 差引供給不足			四〇五、〇〇〇

三一七

(五) 農業人口

農業人口ノ軍要員及減耗補塡トシテハ現在農業人口（一一五一六〇〇）

男	五、三四〇、〇〇〇人
女	六、三〇〇、〇〇〇人
計	一一、六四〇、〇〇〇人

ノ[illegible]目途トシ昭和二十三年迄ノ

ノ軍要員	一、二〇〇、〇〇〇人
減耗補	一、一五〇、〇〇〇人
計	二、三五〇、〇〇〇人

ノ[illegible]市ニ關シテハ毎年國民學校修了者男子二五〇、〇〇〇人女子二二〇、〇〇〇人ヲ以テ充當スルモノトス

(丙) 参考ノ爲昭和二十三年度人的資源需給狀況竝前大戰ニ於ケル英、獨兩國ニ於ケル女子勞務統計ノ一端ヲ掲示セバ次頁以下附錄第一一六ノ如シ

三一八

附録第一

昭和23年ニ於ケル15—54才 一般労務者、下級事務員、公務要員推計表

	昭和18年末員数 男	女	計	昭和23年推計員数 男	女	計
一般労務者	6.699	1.705	8.404	9.234	2.820	12.504
軍需	2.680	660	3.340	3.780	1.060	4.840
生擴	1.900	300	2.200	2.655	495	3.150
生擴附帯	370	230	600	500	330	850
生活必需	343	175	618	353	285	638
交通	800	160	960	1.100	360	1.460
土建	210	12	222	350	52	402
官廳	378	63	441	478	213	691
水産 其他	18	5	23	18	5	23
下級事務員	425	268	693	435	333	768
公務要員	299	250	549	314	350	664
計	7.433	2.213	9.646	9.983	3.498	13.481
同上中15—54才(85%)				(8.585	2.673	11.258)

附録第二

昭和23年ニ於ケル15—54才迄ノ人口配分推計表

	男	女	計
一般労務者 下級事務 公務要員	8,585	2,673	11,258
農業	4,760	5,920	10,680
軍要員	8,000		8,000
平和産業	500	500	1,000
在外内地人	1,050	570	1,620
学生々徒	1,150	600	1,750
	24,045	10,265	34,308

附録第三

昭和23年度人的資源需給概見表

(1)	15—54才有業男子人口推計	24.045.000
(2)	〃 内地人男子人口推計	22.697.000
(3)	〃 可働人口 推計	22.000.000
(4)	(1)ト(3)ノ可働人口ノ差 (不足)	2.045.000
(5)	外地人移入計	1.480.000
	半島人	1.080.000
	中國人	300.000
	俘虜	100.000

(4)ト(5)ノ差 565.000ハ55才以上男子ヨリ供出スルカ外地人移入ヲ増加スルヲ要ス

附錄第四

昭和二十三年生産年齢人口推定表　（單位千人）

	男	女	計
一五—一九才	四、二二六	四、一一三	八、三三九
二〇—二四才	三、八五七	三、七五七	七、六一四
二五—二九才	三、二一〇	三、二三三	六、四四三
三〇—三四才	二、八三二	二、八一七	五、六四九
三五—三九才	二、六三六	二、五九二	五、二二九
四〇—四四才	二、二三〇	二、一一一	四、三四一
四五—四九才	二、〇三四	一、九二六	三、九六〇
五〇—五四才	一、六七二	一、六〇七	三、二八〇
五五—五九才	一、三三〇	一、三三〇	二、六六〇
計	二四、〇二七	二三、四八六	四七、五一三

（註）昭和二十三年ニ於ケル內地總人口推計
男　四一、二五一千人　女　四〇、九四三千人　計　八二、一九四千人

附錄第五

前世界大戰中ニ於ケル英國女子勞働者ノ進出

業別	1914年	1918年	增減率
建築業	7,000	20,000	+ 320.2
鑛業	7,000	13,000	+ 89.2
金屬工業	170,000	594,000	+ 249.2
化學工業	40,000	104,000	+ 158.9
纖維工業	863,000	827,000	— 4.2
被服工業	612,000	568,000	— 7.3
飲食品煙草	196,000	235,000	+ 19.8
製紙工業	147,500	141,500	— 4.3
木材工業	44,000	79,000	+ 80.3
其他工業	89,000	150,000	+ 68.4
國營工場	2,000	225,000	+ 111,500
農業	80,000	113,000	+ 41.3
地方官署	198,000	250,000	+ 26.5
公務業	66,000	234,000	+ 255.0
其他職業（商業・運輸業等）	754,000	1372,000	+ 81.9
計	3276,000	4935,500（1659,5000增加）	+ 50.6

			軍動員
男勞務者	10584,000	8,080,000（2504,000減）	4900,000

（帝國人口　男 19133千　女 20819千　計 39952千）

卽チ英國ニテハ1918年ニハ全男子數ノ67%ヲ軍及勞務ニ動員シテキタノデアル

	男子（16才以上）1913年	1918年	增減數	增減率	女子（16才以上）1913年	1918年	增減數	增減率
鑛山	1.133.701	955.340	−178.361	−15.73	15.969	109.622	+ 93.653	+586.46
土石	537.087	108.167	−356.920	−66.46	72.590	61.547	− 11.043	− 15.21
金屬加工	520.820	405.495	−115.325	−22.14	81.993	231.773	+149.780	+182.67
機械器具	1.007.753	1.037.020	+ 29.267	+ 2.86	74.642	493.374	+418.732	+ 56.09
化學	145.944	256.353	+110.409	+75.65	26.749	208.877	+182.128	+67.087
林業油脂等	69.866	53.928	− 15.938	−22.81	9.079	19.079	+ 10.000	+129.14
纖維	400.225	98.437	−301.788	−75.40	461.607	266.537	−195.070	− 42.25
紙	115.071	59.697	− 55.374	−48.12	64.757	77.120	− 12.363	− 16.03
皮革	91.534	50.773	− 40.761	−44.53	21.432	41.214	+ 19.782	+ 92.30
木材	382.751	212.782	−169.969	−44.40	36.320	87.158	50.838	+139.97
食糧品	467.849	258.104	−209.745	−44.83	191.721	236.996	45.275	+ 23.60
被服	112.075	42.133	− 59.942	−53.48	260.260	209.335	− 50.925	− 19.56
洗濯	13.064	7.080	− 5.984	−45.80	39.596	33.419	− 6.177	− 15.60
建築	262.886	106.367	−156.519	−59.53	703	5.198	+ 4.495	+639.40
再生業	134.197	70.067	− 64.130	−46.78	45.437	47.819	+ 2.382	+ 4.243
其他工業	14.671	11.883	− 2.788	−19.00	2.766	9.842	+ 7.076	+255.82
計	5.409.56[illegible]	[illegible]5.876	−1.533.[illegible]	−28.35	1.405.621	2.138.910	+733.289	+ 52.16

三二四

第二十八　家族制度ト女子勞務トノ關係

（一）我ガ國ニ於ケル家族制度ノ特徴

我ガ國ニ於ケル家族制度ハ血族的結合ニ其ノ根底ヲ有シ家長ヲ中心トスル父子夫婦、子女ノ縦ノ秩序ガ道義ノ規範ヲナシ此ノ道義ノ根源及血縁ノ淵源ガ皇室ニ繋ガリ君民一體ノ家族國家ヲ形成ス

近代産業組織ノ變更ニ伴ヒ古來ノ我ガ國ノ大家族制度ハ漸次其ノ基礎ヲ失ヒ小家族制トナルニ至レルモ西洋ノ所謂夫婦家族ト異リ親子ノ縦ノ道義的關係ヲ紐帶トナシ、肉親一體ノ關係ヲ鞏固ナラシメ皇國民族構造ノ強靱ナル一單位ヲナス

（二）家族制度ニ於ケル女子ノ地位

古來女子ハ傳統的ナル家族制度ノ健全強力ナル建設者トシテ幼少ノ頃カラ感情融和ニ基ヅク家族生活ノ圓滿ナル内容充實ニ專心努力スベキ訓育ヲ受ケ平穩ナル家族生活ノ支持者タルノ資格ヲ備ヘ皇國民族力培養ノ「母」トシテノ使命ヲ有ス

三二五

（三）家族制度ト女子勞務トノ關係

我ガ國ニ於ケル家族制度ノ完全ナル維持ノ爲ニハ飽ク迄モ女子ヲ「家」ニ止マラセ女子本來ノ任務ニ就カシムルヲ至當トスルモ時局下戰力增強ニ必要ナル生産ノ遂行ニハ女子ノ動員モ亦已ムヲ得ザルベシ、但シ此ノ際從來ノ女性勤勞ヲ卑下スル因襲ヲ打破シ國民皆働ノ精神ニ則リ女子モ國民ノ一員トシテ生産ノ一部ヲ擔當シ欣ビト誇リヲ以テスル國家奉仕ノ新シキ女性勤勞觀ヲ確立スルヲ要ス

（四）女子徴用ノ問題

(1) 女子ニハ未ダ未活用勞働力ガ存シ國民ノ自發的協力ニ依リ之ヲ動員シ得ル餘地ガ存スルコト

(2) 現在ノ工場、事業場等ニ於テハ未ダ徴用ニヨル女子勞務者ヲ受ケ入ルベキ諸施設ノ完備シ居ラザルコト

等ノ理由ニヨリ未ダ徴用ハ實施セラレザルモ家族制度ト女子勞務トノ關係ヨリスレバ女子ヲ勤勞ニヨリ動員スルコトト徴用ニヨリ動員スル

三二六

コトハ本　ニ何等異ナラズ"従ツテ情況ノ如何ニヨリ　國女性ノ特種性ニ鑑ミ、記諸點ヲ偏重ニ考慮スルナラバ女子徴用ヲ不可能トスルモノニ非ズ

(1)家族共同生活ノ維持
(2)被徴用者ノ適格條件ノ限定
(3)徴用期間及解除ノ條件緩和
(4)勞働條件特ニ勞働管理ト施設ニ關スル配慮
(5)教育指導ノ適正

㈣勤勞母性保護對策

(1)女子勞務者ノ處遇ニ關シテハ皇國本來ノ家族制度ト女性ノ特種性ヲ考慮シ左ノ諸點ニ注意スルヲ要ス
(イ)女子勞務ノ對象ヲ主トシテ未婚者トスルコト
(ロ)女子ノ能力經驗ニ應ジ適正ナル職場、職種ノ配置ヲ考慮スルコト
(ハ)宿舍其ノ他適當ナル收容施設ノアルモノヲ除キ可及的ニ自宅通勤

三三七

トセシムルコト
(ニ)女子勞務管理ニ關シ必要ナル指導者ヲ配置スルコト
(ホ)勞務者ニハ務メテ結婚ノ機會ヲ與ヘル機措置ヲ講ジ結婚後モ繼續勤務ヲ勸奬スルコト
(ヘ)女子ノ健康保持增進ニ關シ特ニ施設對策ヲ講ズルコト
(ト)女子勞務者ノ生活ヲ指導シ文化教養ヲ高メ日本母性トシテノ婦德ノ涵養ト資質向上ヲ圖ルコト
(チ)事業上宿舍等ニ於テハ女性ノ風紀ノ堅持、品位ノ向上等ノ見地ヨリ設備ニ關シ特種ノ考慮ヲ拂フコト
(リ)女子勞務者ノ待遇ヲ改善シ責任的地位ヲ附與シ昇進ノ道ヲ講ズルコト
(ヌ)既婚婦人ニ關シテハ出勤時間、家庭ニ於ケル物資ノ配給ニ因由スル生活ノ荷重等ニ關シ特種ノ方途ヲ講ジ挺身ニ便ナラシメルコト
(ル)託兒所ノ設置、姙婦ニ對スル保護等ニ關シ必要ナル措置ヲ講ズル

三二八

コト

(2) 農村ニ於ケル女性勤勞ノ強化ニ伴ヒ母性保護ノ見地ヨリ勞働ノ輕減、榮養ノ改善、保健施設ノ擴充等ノ措置ヲ講ズルコト

(六) 結　語

決戰下必勝生產ノ遂行ニハ女子勞務動員ノ強化ハ必至ナルモ之ガ爲總力戰的見地ヨリ新シキ皇國女性勤勞觀ヲ確立シ母性保護ノ諸條件ヲ勘案考慮シ家族制度ト矛盾スルコトナキ樣留意スルヲ要ス

編集・解説者紹介

粟屋憲太郎（あわや・けんたろう）

立教大学名誉教授（日本近・現代史）
単著に、
『東京裁判論』（大月書店、一九八九年）
『未決の戦争責任』（柏書房、一九九四年）
『現代史発掘』（大月書店、一九九六年）
『東京裁判への道』上・下巻（講談社、二〇〇六年）
『昭和の政党』（岩波現代文庫、二〇〇七年）、ほか多数。

中村　陵（なかむら・りょう）

一九八三年生まれ
現在、立教大学大学院博士課程後期課程
著書に、
「戦時期における日本銀行と大蔵省の政治的対立構造―金融政策の主導権獲得過程を中心に―」『風俗史学』四六号、二〇一二年
「近衛新体制期の企画院と予算編成―昭和十六年度予算編成における企画院の介入過程―」『史学雑誌』一二五編三号、二〇一六年、など。

十五年戦争極秘資料集　補巻47
総力戦研究所関係資料集　第5冊
二〇一七年二月二〇日　第一刷発行
定価（本体一七、〇〇〇円＋税）
編集・解説者　粟屋憲太郎　中村　陵
発行者　細田哲史
発行所　不二出版㈱
東京都文京区向丘一―二―一二
電話〇三―三八一二―四四三三
振替〇〇一六〇―二―九四〇八四
印刷＝富士リプロ　製本＝青木製本
第5冊　ISBN 978-4-8350-6862-6

◉十五年戦争極秘資料集　補巻①〜㊼

❶ **毒ガス戦教育関係資料**
内藤裕史 編・解説　18,000円
ISBN978-4-8350-1031-1

❷ **毒ガス戦関係資料Ⅱ**
吉見義明・松野誠也 編・解説　18,000円
ISBN978-4-8350-1032-8

❸ **思想彙報Ⅱ**
荻野富士夫 編・解説　15,000円
ISBN978-4-8350-1033-5

❹ **戦時下国民栄養の現況調査報告書**（昭和18年）
金子 俊 編・解説　15,000円
ISBN978-4-8350-1034-2

❺ **第二次上海事変における第九師団軍医部「陣中日誌」**
野田勝久 編・解説　18,000円
ISBN978-4-8350-1035-9

❻ **盧溝橋事件期支那駐屯憲兵隊　重松関係文書**
北 博昭 編・解説　9,000円
ISBN978-4-8350-1036-6

❼ **韓国併合始末 関係資料**
海野福寿 編・解説　9,500円
ISBN978-4-8350-1037-3

❽ **軍隊警察の対立と憲兵司令部　重松関係文書Ⅱ**
北 博昭 編・解説　9,000円
ISBN978-4-8350-1038-0

❾ **南方地域現地自活教本**
野田勝久 編・解説　8,500円
ISBN978-4-8350-1039-7

❿ **戦後の皇軍　重松憲兵少佐綴**
北 博昭 編・解説　9,000円
ISBN978-4-8350-1040-3

⓫ **二反長音蔵・アヘン関係資料**
倉橋正直 編・解説　8,500円
ISBN978-4-8350-1041-0

⓬ **東亜諸民族の死亡に関する衛生統計的調査**
金子 俊 編・解説　12,000円
ISBN978-4-8350-1042-7

⓭ **関東軍参謀部作成 総動員関係調査資料**
永島勝介・安冨 歩 編・解題　8,500円
ISBN978-4-8350-1043-4

⓮ **軍律法廷審判例集**
北 博昭 編・解説　8,500円
ISBN978-4-8350-1044-1

⓯ **南方方面海軍資料**
野田勝久 編・解説　9,500円
ISBN978-4-8350-1045-8

⓰ **陸軍に於ける花柳病**
早川紀代 編・解説　9,500円
ISBN978-4-8350-1425-8

⓱ **毒ガス戦教育関係資料Ⅱ**
内藤裕史 編・解説　8,500円
ISBN978-4-8350-1426-5

⓲ **十五年戦争末期国内憲兵分遣隊報告**
北 博昭 編・解説　9,000円
ISBN978-4-8350-1427-2

⓳ **日本占領下上海における日中要人インタビューの記録**
髙綱博文 編・解説　9,500円
ISBN978-4-8350-1428-9

⓴ **満洲国軍ノ現況**
松野誠也 編・解説　18,000円
ISBN978-4-8350-1429-6

㉑ **ベンゾイリン不正輸入事件関係資料**
倉橋正直 編・解説　8,500円
ISBN978-4-8350-1430-2

㉒ **終戦後の法令制定・改正・廃止経過一覧**
茶園義男 編・解説　9,800円
ISBN978-4-8350-1431-9

㉓ **陸軍軍医学校防疫研究報告** 全8冊・別冊1
常石敬一 解説　全9冊揃 161,000円
ISBN978-4-8350-5375-2

㉔ **山東出兵時における「第三師団特種研究記事」**
福島幸宏 編・解説　28,000円
ISBN978-4-8350-4750-8

㉕ **宣撫月報** 全8冊・別冊1
山本武利 解説　全9冊揃 145,000円
ISBN978-4-8350-5645-6

㉖ **五・一五事件期憲兵司令部関係文書**
北 博昭 編・解説　12,000円
ISBN978-4-8350-5655-5

㉗ **関東軍化学部・毒ガス戦教育演習関係資料**
松村高夫・松野誠也 編・解説　20,000円
ISBN978-4-8350-5656-2

㉘ 資料集成 **戦争と障害者**（第1期）全7冊
清水 寛 編　全7冊揃 140,000円
ISBN978-4-8350-5758-3

㉙ **陸軍省『調査彙報』** 全5冊・別冊1
松野誠也 編・解説　全6冊揃 76,000円
ISBN978-4-8350-5834-4

㉚ **外邦測量沿革史 草稿** 全4冊・別冊1
小林 茂 解説　全5冊揃 113,000円
ISBN978-4-8350-6237-2

㉛ **大同保育隊報告**
藤野 豊 編・解説　15,000円
ISBN978-4-8350-6243-3

㉜ **戦場心理の研究** 全4冊
岡田靖雄 解説　全4冊揃 32,000円
ISBN978-4-8350-6244-0

㉝ **満洲事変日誌記録** 全3冊
芳井研一 解説　全3冊揃 36,000円
ISBN978-4-8350-6249-5

㉞ **「合作社事件」関係資料** 全2冊
「合作社事件」研究会 編・解説　全2冊揃 40,000円
ISBN978-4-8350-6253-2

㉟ **情　報** 全9冊・別冊1
三好 章 解題　全10冊揃 136,000円
ISBN978-4-8350-6256-3

㊱ **南満州鉄道株式会社　帝国議会説明資料・別冊**
芳井研一 解説　12,000円
ISBN978-4-8350-6267-9

㊲ **陸軍経理学校五十年史** 全3冊
中野 良 解説　全3冊揃 36,000円
ISBN978-4-8350-6829-9

㊳ **『研究蒐録 地図』** 全3冊
小林茂・渡辺理絵 解説　全3冊揃 54,000円
ISBN978-4-8350-6833-6

㊴ **東京時事資料月報**
芳井研一 解説　12,000円
ISBN978-4-8350-6837-4

㊵ **特調班月報・通訊** 全4冊
三好 章 解題　全4冊揃 64,000円
ISBN978-4-8350-6839-8

㊶ **大阪府特高警察関係資料** ―昭和一〇年
塚﨑昌之 解説　20,000円
ISBN978-4-8350-6844-2

㊷ **憲兵隊が記す日中開戦時の国内状況**
北 博昭 編・解説　19,000円
ISBN978-4-8350-6845-9

㊸ **内外地憲兵隊にみる検閲錬成**
北 博昭 編・解説　20,000円
ISBN978-4-8350-6846-6

㊹ **戦時下政治行政活動史料** 一九四一–一九四五 全3冊
古川隆久 編・解説　全3冊揃 57,000円
ISBN978-4-8350-6847-3

㊺ **海軍軍法会議判例類集**
北 博昭 編・解説　19,000円
ISBN978-4-8350-6851-0

㊻ **陸軍軍法会議判例類集** 全2冊
北 博昭 編・解説　全2冊揃 38,000円
ISBN978-4-8350-6852-7

㊼ **総力戦研究所関係資料集** 全9冊・別冊1
粟屋憲太郎・中村 陵 編・解説　全10冊揃 153,000円
ISBN978-4-8350-6855-8

以後新資料発見次第、逐次刊行予定